A History of Science in Society by Andrew Ede and Lesley B. Cormack

中国科学院大学研究生教学辅导书系列

科学通史

从哲学到功用

[加] 安德鲁·埃德 莱斯利·科马克 著

刘晓 译

生活·讀書·新知 三联书店

图书在版编目（CIP）数据

科学通史：从哲学到功用 / (加) 安德鲁 · 埃德
(Andrew Ede)，(加) 莱斯利 · 科马克
(Lesley Cormack) 著；刘晓译．-- 北京：生活 · 读书 ·
新知三联书店，2023.8
ISBN 978-7-108-07595-6

Ⅰ．①科… Ⅱ．①安… ②莱… ③刘… Ⅲ．①科学史－
世界 Ⅳ．① G3

中国国家版本馆 CIP 数据核字 (2023) 第 011004 号

责任编辑　曹明明
装帧设计　康　健
责任印制　宋　家
出版发行　生活 · 讀書 · 新知　三联书店
（北京市东城区美术馆东街 22 号　100010）
网　　址　www.sdxjpc.com
图　　字　01-2019-7091
经　　销　新华书店
制　　作　北京金舵手世纪图文设计有限公司
印　　刷　北京隆昌伟业印刷有限公司
版　　次　2023 年 8 月北京第 1 版
2023 年 8 月北京第 1 次印刷
开　　本　720 毫米 × 1020 毫米　1/16　印张 29.5
字　　数　476 千字　图 94 幅
印　　数　0,001－6,000 册
定　　价　128.00 元
（印装查询：01064002715；邮购查询：01084010542）

目　录

引　言

科学已经改变了人类的历史。我们如何看待宇宙，人与自然之间、人与人之间如何互动，以及我们如何生活，都已经因它而变化。未来，它甚至可能改变人类的本质属性。这种力量如此强大，其历史值得我们进行全面的和多方位的考察。然而科学的历史不像帝王将相、蒸汽机或战争的历史，因为科学不是某个人物、某样物品或某个事件。它是一种观念，通过这种观念人类可以理解物质世界。

当不同时代、不同背景的一群思想家，将他们的头脑和双手转向对自然的调查研究，所发生的故事即成为这门历史。在这个过程中，他们改造了世界。

科学史是一门庞大的学科，单独一本专著很难真正地面面俱到，因此我们讲述的故事只能从某个特殊的角度来考察科学。一些科学史家聚焦于观念的思想史，而另一些则追溯天文学或物理学等专门学科的历程。在这本书中，我们选择通过两种相关联的视角来看待科学，相信能为我们提供一个窗口，了解自然研究成形的历史进程。首先，我们考察了两者之间的联系：一方面是对知识的哲学探询，一方面是研究者及其支持者渴望着知识派上用场。科学的思想方面和科学知识的应用之间，总是存在着某种张力。这个问题，古希腊的哲学家便努力思索过，至今人们仍争论不休。每个时代哲学家和科学家都会呼吁支持“为了研究而研究”，即显示出探求知识和迫使应用这些知识之间存在的张力。什么算得上有用的知识，不同的赞助人之间、不同的社会之间都有差异，因此，美第奇家族的科西莫大公（Grand Duke Cosimo de’Medici）和美国能源部，虽然分别从客户那里寻求着完全不同的“产品”，但他们提供支持都是为了换取潜在的功用。

追求知识和索要某种产品之间的张力，不仅许多自然哲学家和科学家感受到了，而且引起了科学史家之间的争议。他们曾追问：科学和技术的界限在哪里？或许关于这点阐述最清楚的是“学者与工匠之争”。历史学家已在尝试理解两类人之间的关系：主要对知识的功用感兴趣的人（工匠），和致力于从理智上理解世界的人（学者）。一些历史学家否认这种联系，但是我们认为它对于追求自然知识来说不可或缺。现代早期的地理学家就是一个很好的范例，让我们看到这种相互联系的必要性。他们把航海家的技能和数学家的抽象知识结合到一起。将球形的地球转化成平面的地图是一项智力挑战，而跋涉到地球的四个角落进行测量则是一种极端的身体挑战。正确运用理论和实践，可能意味着盈利或亏损，甚至生存与死亡。

我们的第二个目标，是通过科学的社会地位来追溯科学史。科学并不存在于虚无缥缈的头脑中，而是有着鲜活气息的社会组成部分。它植根于像学校、宫廷、政府部门等机构中，甚至体现在士兵的操练中。因此，我们试图将科学研究与它所处的社会联系起来，追踪个人兴趣与社会兴趣之间的相互作用。这就指引了我们要强调的领域，例如，比起一些别的科学史著作，我们分配给炼金术更多的篇幅，因为它比同期的天文学或物理学具有更大的社会意义。炼金术士要比天文学家多得多，他们的出身涵盖从农民到教皇的所有等级和阶层。从长远来看，炼金术转型为化学，极为深刻地影响了日常生活的质量。这并不是说我们忽视了天文学或物理学，而是我们试图聚焦于对当时的人来说较为重要的事情上，并且避免将后续工作的意义投射到先前的岁月。

在每一章中，我们都会至少强调科学和社会相互作用的某个方面，从政治、宗教到经济、战争，放在“关联阅读”栏目里。虽然这些小插曲属于本书更广泛叙事的一部分，但它们也可以作为单独的案例研究来阅读。

本书的副标题来自功用和社会地位两个视角。当我们开始考虑两千多年来自然哲学家和科学家的工作时，我们发现自己越来越被知识功用问题的连贯性所打动。柏拉图轻视知识的功用，但他促进了人们对几何学的理解。埃拉托色尼（Eratosthenes）使用几何学来测量地球的直径，该数据有许多实际的应用。在现代，我们已经看到了许多科学成果出人意料地变成消费品的案例。例如，阴极射线管是一种用来研究物质本质的装置，但是它最后成为现代电视机的核心元件。

哲学家和科学家总是在智识角色和技师角色之间小心翼翼。过于偏向技术方面，一个人就会形同工匠，失去作为文人的地位；而过于偏向智识方面，一个人就会难以获得支持，因为他们对潜在的赞助者来说毫无用处。

尽管哲学和功用的张力一直存在于研究人员的共同体中，但我们并没有把这本书的副标题定为“哲学与功用”。这是因为我们透过历史看到，内在的张力并不是哲学和功用两者关系的唯一侧面。自然哲学最初是一门深奥的学科，往往只有出类拔萃的一小群人来研究。他们的工作具有知识上的意义，但对广大的社会影响有限。随着时间的推移，对自然哲学感兴趣的人越来越多；随着共同体的增长，研究人员进一步宣称他们所做的事情将造福社会。穿过早期现代和现代，科学家更多地基于潜在功用来促进他们的研究工作，无论是作为治疗癌症的方法，还是一种更好的烹饪食物的方式。而且在很大程度上，从不褪色的染料到足以摧毁整个城市的一颗炸弹，科学的功用在各个方面都得到了生动的体现。我们已经开始期望科学来生产我们能使用的东西，不仅如此，我们还需要受过科学训练的人来维护我们复杂系统的运行——从检测饮用水的纯度，到进入学校讲授科学。本书的副标题正是反映了对科学的社会期望的变化。

出于简洁的需要，我们还对素材做出了一番选择。这本书不可能包含所有科学话题的详尽历史，甚至不能全面介绍所有的科学分支。我们选取了一些案例来论述一些关键事件和思想，而不是给出全部的细节。例如，本书包含的有限篇幅的医学史，主要考虑到一些医学上的范例，将人体看作研究对象，因而成为自然哲学更广泛知识运动的组成部分。我们也选择主要聚焦于西方的自然哲学和科学的发展，尽管我们尽力承认自然哲学也存在于其他地方，以及西方科学并不是孤立地发展起来的。特别是在早期，西方思想家从广泛多样的来源吸收思想、材料和信息。到17、18世纪，尽管不是基于平等的地位，西方学者与其他文化进行了互动和信息交换。在后期，西方科学成为世界各国现代化和国际化的有力工具。关于人类文化中这一强有力部分的发展，《科学通史》讲述了一个特殊而又重要的故事，它已经并将继续改变我们所有人的生活。学习科学史，就是学习人类历史经纬中的一条主线。

第一章时间线

约公元前2560年　大金字塔修建

约公元前600年　米利都的泰勒斯开创爱奥尼亚学派

约公元前550年　毕达哥拉斯讲授数学和几何的世界观

约公元前500年　以弗所的赫拉克利特和爱利亚的巴门尼德提出关于变化的相反理论

约公元前410年　德谟克利特提出物质的“原子”理论

公元前399年　苏格拉底之死

公元前385年　柏拉图创建学园

公元前334年　亚里士多德创建吕克昂

约公元前300年　欧几里得撰写数学著作《几何原本》

约公元前290年　阿利斯塔克斯提出日心说——基本被忽略

约公元前240年　昔兰尼的埃拉托色尼测量地球周长

公元前212年　阿基米德之死

第一章

自然哲学的起源

一小群古希腊哲学家创立了自然哲学，现代科学的根源就出自这个传统。从古希腊人的世界到现代世界走过了一段曲折迂回的道路，各种文化对那些古希腊思想家基本观念的反复探究，彻底改变了自然哲学。尽管有智力与实用方面的挑战，古希腊人关于如何思考世界、宇宙如何运行等概念，仍然是欧洲和中东地区近两千年来对自然进行研究的核心。甚至当自然哲学家开始抛弃古希腊哲学家的结论时，这种抛弃本身仍然带有古希腊哲学的形式和关注点。今天，当古希腊人关于物理世界的方法和结论几乎全部烟消云散，该如何理解我们认为我们所知道的宇宙，古希腊人的哲学问题仍回响在现代版的自然哲学中。

要理解为什么古希腊自然哲学达到如此惊人的成就，我们必须认真思考导致自然哲学创立的条件。从最早期的人类活动开始，对自然的观察就是人类生存的关键。关于一切的知识——从哪些植物可以食用，到婴儿从哪里来的——都属于习得并代代相传的知识。除了日常生活用得上的实用知识，人类还致力于理解存在的本质，并将他们的知识和结论封存在神话-诗歌的故事框架中。人类总是不仅仅想知道这个世界中有什么，他们还想知道世界为什么是这样的。

早期文明和知识的发展

随着农业兴起和城市文明的发展，自然知识的种类随着新技能的产生而多样化。沿尼罗河、底格里斯河-幼发拉底河、印度河-恒河，以及黄河等流域，出现了四大文明的摇篮。这些大河的共同特点是能够长距离通航，并周期性地在当地泛滥。尤其尼罗河的泛滥十分规则，它的起落涨退成为埃及人计时的标志之一。这些洪水恢复了土壤肥力，位于温带到亚热带的土地曾经（现在也是）农业富足，提供的食物养活了大量人口。

由于土地产出的盈余，越来越多的人从农事中解脱出来。这些人包括工匠、士兵、牧师、贵族和官僚人员，他们能够转而致力于缔造和治理某个帝国。掌握这些技能需要越来越长的学习和实践期。工匠们需要通过学徒期来学习和掌握这些手艺，牧师阶层也需要花费数年来学习教义以及正确地举办仪式，而军队和统治阶层则需要从小接受训练，才能得心应手地履职。因为帝国要长期赓续，特别是埃及帝国，统治者有着长远的计划，不仅考虑当前时期，还为几年之后甚至未来数代而筹谋。因此，这些文明可以建造出宏伟的建筑工程，例如中国的长城和埃及的吉萨大金字塔。

借助河流提供的农业和经济方面的明显有利条件，他们从多个方面悄悄地影响了古代文明的知识发展。安排大规模的农业生产，需要计数和测量长度、重量、面积和体积，这就导向了计算技能和文字记载。农业和宗教盘根错节，都依靠计时来组织一些必要的活动，进行祭拜和生产，这些反过来导向了天文观测和历法。当这些社会从一些村庄发展为地区性邦国并最终成为帝国，事件记录就不能仅仅依靠记忆。写作和计算的出现，就是为了解决记忆和记录的问题，内容包括大量复杂的宗教和政府官僚机构活动，以及法庭法官的判决等。

河流周期性泛滥还带来了另一项知识的发展，因为局部的地标常常被冲毁，所以出现了测量的技能。土地边界的设定，不再使用树木或者石块等物件，它们容易被洪水冲离，而是使用洪水无法影响的事物。除了实用的土地丈量技术，测量还引入了几何学的概念，运用水平和角度的测量装置。这些知识接着被用于建筑工程，如灌溉系统、运河和大型建筑，反过来，这些测量工具也与航海和天文学所用的工具密切相关。

这些实用技能有助于形成一个基于抽象模型的世界概念。换句话说，针对牛群的计数有助于形成算术的概念，使其成为可以独立于任何实际物体计数而传授的学科。同样，乘船从一个地方到另一个地方促进了航海的发展。航海技术开始于驾船者经常往返区域的地理知识。虽然人们需要当地的领航员，世界主要港口至今仍然雇用领港员，但是，当船只驶入未知水域时，适用于预先未知环境的通用航海方法也是必要的。于是，航海技术就变成了关于空间和时间状态的一种抽象概念。

四大流域哺育的各个古代帝国，都掌握了观察、记录、测量和数学的全部技能，这些技能构成了自然哲学的基础。历史学家越来越认识到我们从这些文明中吸收了很多智慧，从我们祖先那里传承了大量知识。科学的历史，越来越成为人类共同努力的历史，去理解自然，理解我们在广阔宇宙中的地位。今天，我们更深入地理解到，我们的科学传统是从古代埃及人、巴比伦人、印度人、中国人和土著民族那里流传下来的。

传统的科学史聚焦于欧洲，部分原因仅仅是沙文主义。现代科学（这里的意思是哥白尼之后的研究）主要是欧洲人的创造，所以人们倾向于以自然哲学的传统作为起点，讲述欧洲的崛起源自古希腊和古罗马。正如欧洲人征服、殖民，欧洲与世界其他地方的权力关系发生变化，又遭到挑战，科学的历史也大抵如此。

从某种哲学的观点看，认识论（研究知识及证实信念的体系）是人类与生俱来的。所有的民族都寻求知识，创建组织和运用知识的构架。这里就蕴含着现代历史学家的一个难解之谜。我们如何既承认科学（探寻自然世界的知识）有广泛的根源，又要同时顾及这样的历史事实：我们今天所理解的科学来源于若干特殊的事件，而这些事件主要发生在今天所谓的欧洲。试想在倭马亚哈里发治下的托莱多，一位中世纪的基督教僧侣钻研着在图书馆发现的一部阿拉伯文版的亚里士多德的著作。难道这位僧侣真是西方学术霸权的一分子？这位僧侣生活的时代，虽然虔诚于自己的信仰，但他所知最强大的帝国却位于中东，而不是欧洲。一千年后，欧洲强大了，这位僧侣的贡献也曾发挥些许作用，但只有对他套用现代的范畴，忽略他的信仰和对世界的理解，才能将其称作一位欧洲人。

然而，还有一个更深刻的原因使得我们认为自然哲学从古希腊人而不是其他古老文化起步，尽管那里取得过很多成就。虽然这些古老文化包含了技术知识、敏锐的观察技能，以及丰富的物质和信息积累，但他们并未创造出自然哲学，因为他们没有将自然界和超自然界区分开来。古老帝国的宗教依据的是这样一种信念，即物质世界被超自然的生灵和力量所控制和占据，而这些超自然力的行为，其原因基本上是不可知的。尽管在四大流域文化的社会中有许多技术上的发展，但是知识传承是由祭司们主导的，他们对物质世界的兴趣不过是他们神学观念的延伸。许多古老文明，如埃及、巴比伦和阿兹特克（Aztec）等帝国，将很大比例的社会资本（包括社会的时间、财富、技术和公共空间等）花费在宗教活动上。大金字塔是法老胡夫［Pharaoh Khufu，也被称作基奥普斯（Cheops）］的陵墓，高约148米，耸立在吉萨平原上，是金字塔中最大的一座。这是一项惊人的工程壮举，它告诉我们大量有关建造者的能力和技术手段的信息。但这些金字塔也告诉我们，这个社会如此关注死亡和来世，以至于把全部的注意力放到建造一座巨大的坟墓上。

四大流域中心的这种权力可能会抵制思想活动的变革。社会分层和僵化的阶级结构将人们限定在狭窄的职业范围内。巨量的财富意味着无须开拓世界，也不需要从其他地方寻求物品，因为比起已有之地，帝国以外的地方没有多少利益或价值。尽管印度河－恒河流域和两河流域的文明更易受政治动荡和外族入侵的影响，表现略不明显，但埃及和中国的文明都发展出了不可思议的复杂社会，拥有高度专门化的官僚体系，却变得越来越封闭和内向。

古希腊世界

我们无法断定为什么古希腊人走上了一条不同的道路，但是他们的生活和文化的某些方面提供了一些见解。古希腊人并不是特别得天独厚，尤其与他们相邻的埃及人相比。虽然有语言和共享传统的维系，但古希腊社会并不是一个单一的政治实体，而是一些分散于爱琴海周边和地中海东岸的城邦集合。这些城邦在不断变换的伙伴、联盟和对抗关系中长期相互竞争。这种斗争延伸到生活中的许多方面，不仅包括贸易或军事竞争，而且包括体育竞赛（突出表现为奥林匹克的运动和宗教节日）；通过拥有最好的诗人、剧作家、音乐家、艺术家和建筑师，来追求文化上的优越感；许多城邦甚至吸引到大思想家，以在学术方面比出高低。这种竞富逐强的压力成为探索世界的激励之一，促使古希腊人把他们所遇到的人才和物质财富带回本土。

另一个因素是古希腊人的生活在很大程度上是公开进行的。希腊社会的结构大都以市场或者城市广场（*agora*）为中心。这不仅是购物的地方，更是一个常设的公共论坛，政治话题在这里讨论，各种医疗服务在这里提供，哲学家们在这里

图1.1 希腊世界

辩论和传授理念，全世界的消息和货物都在这里散播。希腊人是积极参与国家治理的民族，他们习惯于辩论和商讨重要的问题，并将其作为日常生活的一部分。古希腊法律虽然在不同城邦有所差异，但往往都是基于讲求证据的观念，而不是奉行权力。思想的公开交流，以及要求个人在政治和文化生活方面发表看法，使得希腊人拥有了理性上严谨的传统和对不同哲学的宽容。从僭主制到民主制，这些在城邦中共存的各式各样的治理风格，为我们展示了一种尝试用新方法处理公共事务的意愿。

结合古希腊人的竞争性，这意味着他们不仅从心理上做好了接受挑战的准备，而且习惯于听取和思考不同的观点。他们吸收邻邦文明中有用的东西，并根据自己的需要对其加以改造。

古希腊人的信仰也不同于他们的邻国。在他们看来，万神殿中的神无论在外观形象，还是与人互动方面，都更像人类。至少有一个时期，凡人可以和神争论、与他们竞赛，甚至否定他们。尽管古希腊的世界里仍然充满鬼神，古希腊人却不会轻易给每件物体赋予超自然的属性。尽管可能有一尊海神，水手们需要祭拜，但大海本身仍仅仅是水。古希腊人的信仰态度和邻国比起来也较少宿命论的因素。尽管不可能摆脱命运，如同俄狄浦斯王（Oedipus Rex）的故事所展示的那样，但是神实际上也喜欢那些自助者。在某些根本层面上，古希腊人相信他们能够做好任何事情，他们不希望等到来生再获得回报。

尽管古希腊社会有很多积极的方面，我们同样也应该记住古希腊人之所以有参与这种公共生活的时间和闲暇，是因为维持社会运转的大部分工作都由奴隶完成。尽管城邦之间奴隶制的条件有所不同，即使在民主的雅典（那里的民主局限于雅典出生的成年男性），大多数的下层职业，乃至工匠阶层，都是由奴隶构成的。这些靠双手劳动的人，位于社会等级的底端。

从泰勒斯到巴门尼德：关于物质、数字和变化的理论

这些古希腊社会的要素和社会心理，是否足以解释为什么古希腊人开始区分自然和超自然，我们尚难以证明。然而，对爱奥尼亚约公元前6世纪开始出现的一系列哲学家来说，这种区分成为一种核心原则。其中最著名的是米利都的泰勒斯（Thales of Miletus，约公元前624—约前548）。我们对泰勒斯及其作品了解甚少，流传至今的大多是后世哲学家对他的评论。一般认为他做过商人，或至少是一位旅行家，到过埃及和美索不达米亚，可能在那里学习过几何学和天文学。泰勒斯主张水是自然的首要组成部分，所有的物质均由水组成，水以三种形态存在：水、土、气。他似乎借鉴了埃及人的物质观念，后者也认为土、水和气是物质世界的初始成分，但是泰勒斯更进一步，即从单一元素出发。泰勒斯将世界描绘为漂浮在宇宙海洋之上的一个球体（尽管它可能是鼓形的）。

即使在这种只言片语的记载中，泰勒斯的哲学也有两点独到之处。首先，自然完全是物质的，没有超自然成分的元素迹象。这并不意味着泰勒斯抛弃了神，而是他认为宇宙的物质存在独立于超自然的神灵。第二点，自然的运转有其自主

性，而不靠超自然力的干预。因此，存在着若干一般或普遍的支配自然的条件，这些条件能够被人类探究和理解。

泰勒斯之后是他的学生和门徒阿那克西曼德（Anaximander，约公元前610—约前545），阿那克西曼德在最初的三元素基础上增加了火，并且创造了以地球为中心的三层火环的宇宙观。这些火环被永恒的雾气所遮蔽，但光线穿过雾中的小孔而闪耀，产生了星星、太阳和月亮的形象。和泰勒斯一样，阿那克西曼德也用一种力学解释来说明在自然界中观察到的效应。他的体系也显露出一些问题，因为它将呈现为群星的火环放在了月亮和太阳的火环之内。他可能在别的地方解决过这些问题，但那些资料都已经散佚。

阿那克西曼德也尝试着提出一个统一的自然的分类系统，来解释动物的生命。他主张动物产生于受太阳热感应的湿土。它汇聚了所有四种元素，以作为生命的前提条件。这种自然发生的观念，借鉴自早期思想家，似乎也基于对一些事例的观察，比如昆虫甚至蛙类的出现都是破土而来。阿那克西曼德将该理论更进一步，论证了较简单的生物变化为较复杂的生物。因此，人类是由其他生物（可能是某种鱼类）创生而来的。自然的元素，结合了自然的进程，而不是超自然的干预，创造了我们所看到的世界。

爱奥尼亚人所关注的初始物质和自然进程，将成为古希腊自然哲学的核心原理之一，但就其本身而言还不足以形成一个完备的哲学体系。在阿那克西曼德构建其唯物哲学前后，另一群古希腊人正在发展一种关于世界的概念，不是基于物质而是基于数。这条哲学脉络从毕达哥拉斯（Pythagoras，约公元前580—约前500）传承至今。尚不清楚是否真正存在过某个名叫毕达哥拉斯的历史人物。传统上认为，他出生于萨摩斯岛（island of Samos），学习过爱奥尼亚的哲学，甚至有可能做过阿那克西曼德的学生。据说他威胁到萨摩斯僭主波利克拉特斯（Polycrates）的统治，被迫逃离该岛，前往大希腊地区（magna graecia，古希腊在南意大利的殖民地）。

由于毕达哥拉斯的追随者们卷入了和当地政府的冲突，所以毕达哥拉斯学派不应仅仅被看作一群云游的数学家。事实上，他们的生活建立在一种充满仪式的宗教之上。他们信仰灵魂的不灭和轮回，但毕达哥拉斯主义的核心是基于数的宇宙观念。生活中的方方面面都可以表示为数字、量度（proportions）、几何和比率

（ratios）等形式。例如，婚姻被赋予了数字5，因为数字3代表男性，数字2代表女性，而婚姻是两者的结合。虽然在这种数字体系中有许多神秘主义的成分，但毕达哥拉斯学派试图用数学去量化自然。他们对音乐和谐的论证就是一个很好的例子。他们发现弦的长度决定了发音的音调，而按照弦长的固定比率，不同音调之间建立了精确的联系。

毕达哥拉斯学派提出了一套宇宙观，将宇宙划分为3层天球（见图1.2）。乌拉诺斯（Uranos），最不完美者，指月下区域或地上天球。最外层的奥林波斯（Olympos），是完美之境，众神居住的地方。二者之间是考司摩斯（Cosmos）天球，容纳一切运动的天体。既然支配该天球的是完美的球形和圆形，那就意味着行星和恒星都在做完美的圆周运动。"行星"（planet）一词来自希腊语中的"漫游者"，用来指称天空中那些相对恒星有位置变化的持续运动的光点，它们彼此间的位置也不固定。他们认为，这些行星包括月亮、太阳、水星、金星、火星、木星和土星。恒星则沿着相对位置不改变的轨道运行，由此构成了各个星座。

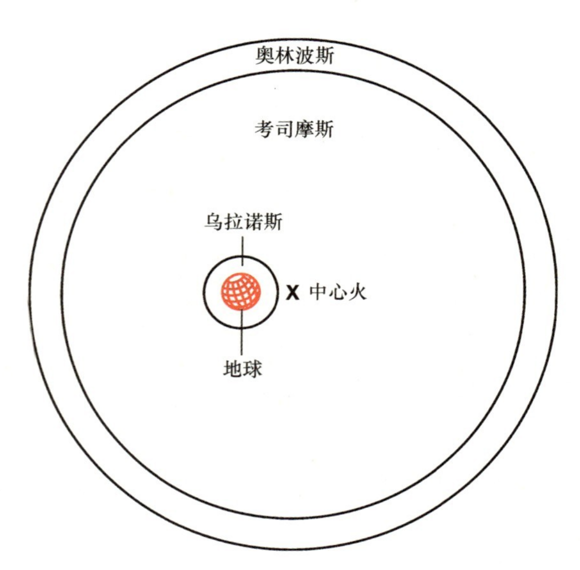

图1.2 毕达哥拉斯的宇宙

这种安排尽管在神学上令人满意，却导致了古希腊天文学中最复杂的问题之一。完美圆周运动的哲学并不符合观察。如果这些行星都在围绕着位于三个天球中心的地球运转，它们就应当展现出一致的运动，但实际情况并非如此。为了解决这个问题，毕达哥拉斯学派将地球挪离了天球的中心，又创造出一个点——安放中心火（celestial fire）的地方——作为匀速运动的中心。这种设置让地球保留不动的状态，又解决了观测到的行星的速率和运动发生变化的问题。为了保留地球在宇宙中心的位置，以及维持圆周运动完美性，大多后来的古希腊哲学家抛弃了毕达哥拉斯学派的解决方案。萨摩斯的阿利斯塔克斯（Aristarchus of Samos，公元前310—前230）对该问题提出了一个激进的解决方案，他赞成一种以太阳为中心的模型，但是他的这些思想得不到别人的支持，因为它们不仅违反了日常经验，而且与宗教和哲学的权威在此论题上唱了反调。

毕达哥拉斯学派流传下来一条最著名的几何关系，尽管不是他们首创的。这就是“毕达哥拉斯定理”，将直角三角形斜边与两个直角边联系起来（见图1.3）。古埃及人与古巴比伦人都已熟知这种关系，很有可能是来自测量和建筑。这种关系用便携的工具即可实现，拿一条12等分标记的绳圈，在标记1、4和8处拉紧，便得到一个边长分别为3、4、5的三角形和一个90°的角。毕达哥拉斯学派运用几何证明，展示了这种关系的深层原理。

尽管一个由数字构成的世界有其神秘主义的方面，但毕达哥拉斯学派思想的基础却是把自然现象的主要方面置于事物本身。换句话说，世界之所以这样运

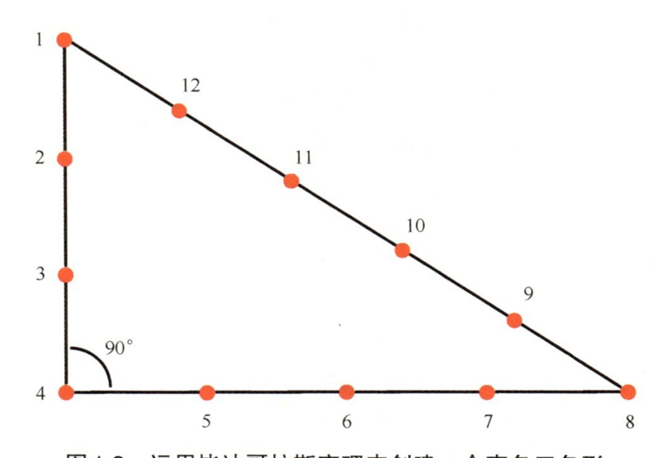

图1.3　运用毕达哥拉斯定理来创建一个直角三角形

一条标有12等距节点的绳子，当在节点1、4和8拉紧时，就在节点4创建出一个直角。古埃及人知道这种简易的装置，并用于测量和建造

行，是由于世间万物的内在本质，而不是通过不可知的超自然媒介的干预。理想的形式，尤其是像圆形和球体这样的几何对象，作为隐藏的宇宙上层结构而存在，但它们是可以被发现的，且不能被众神随意地创立或更改。

毕达哥拉斯学派渴望一种连贯的和内在驱动的自然，其愿望之强烈可以从“不可通约性”引发的问题中看到。不可通约性是指事物（数字）之间没有公约数，或不能表示为整数之比，如2：3或4：1。毕达哥拉斯学派主张，自然的一切都能用比例和比率来表示，它们都可以还原为整数关系，但是某些关系无法用这种方式来表示。特别是正方形的对角线和边长的关系就无法用整数比（如1：2或3：7）来表示。如图1.4 所示，虽然这种关系在几何上可以表达，但其算术结果在哲学上是不能被接受的，因为它要求的比率是1：$\sqrt{2}$，它无法表示为整数比关系。没有一个平方数可以分成两个相同的平方数，$\sqrt{2}$一例中这个数字也无法被完整地计算出来。[1]根据传说，毕达哥拉斯学派的希帕伯斯（Hippapus）因为发现了

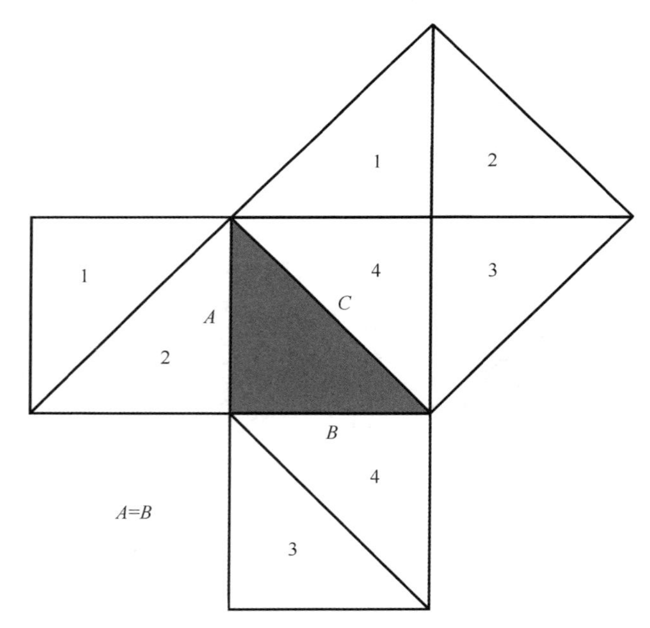

图1.4　毕达哥拉斯定理的几何证明

大正方形1234是由四个三角形组成，分别等于小正方形12和34。这证明了斜边C的平方等于边A和B的平方和

1　和 π 一样，$\sqrt{2}$ 属于后来称之为“无理数”的集合，因为它们不能表示为真正的比率。

这个问题，被毕达哥拉斯从船的一侧扔下海，以保守“不可通约性”的秘密。

古希腊数学的问题被两个现实麻烦所困扰：古希腊人没有使用十进制或位值制的算术系统，而是用字母来表示数字。这使得计算非常困难，也无法表达更为复杂的数学形式；此外，虽然古希腊人特别是毕达哥拉斯学派都是出类拔萃的几何学家，但他们没有掌握代数系统，而且证明也不是立足于“解决未知”。几何证明的创立，是为了避免出现未知的量。古希腊数学在这两个方面限制了处理问题的范围，可能促使他们更专注于几何学。

当爱奥尼亚学派研究世界的物质结构，毕达哥拉斯学派聚焦于数学和几何图形的时候，一些古希腊思想家正在研究自然的另一个方面。这就是关于变化的问题。运动、生长、腐败，甚至思想，都是自然中既非物质也非形式的方面。任何没有对变化现象做出解释的自然哲学都是不完整的。该问题的两个极端代表是以弗所的赫拉克利特（Heraclitus of Ephesus，约公元前550—前475）和爱利亚的巴门尼德（Parmenides of Elea，活跃于公元前5世纪）。赫拉克利特主张“万物皆流”，自然始终处于不断变化的状态中，而巴门尼德则断言变化只是一种幻觉。

赫拉克利特的哲学所依据的世界，容纳着各种力达成的某种动态平衡，而这些力在不断地相互斗争。位于这个体系核心的火，对赫拉克利特来说代表着变化的伟大形象，与水和土进行争斗，每一个都试图消灭对方。在希腊那片由岛屿、水和火山构成的土地上，这种思想具有一定的现实基础。赫拉克利特关于变化最著名的论断是“你不能两次踏入同一条河流”，随着河水流逝，河流在每一刻的组成都不相同，但从更深的意义上讲，你和河流一样在变化，只是思想的连续性给人一种不变的幻觉。

而在巴门尼德看来，变化是一种幻觉。他主张变化是不可能的，因为它需要某些东西无中生有，或凭空消失。既然从逻辑上“无”中不可能包含“有”（否则本来它一开始就不是“无”），那么就不存在能够改变世界状态的机制。

巴门尼德最著名的弟子芝诺（Zeno，活跃于公元前5世纪中期）提出了一个反驳运动可能性的著名论证。他的论证称为芝诺悖论，有多种形式，但基本上都主张：要达到某一点，你必须先走完到该点的一半距离。要达到这个中点，你首先要走完这个距离的一半（即整个距离的1/4），以此类推1/8、1/16等。由于任意两个端点之间有无穷多个中点，走完整段距离就需要无穷多的时间，使得运动是不可能的（见图1.5）。

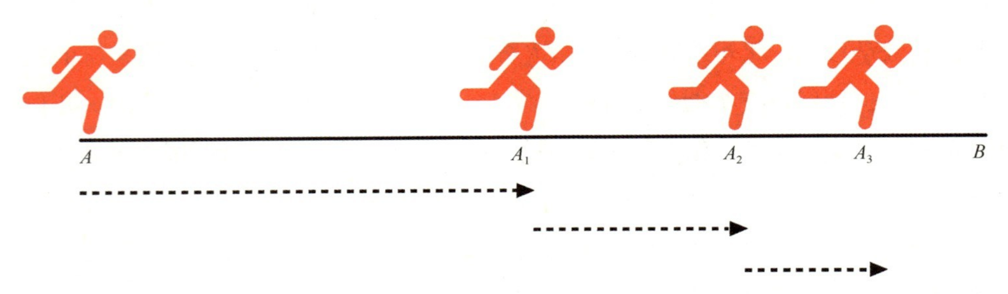

图1.5 芝诺悖论

当跑步的人跑到路途A到B的一半后，他需要再跑完A_1到B的距离，接着是距离减半的从A_2到B的距离，以此类推。因为有无穷多个中点，而从一点到另一点都需要花费一定的时间（即使跑完距离所需的时间极少），所以从A到B要花费无穷多的时间

我们现代的观点似乎更倾向于赫拉克利特而不是巴门尼德，但他们的关注点是相同的。每一位哲学家都在试图基于世界内在的或自然的活动，建立一种理解世间万物的方法。像爱奥尼亚学派和毕达哥拉斯学派那样，他们也试图建立一种方法，来判定什么是正确的知识。关于世界状态的陈述，必须得到证据的支持，这些证据能够被其他人验证，而不是依靠某些特殊知识。他们在提出认识论问题，也就是说，这些问题是关于某人如何能够认识某物，以及仅仅“某物”有可能是什么。古希腊自然哲学家并没有将他们的问题纳入对神或超自然媒介的性质予以探究的框架中，而是问出如下这类问题：在我们周围的世界中，什么是最根本的，什么是第二性的？思想家能运用什么方法（“神启”之外）去判断什么是真和什么是假？我们应该在多大程度上相信感觉？

对巴门尼德来说，感觉是完全不可信赖的，只有逻辑可以产生真正的或确定的知识。赫拉克利特起初似乎对感觉更有信心，但事实上他也得出了和巴门尼德非常相似的结论。任何静止的外表，即使仅仅像一块岩石搁在另一块岩石上那样简单的事物，都是一种幻觉，只有依靠逻辑，才能澄清自然界中实际发生了什么。

苏格拉底、柏拉图、亚里士多德和伊壁鸠鲁学派：理想与现实

公元前5世纪，知识中心雅典出现了最强大的古希腊思想家群体，前面泰勒斯、毕达哥拉斯、赫拉克利特、巴门尼德以及许多其他人的哲学流脉，都汇聚于他们的著作中。苏格拉底（公元前469—前399）为自然哲学确立了语境：一是通过完全拒斥对自然的研究，因为它不值得哲学家考虑；二是创建了为真理无私献身的形象，有助于形成流传至今的“真正的”知识分子形象。苏格拉底拒绝对自然进行研究，反映了知识精英日益蔑视商人和手工业阶层及其对物质的关注。哲学本该超越日常世界的琐碎问题，而无论从字面上还是象征意义上来说，哲学家都不应该弄脏他们的双手。

对苏格拉底来说，真实世界是理念的领域。既然物质世界中没有任何东西是完美的，那么物质世界一定次于理念世界。比如，人们既然可以辨认出一位美人，那么美的概念在观察之前就一定是存在的，否则我们将无法判断一个人是否美丽。此外，虽然任何特定的美丽的实体事物一定会褪色和腐烂，但美的概念继续存在。因此它超越了物质世界，是永恒的。

这种理念论也适用于对物质世界结构的理解。任何实际的树都可以被认定为一棵树，只是因为它反映了（不完全的）“树性”或树的理念形式。这些理念形式可以被人的心智理解，因为人类拥有灵魂，可以将他们和完美领域连接起来。苏格拉底相信，正因如此，我们实际上自身就具有理解事物运作的知识。通过巧妙的发问，这种与生俱来的知识就可以被揭示，在这一过程中我们可以得到苏格拉底的方法，即一种教学形式，教师不是把信息给予学生，而是通过一系列的追问来引导学生思考，以正确理解一个话题。

苏格拉底的哲学思想使他质疑一切事物，包括雅典政府。他被裁定腐蚀了雅典青年的思想，但苏格拉底宁愿选择死亡，也不愿请求流放。他喝下一剂毒芹汁，坚信自己就要离开这个不完美的、堕落的物质世界，前往完美的理念领域。

苏格拉底没有留下任何文字材料，我们所知道的他的那些教导，主要来自他最著名的学生柏拉图（公元前427—前347）。出身雅典贵族家庭的柏拉图，写下了一系列基于苏格拉底思想的对话，并且很可能是从实际讨论中摘取的。虽然柏

拉图后期的作品与苏格拉底传统相去甚远，但他保留了理念形式的一般前提。柏拉图的另一位老师是昔兰尼的西奥多罗斯（Theodorus of Cyrene），毕达哥拉斯学派的成员，他教会柏拉图数学理念论的重要性。尽管柏拉图接受了理念的首要性，但他并没像苏格拉底那样甚至连物质世界也要拒斥。

柏拉图的首要兴趣是伦理学和政治学。在他最著名的著作《理想国》中，他探讨了他所认为的理想社会，以及社会组织的问题。他确实引入了自然哲学，但它位于一个较低的思考范围，并且主要用作思考宇宙根本结构的一个工具。在《理想国》第七部的洞穴寓言中，柏拉图认为人们就像黑暗洞穴里的囚犯，从小就只看到一种奇怪的影子戏。因为囚犯们没有其他的参照，这些影子就被当成了真实。要看到真实，囚犯们必须自我解放，在阳光下观察实际的世界。在这个故事中，柏拉图主张我们通过感官所感知的是一种幻觉，而逻辑和哲学可以揭示真相。在他的《蒂迈欧篇》中，柏拉图对物质世界进行了更详细的探索，从中他提出了一个由土、水、气和火四种世间元素组成的系统。月上界或天界是由一种完美的物质以太组成，并由一套不同的物理规则所支配。这一体系得到了古希腊哲学家的普遍接受，成为自然哲学的一个公理。

与老师苏格拉底不同，柏拉图不满足于在城市广场上宣扬他的哲学。社会问题的解决靠教育，这就意味着要用基于逻辑的哲学，以及对理念知识的追求，来培养学生。为实现这一目标，公元前385年柏拉图创建了一所学校。因其建筑用地曾属于雅典英雄阿卡德莫斯（Academos），这所学校后来被称作“学园”（Academy）。它没有现代学校的正式结构，但在许多方面它是高等教育概念的基础。那些已经接受过诸如修辞学和几何学等科目基本原理教导的学生，前往学园参加由一位更高级哲学家主持的研讨会形式的讨论和辩论。

柏拉图最著名的学生是亚里士多德（公元前384—前322）。作为一位杰出的思想家，他曾有望在柏拉图去世后继任学园的主持人，但这个职位并没有给他，而是由柏拉图的外甥斯珀西波斯（Speusippus）出任，关于他我们知之不多。出于被无视的失望，亚里士多德离开雅典向北旅行。公元前343 年，他成为马其顿国王腓力二世（Philip Ⅱ）之子亚历山大（Alexander）的私人教师。在腓力死后，亚历山大成为马其顿人的领袖，并继续统一（即征服）整个希腊。刚刚实现了统一，他又开始征讨世界上的其他地方。在亚历山大大帝的赞助下，亚里士多德回到雅典，并于公元前334 年建立了一所竞争性的学校——吕克昂（Lyceum）。由于导师和学者们常常一边在附近散步一边开展他们的工作，因此有时他们也被称为“逍遥学派”。

亚里士多德没有完全抛弃柏拉图的哲学，他们都坚信逻辑的必要性和某些方面的柏拉图理念论。然而，他对物质世界更感兴趣。尽管他同意柏拉图的观点，这个世界是不纯粹的，我们的感觉是不可靠的，但他主张它们是我们所拥有的一切。我们的智力仅仅能够应用于我们周围可以观察到的世界。以此为基础，亚里士多德开始创建一个自然哲学的完备体系。这是一个强大而且极为成功的计划。

位于亚里士多德思想核心的是两套基本体系。第一套体系提供了对自然事物的完备描述。第二套体系证实了知识，使之能够满足证据的要求——为了让生活在一个竞争的，甚至有点好讼的社会中的人们信服，这是必不可少的。两个部分的结合，产生了古希腊自然哲学的顶峰。亚里士多德哲学在任何方面都不依赖超自然的介入，而且只有一个实体，即不动的原动者，存在于固有的或自然的活动之外。

描述自然物体的第一步是识别和分类。亚里士多德是一位至高无上的分类家。他在生物学方面做了许多工作，从各种生物中根据性状归类出我们称之为爬行动物、两栖动物和哺乳动物的群体，甚至将海豚和人类划为一组。他还在母鸡的蛋中观察到雏鸡的发育，并试图搞清楚有性生殖。

虽然他的许多观察细致入微，但亚里士多德只把这些看作表面差别层次上的考察；哲学家的任务是透过这些次要特征，寻求自然的深层结构。为此，有必要确定自然的哪些方面不能还原为更简单的成分。最简单的材料成分是四种元素，地界的所有物体都由这四种物质组成。物体之间的表面差别，是构成世间物体的元素在比例和数量上的不同而导致的结果。

这些元素本身不足以解释物质的组织和行为。物质似乎也有四个不可还原的性质，亚里士多德将其划分为热、冷和湿、干。它们在所有物质中始终成对出现（热/湿，冷/湿，热/干，冷/干），但与材料相分离。一个大致的比喻是比较篮球和保龄球的弹力。篮球和保龄球的弹力水平是差别很大的，取决于各自制造的材料，但是研究两个球的“弹性”，可以与研究构成两种球的材料区别开。

尽管四元素和四性质可以描述构成事物的质量和性质，但它们没有解释一件事物是如何产生的。为此，亚里士多德确定了四类原因：形式因、质料因、动力因和目的因。事物的形式因是计划或模型，而质料因是用于创造物体的“素材”。动力因是导致事物产生的动因，目的因是导致事物产生的意图或必要前提。

思考一下花园周围的石墙。墙的形式因是它的计划和图纸。如果没有详细尺寸的计划，就不可能知道建造它需要多少石头。墙的质料因是石头和砂浆，这些材料对完工后的墙施加一定的限制；动力因是石匠，由于石匠能力的限制，墙会再次受到某些限制。目的因就是修建墙的原因——例如将附近的山羊挡在我们的花园之外。

尽管亚里士多德和柏拉图的四元素概念可以还原为一种具有几何结构的粒子模型（例如，火由三角形组成），但他们通常将元素视为一种连续的物质。这种观点受到了伊壁鸠鲁学派的挑战，他们提出了一种更加唯物主义的自然模型。哲学家伊壁鸠鲁（Epicurus，公元前342—前270）与柏拉图一样，出身雅典的贵族家庭。他创建了一所名为花园（Garden）的哲学学校（花园学派），并复活了一位早期哲学家德谟克利特（Democritus，约公元前460—前370）的工作。德谟克利特曾主张一种对宇宙的唯物主义理解，而伊壁鸠鲁描绘的世界是由无数（但不是无限）的不可毁灭的原子构成的。物质的外观和行为是根据粒子不同的大小、形状和位置产生的。

伊壁鸠鲁学派的自然哲学是最机械论的希腊哲学。不仅挑战了自然的物质基础，伊壁鸠鲁学派还挑战了通往自然知识的道路，主张知识只能来自感觉。因为自然的知识不需要逻辑或数学的理性提炼，所以它是对所有人都开放的知识，而不仅仅是对有学问的人。这种对感觉得来知识的信仰，使得伊壁鸠鲁学派获得了感觉主义者的声誉，在后世，它被犹太教、伊斯兰教和基督教的学者抨击为无神论的和堕落的学说，而在哲学上没有发挥作用。尽管后来的神学思想家怀疑所有的希腊哲学，但亚里士多德的体系比伊壁鸠鲁学派更容易修订，因为它最终依赖于可归因于上帝的公理。因此，伊壁鸠鲁的思想在很大程度上被谴责或被忽视，直到17世纪才因其原始的原子模型，获得了现代物质研究奠基者的虚名。因此，它被看作是现代化学的古代先驱。

关联阅读

自然哲学和赞助：亚里士多德和亚历山大大帝

从古希腊时代开始，赞助者和门客的关系就已经成为自然哲学和科学发展的一个重要部分。亚里士多德深受从亚历山大大帝那里获得的材料的影响，与此同时，他的名声也因国王的赞助而得到了更广泛的传播。

公元前343年，马其顿王国的腓力二世让亚里士多德进入宫廷，担任其子亚历山大的私人教师。亚里士多德的父亲曾经是腓力的私人医生，因此亚里士多德和腓力家族早已有所联系。去马其顿的召唤发生在亚里士多德独自进行生物学和哲学研究的时候，因为他已经辞去了学园（柏拉图在雅典建立的学校）的教职。

亚里士多德在宫廷待了七年，教导马其顿贵族的儿子们。亚里士多德发现亚历山大是一名优秀（即使有点活泼善变）的学生，无论做什么都想尽善尽美。腓力在公元前336年遭到暗杀，亚历山大登基成为国王并继续征服希腊和大部分已知的世界，包括小亚细亚、埃及和波斯。他与亚里士多德保持着密切的朋友关系，终生都在和老师通信。他还送给亚里士多德数以百计的动植物标本，还有来自远方超过万卷的图书。

公元前334年，亚里士多德回到雅典，创建了一个名为吕克昂的学校。在亚历山大的赞助下，这个学校蓬勃发展，亚里士多德许多最重要的作品都是在这一时期完成的，包括《物理学》(*Physics*)、《动物之构造》(*Parts of Animals*)和《论灵魂》(*De Anima*)。亚历山大的馈赠创建了庞大的图书馆，有助于亚里士多德哲学方面的工作，与此同时动植物标本则有助于他的生物学研究。例如，亚里士多德描述的鱼类，在欧洲数百年内再未被记载过，并且由于这种广泛的经验他提出了一套坚实的分类系统。

亚历山大是一位哲学王：精通文学、受过良好教育，除了必须掌握的战争和政治外还对其他事物感兴趣。他和亚里士多德的关系成为赞助关系的典范，许多后世的自然哲学家，从阿尔昆（Alcuin）到笛卡尔（Descartes），都希望为自己找到这样的赞助者。

亚里士多德的变化和运动理论

在亚里士多德体系中，物质的三个基本方面（元素、性质和原因）并不能自行装配而形成世间万物；把所有东西汇集起来必须经过变化和运动。运动包括自然运动，那是物质的固有属性。在地界，所有的元素都有一个自然的圈层，它们试图通过直线运动回到它们的自然所在。然而，由于世间许多物体都是四元素的混合物，所以自然运动受到各种限制。例如，一棵树按一定比例含有所有四种元素，但它以特定的方式生长，根往下扎是因为土元素要向下运动，而树冠往上长是因为气和火元素在努力上升。

柏拉图和亚里士多德都接受了毕达哥拉斯的观点，即天界中的物质是完美的，其固有的自然运动也是完美的，运行轨迹是一种均衡不变的圆周，即完美的几何图形。因此，亚里士多德天文学要求天空中的物体按照这个规则运动。虽然这是对大多数可以观察到的天体（如太阳、月亮和恒星）的合理假设，但它为后来的天文学家造成了一些难题（见图1.6）。

其他形式的运动，特别是自主运动，需要将运动与世间万物结合起来。为此，亚里士多德从对起因的观察开始，追溯一连串的运动。任何事物的运动都有一个推动者，但是，那个推动者也必须要有推动它的事物，以此类推。以弓箭手射箭为例。我们看到一支箭穿过空中，并且我们可以观察到是弓弦推动了箭的运动。弓弦的运动是弓箭手通过肌肉运动推动的，而肌肉的运动是弓箭手的意志推动的。精神的思考（同样也是一种运动）是由于一个灵魂，运动员身体的存在是其父母的产物。出生和成长也是运动的形式。运动员父母的存在是其祖父母结合的产物，以此类推。为避免其成为一个完全无尽的倒退，必须存在某个点，在这个点上物体的发动，无须某个先前事物的推动。这就是不动的原动者（unmoved mover）。从某种意义上说，不动的原动者通过一念之力开启的行动巨链，发轫了宇宙中的运动。

让我们回到继续飞行的箭上去。只要它还未脱离弓弦，我们可以看到是弓弦和肌肉使箭运动，但是离弦之后又是什么使箭保持运动状态呢？箭朝向地面的运动，可以用它的自然位置来解释，含有较重土元素的箭要回归其合适的球界。而

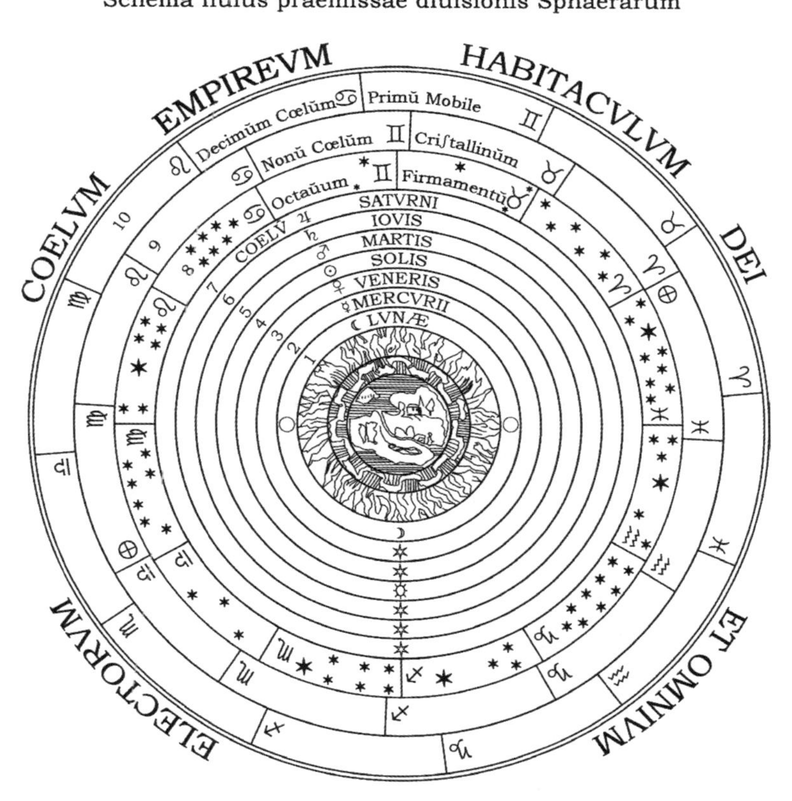

图1.6　亚里士多德的宇宙观图示

持续的向前运动，亚里士多德推理认为，一定与它在运动中被添加的推力有关。他推断，箭沿着自身路径跌跌撞撞地贯穿空气。箭将空气推离原来的位置，实际上空气在弓箭的前方被压缩，并在其后方产生了一块稀薄或虚空区域。空气为恢复自然平衡状态而围绕箭急速运动，这种运动将箭撞向前行。由于空气抗拒被推离其自然位置，它会最终停止箭的向前飞行（见图1.7）。

这同样遵循了亚里士多德体系，即物体包含元素的数量决定其运动速率。箭是由木头构成的，不含有太多的土元素，会比几乎完全由土元素构成的石块保持运动更久一些。这就引起了亚里士多德学派的争论，一个小石块和一个比它重十倍的大石块同时下落，是否大石块会比小石块的坠落速度快十倍。

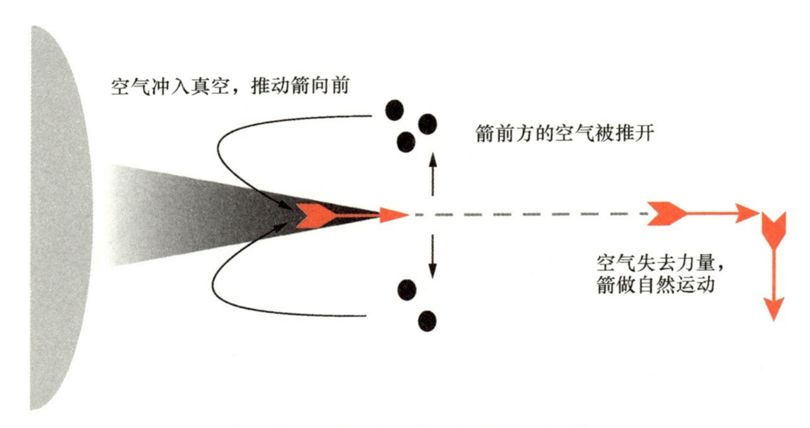

图 1.7 亚里士多德认为的箭的运动

运动的箭持续其“不自然”运动时，箭与空气的相互作用。这一体系看上去有些粗陋，但它似乎是基于对水中运动的观察。船桨划过水面，看上去是桨前侧的水被压缩了（水明显地鼓起来），而在桨后侧周围似乎形成了漩涡和空隙。前面的水就会绕过桨向后冲去，以填满后方空间

亚里士多德的逻辑学

虽然理解物质的结构和运动比较重要，但是仅凭这些知识去理解世界还是不够的。部分原因是感觉会被欺骗，并且不会完全精确，但也由于观察只局限于外部世界，无法自动地揭示支配自然界的深层规律或结构。要发现它们只能通过运用智力，即指逻辑学。虽然亚里士多德反复回到逻辑主题，但是他的逻辑学理论在关于该主题的两部著作，即《后分析篇》（*Posterior Analytics*）和《前分析篇》（*Prior Analytics*）中已得到明确的呈现。位于他的逻辑体系核心的是“三段论”（Syllogism），三段论提供了一种证明某项关系的方法，从而得出可靠或确定的知识。如今我们依旧在使用三段论逻辑，作为验证某些陈述可靠性的方法。一个最为著名的三段论如下：

1. 凡人都会死。大前提，来源于公理或先前确立的真实陈述。
2. 苏格拉底是人。小前提，这是经过调查的条件。
3. 因此，苏格拉底会死。结论，是根据大前提和小前提推论而来。

三段论是确证逻辑一致性的有力工具，但它本身不能用来揭示一个陈述是否真实，即使陈述有误，逻辑的三段论也能建立起来。

1. 所有的狗都有三条腿。
2. 莱西（Lassie）有四条腿。
3. 因此，莱西不是一条狗。

第二个三段论与第一个一样前后一致，但因为它的大前提是错的，所以结论也是错的。公理“狗都有三条腿”经受不住观察或定义的检验，所以这个三段论不成立。因此不足为奇，古希腊哲学家花费巨大的精力用于发现和确立公理。公理是不可再化简的、不证自明的真理。它们代表着世界要正常运行就必须存在的条件，然而确认它们却不容易。亚里士多德断定，公理只有在全体学者达成共识时才能被确认，这一观点呼应了关于希腊政治的论述。例如，加法运算是一个公理，人们必须将其作为不可或缺的数学运算而接受，否则全部的算术便土崩瓦解。加法的属性无法被分解成更简单的运算；反之，乘法可以被分解成重复的加法运算，因此它不是公理。

关于什么是公理的陈述，如何确信公理的陈述，是自然哲学和科学一直争论的中心问题，这部分因为前几代的公理往往成为新思想家研究和还原的对象。对公理在哲学上和实践上的攻击，有时让一些学者无法确定所有的知识是否可靠，然而也让其他一些人，如笛卡尔（1596—1650），开始寻找确定性的新基础。

亚里士多德体系的威力在于其广泛性和完整性。它整合了已经成熟且经过哲学检验的思想（某些案例持续了数百年），并加上亚里士多德自己的观察和逻辑工作。它提出了一个理解世界的体系，这个世界几乎完全是内在衍生出来的。除了不动的原动者外，他的体系各个环节的运行都不需要超自然的介入，而且，它基于的信念是全部的自然都可以被理解。自然的可理解性成为自然哲学的特征之一，并将自然哲学与其他类型的研究，如神学或形而上学区分开来。

亚里士多德体系高明地运用了观察和逻辑，但不包括实验方法。亚里士多德了解检验事物的概念，但他拒斥或以不信任的眼光看待通过检验自然而获得的知识。因为这种检验只是表明了被检验事物在检验中的行为，而不是自然状态下的行为。因为检验是一种非自然的状态，所以它不属于自然哲学的方法，自然哲学是研究处在自然状态下的事物。由于亚里士多德对实验方法的拒斥，人们很容易挑出其理论的毛病，但是说亚里士多德的研究目标与现代科学的研究目标就一定相同，仍有待商榷。亚里士多德和现代科学的研究对象都是自然，以及自然是如何运转的，但是关于自然问题的提问方式有很大的不同。对于亚里士多德和其他一些自然哲学家来说，中心问题之一是目的论，即询问“自然运行的目的是什么”。他们设想，只有通过观察和逻辑才能回答这个问题。

欧几里得与亚历山大里亚学派

亚里士多德逝世后，学园和吕克昂都仍然是哲学教育的主要中心，但是希腊学术的重心开始转向亚历山大里亚。这一转变开始于公元前307年，埃及统治者托勒密一世（曾是亚历山大大帝的将军之一）邀请被废黜的雅典独裁者德米特里厄斯·法勒隆（Demetrius Phaleron）前往首都亚历山大里亚。作为连接非洲、欧洲、中东和亚洲的贸易枢纽，亚历山大里亚是一处理想之地。人们认为是德米特里厄斯建议了托勒密，收集大批图书，修建一座供奉缪斯们（一系列科学与艺术的守护神）的神庙。虽然神庙的精确修建时间和早期历史并不清晰，但是缪斯神庙成为缪斯学宫（Museum），自此我们现代使用的这一术语流传下来。缪斯学宫的一部分是图书馆，图书馆的地位越来越突出，并最终在历史收藏方面令缪斯学宫相形见绌。亚历山大里亚大图书馆（The Great Library）最终保存了绝大部分的古希腊文本，并在雅典衰落之后成为研究亚里士多德学派首要的手稿储藏库和教育中心。

和缪斯学宫相联系的伟人之一是欧几里得（Euclid）。他最不朽的作品是《几何原本》（*Elements*），这是一部长达13卷的数学知识的丰碑式汇编。虽然《几何原本》的大部分内容是对其他学者以前成果的概括，但有两个因素使它超越了数学百科全书之类的著作。首先是系统地展示了证明过程，从而每个陈述都基于之前陈述的逻辑论证。这不仅赋予了数学证明的可靠性，而且直到今天都影响着数学和哲学思想的提出方式。这些证明基于一组公理，比如平行线不相交，或者两线相交组成的四个角是两对相等的角且全部之和总是等于360°等陈述。

第二个因素是这本书涵盖的范围。通过汇集所有古希腊人已知的数学基本原理，《几何原本》是学者们的宝贵资源，并且成为一本重要的教科书。书中包含几何定义、二维和三维几何图形结构、算术运算、比例、涉及无理数在内的数论、涉及圆锥曲线的立体几何。在所有手稿还必须手抄复制的时代，《几何原本》成为流传最广、知名度最高的文本之一。

古希腊自然哲学最显著的是其哲学体系，但是不能把这些体系视为脱离现实世界的或者某种无关紧要的知识消遣。亚里士多德自然哲学的目的之一是让世界被认识，这种已知的世界是一个经过分类和测量的世界。昔兰尼的埃拉托色尼曾着手测量世界。他是一个著名的博学家，其研究涉及很多领域，尤其擅长数学，大约在公元前240年他成为亚历山大里亚缪斯学宫的图书馆馆长。他把数学观念应用于地理学，并提出了测量地球周长的方法。古希腊人很早就明白大地是一个球体，并在亚里士多德哲学中被当作公理，但是精确测量就是一个挑战了。埃拉托色尼推理认为，通过同时测量投影在两个不同纬度上的阴影角度，他可以计算地球的周长。通过获知从地球球心向两个测量点发出的两条线之间的角度，以及两点在地球表面的距离，可以确定地球上这段距离占周长的比例（见图1.8）。由此不难算出整个地球的周长。他给出的答案是250000“希腊里”（stadia）。长期以来人们对这一测量值有多么精确还有争论，因为人们不清楚埃拉托色尼所使用的“希腊里”的长度是多少，但是这个值被计为约46250千米，与目前赤道的测量值40075千米相去不远。

阿基米德，哲学家的形象

古希腊的知识传统影响深远，特别是亚里士多德和柏拉图，但是他们的贡献并不仅仅在于思想。古希腊人还帮助我们开创了哲学家的形象，这种形象以多种形式流传至今。早在学生们有足够基础可以理解哲学家们复杂的思想之前，他们便已经接触到这些人物的形象。阿基米德（约公元前287—前212）的故事甚至比苏格拉底之死更为知名，它塑造了哲学家的文化观。

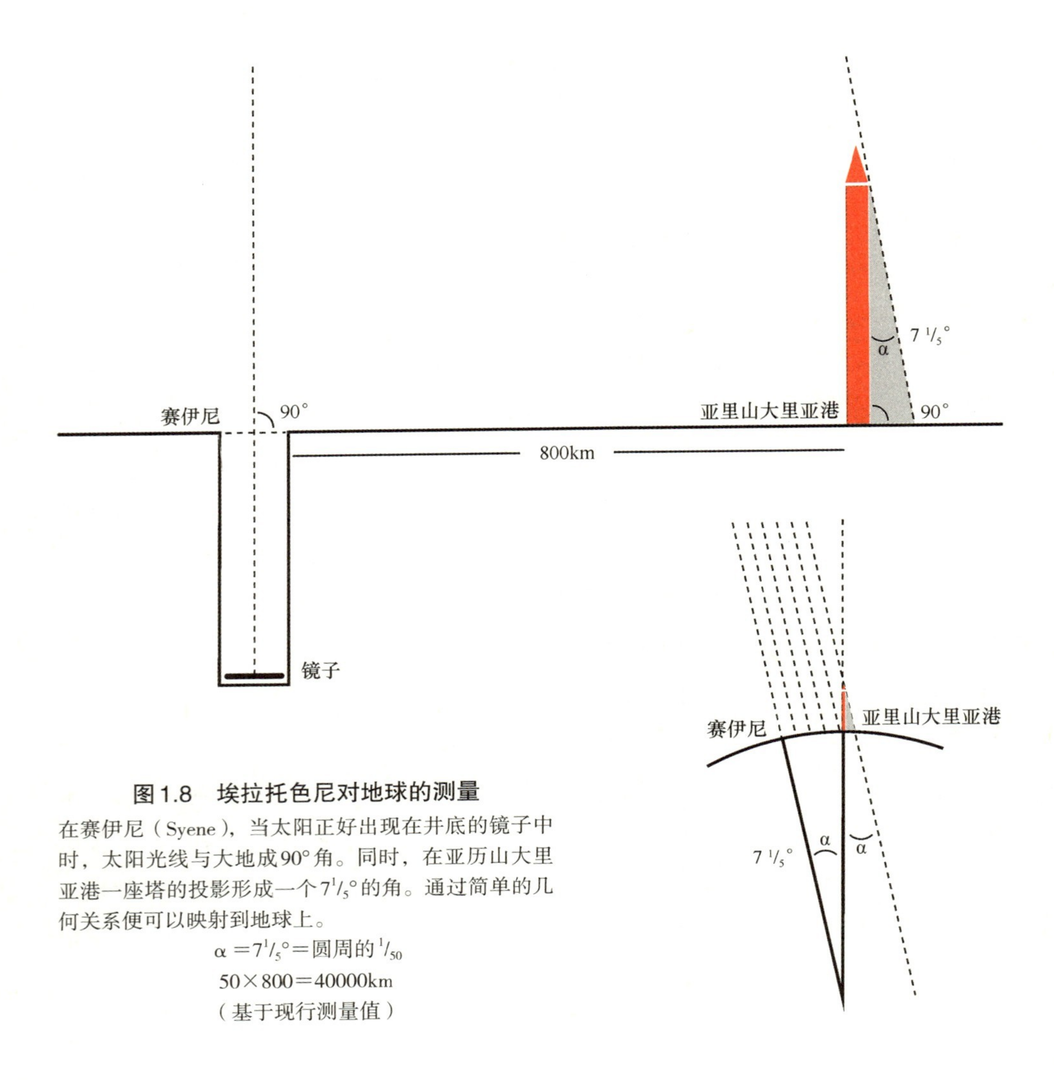

图 1.8 埃拉托色尼对地球的测量

在赛伊尼（Syene），当太阳正好出现在井底的镜子中时，太阳光线与大地成90°角。同时，在亚历山大里亚港一座塔的投影形成一个$7^1/_5$°的角。通过简单的几何关系便可以映射到地球上。

$\alpha = 7^1/_5° =$ 圆周的 $^1/_{50}$

$50 \times 800 = 40000$km

（基于现行测量值）

阿基米德一生大部分时间住在叙拉古（Syracuse）。他可能去过亚历山大里亚并师从欧几里得学派的人；人们清楚的是他在职业生涯后期熟识那里的数学家并通信。在他的成就中，阿基米德确定了数字圆周率π——将圆的周长、直径和面积联系起来——并将这项工作扩展到球体。他创立了流体静力学，研究了液体的排水量，探寻物体为什么漂浮，被排开液体和重量之间的关系。这就是流传至今的阿基米德原理，一个浸入水中的物体会受力上浮，这个力的大小等于被物体排开的液体重量。阿基米德还通过几何证明确定了杠杆原理。

可能与阿基米德在数学和哲学上的贡献同样有力的是围绕他形成的传奇故事，这让他成为一个值得纪念的人物。他的工作并不局限在智力研究方面，因为他还创造了一些机械装置。它们主要是一些战争机械，建造目的是为了在第二次布匿战争中帮助叙拉古防卫罗马人的进攻。其中包括各式弹道武器和击退登陆船只的机械。尽管阿基米德没有发明阿基米德螺旋升水泵（包含一个用于提升水的旋转螺旋管），但是他的名字却和这个他可能发明过的东西联系在了一起。

一个众所周知的故事是阿基米德发明了燃烧镜，或者用擦亮的盾牌通过反射阳光来点燃罗马人的船只，但这是在阿基米德死后很久人们虚构的神话。尽管在理论上有可能，但现代对燃烧镜的复原表明这种做法起码是不实用的，因为它要求罗马的船只在相当长的时间内一动不动，并且罗马人没有发现着火，直到已经给船只造成重大损害。

浴缸中的阿基米德是哲学家生活中最著名的故事。叙拉古国王希罗（Hiero）很担心他给工匠制作王冠用的黄金中掺入了廉价的金属，但是皇冠一旦制成，怎么才能识破诡计呢？据说阿基米德是在公共浴池中意识到这是一个流体静力学的问题，从而解决了这个问题。因为金密度较大，排开的水比相同重量的银要少。他跳出浴缸，裸体穿过城市并喊着“尤里卡”（Eureka），意思是“我知道答案了”。现存历史记载中找不到这一事件，并且阿基米德很难有合适的工具来应用排水法，但是他可以使用流体静力学天平，他记录并使用过的装置，轻松解决了这一问题。

阿基米德之死也成为传说的素材。普鲁塔克（Plutarch，约46—120）在《希腊罗马名人传》（*Plutarch's Lives*）中讲述了这样一个故事：

> 当时的阿基米德，就像命中注定一样，专心致志于通过一个几何图形来解决若干问题，大脑和双眼都沉浸在思索的问题上，他一点也没注意到罗马人的闯入，也不知道城市已被占领。在研究和冥想的喜悦中，一个士兵意外地来到他身边，命令他跟着马切洛斯（Marchellus）走，但是他在解决问题并给出证明之前拒绝这么做，那个士兵被激怒了，拔剑刺向了他。

与他们想要呈现的理想学者的形象相比，这个传说是否基于真实事件已经不重要了。虽然阿基米德的历史形象多种多样，从心不在焉的哲学家，到实干家，以至伽利略口中的“神圣的阿基米德”，但真正哲学家的形象是超脱世俗羁绊和个人利己主义的人。他是无私的，专注于研究，心无杂念，并且可能有点不通世故。尽管阿基米德制造过一些机械装置，也因此与工程师联系在一起，但是比起这些发明，阿基米德对哲学远为感兴趣。他成为一名优秀科学家的典范——能够承担理论和实践两方面的工作。虽然亚里士多德和柏拉图也能被尊为伟大的智者，但他们似乎有些冷漠和枯燥，总是一副关注大局的理论家面孔，而对现代实验主义者来说，阿基米德是一个平易近人得多的楷模。

安提凯希拉装置

1901年，在希腊安提凯希拉岛附近沉没的一艘罗马货船残骸里，发现了一套神秘的机械装置。货船大概沉没于公元前70年。虽然找到几个齿轮和通用希腊文的片言只字，但其他部分的损坏过于严重，直到1971年使用X光和伽马射线照相前，人们都无法判断它的用途和功能。科学史家德瑞克·德索拉·普赖斯（Derek de Solla Price）与物理学家查拉兰帕斯·卡拉卡洛斯（Charalampos Karakalos）证明安提凯希拉装置是一套极其复杂的模拟计算机，设计用来计时和呈现太阳、月亮和已知行星的位置。后续关于该装置的研究表明它还能显示奥林匹克运动会、地峡运动会、尼米亚运动会、皮提亚运动会，以及较少为人所知的纳安（Naan）和哈利安（Halieian）运动会的日期，该装置设计于希腊的西北部，可能是重要的城市伊庇鲁斯。装置上的证据表明，它大概建造于公元前200年，尽管有历史学家主张它更有可能建造于公元前100年，只不过包含了一些更早的天象信息罢了。支持这一判断的事实是，该装置似乎用到了罗德岛的喜帕恰斯（Hipparchus of Rhodes，其成果鼎盛年在公元前140—前120）的天文学。当时，罗德岛是一座重要的贸易港口，以工程技术而闻名。即使采用较新的日期，仍无法解开其结构的奥秘，因为在该区域当时没有发现任何复杂到这种程度的装置。它是数学、天文和工程上的杰作，让我们清晰地目睹古希腊人将理论转化为实际应用的能力。它也同时表明，后来托勒密的天文学研究是在此前长期天文观测的坚实基础上发展而来的。

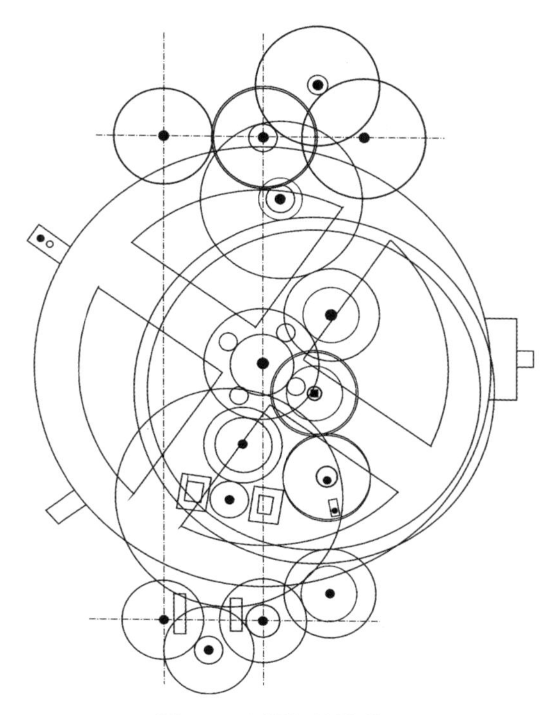

图 1.9　安提凯希拉装置

尽管该装置体现了古希腊天文知识的顶峰，但它也有可能并不完全可靠。两位研究者，托尼·弗里斯（Tony Freeth）和亚历山大·琼斯（Alexander Jones）曾经指出，齿轮啮合没有那么紧凑，正常的磨损会随时间降低它的精确度，从而需要人工校正。这大概就是为什么这个装置被搬到一艘罗马船上，远离故土的原因。这一珍贵的物件，无疑属于某个富有的家族，可能正在运往罗德岛维修和调试。

本章小结

当希腊世界被罗马帝国控制的时候，一群强有力的古希腊思想家已经成功创建了自然研究的学科，并剔除了几乎所有与超自然事物或力量的联系。他们让宇宙变得可测量，因此使得宇宙可知。他们奠定了地中海世界使用一千多年的知识探索的框架，并且来自亚里士多德和柏拉图的一些思想到今天仍然会引起讨论。

在罗马人的控制之下，亚历山大里亚作为学术的中心变得更加重要，亚里士多德哲学的基本原理被传播到罗马帝国的各个地区，从罗马治下的不列颠到中东的新月沃土。随着哲学的发展，出现了智者、学者和知识分子的新形象，他们的工作不是解释充满鬼神的世界奥秘，而是阅读并揭示自然之书的篇章。

论述题

1. 自然哲学为什么产生于希腊世界，而不是埃及或肥沃的新月地带？

2. 古希腊自然哲学家主要的关注点有哪些？

3. 比较柏拉图与亚里士多德的体系，他们共同关心的问题有哪些，又是如何意见分歧的？

4. 亚里士多德的逻辑学是什么？为什么对自然哲学十分重要？

第二章时间线

公元前753年	传说中创建罗马的年份
公元前146年	希腊落入罗马统治
约公元前50年	卢克莱修撰写《物性论》
公元前31年	埃及落入罗马统治
约公元前7年	斯特拉波撰写《论世界概况》
77年	老普林尼撰写《博物志》
约148年	托勒密撰写《天文学大成》和《地理学》
162年	盖伦前往罗马
250—950年	玛雅帝国繁盛
286年	罗马帝国分裂为东罗马帝国和西罗马帝国
392年	罗马帝国基督教化
476年	西罗马帝国灭亡
529年	查士丁尼大帝关闭学园和吕克昂
622年	穆罕默德前往雅斯里伯（麦地那）；圣迁标志着伊斯兰教的开端
762年	巴格达城修建
约815年	智慧宫创建
约820年	肯迪翻译《地理学》
约890年	拉齐撰写炼金术著作《秘典》
约900年	地理学思想的巴奇学派创建
约1000年	几乎所有留存的古希腊医学和自然哲学文献都翻译成了阿拉伯语
约1037年	伊本·西那去世
1092年	苏颂的机械钟、浑仪和浑象问世
1426—1520年	阿兹特克帝国繁盛

第 二 章

罗马时代与伊斯兰的崛起

当古希腊哲学家们钻研宇宙的结构时，在亚得里亚海的另一边，有一小群居住在台伯河（Tiber River）东畔的人正在创建一个强大的军事国家。传统的传说认为，罗穆卢斯（Romulus）和瑞摩斯（Remus）在公元前753年建立了罗马，但是这座城市的源头可能是伊特拉斯坎人（Etruscan）。公元前500年左右，伊特拉斯坎人的统治结束，罗马人的统治开始了。通过占领或吸纳其邻邦，罗马在公元前三四世纪不断扩大其控制区域。公元前263—前146年，经过与迦太基之间的布

图2.1　罗马帝国

匿战争，罗马确立了军事优势，并开始崛起成为帝国。

随着罗马的扩张，它开始接触希腊文化，先是通过意大利半岛上的希腊殖民地，之后又通过直接占领希腊本土。罗马对希腊的征服完成于公元前146年。希腊的知识遗产也随着被占领而主要由罗马帝国所掌握。古希腊学术并没有遭到罗马毁灭，实际上，罗马精英们采纳了希腊教育，学习希腊哲学，并对许多古希腊哲学家十分推崇。这种尊敬通常并不是出于哲学的理由，而是有着更为实际的目的。掌握希腊哲学被认为是一种训练心智的好方法，正如军团生涯锻炼了身体一样。二者都为罗马精英们承担世界的主宰者角色奠定了基础。罗马人本质上是一个注重实践知识的民族。他们的工程师修建了各类建筑、道路、引水渠，以及许多其他幸存到现代世界的宏伟建筑。罗马制造业的最终产品已经令人印象深刻，而更为重要的是其组织系统的力量。这一系统设想、管理和扩张了这一辽阔的帝国。在罗马帝国，大自然是要屈从于实用目标的。

因此，对罗马来说，对自然的研究更多地导向实用性而非哲学思辨。罗马的知识分子更关注于事物有效用，而不是论证关于这一事物的知识真相。从而，他们更关注机械，研究动植物、医药和天文学，而非认识论或哲学。罗马帝国不像曾经的希腊城邦那样建立在公众演说和民主之上，而是建立在公开展示的权力之上。让自然听命于人，要比正确的推理更为必要。罗马人在自然哲学及其他很多方面都继承了希腊的遗产，但加以改造，从而有助于实现他们自身的目的。

对于罗马精英来说，学习希腊哲学可能并不是为了哲学本身，而是一种训练心智的方式。即使最终目的是物质方面的，但智力上的敏锐仍旧需要一个合理的基础。这一传统使得一群罗马知识分子保存并完善古希腊的思想。例如，公元前75年左右，著名的演说家和政治家马库斯·图留斯·西塞罗（Marcus Tullius Cicero，公元前106—前43）找到并修复了阿基米德之墓，尽管阿基米德曾与罗马人作战，但他在机械方面的才能却深受爱戴。公元前50年，诗人提图斯·卢克莱修·卡勒斯（Titus Lucretius Carus，公元前99—前55）的遗著《物性论》（*De rerum Natura*）发表，为伊壁鸠鲁哲学辩护，并详细解释了德谟克利特的原子主义理论。公元前40年，马克·安东尼（Marc Antony）送给克里奥帕特拉（Cleopatra，亚历山大所建立的希腊王朝的后继者）20万份手稿［主要是来自帕加马（Pergamum）的图书馆］，克里奥帕特拉将之放入亚历山大里亚的缪斯学宫，使其成为世界上最大的图书馆。这一举动并非是完全无私的，因为安东尼希望扩展罗马在埃及的影响，但是这一举动肯定证实了亚历山大里亚图书馆的价值。当罗马在公元前31年征服埃及时，征服者们非常清楚学宫的价值，保留了这个地中海世界最伟大的学术中心，既作为帝国的装饰，也因为其藏书具有实用价值。

罗马人发展出对大规模工程的喜好。他们成功的关键之一就是在建筑中广泛采用了拱门结构。与使用圆柱和过梁系统的埃及人和希腊人相比，他们能够建造更大、更开阔的建筑。一个拱门在三维角度上旋转就成了拱顶，这是罗马建筑中的另一项创举。他们还发明了用作灰浆的水凝水泥，因为甚至可以在水下凝固，水泥成为建造桥梁、码头和船坞的非常有用的材料。

罗马时期工程方面最伟大的成就是道路系统。尽管大部分的罗马道路并没有体现出必须解决的最复杂的工程难题，但这些道路是帝国能够实行中央集权的关键。罗马的权力得以行使，是因为罗马大道不仅提供了一个交流系统和安全的贸易路线，也让军队可以迅速调动。

罗马时代的自然哲学：托勒密与盖伦

当罗马工程师针对帝国的难题不断创造和完善解决方法时，罗马时代的自然哲学家们却不具有同样的创新性。他们没有为自然哲学创造出一套新系统，而是将精力放在了延续和扩展从古希腊流传下来的哲学体系，尤其是亚里士多德体系（在亚历山大里亚占据统治地位）和柏拉图体系。这种扩展的一个方式体现为一批学者在注释和百科全书编纂方面的工作，例如波希多尼（Posodonius，约公元前135—约前51）和老普林尼（Pliny the Elder，23—79），前者对柏拉图和亚里士多德的著作进行注释，后者的大部头著作《博物志》（*Natural History*）几乎是所有关于自然世界已知知识的完整汇总，并呈现在受过教育的普通读者面前。据说为了汇编资料，老普林尼和助手们参阅了超过2000卷图书。有些材料十分怪诞和神秘，诸如对古怪野兽和无头人的描述，但是老普林尼也重提了埃拉托色尼对地球周长的测量。

罗马时代的自然哲学主要是次生性的，但天文学和医学方面的进展是两个例外。在两个案例中，哲学的基础主要都来自亚里士多德，但是其扩展远远超过了先前古希腊时期的任何工作。除了工作本身的意义之外，托勒密（Ptolemy，约87—约150）的天文学和盖伦（Galen，约129—约200）的医学发现，还是罗马陷落后学者们传承希腊哲学的重要渠道。

托勒密的天文学

尽管我们对托勒密的生平几乎一无所知，他的工作直到今天仍然被认为是自然哲学的奠基石。他的拉丁文全名是克罗狄斯·托勒密（Claudius Ptolemaeus），生活在亚历山大里亚的他，通过复杂的数学和大量的观测，为占星学、天文学和地理学创作了大量素材。尤其是他的天文学计算方法，在一千多年的时间里塑造了西方对于诸天的观念。就精确性而言，直到17世纪初的第谷·布拉赫时代，以及随着伽利略引入望远镜，他的观测才被超越。

托勒密对天文学的研究，汇集在《数学汇编》（*Mathematical Syntaxis*）中，即通常所称的《天文学大成》（*Almagest*，在阿拉伯语中al-majisti意思是“最好的”，或译为“至大论”）。这一著作有两项成就。首先，他创造了一个调和亚里士多德宇宙学和实际观测的数学模型。其次，为了做出准确的观测，他提出了一套包括星表和使用说明书在内的综合工具。他的工作是对罗德岛的喜帕恰斯和欧多克索斯（Eudoxus）的扩展。喜帕恰斯对恒星和行星进行了大量精确的观测，算出了春秋分点的岁差，并且测量了一年和朔望月的长度。欧多克索斯所提出的嵌套天球系统是对逆行运动问题的一个创造性的解决，这一系统中，每一个嵌套天球都有一个略微不同的旋转轴。

亚里士多德的地心说或以地球为中心的系统，从日常经验看是显而易见的，也具有哲学上的一致性，但是当进行细致观察时，这一系统存在着些许问题。最难调和的观测之一就是逆行运动（见图2.2）。如果一个观察者长时间追踪金星、水星、火星、木星和土星相对于恒星（恒星是自西向东的年度圆周运动）的轨迹，每一颗行星也都逐步地自西向东移动，然后运动似乎放缓，并向西绕行一段时间，接着再继续由西向东运动。这一现象在火星的运行轨道上最为显著。

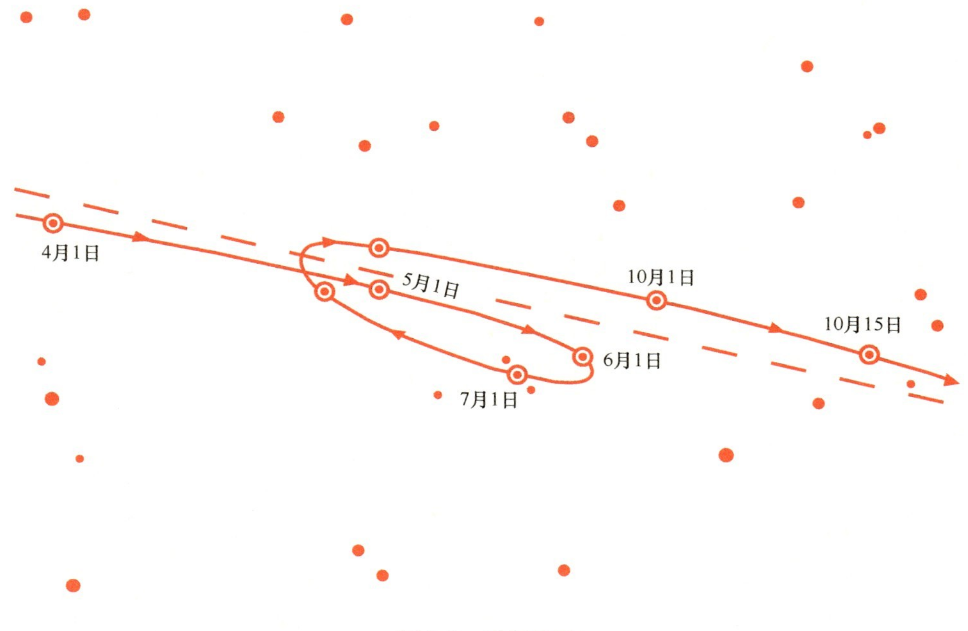

图2.2 逆行运动

除了逆行的问题，一些行星在它们轨道的不同部分似乎以不同的速度运动，而固定的恒星则以一种相当规则的方式运动。运动问题和时间问题结合起来，似乎与诸天性质是完美的圆形和球形这一公理相矛盾。逆行运动也带来实际问题，因为分配星座、辅助航海和授时都需要天空物体的精确知识。托勒密创造了一个能够解决所有这些问题的有效天体模型。重要的是我们要理解，他认为自己的模型不是对宇宙的真实描述，而是一个用来帮助观察者追踪天体运动的数学工具。因为其体系的实用性，且符合了后世学者的哲学和神学，托勒密体系被等同于诸天的真实结构。

托勒密的推理建立在大量的观察记录之上，有些来源于缪斯学宫，有些来源于他本人及助手的工作。为了使圆周运动的必要性（亚里士多德宇宙论中的要求）和观察到的行星运动相符，他引入了几何学的“补丁”，在描绘天体运动时允许进行机动化处理。这些补丁包括偏心圆、本轮和偏心匀速点等。

如果一颗行星绕着地球匀速运动，人们用圆来描绘它的轨道当然没问题，但是大多数行星好像在轨道不同位置上的运动不同。托勒密推测，可能不是行星真实运动时快时慢的问题（造成这种变化的机制是什么？）而是我们对运动的感觉出了问题。通过把行星轨道的中心从地球（位于宇宙中心）移开，这种偏心圆符合了观察到的非匀速运动，同时满足行星做完美的匀速圆周运动（见图2.3）。

因为偏心圆没有解决全部问题，托勒密于是又引入了本轮，这是嵌套在更大圆或均轮上的小圆（见图2.4）。本轮的修正刚好解释了行星逆行运动。之后的天文学家们意识到增加本轮可以解决观测问题，正像我们尤其在中世纪晚期和文艺复兴时期的机械模型中看到的。

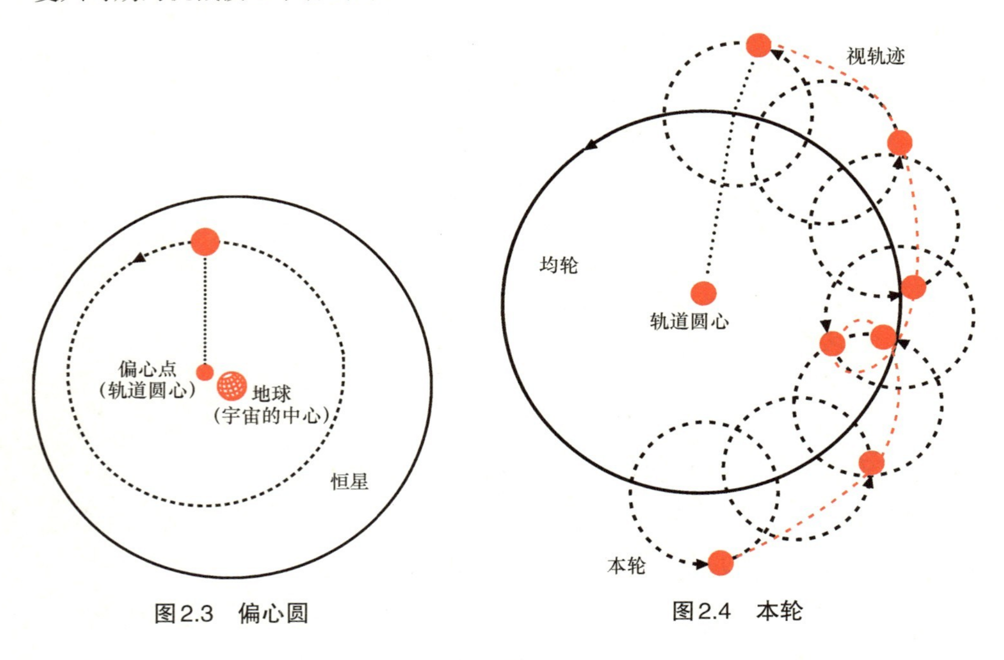

图2.3　偏心圆　　图2.4　本轮

偏心匀速点（equant）是托勒密方案中最复杂的概念（见图2.5）。它不在轨道的中心点上，而是取代了中心点。然而，围绕着偏心匀速点，均轮上的行星运动是匀速的。这意味着，行星在轨道的不同位置上显示的速度会有快有慢，因为行星扫过的区域不再是相等的。

利用这三种几何学方法，托勒密能够解释全部形形色色的天体运动，还能预测未来的天象活动。《天文学大成》是一项杰出的成就，托勒密的体系非常强大，以致它在1300多年中成为西方和中东天文学的基石；其中一个版本直到今天还用于小型船舶的航海术。尽管《天文学大成》多数内容比较难懂，但其部分优势是

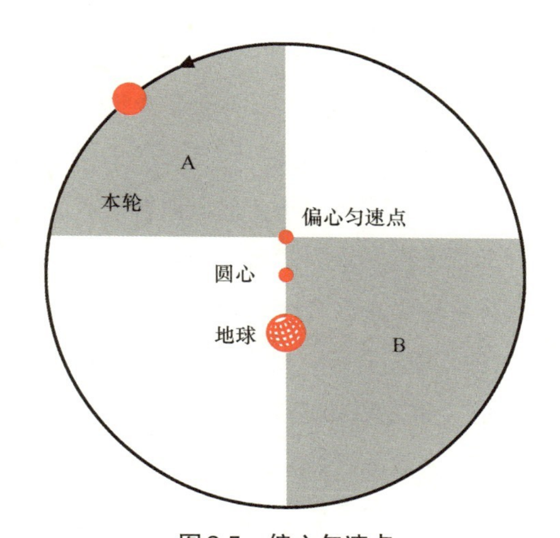

图2.5 偏心匀速点

绕轨道运行的行星在环绕象限A和象限B时所花费的时间相同

它在数学上并不复杂。托勒密模型中的所有元素都是基于简单易懂的圆周几何。虽然构建一个行星的轨道可能需要很多本轮，但这些本轮全部是用相同的方式构成的。《天文学大成》解释了裸眼能见的天界所有物体的运动。其观测非常精确，其计算方法非常完备，从实用角度看，托勒密已经解决了天文学的问题。虽然在本轮的分布和偏心圆的精确定位上需要某些小的修补，但这个模型运行起来非常完美，甚至可以制成机械装置。约1350年，帕多瓦的乔瓦尼·德丹第（Giovanni de Dondi）就完美地制造出了天钟。这一钟表工艺和托勒密天文学的杰作，在华盛顿史密森学会博物馆里就藏有一架能运转的仿制品。

托勒密的另一项伟大成就是《地理学》（*Geographia*），他将强大的数学工具和缪斯学宫的资源运用到了地界。某种意义上，《天文学大成》和《地理学》代表了同一体系的两个部分，前者代表月上界，后者代表地界或月下界。为了获得准确的天文数据，人们需要知道自己在地球上的位置；为此人们必须用数学方法研究地球。托勒密总结了其他地理学者的工作，他考察了制图学的各个方面，包括各种投影方法、经度、纬度；然后，他列出了8000多个地点及其坐标。他将天球和地球等量齐观，对其使用相同的坐标系统，以及相同的球面几何方法标绘点。他把地球划分为一系列平行带或“气候带”，发展出一种经纬坐标的网格。他这样做，创造出了一种从未被完全取代的地图投影方法，这种技术对后世欧洲探险和联结世界其他地区意义巨大。

托勒密的数学地理学和斯特拉波（Strabo）等希腊学者更早的描绘型地理学形成了鲜明的对比。斯特拉波在约公元前7年完成了一部8卷的地理学著作《论世界概况》（*De situ orbis*）。在这8卷书中，他根据自己广泛的旅行和从别的旅行者那里搜集的描述，开始描绘已知世界的每个细节。这是一项紧密依赖历史和政治的事业。托勒密对两种方法做了区分，一种是他用数学方法绘制地球，他称为"地理学"的方法；另一种是斯特拉波式的海陆探索，被贴上了"地方志"标签。

正如《地理学》中的"重要城市表"一样，托勒密《天文学大成》中最有用的部分也编制为《实用天文表》。这本手册让人以更便捷的方式进行天体计算，也比《天文学大成》概述的方法更简单。《实用天文表》成为天文学的标准用具。和天文学相比，地理学的资料知者甚少，也没有广为传播，它在罗马帝国衰亡之后就逐渐从人们的视野中消失了。15世纪时它被重新发现，为文艺复兴时期欧洲地理学思想和地理探险产生了重要影响。因为托勒密的工作非常有用，得到了广

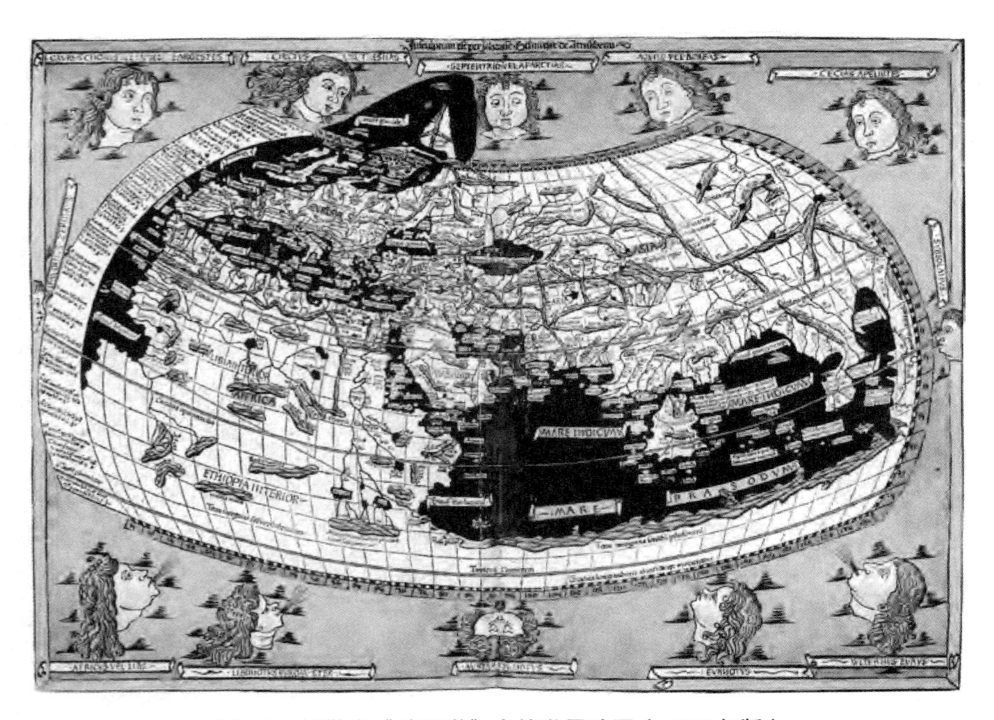

图2.6　托勒密《地理学》中的世界地图（1482年版）

泛的传播，反过来帮助它们在许多帝国（包括罗马和拜占庭）末期的混乱中幸存下来。而托勒密成果幸存的地方，其亚里士多德学派的基础也延续下来。

盖伦的医学

与托勒密相比，我们对盖伦生平的了解要多得多。129年他出生于珀加蒙（Pergamum），一个在那个时代仅次于亚历山大里亚的学术中心。在16岁开始接受医学训练之前，盖伦学习过数学和哲学。157年他成为珀加蒙角斗士的外科医生。从多重意义上看，这头一份专业工作使他能够开始创建自己的医学知识体系，特别是在解剖学方面。在那个人体解剖被禁止的时代，他通过接触伤亡的角斗士而获得了人体解剖的第一手经验。他观察到因暴力伤害而暴露在外的肌肉、骨骼、肌腱和肠子的结构，并负责在可能的情况下尽量让这些部位回到原来的地方。162年他游历到罗马城，停驻了四年后返乡。一场瘟疫暴发时，罗马皇帝马可·奥勒留（Marcus Aurelius）召他返回罗马，他便在那里定居并成为四任皇帝的私人内科医生：马可·奥勒留、路奇乌斯·维鲁斯（Lucius Verus）、康茂德（Commodus）和赛普蒂米乌斯·塞维鲁（Septimius Severus）。

那时的医学哲学被希波克拉底的理论所主导。希波克拉底（Hippocrates of Cos）可能是某一个人，或是一位虚构人物，甚至是一群学者的统称。希波克拉底的医学体系以养生和平衡的理念为基础。其养生的概念不仅限于病人的身体健康，还涵盖了社会、精神和灵魂等方面。希波克拉底派的医生会与病人进行长时间交谈，询问他们在饮食、工作、家庭生活、性生活和精神健康方面的情况。他们也进行星占，甚至会考虑地理方面的情况，因为居住在沼泽附近或遭某些风吹，都被认为有害健康。尽管希波克拉底派医生考虑灵魂方面并使用星占学，但他们认为疾病主要由自然因素而非超自然因素所致，故他们应用药物、饮食和锻炼等实物疗法来治疗疾病。他们认为健康是身体活动、饮食和生活方式的适当平衡，而疾病代表了一些因素的失衡状态。

希波克拉底平衡理论的基础是四种气质，对应人身上的四种体液：来自头部的黏液（Phlegm）、来自肝部的血液、来自胃部的黄胆汁和胃肠中的黑胆汁

（见图2.7）。每种体液都有冷或热、干或湿成对组成的性质，正与亚里士多德体系的四大元素完美吻合。医疗干预的任务便是平衡四种体液。任何一种体液的过量或不足都将导致疾病产生。例如，血液过剩的人面色绯红，治疗他们的方法是放血；脾气急躁的人胆汁分泌过多，则需要使用泻药。这些对身体状况的描述，如现代使用的“多血质”和“胆汁质”等术语表明，它们还与脾气相关联。

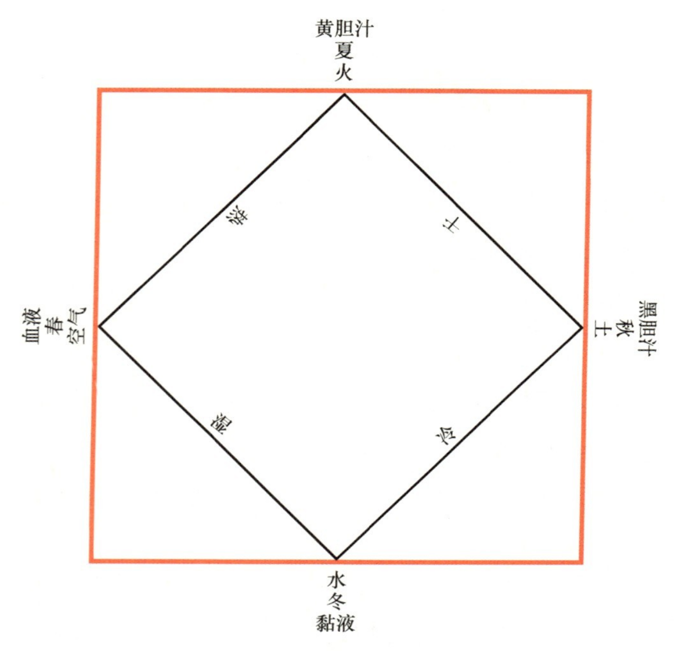

图2.7　盖伦理论的四种体液

尽管现代医学往往将传统追溯到古希腊的希波克拉底派医生，但特别是通过“希波克拉底誓言”可见，古希腊和古罗马时代实际上很少有统一的医学理论。尽管一些希波克拉底派医生也遇到过医学创伤，如伤口、骨折和其他伤害，但直接治疗病人身体的是另一些医者，如外科医生。希波克拉底派医生不治疗女性，女性在那时是由包括助产士在内的另一类从业者负责。在很大程度上，对男性和女性的治疗是分别进行的。如果一位男士请得起内科医生，他便会寻找像盖伦这样受过哲学训练的内科医生。而女士和穷人们寻医问药时，他们所面对的是各种各样的从业者和五花八门的治疗方法，从最实用层面到最精神层面。神庙中也常常为病人们提供帮助，在庙中祷告和祈求也是治疗的一部分。

盖伦开始行医的时代，历史学家至少确认有四类较为广泛的医学哲学家群体：唯理论者、经验论者、方法论者和精气论者。但即使这些群体内部也没有统一的实践方法。每个派别和每位收徒的医师都讲授不同版本的医学理论。进一步说，每一位医生都像是寻找客户和赞助人的推销员，简直像在市场上一样。正由于对“客户”的这种竞争，医生势必要善于说服，让潜在的“客户”认为他们的医学招牌是最好的，因此医学教育也囊括了哲学、修辞学和辩论方面的训练。

当盖伦担任珀加蒙角斗士的内科医生时，他从事的工作虽有利可图，但地位相对较低。角斗是一项挥金如土的事业，可盖伦的工作主要是处理伤者，看起来非常实用，其地位就不如用智识来诊断疾病的医生。尽管有身份上的问题，但治疗角斗士让盖伦细致地接触人体解剖，这是在其他任何地方都难以实现的。由于宗教和文化的禁忌阻止了对人体的解剖，所以罗马世界的解剖学训练都是通过理论，或通过基于动物特别是猴子的解剖。

盖伦在工作中引入了自己受过的哲学训练，包括柏拉图、亚里士多德和斯多葛学派——他们信奉基于物质世界的一种物理学，以及古典学说中的许多其他要素。盖伦接受了希波克拉底的体液概念，但想厘清人类器官的功能，因此他将亚里士多德学派的范畴——尤其是四因说——应用到解剖工作中。例如，他通过亲自观察发现，动脉中流的是血液而不是“元气”（pnuema）或空气。身体上的每个器官和结构都有其目的，而（尸体）解剖和活体解剖就是确定这些目的的关键手段。他的解剖工作不仅在生理学方面，而且在说服力方面都成为一种强大的工具。这番论证使他脱颖而出，不同于那些依靠巧言令色来兜售医学名望的内科医生，因为他能够通过实际的动物解剖来向公众展示自己的学说。盖伦取得了辉煌的成就，他接受了四位皇帝的赞助，同时也是罗马社会精英们的内科医生。这些赞助提供的支持让他有了著书立说的时间，他可能编写过多达500本专著，有超过80部保留到现在。

盖伦的学术著作的高产及其显赫的赞助人都足以令他留名医史，但还有另外一个因素，使得盖伦医学在其他古希腊-罗马思想遭到否认和散失后依然保存了下来。盖伦信奉激进的目的论哲学，认为不存在无目的的事物，万物都以最佳的方式进行构造，臻于至善。这就论证了造物主的存在和尽善尽美。当柏拉图的理念论推广到身体上的时候，这种目的论哲学与伊斯兰教、犹太教和基督教思想家的观点不谋而合。各大宗教都把救死扶伤作为一项义不容辞的宗教义务，在它们看来，盖伦的实用医学是为数不多值得从异教的、堕落的而又唯物论的罗马帝国世界中保留下来的东西。只要盖伦的文本得以幸存，柏拉图和亚里士多德的哲学基本原理也就流传了下来。

罗马帝国的衰落

到盖伦去世时，罗马帝国的裂痕就已经开始显露。269年，亚历山大里亚图书馆在泽诺比亚女王（Septima Zenobia）占领埃及时被部分焚毁。286年，戴克里先（Diocletian）将罗马分为东西两个行政区。亚历山大里亚图书馆在389年一场异教徒与基督徒之间的暴乱中被夷为平地，缪斯学宫也因此关闭。392年，皇帝狄奥多西一世（Theodosius Ⅰ）下令捣毁异教神庙，最后残存的罗马宗教被基督教正式取代。

罗马帝国若是没有外患，或许还可以经受住这些问题。在帝国东方，波斯人反抗罗马的统治并构成长期的威胁。在西北方，多个民族要么在蚕食莱茵河边界，要么在反抗罗马的统治。在5世纪，跨越边境的攻击愈演愈烈，因为日耳曼诸部落一方面遭到身后匈奴人的挤压，另一方面他们也垂涎这个羸弱帝国的财富。曾经赖以统治帝国的罗马大道，将侵略者引向它的心脏。

罗马自身被蛮族入侵者攻占后，帝国东部的君士坦丁堡还在为延续罗马和学术的传统而奋力支撑着。君士坦丁堡由皇帝君士坦丁一世（Constantine Ⅰ）于330年创建，狄奥多西一世驾崩后东罗马帝国分治，该城成为首都。随着罗马的中央统治结束而进入衰落时期，君士坦丁堡继承了古希腊的遗产又位于战略要地，从而保存了古希腊的学术和文化成果。

罗马，曾经是一个横跨欧洲大部、北非和中东的帝国的无上之都，在410年被西哥特人洗劫，接着又在455年被汪达尔人搜刮。它的陷落部分由于内部问题，如苛捐杂税加剧、贫富悬殊增大、被征服民族的不满、罗马人参军比例的降低、长期的政治纷争，以及内战等。罗马人应对这些问题的能力可能因铅中毒而大幅削弱。这种重金属的摄入，不仅来自合金的盘、碗和杯子，也来自广泛用于输水

（Plumbing，拉丁语plumbum意为铅）的铅管道。此外，他们还用醋酸铅为酒增加甜味。

当476年日耳曼入侵者自立为罗马皇帝后，西罗马帝国终于走到了尽头。新的统治者对自然哲学或其他哲学并没有特别的兴趣。罗马最后一位重要的自然哲学家是阿尼修斯·曼利厄斯·塞维林（Anicius Manlius Severinus），即名字更广为人知的波爱修（Boethius，约480—524）。他最知名的代表作是《哲学的慰藉》（*On the Consolation of Philosophy*），但他更深远的影响在于其译者身份。他将大量亚里士多德的逻辑著作翻译成拉丁文，还包括波菲利（Porphyry）的《亚里士多德逻辑学导论》（*Introduction to Aristotle's Logic*）以及欧几里得的《原本》。得益于他的工作，亚里士多德几乎成为12世纪前研究古希腊自然哲学的唯一可用资料。波爱修被指控犯有叛国罪监禁，最终于524年被狄奥多里克大帝（Theoderic the Great）处以死刑，也终结了在西欧传播了近七个世纪的希腊自然哲学。

早期基督教与自然哲学

另一个导致对希腊哲学兴趣下降的因素是基督教的兴起。它是否也加剧了罗马帝国的衰落仍是一个历史争论的问题。一方面，基督徒频繁地与罗马社会的异见分子联合，罗马政府致力打击境内传教，耗费了本应用于解决其他问题的资源和精力，如边境上的蛮族施压问题。另一方面，基督徒并未引发外部问题，从392年开始狄奥多西一世治下的罗马帝国基督教化，基督教便有可能为严重支离破碎的社会提供一种统一的力量。从短期看，罗马基督徒在西罗马崩溃后备受苦难，可从长远看来，教会保存并重新点燃了哲学的理性内容。

基督教与自然哲学的关系并不融洽（还将继续如此）。宗教的救世主情结和狂热都使得人们远离对自然的研究，而转向对上帝的冥想。希腊哲学家都是异教徒，因此本应被拒斥，但他们也属于非凡的罗马帝国的一部分，和理性力量、管理技能（尤其是文学和簿记方面的技能）紧密相连，教会应当网开一面。而且，早期教会的许多举足轻重的领袖都接受过希腊哲学的训练。尤其奥古斯丁（Augustine，354—430）更是希腊哲学的饱学之士，成为理性教会的代言人。即使这样，希腊哲学教育的最后残余，学园和吕克昂，都于529年被皇帝查士丁尼（Justinian）关闭。尽管它们多年来不过是徒有其名地苟延残喘，但它们的关闭标志着古希腊-罗马哲学力量的终结。

基督教充满了内部争议，异端问题层出不穷。早在3世纪，源于罗马的多那图派（Donatists）和亚流派（Arians）对神学的挑战，导致325年召开尼西亚会议（Council of Nicaea），颁布《尼西亚信经》（*Niceaen Creed*），确立了正统学说。甚至《圣经》的拥有权也成为一个问题，在许多地方，只有神职人员才有资格拥有它们。由于具备识字能力的人主要局限于教会成员，这并不是一个很难实施的禁令，缺少读写能力意味着同样难以理解古希腊的文献。

由于有意无意的破坏、遗失或抛弃，自然哲学的知识传统几乎在拉丁西方（罗马帝国的西部土地，拉丁文是教会和少部分受教育阶层的语言）荡然无存。一些文本和观念在西部只剩下一星半点，而在东部的（仍然使用希腊语）拜占庭帝国保留了更多的材料。希波克拉底和盖伦的部分医学著作得以幸存，因为教会有照顾病患的义务；部分欧几里得的著作，亚里士多德逻辑学的片断，部分柏拉图的著作，尤其是《蒂迈欧篇》；还有一些来自托勒密的天文学观点，被用来帮助维持历法。许多基督徒认为他们生活在《圣经》预言的末日，所以即使有可能，他们也没有什么动力去保存或研究那些古老的知识。哲学的光芒虽然从未在西方完全消失，却变得极为黯淡，所剩无几的它们又被笼罩在神学之中。

拜占庭帝国的科学

在东方，拜占庭帝国绵延长久，更好地保存了希腊哲学传统和基督教学术。东方帝国的首都是新罗马，330年由君士坦丁大帝在希腊小城拜占庭的基础上兴建。到408年正式以君士坦丁堡闻名于世（直到1453年陷落于奥斯曼帝国后改名为伊斯坦布尔）。作为东罗马帝国的首都，这座城市商贾云集，成为教育与工业的中心。君士坦丁堡最重要的自然哲学家是约翰·菲洛波努斯（John Philoponus，约490—约570）。虽然深受亚里士多德自然哲学的影响，他却是最早从自然哲学方面（与基于神学相对）批判亚里士多德思想的学者之一。菲洛波努斯拒斥亚里士多德关于落体的理论（重物比轻物下落快），声称人们实际上可以观察到不同重量的两个物体是以几乎相同的速度下落。伽利略将引用菲洛波努斯的观点，作为他反对亚里士多德物理学的理由之一。

拜占庭帝国最伟大的成就之一是537年建造的圣索菲亚大教堂，这是由米利都的伊西多尔（Isidore of Miletus）和特拉勒斯的安提莫斯（Anthemius of Tralles，约474—约533）设计的建筑杰作。两位数学家颇有才干，圣索菲亚大教堂的复杂曲线和拱门都是在建筑设计时通过数学计算而来。后来君士坦丁堡陷落于入侵的穆斯林军队，大教堂被改为清真寺。

拜占庭最著名的发明之一，也是一个难解之谜。672年前后，拜占庭海军舰艇使用了一种燃烧武器来抗击阿拉伯船只。这种所谓的“希腊火”是一种可燃的液体，能够用折箱或气泵喷出。水都无法浇灭这种火焰。传统上，希腊火的发明被归功于加利尼科斯（Callinicus），一名来自腓尼基（今属于叙利亚和黎巴嫩的一部分）的建筑师和炼金术士，因该地区被穆斯林占领而逃到君士坦丁堡。更可信的观点认为，该发明是几名炼金术士的功劳，而他们的化学知识来自亚历山大里亚。我们不仅无从知道是谁发明的希腊火，而且其成分也已失传。尽管有许多关于其使用和效果的描述，但希腊火的配方属于国家机密。时间一长，或者配方被人遗忘，或者炼金术士无法获得基本原料。希腊火的最后一次使用大概是1099年。直到今天，没有人知道配方的秘密，尽管它似乎包含硫黄和沥青。

和平时期，君士坦丁堡是整个地中海世界学者聚会的重要场所，亚里士多德、托勒密、盖伦等人的著作在这里传播、译注和批判。和平的时光转瞬即逝，尽管君士坦丁堡是一座堂皇的基督教城市，1204年却遭到十字军的洗劫，标志着开始走向衰亡。帝国陷入长期的战争，君士坦丁堡于1453年5月29日被奥斯曼军队攻克。拜占庭帝国的难民流亡到威尼斯和热那亚等地，有助于人们燃起对古希腊知识的兴趣，即文艺复兴的一部分。

伊斯兰教的崛起及其对自然哲学发展的影响

罗马帝国的瓦解造成的空虚，对地中海的东南岸也造成了影响。居住在阿拉伯半岛和中东的人们坐享地利，与亚洲、非洲和欧洲进行贸易，许多能够进入波斯和拜占庭市场的重要中心发展起来了。领土冲突和基于文化和宗教差异的斗争，导致该地区出现了一些独立国家。在这个动荡的时期，穆罕默德（Muhammad）开始致力把阿拉伯民众皈依到他创立的新宗教。在麦加活动了一段时间后，他在622年前往雅斯里伯［Yathrib，即后来的麦地那（Medina）］。这次迁徙被称为“圣迁”，标志着迈向建立伊斯兰世界的第一步。

穆罕默德于630年返回麦加，通过传教士和商人们的和平劝诫，以及借助刀剑、护教战争或者圣战，带来了一波皈依的浪潮。到632年他去世之际，阿拉伯半岛的大部分民众都皈依了伊斯兰教。叙利亚（以前是拜占庭的省）、巴勒斯坦和波斯在641年也皈依。一年后，埃及落入第一代哈里发的控制之下，他们都是政治和宗教的双重统治者。在倭马亚（Umayyad）王朝哈里发的统治下，征伐不断，到750年，伊斯兰帝国的疆域从西部的西班牙一直绵延到东部的印度河。

在中东，许多最重要的学术中心被占领，特别是亚历山大里亚，让伊斯兰学者掌握了关键的文化资源。随着阿拉伯世界力量的增长，伊斯兰的学术也与日俱增，首先翻译并整合了古希腊罗马世界的哲学，然后在研究和批判性分析方面的能力达到非常高的水平。然而，直到最近，西方科学史家还认为伊斯兰的自然哲

图2.8 伊斯兰与拜占庭帝国，750—1000

学家不过是模仿了古希腊人的工作，并作为渠道将其传递给欧洲学者。这种偏见如此明显，以至于许多较早的历史教科书中，阿拉伯名字只使用拉丁文版，从而表明，伊斯兰著作中只有那些被西欧学者使用的才是有意义的。这种对真正创新性研究的拒斥或否认，原因在于一种观点，即伊斯兰的自然哲学家，尽管获得了希腊的资料，却没有发扬光大，而相同的材料在欧洲学者手中，则引起了自然哲学的革命和近代科学的诞生。

较新的学术研究则承认，在塑造后世自然哲学家的工作方面，伊斯兰思想家所起的作用要大得多。伊斯兰学者并没有不加质疑地接受希腊思想，而是为已有的资料库添砖加瓦，不仅包括他们的批判性思维，而且包括他们自己的原创性研究。他们也远比亚里士多德派或柏拉图派学者更愿意检验思想，尽管这不应该与实验主义相混淆（它使用了一种不同的关于确定性的哲学概念），但由于这些学者的使用，它成为自然哲学的一种可以接受的工具。

就像基督教和犹太教，伊斯兰教神学的理性方面和精神方面也存在着一种张力，但它的某些教义使它服从于自然的研究，尤其是当信仰的要素被宽泛地解释的时候。该教的五大支柱之一是清真言（*Shahadah*），即对教义的表白，主要是要求所有的穆斯林都读《古兰经》（*Q'ran*），伊斯兰教的圣书。这提升了读写能力，推动阿拉伯语成为西起伊比利亚半岛，东抵中国边境的统一语言。第二根支柱，麦加朝圣，把广袤帝国的人民聚集到一起，甚至来自政治上尚未统一的不同地区。这创造了个人联系、贸易和知识交流的纽带。印度的数学，中国的天文学和发明，以及希腊化的波斯文化，沿着朝圣和贸易的路线，伴随着丝绸、象牙和香料一起流动。其中最著名的一条干道是丝绸之路，这条漫长的贸易路线将中国与阿拉伯世界连接起来。虽然丝绸之路最广为人知的是从东方运往西方的珍奇物品，但它也带来了包括印度数学和中国炼丹术在内的思想。

比起《圣经》之于欧洲人，《古兰经》本身也对自然研究持更为积极的态度。教义和礼拜仪式（减少了分裂的可能性）更为严格，但也更世俗地号召信徒们将自然作为真主创世的一部分来研究。它的许多段落提到，知识及对知识的获取都是神圣的。穆罕默德最著名的名言之一是“从摇篮到坟墓都要寻求知识”。伊斯兰宗教生活的中心是清真寺，尤其是在阿拉伯地区之外，起到阿拉伯语学校的作用。许多清真寺学校或阿拉伯语学校发展成为更为广博的教育机构，并在实际上成为第一批大学，为学生提供更高阶段的学习，为学者提供如图书馆之类的研究设施。

另一个不容忽视的方面是伊斯兰帝国的巨大财富。哈里发有能力下令创建学校、图书馆、医院乃至整个城市，显示出他们的经济实力。有了这些可用资源，即使对自然哲学的兴趣水平不高也能产生显著的效果。随着伊斯兰世界的征服，他们获得了大量希腊和罗马资料的收藏，而且它与拜占庭帝国的接壤意味着，至少在和平时期，有可能进行知识交流。受过教育的波斯人和叙利亚人，他们的希腊文化知识可追溯到亚历山大大帝时代，这些人在帝国内部担任官职，带来了他们的知识传统。

伊斯兰文艺复兴

当新的阿拔斯王朝建立后，人们对古希腊人知识遗产的兴趣也随之增加。早期阿拔斯王朝在知识上是宽容的，并且对实践技能有浓厚的兴趣，他们在政府中雇用受过教育的波斯人甚至是基督徒。特别是景教徒（Nestorians，来自波斯的基督教派）担任宫廷医生。他们实践盖伦医学，不仅保存了盖伦工作的应用方面，也保存了其亚里士多德派和柏拉图派的基本原理。

762年，阿拔斯王朝哈里发曼苏尔（al-Mansur）在底格里斯河上建造了新的首都巴格达（Baghdad）。他还开始了一项翻译事业，将希腊和叙利亚文本翻译成阿拉伯语。他的孙子哈伦·拉希德（Harun ar-Rashid）继续推进这项工作，甚至派人到拜占庭去寻找手稿。然而，最伟大的知识进展出自哈伦的儿子麦蒙（al-Mamun）的治下，他在815年前后创建了一座智慧宫（*Bait al-hikmah*）。它一部分是研究中心，包含一个大规模的图书馆和一座天文台；一部分是学校，吸引了许多当时最重要的学者。这个由国家支持的机构还负责了大部分的将希腊、波斯和印度资料翻译成阿拉伯语的工作。

麦蒙的这个研究中心的主持人是侯奈因·伊本·伊斯哈格（Hunayn ibn Ishaq，808—873），他是一位景教徒和医师，成长于双语环境（ 阿拉伯语和叙利亚语）中，后来也许是在亚历山大里亚学习了希腊语。他翻译过100多部著作，其中很多是医学书。他的儿子和其他亲戚继续从事翻译工作，特别是欧几里得的《几何原本》和托勒密的《至大论》，都成为伊斯兰学者重要的基础教科书。到1000年时，几乎所有流传下来的古希腊医学、自然哲学、逻辑学和数学的著作，都已被翻译成阿拉伯语。

伊斯兰教对教育的兴趣，造就了贤人（*hakim*）的出现，并拥有较高的地位，诸如亚里士多德等哲学家都被尊奉为贤人。教育体系包括哲学和自然哲学，作为全面教育的组成部分。从9世纪开始，一直持续到约12世纪，出现了文化的大繁荣，即伊斯兰文艺复兴。在这一时期，伊斯兰学者延续了希腊人的思想传统，但也有一些重要的差异。伊斯兰学者必须在他们的宗教框架内开展他们的工作。尽管随着统治者的变换，宽松期和保守期有所不同，但希腊的材料不能简单地直接采用。有些方面接受了少许的改变，如托勒密的天文学；有些方面被修订，比如在亚里士多德的物理中引入了"真主"而不是一个含糊的"不动的原动者"；有些要素则被彻底抛弃，比如源自古希腊和古罗马的各种创世故事。

除了在评定异教文献时所固有的质疑外，伊斯兰学者还在自然哲学中追求新思想。这部分是由于环境的原因，因为学者们往往接触不到希腊思想的完整文献库，所以可能只有一个零碎的概念，例如亚里士多德光学。那么就有必要对这个话题进行独立的研究。与亚里士多德或柏拉图相比，伊斯兰学者对观察的检验也更感兴趣，部分原因是他们不把获取自然哲学知识完全看作理智的活动。换句话说，他们有更亲力亲为的方法。这种获取知识的态度正合伊斯兰社会对受教育阶层的期望，因为人们认为受过良好教育的和富裕的人应该掌握诗歌和音乐、历史和哲学，以及骑马和击剑等武艺，并且通晓像商业和贸易等实际问题。在许多伊斯兰最伟大的自然哲学家的生活中，学术和宫廷活动是紧密相连的，许多与欧洲的骑士精神相关的品质，实际上都是从伊斯兰世界汲取的。

伊斯兰学者更愿意检验自然的另一个原因，是他们生活在一个更为物质至上，技术上更为先进的社会。阿拉伯世界的工艺技巧造诣极高，只有同期作为贸易伙伴的中国才能媲美。工匠们制作了各种各样的工具和仪器，既有对精密工作的赏识，也有资金作为支持。这种高水平技能可以在玻璃制造和冶金术两个例子中看到。玻璃制造是一种大规模的工业，它生产了许多伊斯兰学者用来研究光学和炼金术的工具，而金属工匠制造星盘和浑天仪等仪器。另一个让欧洲人感到着迷（和恐惧）的金属制品改进是大马士革钢，它以刀剑的形式让伊斯兰军队在十字军的武器面前锐不可当。

许多最伟大的伊斯兰自然哲学家都受过医学教育，它完美结合了实用训练和理论训练。这意味着，他们最早通过盖伦的文献了解到希腊哲学。健康和疾病的理论知识，同手术和正骨的应用问题之间虽然存在着一些区别，但伊斯兰从业者的技术工艺超过了古希腊-罗马的世界，更远远超过了他们的欧洲邻居。技术上的能力和工具已达到了实施腹部手术和去除白内障的水平。眼部手术关乎视觉理论和更为理论化的光学研究。因此，医学在伊斯兰世界中是通往自然哲学的完美渠道。它在神学上也是合理的，因为照顾病患是信仰在慈善方面要求的一部分，而它在实践和智识方面都没有沦为一门手艺，从而为上层阶级所接纳。由于这些特点，医师经常在政府和宫廷中担任要职。

农业是伊斯兰学者和从业人员的又一专长领域。伊斯兰教的到来，减轻了许多农场主先前的沉重负担。这种解脱，再加上识字水平的提高，促进了农业和植物学的有关实践和理论研究迅速发展。这部分地由于伊斯兰世界内部建立了交流通道，部分地由于农场主享有的自由（与欧洲农民相较），对实用植物的兴趣导致了历史上最大的生物品种的传播，如谷物的栽培及其特殊的耕作要求，从东方的中国穿越整个伊斯兰世界传播到西方的伊比利亚半岛。部分移植作物的名单中包括香蕉、棉花、椰子树、硬粒小麦、柑橘类水果、大蕉（plantain）、水稻、高粱、西瓜和甘蔗。801年还有一次无甚实用性的生物交换，巴格达的哈里发哈伦·拉希德将一头大象作为礼物送给查理大帝。植物的采集，包括实用的和装饰性的（玫瑰、郁金香和鸢尾花，也是这场伟大植物移栽的一部分），让伊斯兰学者撰写出植物的百科全书，如迪纳瓦里（al-Dinawari，828—896）的《植物之书》（*The Book of Plants*），以及伊本·贝塔尔（Ibn al-Baitar，约1188—1248）的《药学和营养学术语集》（*Kitab al-jami' li-mufradat al-adwiya wa al-aghdhiya*），一部收录超过1400种植物及其药用的药典。世界上最大的植物园之一也于11世纪在托莱多（Toledo）成立。

伊斯兰文艺复兴最伟大的思想家是阿卜·阿里·侯赛因·伊本·阿卜杜

拉·伊本·西那（Abu'Ali al-Husain ibn Abdallah ibn Sina，980—1037），他的生平在其自传和学生的回忆录中有编年记载。他是一个神童，10岁时便熟背《古兰经》，13岁开始医师的培养，同时他在哲学上涉猎广泛。治疗好萨曼王朝的统治者曼苏尔（Nuh ibn Mansur）的一场病后，他被允许使用王室图书馆。从此伊本·西那开始涉猎从数学到诗论的浩瀚材料。因为拥有医师的技能，他能在不同统治者的宫廷中找到工作。但那是一个动荡的时代，他被卷入一些政治斗争。他做过伊朗中西部地区哈马丹（Hamadan）的沙姆斯·道莱（Shams ad-Dawlah）王公的大臣，但又被迫离职，一度被投入监狱。

1022年，伊本·西那在他效忠的白益（Buyid）王公过世后，离开了哈马丹，前往伊斯法罕（Isfahan）。他进入了当地王公的宫廷，相对平静地度过了生命的最后几年，完成了他在哈马丹开始动笔的主要作品。他是个多产的作家，创作了超过250部作品，涵盖了医学、物理学、地质学、数学、神学和哲学。他笔耕不辍，甚至让人制作了一种特制的驮篮，使他能在马背上写字。他最著名的两本书是《疗愈之书》（*Kitab al-Shifa'*，*The Book of Healing*）和《医典》（*Al Qanun fi al-Tibb*，*The Canon of Medicine*）。尽管题为《疗愈之书》，它实际上是一部科学的百科全书，涵盖了逻辑学、自然哲学、心理学、几何、天文、算术和音乐。尽管书中包括了古希腊思想的许多方面，尤其是亚里士多德和欧几里得，但它不是简单地列举那些作品。《医典》成为医学知识最重要的来源之一。它既是对盖伦医学的翻译，也是评注，其中可能是首次将精神病作为一种疾病进行讨论。当伊本·西那的工作被拉丁学者发现时，他的名字被翻译成阿维森纳（Avicenna），他的著作为亚里士多德的重新发现提供了动力。

与伊本·西那同时代的是阿卜·阿里·哈桑·伊本·海赛木（Abu Ali al-Hasan ibn al-Haytham，约965—约1039）。尽管伊本·海赛木没有接受过医学训练，但他在视觉、视觉疾病和光学理论方面有所研究。在《光学之书》（*Kitab al-Manazir*）中，他首次用光学术语给出了关于眼睛结构的详细描述和图解，挑战了托勒密的亚里士多德光学。托勒密曾支持视觉的发射论（extramission），基于一种从眼睛里发出的光线，和物体相交后产生视觉，而海赛木支持入射论（intromission），假定光击中了物体，然后光线从物体进入眼睛。他还对折射进行了数学描述，并进行了一系列实验，来论证光的特性。像伊本·西那一样，伊本·海赛木也非常多产，创作了200多篇论著，通过这些作品，他以阿尔哈曾（Alhazen）的名字被欧洲学者所知。

除了医生为自然哲学开创的社会和哲学空间外，伊斯兰学者还借助一种改善的数学系统，获得了强大的新工具。这种工具就是印度-阿拉伯数字和位值制数学。它最初从印度引进，深刻地改变了伊斯兰学术，开辟了新的问题门类和计算方法。它由穆罕默德·伊本·穆萨·花拉子密（Muhammad ibn Musa al-Khwarizmi，约780—850）在一部名为《印度计算法》（*Concerning the Hindu Art of Rechoning*）的著作中率先提出，除了作为现代符号系统先驱的符号集外，还引入了“零”作为一个数学对象。尽管古希腊人已经理解了“无”的概念，但他们明确地拒绝了“无”作为数学术语，并且它也不是几何上的必要概念。

花拉子密接着研究在西方被称为《代数学》（*Algebra*）的《还原与对消的科学》（*Al-jabr wa'l muqabalah*），我们从标题中得到术语“算法”（algorithm）。正是从这部著作中发展出解未知量的方法。花拉子密还证明了各种二次方程的解，包括使用平方根。他究竟是一位原创思想家，还是仅仅对像欧几里得的《几何原本》和托勒密的《至大论》等早期作品进行了部分的整理，历史学家们尚有争议。尽管除非找到新材料，否则难有确切的答案，但是花拉子密对坐标位置的计算要比托勒密的计算更为准确，这些事实的蛛丝马迹，表明了他能够进行艰深和精确工作的智识能力。

那个时代最伟大的伊斯兰自然哲学家是阿卜·拉伊汗·穆罕默德·伊本·艾哈迈德·比鲁尼（Abu Arrayhan Muhammad ibn Ahmad al-Biruni，973—1048）。无论从什么标准看，比鲁尼都是一位博学家，他的研究涵盖了天文学、物理学、地理学和制图学、历史、法律、多种语言（他掌握了希腊语、叙利亚语和梵语，并将印度手稿翻译成阿拉伯语）、医学、占星术、数学、语法和哲学。他被统治者马哈茂德（Mahmud）带到印度（无论作为嘉宾还是囚犯不明），在那里他写了一本《印度志》（*India*），这部巨著涵盖了印度文化的社会、地理和学术等方面。他与伊本·西那有通信往来，被尊为师傅（al-Ustadh），意思是“大师”或“教授”。他的成就包括计算地球的半径，得到的结果是6339.6千米（非常接近现代值）；对一次日食和月食的详细观测；并在他的著作《投影》（*Shadows*）中记录了数学和仪器的用法。

关联阅读

奥马·海亚姆：科学家与诗人

在伊斯兰世界的众多学者之中，很少有人能比阿布·法斯·奥马·伊本·伊布拉西姆·海亚姆（Abu'l Fath Omar ibn Ibrahim al-Khayyam，1048—1131）更受关注。他的科学、数学和哲学著作，为他在伊斯兰学者之间赢得了“智慧之王”的称号，同时他还以诗作闻名于西方。海亚姆出生于内沙布尔（Nishapur，位于今伊朗境内），应苏丹马利克沙（Malik-Shah）之邀，修建了一座天文台，并编制更精确的历法。赞助人去世后，他前往麦加朝圣，被邀请到苏丹桑贾尔的宫廷。

在数学方面，海亚姆挑战了欧几里得的著作，推动几何学扩展到非欧几何解析，堪称双曲几何，以及后来黎曼几何的先驱。在《论圆的象限划分》中，海亚姆将代数引入几何，领先勒内·笛卡尔正式提出解析几何数百年。

海亚姆在天文学上的主要贡献是贾拉利历法（jalali calendar）。这种阳历取代了旧的波斯历法，它以33年为一个周期，包含25个平年（365日）和8个闰年（366日）。基于细致的观察和对天体运动的深入理解，这部历法每5000年的误差为1天，与之对照的格里高利历法，每3330年就要误差1天。贾拉利历法至今仍在伊朗和阿富汗使用。

按照伊斯兰饱学之士的传统，海亚姆还研究过神学和哲学，也写诗作赋。1859年，爱德华·菲茨杰拉德（Edward FitzGerald）翻译并出版了《奥马·海亚姆的鲁拜集》，这是海亚姆的四行诗集。尽管学者们对某些诗篇是否出自海亚姆还有争议，但该诗集风靡于世，特别是这首浪漫的四行诗：

树荫之下诗一卷，
美酒一坛食一箪。
还有君相伴，放歌荒原，
荒原啊，天上人间！

炼金术

伊斯兰学者并不满足于将他们对世界的理解限定在某个哲学体系。他们想利用他们的知识，而在物质世界应用哲学的最伟大探索，是对炼金术的研究。炼金术（alchemy）的词源体现了这项研究的知识渊源。这个词可能来自古埃及的“khem”，意思是黑色的。因为埃及是黑土地，希腊语*khēmia*意为“埃及人从事的嬗变术”。在阿拉伯语中，希腊词根被转化为*al-kimiyā*，意为“嬗变术”，而后又从阿拉伯语引入拉丁语和英语。

炼金术在某些方面是现代材料科学的先驱，涵盖药理学（医疗化学）、化学、矿冶、部分的物理和工程学，以及生物学某些方面诸如发酵、腐烂和繁殖等。在基础层面上，炼金术士们试图识别、分类并系统地制造出有用或有趣的物质。尽管炼金术的这一方面对我们来说似乎非常有用和完备，但它被视为纯粹的手艺，根本不是研究的目标。对炼金术的真正研究是对物质世界的操控，特别是从一种物质到另一种物质的转化。炼金术士正是在这项研究中闯入了一个具有精神和宗教内涵的神秘领域。

材质的转化在许多方面是一种日常事件。木头变成火焰，冰变成水，种子变成植物。有些转化似乎比其他转化更为神奇，例如让大块的石头变成金属。凡是能够操弄材料的社会，都发展出了若干体系，解释材料得以转化的过程和原因。这些解释往往被保密，不仅出于贸易和安全的原因，而且还因为涉及强大的超自然力量，进而也涉及宗教问题。因此，炼金术既具有开放或公开的一面，也包含深奥或秘密的内容。

伊斯兰教的炼金术基于古埃及和古希腊关于物质世界的观点。通过与古埃及的联系获得了赫耳墨斯神智学（Hermeticism），它源于赫尔墨斯（Hermes），古埃及神托特（Thoth，古埃及神话中的月神）的希腊名字，他是书本知识之父，书写的创始人。赫耳墨斯神智学混合了埃及宗教、巴比伦占星术、柏拉图主义和斯多葛派思想。赫耳墨斯派文献很可能是公元前2世纪编纂的，具有很强的神秘学特性。为了充实精神的一面，炼金术也受到诺斯替教（Gnosticism）的影响，该教始于巴比伦，影响了早期的基督教。诺斯替派是强烈的二元论者，他们根据两两成对的相反性质来看待世界，如善与恶、光明与黑暗。某些事物的知识只能通过

符号	金属	符号	操作	星座
○或⊙	金［日］	♈	01．煅烧	白羊
☽	银［月］	♉	02．凝结	金牛
♀	铜［金星］	♊	03．固化	双子
♂	铁［火星］	♋	04．溶解	巨蟹
☿	水银［水星］	♌	05．消化	狮子
♄	铅［土星］	♍	06．蒸馏	处女
♃	锡［木星］	♎	07．升华	天秤
		♏	08．分离	天蝎
		♐	09．蜡化	射手
		♑	10．发酵	摩羯
		♒	11．增殖	水瓶
		♓	12．投射	双鱼

图2.9　炼金术符号

这些炼金术符号通过为每种元素分派一个占星符号，为每种操作分派十二宫星座，从而将物质世界和宇宙联系在一起

“灵知”（gnosis），即来自内在知觉的证悟，而不是理智或研究。由于与更强大宗教之间的潜在冲突，以及信徒们保护其神秘知识的愿望，赫尔墨斯派和诺斯替教的研究都有着保密的传统。

从古希腊人那里，亚里士多德派对物质的描述结合了新柏拉图主义的理念观。亚里士多德除了对物质进行划分外，还在《气象学》（*Meteorologica*，讨论地上领域的情况）中将大地描绘成类似子宫，金属在里面生成。不甚完美或低等的金属，如铅，有成为高贵金属的天然倾向，寻求在条件具备的情况下最终变成完美的黄金。这与亚里士多德和柏拉图的思想都有联系，即分化后的物质（四元素）来自于单一的未分化的原初物质。原初物质没有“形式”，因此炼金术士认为它能被用来承载地上物质的形式。转化过程的关键常常被看作某种催化剂。这种药剂有许多名字，但最常用的是“哲人石”，早在300年被认为是佐西莫斯（Zosimos）的炼金术文集《手工之物》（*Cheirokmeta*）中就有提及。无论哲人石是某种实际物体，即这种炼金过程的产品，还是某种精神状态，都取决于炼金术士的理论。

我们也是从佐西莫斯那里得知，最早从事炼金术研究的女性之一是摩西（Moses，公元前3世纪）的姐姐米里亚姆（Miriam），后世称之为犹太女人玛丽（Maria the Jewess），尽管尚不能肯定她就是犹太人，以及并非《圣经》中那位摩西的姐姐。米里亚姆生活在亚历山大里亚，并且对一些化学工艺感兴趣。佐西莫斯认为，她发明了进行含硫黄成分实验的高温水浴器和其他设备，她的名字以法语词*bain-marie*的形式流传到现代，指烹饪所用的一种隔水炖锅。

实用技能、宗教和神秘思想、哲学，再加上从业者的保密，这些因素的交织让炼金术变得难以探查和理解。从早期开始，希腊的文献并没有被大量使用，多数是实用性的，如处理染色、冶炼以及药理学等。

随着希腊自然哲学的零星碎片被传播到阿拉伯语世界，关于自然和物质世界结构的记载暗示出对其进行操控的能力。秘密知识的美妙在于它使一切变得有可能，所以缺乏明确的来龙去脉，这不但没有阻碍人们对炼金术的兴趣，反而实际上激发了伊斯兰思想家在这方面的创造性。伊斯兰和后来的欧洲炼金术最伟大的来源之一，是贾比尔·伊本·哈扬（Jābir ibn Hayyān）所做的工作。他的生卒年月尚未确定，但很可能是722—815年。尽管可能真的曾有过叫这个名字的人，但现已清楚，大部分归于他名下的作品都是由10世纪的一个伊斯兰教派“伊斯玛利亚”（Ism'iliya）汇编的；尚不能确定哪些篇章是他本人写的，如果有的话。

已有超过2000篇文章被认为是贾比尔·伊本·哈扬的作品，其中大部分都是很久以后才出现的。但是其《平衡之书》（*Books of Balances*）和《完美全书》（*Summa Perfectionis*，拉丁文文本）涵盖了他炼金术的核心方面。贾比尔从亚里士多德的原理开始，吸收了四元素和四性质，但是扩展了亚里士多德关于最小自然微粒（*minima naturalia*）的思想，将其看作金属之间差异的基础。微粒填充得越密集，金属的密度和重量越大。炼金术士的目标是通过研磨、净化和升华等方式，更改结构夯实粒子，从而将那些下等的金属转化为黄金。这个过程也是用那些性质活泼的药剂来控制，这些药剂在反应过程中充当催化剂或者反应物。贾比尔提到的这些药剂有药材、万能药或药酒，它们能够强化金属的生物模式，如金属的提纯被看作是类似于治疗疾病或对身体的净化。

虽然贾比尔的工作（或者被认为是他的工作）非常具有影响力，特别是在西欧他被称作贾伯（Geber），但他在伊斯兰学者中有些特立独行，因为他只关注炼金术。而属于那些更典型的从事炼金的学者的是艾布・巴克尔・穆罕默德・伊本・扎克里亚・拉齐（Abu Bakr Mohammad ibn Zakariya al-Razi，约841—925）。由于受过音乐、数学和哲学的训练，好像还懂希腊文，拉齐成了一位深受欢迎的名医。他在雷（Ray，今德黑兰附近）的皇家医院担任院长，后来搬到巴格达，掌管那里著名的穆克塔达里医院（Muqtadari Hospital）。作为一名医生，他写了《医药全书》（*Kitab al-Hawi fi al-tibb*，*The Comprehensive Book on Medicine*），一部包含了古希腊-罗马和伊斯兰所有药品的20卷巨著，以及《论天花和麻疹》（*al-Judari wal Hasabah*，*Treatise on Smallpox and Measles*），里面有关于水痘和天花的世界上已知第一个描述。对于拉齐而言，炼金术没有像贾比尔所认为的那样神秘，他的工作在某些方面，如药品的开发，将鸦片用作麻醉剂等，可以看作他的医学研究的延伸。他最重要的炼金术著作——《秘典》（*Secret of Secrets*，或*Book of Secrets*），尽管书名如此，但并没有揭示低等金属转化成黄金的秘密。不如说它是最早的实验室手册之一。《秘典》分为三个部分：物质（化学药品、矿物质和其他物质）、仪器和方法。

设备清单的范围非常广泛，包括烧杯、烧瓶、大壶、灯具、熔炉、锤子、钳子、研钵和研杵、蒸馏器、沙和水浴器、过滤器、测量器和漏斗。直到19世纪中期，这份清单还与炼金、化学、制药和冶金的实验室中看到的标准仪器几乎完全相同，其中大部分对今天的化学家来说仍然熟悉。

尽管《秘典》一书没有提供具体的嬗变方法，但是强烈主张这种嬗变是可以实现的。拉齐相信嬗变，并且支持和贾比尔相同的一般炼金术理论。但是两者的区别在于，拉齐专注于实际问题和系统的方法（见图2.10）。拉齐认为，炼金术是从利用各种材料的经验发展而来，而不是从预设化学行为的成套理论中得出的。由于他所提供的实用建议，他的著作在西欧非常受欢迎，被人们称为拉兹（Rhazes）。

伊斯兰天文学

远在穆罕默德时代之前，星辰就已为贸易商队指引方向，占星术（由波斯的

矿物质	蔬菜	动物	衍生物
（见下表）	（很少用到）	头发 骨头 胆汁 血液 乳汁 尿液 蛋类 珠母贝 角 ……	铅黄 铅丹 烧铜 朱砂 砒霜 烧碱 ……

矿物质表格					
精类	实体	石料	矾类	硼砂	盐状物
水银	金	黄铁矿	黑	面包硼砂	甜
盐	银	马酸锌	白	泡碱	苦
含氨物	铜	蓝铜矿	黄	金匠硼砂	苏打
雌黄	铁	孔雀石	绿	……	尿盐
雄黄	锡	绿松石	红		橡木盐
硫黄	铅	赤铁矿			草碱
	中国铅	砒霜			……
		方铅矿			
		云母			
		石膏			
		玻璃			

图2.10　拉齐在《秘典》一书中所记载的物质表

琐罗亚斯德教徒开发）则对阿拔斯（Abbasid）的领导权起到重要作用，从而确保了占星家在早期伊斯兰统治者的宫廷中拥有很高的地位。除了这些星座观测的用途之外，关于信众应该朝向麦加天房（Ka'bah）礼拜的训令，也为天文学家和地理学家（通常一人兼有两个身份，就像托勒密一样）在漫长而细致的观察计划中增添了一个特殊的要求。因为《古兰经》要求所有的宗教活动都要使用阴历，所以伊斯兰天文学也需要发展计时。

最早支持天文学研究的伊斯兰教首领之一是公元9世纪的阿拔斯王朝哈里发麦蒙，这有助于让天文学得到并在整个黄金时代保持一定水平的声望。第一部重要的阿拉伯文著作是830年花拉子密的《信德及印度天文表》（*Zij al-Sindh*）。它主要基于托勒密的思想，为后世天文学家设立了理论框架，同时也标志着伊斯兰世界独立研究之开端。

850年，卡特赫尔·法甘尼（Abu ibn Kathir al-Farghani）著成《恒星科学概要》（*Kitab fi Jawani*，*A Compendium of the Science of the Stars*），扩展了由花拉子密引入的托勒密系统，订正了一些材料，还包括太阳和月亮的岁差计算，以及地球周长的测量。

对天文学的广泛兴趣也带来了天文仪器的发展。尽管星盘在古希腊天文学家那里就被熟知，但技艺高超的伊斯兰工匠制造出了精美的星盘。现存最早的星盘之一是928年前后穆罕默德·法扎里（Mohammad al-Fazari）制作的。运用各种各样的日晷、象限仪和浑天仪，伊斯兰天文学家编制了大量的星表。

虽然伊斯兰世界的很多大城市都建有天文台，但其中最具影响力的则是13世纪由旭烈兀可汗（Hulagu Khan）在马拉盖城（Maragha）建造的。天文台的监工是伟大的波斯博学家纳西尔·丁·图西（Nasir al-Din al-Tusi，1201—1274）。他除了完成多部科学著作外，还辨认出银河是恒星的集合，这一观察在西方直到伽利略研究后才被证实。图西还以创造出所谓的“图西双圆”而闻名：在一个较大的圆里内切一个小圆，当小圆在大圆内部旋转时，小圆上的某一点便会形成有规律的摆动。这个数学设计使得图西能够在天文计算中摆脱托勒密那形同鸡肋的偏心匀速点。

13—14世纪，天文学家在图西的引导下能够消除托勒密纲领中除本轮外大多数的附加运动。图西的学生库特卜·丁·希拉兹（Qutb al-Din al-Shirazi，1236—1311）研究了水星运动的问题。后来，曾为大马士革大清真寺担任宗教计时员的阿拉·丁·伊本·沙提尔（Ala al-Din ibn al-Shatir，1304—1375）找到了一种表示月球运动的方法。当哥白尼开始他的工作，以太阳为中心来改造天空模型时，他似乎接触过图西和沙提尔两人的作品，这表明伊斯兰天文学家在世界天文学发展中起到了重要作用。

关联阅读

跨文化交流：伊斯兰制图学的发展

地理学和制图学这个科学分支，可能最容易从一些不同的文化和社会中汲取知识和传统，因为它们需要广泛的旅行或世界其他地方的知识。随着崛起的伊斯兰帝国传播和掌握着信息，并加以修订使用，伊斯兰制图学和地理学的发展表明了不同知识共同体之间复杂的相互联系。

该地区最早的制图传统杂糅了前伊斯兰时期的阿拉伯、波斯和印度的影响。最早的地图绘制于762年后统治巴格达的阿拔斯王朝，当时的统治者鼓励科学和文学，并认识到被征服的国家，如萨珊王朝和拜占庭帝国，有很多东西可供利用。印度的知识也被认为是重要的，通过商人和学者传播到宫廷。早期的地理探测很大程度上要归功于印度的传统，尤其是在乌贾因［Ujjain，今奥林（Arin）］划定本初子午线，并将楞伽（Lanka，今斯里兰卡）视为"地球的穹顶"（可居住世界的中心）。从波斯人那里，地理学家提出了一个概念，即有人居住的世界被划分为7个基什拉（kishrars，区域），其中6个区域围绕着伊朗一带的中心区域，有点像莲花的形状。

在哈里发麦蒙（813—833年在位）统治下，绘图开始发展。花拉子密计算出各地的经纬度坐标表，受到了托勒密《地理学》的影响，这是由哈里发帝国时期的艾布·尤素夫·雅古卜·伊本·伊斯哈格·萨巴赫·肯迪（Abu Yusuf Ya'qub ibn Ishaq as-Sabbah al-Kindi，约801—约873）翻译的。因此，在地球上陆块和居住地的布局问题上，希腊的思想开始与早期波斯和印度的观念进行互动。虽然伊斯兰地理学家抛弃了托勒密的地图投影法（基于纬度和经度坐标的网格），但他们对创建特定地点的坐标充满兴趣。他们还能纠正托勒密的地中海长度值。自从托勒密把本初子午线定在西方的幸运岛屿（Fortunate Isles）上，关于它的位置便引起深入的学术辩论。相反，印度则把本初子午线定在东部的乌贾恩。

今天尚存的最早的伊斯兰地图来自一个另外的传统，即10—11世纪巴尔希（Balkhi）学派的地理学家。这些地图是依据来自旅行、贸易路线，以及广衮帝国邮路的知识。制图者本身就是广泛的旅行家，很多来自埃及和巴勒斯坦等西部哈里发帝国。例如，阿布·卡西姆·穆罕默德·伊本·霍克尔（Abu al-Qasim Muhammad ibn Hawqal，943—969年期间旅行）出生于上美索不达米亚，一生中游历了信仰伊斯兰教的非洲地区、波斯、土耳其斯坦和西西里岛。在这种意义上，对早期的地理学家的地理知识来说，实际经历与学术传统同样重要。

到了11世纪中期，阿卜·雷扬·比鲁尼开创了伊斯兰地理学和制图学的另一个传统，作为一个多产的翻译家和数学家，比鲁尼对地理学和制图学的数学方面产生了兴趣。他结合了强大的来自希腊和印度的知识与理解，包括巴尔希学派的著作，提出关于地球的一些新理论。他重新测量了纬度，尝试（不是很成功）测量不同地点的经度差异。他提出一种方法，可以在任何地点确定麦加的方向，这表明地理研究和社会、宗教生活是相互关联的。伊斯兰世界地图的绘制，只有建立在这种东西方知识共同体的互动基础上才能够实现。

全球范围的天文学与数学

通过数学和天文学来实现理解自然的愿望，几乎是在所有文明都能看到的人性冲动。我们可以从美洲、大洋洲和太平洋岛屿上先民所遗留的天象观测中追溯这些技能的发展。特别地，我们得到了玛雅人（Maya）和阿兹特克人（Aztec）的记载，表明他们记录了诸天的运动，并发展出制定历法所需要的数学。这些观察主要是出于宗教目的，但它们也属于实用的有规划的活动（比如栽培和收获等）。

遍布尤卡坦半岛（Yucatan）兴建的玛雅文明建筑十分古老，始于大约公元前8000年，但玛雅文明最伟大的智力活动年代是250—950年的古典时期。玛雅文明拥有优秀的天文学家和数学家。虽然他们的工作都是为了宗教目的，但是他们留下了具有重大数学和天文学内涵的一套记载。玛雅人记录了太阳、月球、水星、金星、火星、木星，以及很多恒星的运动。他们采用地心体系，通过观测，可以预测日月食，并标记星星未来会出现的位置，在很多情况下他们比同期的欧洲天文学家预测更准确。他们对金星情有独钟，精确地测算出金星的584天公转周期。这大概是因为金星在占星术中与战争和变化相联系。

玛雅人创造了两套历法。第一套是按太阳日计算，每20天周期称作一个维纳尔（*winal*），一年包含18个维纳尔再加上5天的无名日（wayeb）。五天的无名日被认为是危险的，在这期间人间和阴间的通道将会打开。玛雅人把他们的日历规划到遥远的未来，计算出了6300万年的时间跨度，尽管他们在实际上使用的最长时间单位是白克顿（*ba'k'tun*），以394年为周期。第二套是卓尔金历（*tzolk'in*），以260天为一个循环，用于宗教仪式的安排。为什么卓尔金历要以260天作为周期，这个问题仍有许多争论，因为它无法与任何一个天文周期相匹配。它大概是一种命理学的构造（例如13×20），或者甚至是人类妊娠期的长度。无论什么原因，这两套历法都在整个中美洲广为流传。

根据玛雅白克顿历和欧洲格里高利历两者之间的换算，一个白克顿周期结束于2012年12月20日。这个事件被一些所谓的末日预言家利用，还被作为好莱坞电影《2012》的剧情元素。大量伪科学的纪录片，例如《2012世界末日》，都把一个白克顿周期的结束表现为玛雅人预言的世界末日。这些影片缺乏历史和科学的根据，都部分存在误用科学的问题，这些会在第13章中讨论。事实上，一个白克顿周期的结束只不过是另一个纪元的开始而已。

玛雅历法之所以如此精确，部分是因为玛雅文明有一个良好的数学体系。玛雅人使用基于20的进位制系统，并有一个表示0的符号。他们使用一系列的点和条来书写数字，使基本的运算变得容易（见图2.11）。当进入数论领域，玛雅人在很多方面比同时代的欧洲人或亚洲人更先进。不过，我们没有发现任何对几何学的系统使用。尽管玛雅建筑清楚地表明他们可以创建各种角度，包括固定的90°角（可能使用打结的绳子），能够把建筑物向主方向对齐，但我们没有发现任何迹象表明玛雅人已经发展出了几何的理论原理。

阿兹特克帝国约始于1426年，以特诺奇蒂特兰城（Tenochtitlan，现在的墨西哥城）为中心，位于玛雅人控制地区的北方。阿兹特克帝国一直持续到1520年被

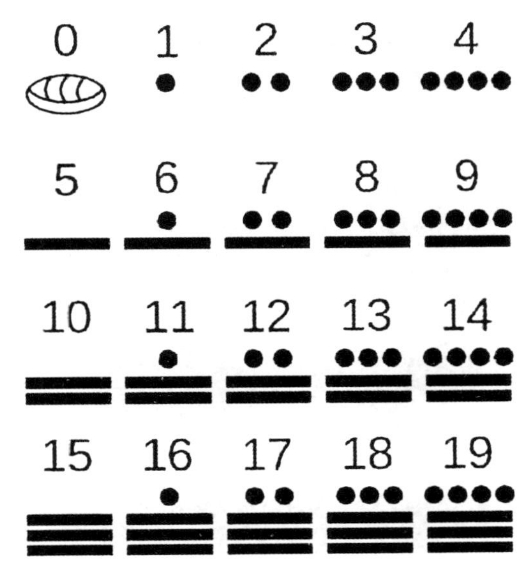

图2.11　玛雅数字

西班牙殖民者征服。由于他们邻近玛雅人的世界，阿兹特克人对数学和天文学有相似的爱好也就不足为奇了。天文学非常重要，以至于和写作、神学一起成为祭司学校（*calmecac*）正式教育的一部分。阿兹特克人追踪了恒星和行星的运动，并将观测结果用于神庙和房屋的建造。这方面最著名的例子是大神庙（Templo Mayor），它的朝向使其在3月21日春分时，能够在雨神殿（Tlaloc）和战神殿（Huitzilopochtli）之间观察到太阳。阿兹特克天文学家-祭司使用和玛雅人一样的两套历法系统。阿兹特克最重要的文物之一是历法石（the Calendar Stone，也称太阳石，见图2.12）。雕刻于1479年前后，显示了日历和大量宗教符号。

阿兹特克人的数学借鉴了玛雅人和奥尔梅克人（Olmec）的思想。和玛雅人一样，阿兹特克人也有一个20进制的系统，用点和条来表示数字，并为更大的数字增设了其他符号。与玛雅人不同的是，阿兹特克人似乎的确没有使用代表0的符号，但对这个概念是理解的。数学被用于历法，但也用于根据农场面积确定税收，以及测量。阿兹特克语中也包括一些工具词语，如铅垂线和水平仪等。

直到15世纪后期欧洲人到来之前，美洲和世界其他地方还没有什么联系。他

图2.12 阿兹特克人的历法石

们的思想似乎没有影响到其他文明，但是这片区域的历史却告诉我们，他们在数学和天文学上拥有广泛兴趣。人们无论身处何地总能在一段时间内仰望天空，记录并利用他们的观测。

在欧洲语境下，西方历史学家已经越来越意识到，公元纪年第1个世纪，国与国之间的联系即超乎先前的想象。尽管西方和伊斯兰世界的联系是直接的，但遥远的距离和崎岖的地带将欧洲与亚洲隔离开来，妨碍或严重限制两个地区的联系，直到伊斯兰教的传播。现在我们知道事实不是这样。例如，当亚历山大大帝在公元前326年挥师东进印度的时候，他已经知道在南亚次大陆，以及更远的地方存在大城市和大帝国。这就引起了关于西方科学起源的复杂问题，因为涉及欧洲自然哲学的一些观念，可能受到过世界其他地方观念的影响，反过来讲，它们也可能影响到其他文化。我们无法再宣称科学的起源是西方独立的成果，倒不如说，它涉及同远离希腊和罗马的世界其他地方在思想上和技术上的复杂而久远的交流。

我们知道，包括火药、纸张和纺车在内的许多发明是由中国传到欧洲的，与此同时，来自印度的印度数字（我们也称其阿拉伯数字，承认它们通过伊斯兰世界的路径传播）、进位制数学，以及乌兹钢——在西方更多被称作大马士革钢（同样因为与欧洲人接触的是伊斯兰世界）。而较不明晰的是，特殊的解释和发现是否也是以同样的方式传播，或者说它们是否在各个文化中被独立地发现。例如，每个记载太阳和月亮运动的社会都独立地发现阳历和阴历，而所有对数学感兴趣的社会都会发展出某种版本的毕达哥拉斯定理。

东方帝国的兴起可以根据地中海盆地国家类似的发展进行推断：农业、工作专门化、官僚制度和城市化。在印度和中国，自然哲学成为这些地区知识传统的一部分，印度学者将他们对自然的观察和吠陀文本更紧密地结合起来，吠陀文本对于这一地区的许多人来说是根本的宗教和社会论著，而中国和远东的学者更加偏向实用主义，以符合较少包含超自然思想的道教。5世纪后随着佛教的传播，亚洲学者也受到佛教的影响。

印度的吠陀传统来自约公元前1500年到公元前900年期间写作的一系列文本。这些文本尽管主要是宗教方面的，但也包括数学、几何、生物和医药的材料。吠陀数学是作为正确举行仪式的方法的一部分发展而来的，并在公元前6世纪左右被作为吠陀六分支（*Vedangas*，*Ancillaries of the Vedas*）的一部分来学习，特别是仪式（*kalpa*）和占星术（*jyotis*）。来自这一时期的祷文还对大数表现出兴趣，一些祷文中命名的单位达到1万亿。

包德哈亚那（Baudhayana，公元前8世纪）的《包德哈亚那文集》（*Baudhayana Sulba Sutra*）是一部早期的数学文本，从中可以辨认出我们称之为毕达哥拉斯定理的关系，并给出一些常见的三整数组合（3、4、5和7、12、13）。它也给出了2的平方根公式，表明当时的数学家已经理解了，直角三角形的边和斜边之间比值的大多数基本解，都无法表示为整数。

印度数学的黄金时代约为400到1600年。在此期间，出现了一群数学家，包括伐罗诃密希罗（Varahamihira，也作彘日，约6世纪）、婆罗摩笈多（Brahmagupta，约598—约668），以及桑加格拉玛的马德哈瓦（Madhava of Sangamagrama，约1340—约1425）。他们的发现包括三角函数正弦、余弦、正切、正割。他们长期致力于在数论和几何之间找到数学联系，从而产生了平面和立体几何，为计算开辟了道路。

吠陀传统中数学得到的最大赠礼之一是数字位值制的发明。这个系统的起源尚不明确，但在499年数学家和天文学家阿耶波多（Aryabhata）就使用过进位法，尽管他使用的是字母而不是数字。更加贴近于现代符号的数字在大约600年开始使用。662年这个符号系统被叙利亚学者所知，并随后被阿拉伯学者（如花拉子密）普遍使用，这就是为什么我们称其为阿拉伯数字。欧洲最早提及这种新数字系统是在第二部维希拉努斯抄本（*Codex Vigilanus*）中，该书完成于976年，是多种著作的汇编。

印度已知最早的天文学文献是《吠陀天文学》(*Vedānga Jyotişa*)，编写于公元前6世纪到前4世纪之间。尽管它本质上是宗教著作，其编写很大程度上是为了调节宗教惯例，但它却包含了一些实践知识，如太阳和月亮的周期、一些行星的星表，以及天体观测的指南等。阿耶波多主张地球是旋转的，但仍将其置于地心说宇宙的中心。

最引人入胜的自然哲学思想来自印度学者羯那陀（Kanada，主要活跃期为公元前2世纪，但也有人提出最早为公元前6世纪）。羯那陀对物质理论感兴趣，研究一种名为"论融"（*rasavādam*）的炼金术。在他的部分工作中，他主张原子的存在，并将其描述为不可分的、不可毁灭的和永恒的。一些现代学者已经暗示，比起古希腊-罗马时期德谟克利特的原子论，羯那陀的原子论更为完备。

虽然印度的自然哲学家开展过广泛的调查研究，并取得了许多令人瞩目的深刻见解，但是他们没有像希腊人那样，将对大自然的自然属性和精神属性分开研究。政治、宗教和军事的动荡，如阿拉伯人712年前后对信德省（Sindh）的征服，可能打断了印度自然哲学在次大陆的发展。一旦印度成为伊斯兰世界的一部分，伊斯兰自然哲学（借用了印度人的有用概念）就会得到统治者的支持。

中国、印度两国和地中海世界之间的重要桥梁搭建于公元前263年，即控制着现代印度大部、阿富汗、巴基斯坦和孟加拉国的阿育王大帝（Ashoka the Great，公元前304—前232）皈依了佛教。阿育王派遣使者前往邻近地区，远至西方的亚历山大里亚和东部的缅甸。佛教可能在70年左右传到中国，并在东西方之间展开了较为广泛的交流。一些现代学者曾主张，印度数学尤其受中国的影响，而希腊自然哲学则通过亚历山大大帝建立的希腊-大夏（Greco-Bactrian）王国的余脉而流入印度。

中国的自然哲学对现代科学史家和科学哲学家提出了挑战。由李约瑟（Joseph Needham，1900—1995）和王铃（1917—1994）等学者承担的关于中国科学和技术的24分册巨著，名为《中国科学技术史》(*Science and Civilization in China*，1954—2004)，让中国知识和发明的巨大范围和高度广为人知。中国在其早期历史的大部分时间内，都是世界上最富有、技术上最先进的帝国。与欧洲甚至伊斯兰学者相比，中国学者受过良好的教育，掌握大量的资源。几个特殊研究领域，如炼金术和天文学等，极为发达，但尽管有这些优势，却没有发展出统一的自然哲学体系。

炼金术在中国与道家思想和医学非常贴近，炼金工作与我们所谓的药理学之间并没有明确的区别。对炼金术的研究至少可以追溯到公元前2世纪，因为至少在公元前144年即有对炼金术士的记载，当时皇帝颁布法令，制造"假黄金"者将被处死。尽管在物质嬗变方面做了很多工作，但炼金术主要关注的是长生不老。最古老的炼金术文献之一是《参同契》[1]，出现于公元前3世纪或公元前2世纪早期前后。它描述了如何制作一种能够让人长生的金丹。著名的道家学者葛洪(283—343？)撰写了大量有关炼金术和长生不老的著作。他的大概理论是基于金属的净化和嬗变，用来消除导致衰老的那些生物学的消极方面。像西方炼金术士一样，中国的炼金术士也处于困难的境地，他们必须透露足够的工作以确立他们的技能，同时又要保密他们工作的具体细节，既作为行业机密，也是为了保护人们免受炼金术带来的危险(精神的和身体的)。尽管发展出一些良药，但炼金术在中国从未成为对物质的全面研究。

中国宇宙观的研究比炼金术更为一元化，但它也是紧密结合了道家思想中关于万物在宇宙中的存在和位置。中国古代天文学家确立了阴阳双历，也标绘了可见行星的路径。他们是出色的观察者，注意到彗星的轨迹并于1054年观测到超新星的出现。东汉时期形成了一次天文工作的高潮，然后在唐代又有一次，当时随着佛教的传播，大批印度天文学家涌入中国。

中国的观测者尤其擅长绘制星表。张衡(78—139)的星表记载了2000多颗星，他还计算过日食和月食。这些手册的信息也被用来制造一些非常精细的浑天仪，天文学家苏颂(1020—1101)和同僚在1092年制作了一座巨大的水运仪象台，包括一个可转动的浑仪和浑象(见图2.13)。

1　作者东汉魏伯阳，生卒年不详。——译者注

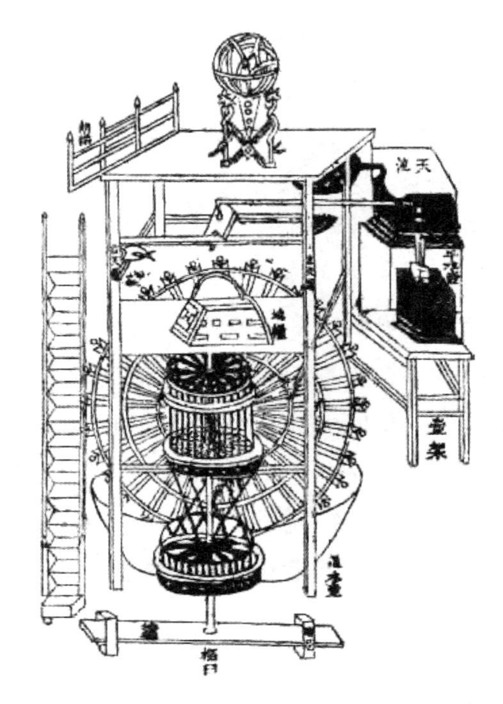

图2.13　中国水运仪象台，选自《新仪象法要》

元朝建立后，中国天文学家与伊斯兰学者更紧密地合作。忽必烈（1215—1294）邀请伊朗的天文学家到北京，大约1227年建成了一座天文台并开办了一所天文学校。北京建有一系列的天文台，其中一座1442年建成的天文台是现存最古老的望远镜出现之前的天文台之一。通过与伊斯兰天文学家的这些接触，中国人了解到托勒密体系。

到16世纪，中国请来了许多欧洲人，特别是耶稣会士，传授欧洲的自然哲学和托勒密天文学。虽然中国的天文学家之间对托勒密的天球模型有所争论，但是大部分天文学家拒绝接受，因为它要求某种占据空间的物质实体，然而普遍持有的观点是天上的物体位于一种无限的虚空中。就像印度科学的情况一样，中国科学的特定学科比较发达，但是从未发展出一套本质上不涉及宗教的总体性模型或方法。

本章小结：伊斯兰文艺复兴的终结

伊斯兰文艺复兴最后几位伟大思想家之一是阿布-瓦利德·穆罕默德·伊本·路世德（Abul-Waleed Muhammad ibn Rushd，1126—1198），在阿拉伯和拉丁世界他都以大评注家或评注家而闻名。路世德受过哲学教育，并得到医生的训练，但他的工作主要是法官和法学专家，一生大部分时间生活在西班牙的科尔多瓦。在很多方面，路世德既代表了伊斯兰自然哲学的实力，又体现了这种实力的削弱。他对亚里士多德的评注不是基于原始资料而是阿拉伯译本，所以他无意回到最初的材料。他写了三套评注：《梗概》（*Jami*），是一个简化了的综述；摘要版（*Talkhis*），中等长度的评注，包含了更多关键材料；经注版（*Tafsir*），代表了穆斯林语境下对亚里士多德思想的深入研究。这些构成了教育上的阶梯，带领初学者从入门到对亚里士多德的深刻理解，实际上，塑造了一位伊斯兰版的亚里士多德。

路世德对自然哲学的贡献，不是关于自然的原创工作，而是一种有力的综合，代表着一个巩固的知识传统。他提出了亚里士多德学说最为专门的版本，从根本上论证了亚里士多德逻辑和哲学体系的完美无缺。从这点出发，路世德主张存在两种真理的知识。来自宗教的真理知识是基于信仰，因此不可被检验。既然它不需要训练就能理解（因为宗教通过神迹和象征物来点化民众），从而是大众通往真理的途径。反之，哲学直接在头脑中展现真理，这是留给少数精英的，他们具备从事其研究的智力。这并不意味着宗教和哲学的冲突，而是它们可以不冲突。在理解真理的方式上，哲学或许有智力上的优越性，但它并不能产生真理。自然，宗教揭示出来的任何真理，都和通过哲学达到的真理没有区别。

这种对哲学的支持，以及哲学和宗教关系的声明，对中世纪欧洲学者产生了深远的影响，特别是托马斯·阿奎那（Thomas Aquinas，1225—1274）。在拉丁语世界中被称作阿威罗伊（Averroes）的路世德，其工作成为中世纪欧洲学者，特别是一群被称作经院学派（Scholastics）的学者研究亚里士多德的重要参考。路世德因其评注而成为中世纪亚里士多德主义的源头（特别是亚里士多德的著作广泛传播之前），同时他也成为哲学上的一个锚点。他支持哲学在智识上的优越性，也让他的工作成为批判的靶子，支持者们被指责为异端甚至是无神论者。路世德主张的立场，直到今天仍在哲学和宗教关系的思考中回响。研究自然（哲学）能够揭示上帝创造的真理，这一思想对于许多自然哲学家和科学家来说，不仅意味着理性与信仰的调和是正当的，而且是对研究自然的号召。

伊斯兰文艺复兴时期发展的对自然哲学的兴趣，随着伊斯兰世界的分裂而褪色，总体来说较为保守。伊斯兰世界的贤人通常是杰出的个体思想者，但大多数情况下他们达不到一种临界势力，让自然哲学的研究变成一种惬意的日常活动。自然哲学家同样是他们自身成功的牺牲品，因为创造出一种阿拉伯自然哲学的理想模式（特别是在医学和天文学领域），学界从开展积极的研究慢慢演变为对现有工作的永恒化。没能创建一套持久的研究伦理是由多种因素导致的，如政治动荡造成社会各方面陷入混乱，随着领导人的更替，高度的宗教宽容一夜之间变成严厉的原教旨主义，一些工作突然会被看作不能接受的，因而从事这些工作就有潜在的危险性。这也可以从对伟大思想家著作的尊崇程度上反映出来，旧的著作越来越被看成正统，使得新作品更难得到传播。

文化和宗教的变迁也影响着自然哲学的地位。一方面是神秘主义，另一方面是更为教条的伊斯兰教，在13、14世纪兴起为主要宗教势力。伊斯兰帝国日益受到军事上的威胁，东面有蒙古人的进攻，西面丢失了西班牙，帝国内部的各王国之间征伐不断。当时的伊斯兰法令越来越限制人类创造力的正常发挥；这就不容许怀疑论，个人观点和世俗团体的认同都没有真正的地位。在有些穆斯林地区，描绘人或自然的画像是禁止的，因为会被认为在搞偶像崇拜。这严重限制了某些类型的调查研究（如植物学），阻碍了借助文本进行的观察交流。宗教国家的统治者也担心各类哲学会与神学冲突，因此他们不大愿意支持对那些话题感兴趣的学者的工作。最富有的伊斯兰国家权势熏天，这种心理优越感也发挥了作用。伊斯兰教兴起之初，希腊的知识和罗马的治理仍然是常识的一部分，但在罗马陷落和拜占庭帝国灭亡后的500年里，旧世界显然被新世界所超越。那么为什么要浪费时间和精力去研究一个失败（和异教徒的）社会的残余呢？

即使野蛮又缺乏教育的西欧骑士出现，似乎也没威胁到伊斯兰世界的权力。

论述题

1．托勒密体系解决了哪些问题，又回避了哪些问题？

2．我们为什么认为盖伦是一位亚里士多德主义者？

3．伊斯兰世界的自然哲学是如何发展的，伊斯兰学者称得上重要的创新者吗？

4．中国自然哲学家最重视的议题是什么，为什么他们以这样的方式开展自然的研究？

第三章时间线

768—814年	查理大帝在位
781年	罗马统治埃及
999年	吉尔伯特成为西尔维斯特二世教皇
1085年	西班牙国王阿方索六世占领托莱多
1096年	乌尔班二世宣告第一次十字军东征
1099年	第一次十字军东征占领耶路撒冷
1142年	巴思的阿德拉将欧几里得的《几何原本》从阿拉伯语翻译成拉丁文
1145年	切斯特的罗伯特将花拉子密的《代数学》翻译成拉丁文
1147—1149年	第二次十字军东征
1158年	博洛尼亚大学章程颁布
1167年	牛津大学章程颁布
约1168—1263年	罗伯特·格罗斯泰斯特在世
1170年	巴黎大学章程颁布
1189—1192年	第三次十字军东征
约1206—约1280年	大阿尔伯特在世
1210年	巴黎大学禁止讲授亚里士多德
约1214—约1294年	罗吉尔·培根在世
约1225—1274年	托马斯·阿奎那在世
1255年	亚里士多德成为巴黎大学必修课
1285—约1349年	奥卡姆的威廉在世
1291年	伊斯兰军队占领耶路撒冷
约1304年	弗莱堡的狄奥多里克完成《论彩虹》
1337—1453年	百年战争
1347年	黑死病肆虐
1453年	伊斯兰军队攻占君士坦丁堡

第 三 章

西欧自然哲学的复兴

罗马陷落后，接连不断的入侵浪潮打乱了欧洲生活的方方面面。战争造成的物质破坏，以及经济的崩溃，摧毁了许多文书收藏，教育殿堂沦为废墟，社会不再追求知识和兴建帝国，而只剩下苟延残喘。尽管境遇悲惨，但也不是所有的古代知识都丢失殆尽。希腊的著作在拜占庭帝国幸存下来，某些文本在西方仍然为人所知，包括柏拉图的《蒂迈欧篇》，盖伦的部分医学论著，托勒密的若干天文学知识，波埃修的一些数学和天文学研究，以及亚里士多德的逻辑学。这些文献弥足珍贵，但七零八落。最优秀、最聪明的人聚集到教会，将他们的心思转向了神学问题。由于基督教神学在某些方面不得不解决一些现实世界的问题，所以仍然需要关于物质世界的信息，比如利用天文学编制历法，以确定节日和庆典，或利用医学来实现教会照顾病患的职责。在早期教会，那些倾向于理性活动的人与那些倾向于更神秘路径的人之间存在着斗争。从长远来看，理性一方更为强大的管理技能逐渐主导了教会的行政，对自然的研究也就被纳入到西方的理性实践中。

中世纪的拉丁西欧，基督教会在知识和精神两个方面成功地确立了自己的权威。因此，正如伊斯兰国家那样，超自然问题和精神问题开始与自然哲学问题交织在一起。因此，尽管中世纪西欧受到过希腊自然哲学的影响，但在自然研究方面，自然或超自然的解释哪个更具首要性，又一次陷入论争。关键问题在于谁掌控着知识，谁拥有宣称真理的最终权威。答案是一种对理性世界的再造和重组，并将精神和自然（或神秘和理性）进行了划分，这种划分与古希腊人有所不同，但同样强大。只要这种划分由天主教会控制，关于自然及人在自然中地位的系列争论就会井然有序，谨慎缓和。而当16世纪教会开始丧失权威时，这种划分引发了五花八门的质疑。

从制定细致的知识规范，到后来局势出现紧张，大学都扮演了主导和必要的场所。大学创建于12世纪甚至更早，这个场所得到了教会的批准，然而又没有完全受教会的控制。因为学者们不仅要学习主流的经院哲学体系（该体系专注于运用三段论逻辑来理解基督教揭示的真理），还要批驳希腊哲学的观点和质疑方法，以将其纳入强大的经院哲学体系。该体系容许竞争的存在；讽刺的是，正是这些用于决定并维护正统学说的场所，在后来几个世纪里为非正统的自然哲学提供了舞台。

在中世纪，那些研究自然的人，既关心获得知识的方法，也关心知识的应用，因而在实用性和可行性问题上形成了一套复杂的对话。不像伊斯兰学者那样对医学和天文学等应用科学最感兴趣，欧洲学者首先关注的是将自然知识用作救赎的途径。尽管有些学者确实对自然进行过实验，寻求其在军事、炼金术和制图等方面的应用，但也有人担忧这些行为的后果。因此，自然知识的应用，在伊斯兰学者看来相对顺理成章，对欧洲学者来说却是一个棘手的难题。

6—7世纪，欧洲学者很少有机会接触到希腊、罗马和伊斯兰的自然哲学。到9世纪，西欧的知识活动不断增多，特别是法国部分地区和富有的意大利城邦，开始支持新的探究。随着欧洲学者接触到伊斯兰世界的物质和文化财富，这种探究的兴致进一步被激发。伊斯兰学者所保存、评注和扩充的资料，尤其是逻辑和数学、医学、炼金术、天文学和光学等领域，日益引起欧洲学者的关注。这些共同将《旧约》作为基本宗教读物的“圣书子民”（指基督徒。——译者注），被伊斯兰统治者正式接纳，结果，基督徒和犹太、伊斯兰学者经常能够造访和利用伊斯兰区域拥有的资源。犹太学者经常掌握多种语言，与欧洲和中东都保持联系，充当文化间的桥梁。在摩尔人治下西班牙的图书馆，特别是科尔多瓦的一座图书馆藏书达40万卷，成为教育的中心，也成为拉丁西欧重新获得希腊文本的中心。

查理大帝与教育

短暂的加洛林帝国时期，查理大帝（Charlemagne，约742—814）的统治仅仅从768年持续到814年，不但重新出现了智力活动的兴趣，而且复兴了与古罗马成就相媲美的帝国蓝图。查理大帝自封神圣罗马皇帝的头衔，从而开创了一个新的罗马时代，尽管并非真正的新罗马帝国。他致力创建一个欧洲帝国，不仅具有政治意义，而且也改变了人们对未来的态度。中世纪早期弥漫着一些悲观主义，社会思潮较为怀旧。部分原因是，很多人认为世界正在进入《圣经》中所描述的末日。实际上，整个欧洲就是往日胜于今朝的鲜活例子，因为强盛罗马的残迹仍点缀着各处。废弃的水渠、大路和竞技场，时时提醒着逝去的权力和遗忘的知识。查理大帝的成功，让民众开始思考再造罗马荣光的可能性，思考可能比当前更美好的未来。要想取得古罗马的丰功伟绩，就必须知晓古罗马人取得的成就，因此人们的注意力转向了古希腊-罗马的遗产。

查理大帝是一位卓越的将军，更是一位精明的政治家，他知道缔造一个帝国并非只是将其拼凑起来。必须说服公民相信，帝国的生活比在各自小国要好得多，因此查理大帝着手建立一套统一的法律体系，整顿军队，改进教会，兴修公共事业。他将教育置于这场改革的核心，招揽欧洲最优秀的学者到他的亚琛（Aachen，Aix-la-Chapelle）宫廷，参与帝国治理，协助创建新式文化。这些学者中最出色的是阿尔昆（Alcuin，约735—804），他在爱尔兰受过教育，担任约克教堂学校的校长。在那里，教士们将古典训练和基督教神学结合起来，发展出一套课程。

约781年，阿尔昆拜见了查理大帝，查理大帝请他进入宫廷，担任教育大臣。阿尔昆接受了，不但建立了学校体系，还负责皇室成员的教育，充当皇帝的私人教师。

通过帝国法令，阿尔昆帮助查理大帝建立了座堂学校和修道院学校，接着这些学校又培养出读写能力和学术水平越来越高的神职人员。教士们变得有文化后，查理大帝让主教来负责扫盲，举行规范的宗教仪式，特别是诵读祈祷文书。阿尔昆一边为查理大帝服务，一边还致力于收集手稿，创建了抄写和传播这些文书的缮写室。

阿尔昆的课程体系为长达一千多年的欧洲教育奠定了基础。该体系基于自由七艺（liberal arts）的学习，它们被划分为两个部分，称作“三艺”（*trivium*）和“四艺”（*quadrivium*）。在拉丁语中，*liber*意思是自由，自由技艺的目标是将自由人教育成为一个合格公民，这与为获得经济收益而学习的非自由技艺（*artes illiberales*）截然不同。

“三艺”一词的本意是三条路交会之处，但也有公共空间的含义。包括的三个科目是逻辑、语法和修辞，掌握这些是教育的至关重要的第一步。通过运用拉丁语（欧洲学者的通用语）清晰地思考，整洁地写作，以及正确地演说，一个人才能为进入文明社会做好准备。“四艺”（或四条道路）由几何、算术、天文和音乐组成。音乐是数学的分支，研究比例与谐音，可能也包括学习唱歌或演奏乐器，但确实关注根本的数学理论。自由技艺的两部分课程代表了理解世界的两种方式：首先是通过语言；一旦掌握了语言，便可进而通过一些世界的模式，它们只有运用数学才能领悟。

吉尔伯特（945—1003）是学校改革后培养的最具天赋的学生之一。他曾在法国和西班牙学习，接着成为兰斯（Reims）座堂学校的校长。又先后在兰斯和意大利的拉文纳（Ravenna）任大主教。在萨克森的奥托三世（Otto Ⅲ of Saxony）的赞助下，他于999年成为教皇西尔维斯特二世（Sylvester Ⅱ）。吉尔伯特对逻辑和数学非常感兴趣，参与了寻找希腊语和阿拉伯语的自然哲学文本，并将其翻译成拉丁文，再加以传抄的工作。他担任教皇后，为整个教会确立了基调，提升了自然哲学的地位，加强了神学的理性方面。

关联阅读

自然哲学与教育：阿尔昆与座堂学校的兴起

自然哲学或科学的发展，必然需要一套教育系统，因为对自然进行系统性研究所需的原理并非不言自明，而是必须通过教学。没有这种教育，不仅知识容易丢失，更严重的是，获得知识的方法也会被遗忘。这方面最著名的例子是罗马陷落后的那个时期，往往被称为“黑暗时代”，学术的星火几乎从西欧消失了。

在古代世界，大多数正规教育的提供者是家庭教师，因此只为最富有的家族服务。像柏拉图学园或亚里士多德的吕克昂这样的高等教育学校，培养的是精英中的精英。除此之外只有寺庙，给教徒们讲授一些基础的读写和数学技能。罗马帝国灭亡后，只有少数教堂、清真寺和犹太教堂还提供基础教育，以至于能看懂圣书的人屈指可数。

800年，当查理大帝成为神圣罗马皇帝时，他遇到一个难题。许多牧师都是文盲，因此他们无法阅读《圣经》并主持礼拜仪式。缺乏读写人才也意味着治理帝国出现困难，因为几乎所有事情，无论是远程通信，还是政府报告和征税，都需要读写和数学技能，却没有足够的人胜任。

查理大帝的亚琛宫廷中聚集了许多学者。他邀请欧洲最博学人士之一，约克的阿尔昆进入宫廷，担任宫廷学校的成员和他的私人教师。在阿尔昆的影响下，查理大帝为教会制定了教育法令，并要求主教建立学校。这些学校被称为座堂学校，因为它们位于设有主教座位的教堂中，向神职人员讲授阅读和写作。读写的功效促使学校扩展到修道院，甚至城镇中也设立了（非宗教）的世俗学校。修道院开始在缮写室抄写并保存文书。许多座堂学校进而演变成大学，其中最著名的是巴黎大学。到1179年的第三次拉特兰会议时，读写和教育的传播，导致了重获古代知识的经院哲学运动。

没有教育，自然哲学就会完全从西欧消失。起初，教会主要关注自然哲学的实用方面，尤其是医学（盖伦）和天文学（托勒密），而掌握了读写，却为更广泛地钻研自然哲学打开了大门。然而，尽管阿尔昆殚精竭虑，但查理大帝最终没能学会识字。据说他睡觉时在枕头下放几本书，希望知识可以通过贴身的方式传送（这种做法恐怕一些学生直到现在都还在用！）。

十字军东征和大学的建立

虽然阿尔昆和吉尔伯特在教会中建立了一套知识传统，并做好了接受希腊和伊斯兰学术的准备，但他们仅代表一个对晦涩的哲学研究感兴趣的微型团体。这一时期的神职人员对自然哲学的反应很复杂。奥古斯丁是最有影响力的基督教思想家之一，他认为自然哲学可能对神学有所裨益，但如果两者有任何明显的冲突，通过“神启”获得的知识肯定要优于通过发现获得的知识。许多神学家主张，研究自然世界，不仅无益于研究者增加获得拯救的希望，而且弄不好还会造成妨碍。要将希腊自然哲学注入欧洲学术的内核，仅仅通过缓慢接受古籍，以及阿拉伯的评注和扩充是不够的。促使欧洲人完成这一最伟大壮举的是军事斗争，首先是反抗伊斯兰教的扩张，接着是控制耶路撒冷和圣地（指巴勒斯坦）。它不仅改变了欧洲的文化，还大大增加了对古希腊-罗马世界的兴趣。

地中海几乎完全由伊斯兰势力所控制，他们占据着西班牙、北非、中东和小亚细亚。734年，查理·马特尔（Charles Martel）在普瓦捷（Poitiers）击败了一支伊斯兰军队，终结了他们对比利牛斯山另一侧法兰克王国领土的进一步挑战，伊斯兰力量向西欧的进军也就停止了。从1085年西班牙国王阿方索六世（Alfonso Ⅵ）占领托莱多开始，最终基督教军队将摩尔人（Moors）赶出了西班牙，虽然直到15世纪末才彻底收复伊斯兰领地。

伊斯兰教在东方的扩张受到拜占庭帝国的抵抗，但从苏雷曼（Suleman）开始，接连不断的伊斯兰军队冲击下，东欧地区被逐渐蚕食。最后，1453年，穆罕默德二世的军队打败了君士坦丁堡最后的反抗力量，灭亡了拜占庭帝国。君士坦丁堡陷落后，流亡者给西欧带来了希腊手稿和知识，又增加了一波对古代哲学的兴趣。君士坦丁堡被占领者改名为伊斯坦布尔，从这个博斯普鲁斯海峡西边的基地出发，伊斯兰势力向西扩张，直到1683年奥斯曼帝国军队在维也纳的城门前再度遭到挫败。该地区的连年战乱，造成了历史上人群与宗教的变迁和混杂，巴尔干国家的许多现代问题即根源于此。

这些对拉丁基督教世界的外部威胁，以及内部局势的影响，使得教皇乌尔班二世在1095年召集基督徒势力发动了第一次十字军东征。欧洲进入了一个稳定期，许多贵族无所事事，只能自相残杀。欧洲的骑士更像斯巴达人而非雅典人，他们大多是文盲，从小就接受训练来忍受残酷的战斗，除此别无他长。由于很难获取新的土地，统治阶级面临供养次子和更小儿子们的压力，因为按照长子继承制，家族所有的土地都交给了长子，其他人可继承的遗产往往所剩无几。当拜占庭帝国皇帝阿莱科修斯一世·康尼努斯（Alexius Ⅰ Comnenus）求助抗击塞尔柱突厥人时，十字军东征似乎是一举多得的好办法。受西班牙阿方索成功的鼓舞，乌尔班认为，拉丁西方可以帮助希腊东方抵御令人生畏的敌人，同时，终日闲散的骑士可以在远离家乡的地方发挥所长。对于贵族来说，这是敬神的战争、冒险，以及获得土地和财富的机会，而对于教会来说，有希望收复圣地、归化教徒，沉重打击竞争的信仰。对于那些为十字军提供补给的人来说，也可大赚一笔。

前三次十字军东征，1096—1099年，1147—1149年，以及1189—1192年，从十字军的立场来看确实取得了一些成功，耶路撒冷在1099年落入基督徒手中。虽然占领耶路撒冷具有象征性意义，但领土的拓展一直有限，欧洲人对圣地的占领并不长久。欧洲人真正的收获是与更广阔世界的重新接触。在某种意义上，自然哲学重新回到拉丁西方，是因为他们发觉了对香料、丝绸、细瓷、象牙、香水，以及各种异国奢侈品的渴望，它们很多都从亚洲沿着丝绸之路，穿越中东来到这里。和这些商品一起，他们也交换思想。尽管东西方贸易从未被完全切断，但奢侈品贸易的扩张使得威尼斯和佛罗伦萨等城市变得极为富有。这些财富反过来为文艺复兴时期的知识和艺术繁荣提供了资金支持，同时也增加了控制着亚洲、非洲和欧洲之间贸易的阿拉伯世界的财富。欧洲人，尤其是那些无法参与地中海贸易的人，希望避开中间商，直接与东方贸易，这也成为后来全球探险的主要推动力。

这项商业的发展带动了城市化，反过来，日益增长的城市人口能够支撑教育。这种教育既包括神学的高等教育，也包括法律、自由技艺和医学等世俗科目。主要以查理大帝建立的座堂学校系统为基础，部分借鉴伊斯兰学馆的模式，第一批欧洲大学在这一时期成立了。巴黎大学宣称创始于12世纪初，让自己成为欧洲最古老的高等学府，但以颁布特许状为依据，1158年建立的博洛尼亚大学可能才是最早正式成立的大学。牛津大学创建于1167年，巴黎大学则在1170年正式成立。

大学的创建使自然哲学的研究合法化，并为学者们提供了一个生活和研究的场所。它们开始成为智力辩论的中心，也是新旧手稿的收藏地。作为教育机构，大学培养出理性更为严密的神学家，并有助于提高教士们的读写水平。它们还在培养正在崛起的世俗管理阶层方面发挥了重要的作用。占据了教会和政府机构的实权职位，这些经大学培养能读会写的学生出入贵族和王室的宫廷，成为重要人士。

正如伊斯兰学者先收集古希腊哲学文献，接着翻译成阿拉伯文，西方学者也热切地搜寻阿拉伯手稿，并将其翻译成拉丁文。在这个大翻译的时期，若干关键学者将自然哲学介绍给拉丁读者。巴思的阿德拉（Adelard of Bath，约1080—1152）承担了大量翻译工作，主要集中于数学文本，如1126年前后翻译

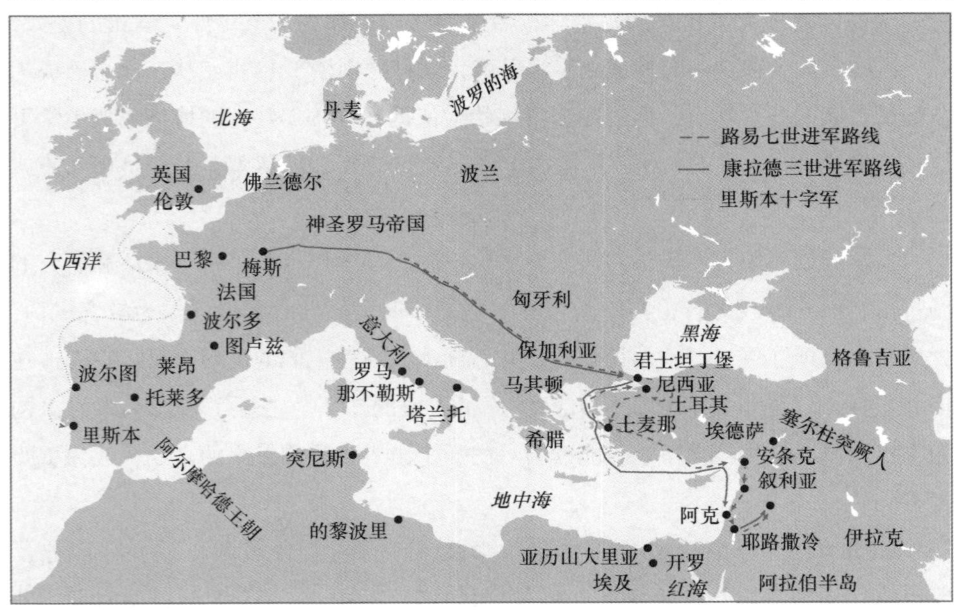

图3.1　前两次十字军东征

了花拉子密的《天文历表》(*Astronomical Tables*)和《花拉子密算术书》(*Liber Ysagogarum Alchorismi*)。1142年，他将欧几里得的《几何原本》从阿拉伯语翻译过来，打开了通往古希腊哲学和数学的大门。他还试图将大多自然哲学的新知识融汇到1111年撰写的《自然问题》(*Questiones Naturales*)之中。1127年，安条克的史蒂芬(Stephen of Antioch，盛年为1120年)翻译了黑利·阿巴斯(Haly Abbas)的《王家实录》(*Liber Regalis*)，这是一部医学百科全书。跟随阿德拉的数学译著，1145年，切斯特的罗伯特(Robert of Chester，盛年为1140年)翻译了花拉子密的《代数学》。1154年，巴勒莫的尤金尼厄斯(Eugenius of Palermo，盛年为1150年)翻译了托勒密的《光学》。1165年，亨里克斯·亚里斯提卜(Henricus Aristippus)翻译完成了亚里士多德的《天象论》。1180年前后，比萨的勃艮第奥(Burgundio of Pisa)将盖伦的著作翻译成拉丁文，通过医学引入了自然哲学的另一个方面。

对学者们而言这是一个激动人心的时刻，从阿拉伯文献的宝藏中，每份手稿都发现了新的知识。基督教军队攻占托莱多后，大主教雷蒙德(Raymond)在那里建立了翻译学校。托莱多是一个理想的地方，因为它长期以来就是基督教、犹太教和伊斯兰教学者的聚集之处。在那里，克雷莫纳的杰拉德(Gerard of Cremona，1114—1187)发现了托勒密的天文学工作，并且在1175年翻译了《天文学大成》，让欧洲人掌握了古希腊天文学知识的最高成就。杰拉德一生的翻译著作超过80部，包括肯迪(al-Kindi)、塔比特·伊本·奎拉(Thabit ibn Qurra)、拉齐、法拉比(al-Farabi)、阿维森纳、希波克拉底、亚里士多德、欧几里得、阿基米德和阿弗罗狄西亚的亚历山大(Alexander of Aphrodisias)的作品。

重新发现的文本中，自然哲学只占一小部分，却令欧洲的知识阶层对古代成就大开眼界，渴望接受并吸收它们。西塞罗和塞涅卡(Seneca)风靡一时，而亚里士多德的逻辑体系的应用范围更加广泛。相比亚里士多德的著作，12世纪的自然哲学家更为推崇柏拉图的《蒂迈欧篇》，因为柏拉图的理念论和基督教神学相辅相成。在这一时期的犹太学者中，摩西·迈蒙尼德(Moses Maimonides，1135—1204)声名最著，他的《迷途指津》(*Dalalat al-Hairin*)试图在亚里士多德的理论基础上来构建犹太哲学。这本书最初用阿拉伯语写成[迈蒙尼德是萨拉丁(Saladin)宫廷的医师]，先后被翻译成希伯来语和拉丁语。

并不是所有中世纪学者的研究都局限于思想领域，或古代哲学家著作的重新发现。炼金术文本描述的操控自然的前景，引起了巨大的兴趣。切斯特的罗伯特1144年翻译了《炼金术的组成》（*Liber de Compositione Alchemie*）一书，将炼金术介绍到欧洲。这本书是阿拉伯化学的一个纲要，人们追寻贾比尔和拉齐更为具体的著作，形成后续研究的热潮。

利用新知识和日益增长的教育市场，13世纪早期又创建了一批大学。帕多瓦大学成立于1222年，成为顶尖的医学院。接着1224年那不勒斯大学成立，图卢兹大学紧随其后，于1229年成立。从1231年开始，剑桥大学就成为牛津大学的主要竞争对手。罗马大学创建于1244年，索邦大学则于1253年成立。

基督教神学碰上亚里士多德自然哲学

在欧洲，大学很快把自身确立为智力活动的场所。虽然自学成才者和出身早期座堂学校的人，可能曾经一度声称与这些学者平起平坐，但到了13世纪末，神学教授的地位大为尊崇。通过这种方式，大学成为知识的保护和创造之地。然而，它们本质上是保守的机构，一旦什么东西被用作必读材料，就会变成不容置疑的权威。与此同时，大学与更庞大的天主教会组织之间的关系错综复杂。它们一般不会被某位主教完全控制，因此大学的空间，既征得了教会的许可，又免受教会的控制。这使得关于信仰或理性的争论在大学里得以展开。尽管有些学者因观点有失虔诚而入狱，但毕竟能够出现这些争论，就足以说明这些机构的权力和独立性。

并非所有的基督教神学家都乐见阿拉伯和希腊哲学家的著作译介到拉丁西欧。尤其是亚里士多德的作品遭到了神学家们的反对，因为他在许多自然哲学问题（如宇宙的无限寿命等）上与《圣经》相抵触，以及作为一个异教徒，他对基督教权威构成了潜在的挑战。由于亚里士多德深受学生的欢迎，巴黎大学当局越来越担忧异教哲学影响到那里正在培养的未来神学家和世俗领袖；因此，1210年他们禁止了亚里士多德自然哲学著作的阅读和讲授。当局内部也有争斗，因为保守的神学院不遗余力地将对亚里士多德的禁令施加给较为进步的艺学院。禁令在1215年由教廷使节罗伯特·德·库尔松（Robert de Courçon）重申，1231年教皇格里高利九世（Pope Gregory Ⅸ）再度重申。然而，对亚里士多德的广泛兴趣，促使格里高利九世组建了一个委员会，审查亚里士多德的著作，清除带有任何神学问题的元素。

具有讽刺意味的是，对亚里士多德自然哲学的禁令实际上却促进了对它的研究，使之成为一种哲学上的禁果。这项禁令只适用于巴黎大学，因此其他大学可以自由地提供亚里士多德的课程，这被用作吸引学生的卖点。此外，这一禁令只涵盖自然哲学，因此亚里士多德的逻辑学著作，尽管与自然哲学体系密切相关，但仍可进行研究。对亚里士多德的需求持续增长，提供的文本和学者也成倍增加。最终，1255年，学习亚里士多德的呼声，以及广为流传的著作，使得巴黎大学艺学院通过了新的法规，讲授亚里士多德不仅是可以允许的，而且成为艺学教育的必修部分。仅仅45年间，亚里士多德的著作就从非法变成了必修的知识。

亚里士多德的著作在拉丁西方的知识生活中变得至关重要，以致人们将他简称为“那位哲学家”。尽管翻译工作仍在继续，但他的论点不好理解，可用的文本往往支离破碎，从而几乎全靠阿拉伯语的评注。在重新译介的初期，最受欢迎的评注者是伊本・西那（即阿维森那）。到13世纪中叶，路世德（即阿威罗伊）已成为拉丁学术界使用的首席评注者。和亚里士多德一样，路世德也极为重要，被称作“那位评注者”。

这种对亚里士多德及其评注者的尊崇，如果用来表现人们对古希腊文献的盲从或教条主义的沉迷，则会误导我们了解中世纪学术的面貌。在很长时间里，历史学家主张中世纪的学术研究基本上是次生性的，因此它后来的一项无趣但必要的工作是挑战古希腊思想。最近，历史学家们意识到，虽然沉迷于文本是中世纪学术的一个重要因素，但从最初开始，关于希腊自然哲学的各个方面就一直存在着争论。困扰中世纪学者的一个主要问题是，古希腊人不是基督徒，所以古代哲学的每个方面都必须根据基督教的正统思想进行讨论。由于大多数拉丁学者都是神职人员，所以古希腊思想的异教来源，被一些人视为拒斥它的理由；这也是禁止研究亚里士多德的原因之一。

由教皇格里高利九世所代表的一个较为温和的群体，准备包容古希腊思想的某些方面，只要它们不是明显地在神学上（或直接地）与《圣经》的权威相抵触。其实，中世纪哲学家首先面临的挑战之一，就是找到一种方法，让希腊自然哲学与神启的宗教共存。后者是救赎的必要条件，但前者提供了一条理解上帝创世的途径，以及丰富的实践知识。在那些真正试图将亚里士多德哲学与基督教神学联系起来的人当中，有罗伯特·格罗斯泰斯特（Robert Grosseteste，约1168—1263）。格罗斯泰斯特是牛津大学的首任校监，学识渊博。他从亚里士多德的《后分析篇》研究其逻辑学，从《物理学》《形而上学》和《天象论》研究其物理和力学。格罗斯泰斯特在对逻辑学和自然哲学的评注中，将亚里士多德的观点与《圣经》思想吻合起来。例如，他主张，尽管上帝的创世先于亚里士多德的宇宙论，但这并不意味着亚里士多德关于宇宙中物质组成的论述是错误的。

格罗斯泰斯特对光学也非常感兴趣，研究欧几里得的《光学》（*Optica*）和《反射光学》（*Catoptica*），以及肯迪的《论视觉》（*De Aspectibus*）等著作。对光的热衷，部分来自一种信仰，即物质世界中的光类似于灵性之光，而通过灵性之光，头脑才能获得关于事物真实形态或本质的某些知识。光是基本的物质实体，所以光学研究也是自然哲学的基础研究。由于理解光学需要数学，所以格罗斯泰斯特将数学、自然哲学和宗教联系到一起。他的教学，尤其是面向方济会修士的教学，引导了许多学者研究数学和自然哲学。

格罗斯泰斯特之后是伟大的中世纪思想家大阿尔伯特（Albertus Magnus，约1206—约1280）。大阿尔伯特执掌巴黎大学的两个多明我会教席之一，致力于在教会框架下为希腊哲学寻求一席之地，并挑战方济会修士的学术地位。他撰写了大量关于哲学和神学的著作，并以多部自然题材的作品而闻名，范围涵盖从地质学到驯鹰术、植物力量和魔法兽等。大阿尔伯特孜孜不倦，为所有已知的亚里士多德著作撰写了评注。由于研究的广度，他被尊称为“全才博士”。他也不怕在自然或哲学问题上补充或修正“那位哲学家”。大阿尔伯特并没有基于希腊哲学提出一套新的正统学说，而是主张修正后的自然哲学有重大用途，也能够被现存正统学说所利用。因此，他期望以理性来颂扬上帝的创世，利用自然哲学的统一性来推崇无上的基督教义。

魔法与哲学

据说大阿尔伯特也是中世纪最流行的著作之一《秘密之书》（*Book of Secrets*，

Liber Aggregationis）的作者。该书由一位或几位佚名作者写成，甚至可能包括大阿尔伯特的学生，而以他的名字传世。这是一部关于“药草、石头和某些野兽”的论文汇编，以现代的观点看，这更像是一部关于魔法、占星和神秘野兽（如鸡身蛇尾怪和狮鹫）的书。然而，这部著作试图以松散的亚里士多德式框架来囊括整个世界，既有普林尼关于世界的百科全书式描述，也包含伊斯兰炼金术士对物质的探究。尽管当时多数严肃学者对这种神秘主义不屑一顾，但这类汇编书却广为流行。大部分是采用问题及解答的模式，就特定的问题给出解决的方法，如防止醉酒的方法：

> 只要你能充分领悟所感知到的事情，那么你就可能没有喝醉。
>
> 拿上一块称作紫水晶的石头，它是紫色的，最好是产自印度。它能有效防止醉酒，并让你领悟到那些可能理解的事情。[1]

《秘密之书》是一部中世纪的魔法书，在魔法和自然哲学之间建立了强有力的联系，哪怕这种联系还不够明确。从最简单的层面上，这两者都是对未知世界的研究，都是通过命名和描述的方法，以试图掌控未知的事物。然而，《秘密之书》中的魔法是实用性的而非精神性的，对那些研究自然界看不见的力和能量的实践者来说，这一特性非常重要。《秘密之书》巧妙地回避了巫术和超自然力量的问题（不论它们是善是恶），也不诉诸鬼神的力量。列举和描述的有些条目尽管不可思议，但它们存在于物体本身，它们都有待被认识，也都是天然的。

该书最为突出的特点之一是使用了术语“实验”（*experimentari*）和“尝试”（*experiri*），指的是实验，而非关于自然界的经验。尽管很难评估人们是否或在多大程度上相信这些描述和配方，但确确实实许多人信以为真并进行尝试。即使大阿尔伯特不是《秘密之书》的作者，但他喜欢亚里士多德自然哲学的那一套，它由阿拉伯传统所改造，包含了更多研究自然的实用方法。这就偏离了早期拉丁学

1　Albertus Magnus. *The Book of Secrets of Albertus Magnus*. ed. Michael R. Best and Frand H. Brightman. Oxford: Oxford University Press, 1973, pp. 33–34.

者的道路，那些拉丁学者更关注什么可能是真的，而不是了解事物的表观，以及同其他事物混合后的可能反应。

罗吉尔·培根和托马斯·阿奎那：亚里士多德自然哲学在实践和智识上的运用

格罗斯泰斯特和大阿尔伯特之后，自然哲学的道路分裂了。那些更看重调查研究一面的人，例如罗吉尔·培根（约1214—约1292），开始借鉴来源于阿拉伯的许多实用方法。这一群体包括越来越多的炼金术士和占星家。那些更致力于哲学并坚守古希腊智识传统的人，则倾向于从思维训练、获取特定知识的方法等角度研究问题。这一源流产生了托马斯·阿奎那（约1225—1274）以及经院哲学。第三条源流可以从一些基本实践技巧的传播中看到，这些传播发生在中世纪的工程师、泥瓦匠、铁匠、航海家、治疗师之间。但该群体被另外两个群体所掩盖，因为很少有人进入知识阶层，也没有留下多少书面记录；然而清楚的是，随着自然哲学渗透欧洲社会，从大教堂的建造，到助产术的实践，一切活动无不受到自然哲学的影响。

罗吉尔·培根是中世纪探究精神的完美典范。他曾经在牛津和巴黎求学，后来加入方济会。他赞同自然哲学的应用性，尤其是发现了亚里士多德更为实用的自然哲学著作，并主张对自然的理解将有益于基督教教义。他撰写光学论文，构想水下和飞行器械的设计，支持实验作为一种发现自然事物方法的观点。他是第一个提到火药的欧洲人，但不确定这是一个独立的发现，还是从东方资料中学习（中国的隋唐时期已出现）并由他加以改进。他提到火药的篇章来自他的《大著作》（*Opus Majus*），约写于1267年。这本书直到1733年才出版，目前还不清楚该手稿在他生前流传到多大范围。他对自然哲学的思索和捍卫没有得到方济会高层的好评，但他矢志不移，坚信自己有责任从事这项工作。最终他受到斥责，被方济会监视，直至1277年作为异端分子而入狱。

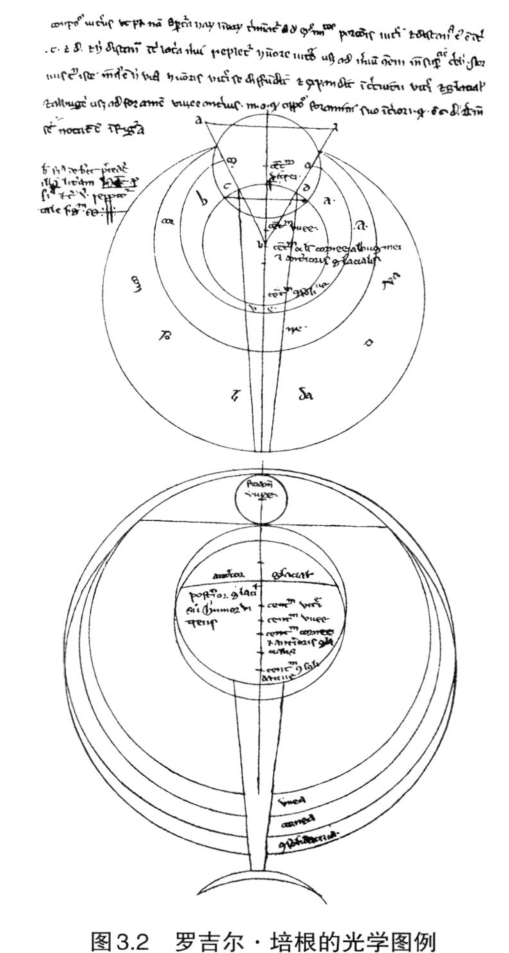

图3.2　罗吉尔·培根的光学图例

培根著作中阿尔哈曾的眼睛光学图。上图是光线从顶部进入眼睛，穿过玻璃体。下图是眼睛的内部细节[1]

智识源流中最伟大的人物是托马斯·阿奎那。阿奎那曾经是大阿尔伯特的学生，在老师的指导下阐明神学和哲学的相互关系。阿奎那认为，信仰和上帝的权威是首要的，但在神启决定的领域之外，上帝赋予人类以理解自然的工具。因此，既然上帝将宗教和哲学赐予人类，那么两者之间就应该没有真正的冲突。只要人

1　Roger Bacon's Optics Diagram of the Eye. From the work of Roger Bacon/Universal History Archive/UTG/Bridgeman Images.

们运用正确的神学和正确的哲学，任何表面的矛盾都会烟消云散。阿奎那继承了路世德（阿威罗伊）开创的哲学路线，并在某种意义上，通过将亚里士多德的著作分门别类，挽救了亚里士多德学说。在一个盒子里，他放入了亚里士多德获得准确（或真实）知识的一套办法，以及基于逻辑验证知识的方法。如果通过正确的方法得到结果，那么哲学的成果就不会与神启相矛盾。他将亚里士多德对世界的观察放到另一个盒子里。尽管这些观察包含一些错误的材料，但是大局——比如天界的完美性——是正确的，且就其本身而言，很多观察值得进一步予以整理或基督化。最后一个盒子是亚里士多德关于神学、政治和社会结构的观点。这些观点和其他异教徒的谬误一道，作为异端的、错误的和过时的学说而被抛弃。

关于亚里士多德哲学的讨论，某种程度上表明希腊哲学已经对拉丁欧洲的知识界变得多么重要。在智识的竞技场上，阿奎那的工作定位于一场关于哲学地位（尤其是亚里士多德著作）的严肃学术争论，但他也反击若干对正统的具体挑战。布拉班特的西杰（Siger of Brabant，约1240—约1284）就是阿奎那的主要靶子之一，西杰持有强势的亚里士多德世界观，试图撇开神学的约束讲授哲学。作为回应，阿奎那写出了《论理智的统一：驳阿威罗伊派》（*Unity of the Intellect*, *against the Averroists*），一方面专门驳斥西杰的观点，另一方面更为普遍地主张哲学依赖于神学，不能独立存在。阿奎那获胜了，托马斯主义的自然哲学成为欧洲学术界的正统学说。

甚至与同一时期的中世纪学者相比，阿奎那的写作和论证也深奥难懂，这反而使得他的作品成为许多研究的焦点。不妨读读下面的短文，节选自阿奎那《论存在者与本质》（*On Being and Essence*）的引言：

> 而且，既然我们应当由复合事物领悟单纯事物的知识，由经验的事物认识先验的事物，则我们在学习时从比较容易的东西起步就是恰当的了。因此，我们将从解说存在者的含义起步，然后进展到解说本质的含义。[1]

理解是从简单事物过渡到复杂事物，这一点尽管看似合理，但阿奎那关于什

1 本段译文见阿奎那《论存在者与本质》，段德智译，《世界哲学》，2007（1）：54。

么是简单和复杂的看法，让后世学者争论了七百余年。

经院哲学

到14世纪初，托马斯主义传统中对亚里士多德的研究完全占据了上风。虽然教会中仍然有一些福音派教徒质疑一切世俗的研究，认为那是偏离了信仰，但是亚里士多德哲学已经融入精神生活的方方面面，并且作为权威的源泉，在教会神父心中占据了一席之地。亚里士多德的方法论，与中世纪关注的包括神学和某些方面的柏拉图哲学，交汇形成一种新型的哲学，被称作经院哲学（Scholasticism）。经院学派与大学关系密切，思想上更倾向于多明我会等宗教派别。

经院哲学代表了拉丁教会中最强大的理性主义流脉，可以追溯到4世纪的奥古斯丁。在中世纪早期，它更多受益于柏拉图及其理念论，而亚里士多德除了逻辑学外还较少为人所知。经院学派的基本方法是辩证法，所以提出问题的方式，是确定两个对立的立场。通过表述相对立的初始立场来解决问题，这种想法为古希腊人所熟知，并构成了苏格拉底使用的对话形式的基础，而中世纪学者将这种方法推进到精妙的新境界。起初是将论证予以形式化的整理，分为主题、反驳和解答。彼得·阿伯拉（Peter Abelard，1079—1142）的《是与否》（*Sic et non*），就是这种方法的开创性工作之一。托马斯·阿奎那则运用它来协调亚里士多德和基督教教义。

这里存在一个经院学派的历史问题，由于他们全身心地沉醉于亚里士多德，随着时间的推移，他们的体系从一个理解世界的方法，转变成为一套关于世界的公理化陈述。经院学派本质上都是理性主义者，因此他们主张理性是理解宇宙所必需的。但他们创建的体系却诉诸一套基本不容置疑的权威。这并不意味着争论的消失，事实上它仍然是一种学者的基本技能。大学将撰写论文作为授予高等学位的条件。这种技能延续到现代，就是获得哲学博士（PhD）所需的博士论文和答辩制度。该制度认为，学位论文是学生提出的论点，他要针对该领域饱学之士提出的质疑作公开的答辩。我们仍沿用着中世纪学者创建的方法，表明这套教育制度无比稳固。然而，通过永无休止地辩论同样的问题，能够获得的新见解也是有限的。因此，这些争论并不太看重得到什么结论，而是作为一种工具，训练新人理解业已确立的学说，或抨击反对者使之归服。

中世纪炼金术

当亚里士多德学说在通向正统的道路上经历神学和哲学的修正时，另一个探究自然世界的渠道却没有遭受类似的合法化步骤，因为它不是学校体系的一部分。比起医学、天文学、数学或哲学，炼金术更能唤起广泛受众对自然哲学的兴趣，这些受众包括王公贵族、医师、教师、君主、宗教领袖，乃至手工艺人和平民。如果单用人数衡量，炼金术士是最普遍支持研究自然的人。因为伊斯兰炼金术士的工作是基于一种亚里士多德的物质理论，拉齐和贾比尔的作品不仅向拉丁西欧传播实用技艺，也是传播希腊自然哲学的最重要渠道。从积极的方面看，它扩展了对物质世界的研究，并有助于引入实验的技能和观念。消极的方面，首先是诈骗行为如影随形地增多，其次是炼金术士的保密甚至偏执狂，与自然哲学所特有的共享知识概念相抵触。

中世纪的江湖骗子层出不穷，他们利用了社会各个阶层的贪婪和轻信。基本的骗术很简单。骗子声称已经发现了炼制哲人石的工艺，因此说服一位富有的捐助者，支持用贱金属来实际生产黄金。制造过程中，炼金术士由其恩主提供住房和衣食，甚至可能得到支付其他生活费用的津贴。当然，还需要昂贵的和来自异域的材料。由于炼金术知识隐晦神秘，受害者中谁能说出这种昂贵的白色粉末不是从中国进口的用凤凰羽毛制成的稀有原料？除了间接赚取的钱之外，炼金术士还经常索要大量的黄金作为种子，用于将尚未分化的初始质料转化为贵金属。

江湖炼金术士寻找潜在的受害者。中世纪的世界充满了异想天开的怪兽、邪灵和巫师，所以炼金术符合了存在超自然力量的信念。而且，教会还将物质的嬗变作为教义来宣讲。在变体论中，圣餐仪式上的面包和酒被转化为基督的肉身和血液，同时许多圣经故事也依赖于各种方式的物质转化，比如罗得（Lot）的妻子从肉体转化为盐，夏娃是亚当的肋骨创造的，还有基督将水变成酒。虽然教会禁止了巫术并将魔法视为危险和邪恶的，但正是通过教会，炼金术传到了欧洲，被在缮写室中翻译并抄录，教皇和红衣主教们研习，并由僧侣们实践。

让炼金术士的故事复杂化的是，“真正的”炼金术士（那些不单纯是骗子的手艺人）也需要赞助者和资金来开展他们的研究。如果这意味着要偶尔地改变结果来安抚赞助者，那也是为了研究工作而付出的代价。炼金术士面临两种相互矛盾的压力：出于个人和财务的原因，需保密他们的工艺，但为了吸引赞助者，又必须鼓吹他们的成果。这点直到今天仍是一个难题，做出成果的压力有时会让科学家编造结果或掺假（或至少得出远超其证据的结论），以捞取开展实验的资助。

维拉诺瓦的阿诺德（Arnold of Villanova，约1235—约1311）就是一位真实的中世纪炼金术士的典型范例。作为一位知名的医师，他还是占星家和炼金术士。他撰写了关于物质嬗变的著作《宝中之宝，哲学家念珠和万密中之至密》（*The Treasure of Treasures*, *Rosary of the Philosophers and Greatest Secret of All Secrets*），书中他宣称已经找到了柏拉图、亚里士多德和毕达哥拉斯所知的物质秘密。他告诉读者，他将毫不保留，但他们必须阅读其他的书籍，以理解他作品背后隐藏的推理。物质嬗变可以通过某种金属提纯而实现，经过提纯只留下高贵的银和金元素。要做到这一点，需要从水银中提取生命之水，再用它制成炼金药，便可以将一千倍重量的贱金属转化为金或银（取决于炼金药）。该工艺的描述用基督的生命历程做暗语，包括受孕、出生、钉十字架和复活等。虽然大部分素材是理论性的，但有足够的实用维度（以及实际工作的证据），鼓励读者尝试重复阿诺德的工作。

实验与解释

尽管炼金术作为探究物质的一种方法，不受古代哲学的支配，但中世纪学者开始悄悄地考察自然，并发现了亚里士多德的观察有缺陷。即使在经院哲学的影响下，他们也出乎意料地没有盲从于亚里士多德的著作。通过运用亚里士多德的方法论，特别是当他们专注于分门别类后的亚里士多德著作中的观测材料时，中世纪学者质疑什么是真正的知识，而不必冒攻击权威的风险。典型的做法是，自然哲学家先是颂扬亚里士多德，接着便探索一个他未曾涉及的领域，或以略微改进他那无懈可击的体系为名，论证一个新的观点。

上述做法可在罗伯特·格罗斯泰斯特和弗莱堡的狄奥多里克（Theodoric of Freiburg，1250—1310）等人的著作中见到，两人都从事光学和彩虹的研究。亚里士多德主张，彩虹是由云中起小镜子作用的小水滴反射阳光而形成。相反，更注重实际问题的阿拉伯光学研究则表明，彩虹是因折射而产生。格罗斯泰斯特的考察是这样开始的：

> 关于彩虹的研究受到透视画法学生和物理学家的关注。物理学家想知道事实，而透视画法的学生想知道解释。基于这个原因，亚里士多德在其著作《天象论》中并没有给出透视画法的学生所关心的解释，却简短地说明了物理学家所关注的彩虹事实。因此，目前这篇文章我们将尽我们有限的能力和可用时间所及，提出透视画法的学生所关心的解释。

就这样，格罗斯泰斯特宣称他并未论证亚里士多德的彩虹研究是错的；相反地，他只是补充了亚里士多德没有去做的那部分研究。这是经院学派自然哲学家惯用的伎俩，让他们既能保持对大哲学家的忠诚，又能提出原创研究，而不用担心被指责为目中无人，将自己的工作凌驾于先贤之上。

狄奥多里克赞扬了亚里士多德一番后，便将其理论抛在一旁，而提出他基于折射和反射的理论。这似乎是根据他从阿尔哈曾的《光学之书》中学到的知识。他提供了一种检验照射到雨滴上的光线性质的办法，即制造一个玻璃球，里面充满水，再用光线照射（见图3.3）。虽然狄奥多里克的工作不是拉丁西方的首例实验，但常常被指为实验主义的先驱，尤其是他得到的结果基本上和我们今天所发现的相同。该典型例子说明，亚里士多德的哲学和检验那些观察的行动之间存在着一座理性的桥梁，将改变关于自然的研究。

在亚里士多德看来，只有将逻辑应用于观察，才能在理性框架下发现关于自然界的真理。换句话说，我们之所以得知真相，是因为我们有能力运用分类系统，并对感官知觉进行解释。狄奥多里克并未否认亚里士多德的系统，却抵触了亚里士多德学说中感官知觉的地位。因为肉眼无法分辨出正确的感官知觉，所以彩虹的形成必须通过模拟，让感官可以清晰地认识到它。玻璃球不是一粒雨滴，但狄奥多里克无疑假定它就等同于一粒雨滴，因此肯定表现出雨滴的物理性质。

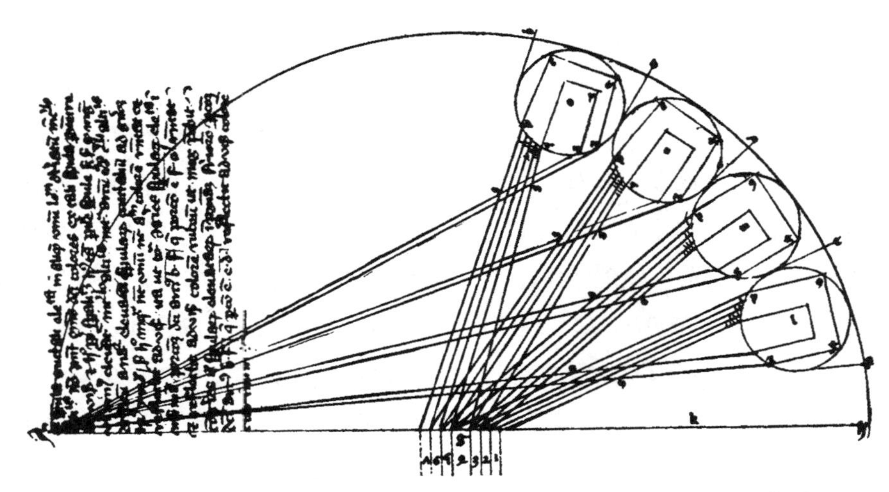

图3.3　狄奥多里克《论彩虹》（*De Iride*，约1304）中的彩虹示意图

右侧小圆代表雨滴，反射和折射了从左侧入射的光线，从中间即可观测到彩虹

彩虹的真相不再仅取决于观测者（感觉和理性），它也存在于模拟这一物理性质的器械之中。

尽管我们已经接受了狄奥多里克工作背后的这种推论，但并不必然意味着，通过这种方法就能获得确定的知识。从观察进行推理的主要问题之一，是归纳法不可能带来必然性。根据定义，感官知觉依赖归纳：一名仅仅看到过白天鹅的观察者，可以合理地从一系列个别观察得出普遍结论，天鹅只能是白色的。由于观察者无法限制黑天鹅存在的可能性，也无法知道所有可能观察到的天鹅（因为也会包括过去和将来的天鹅），因此充其量只能说已观察到的所有天鹅都是白色的。同样，在中世纪，亚里士多德反对实验方法的论点仍被奉为圭臬。就是说，（在实验中）迫使自然界处于非自然的状态，便无法让人洞察自然的性质。

奥卡姆剃刀

正如亚里士多德或经院学派所阐述，对确定知识的可能性持怀疑论态度并不鲜见。最先的攻击来自神秘主义倾向的神学家，他们完全反对理性和逻辑，同时也有一些哲学方面的质疑。最有力的怀疑论者是奥卡姆的威廉（William of Ockham，1285—约1349），他抨击了亚里士多德的关系和实体的范畴，从而动摇了物理学和形而上学。奥卡姆主张，关系是观察者的头脑创造出来的，并不代表宇宙中的任何潜在秩序。从而，亚里士多德的元素四分层说仅仅存在于头脑中，这就摧毁了整个亚里士多德派的解释体系。奥卡姆还质疑了亚里士多德的目的论，主张无法根据第一原理，通过经验或逻辑来证实任何特定事物具有目的因。奥卡姆对这种哲学的辩护，部分基于简约性原则，该原则更常被称作“奥卡姆剃刀”。他主张“如无必要，勿增实体”。用更直接的话说，对一些问题的解释，尽量不要增加参数。作为一种哲学工具，它也表明，当对某个现象有多种解释的时候，明智的做法是选择最简洁的那一个。这一思想虽非奥卡姆原创（该思想的一些版本可见诸迈蒙尼德甚至亚里士多德的著作），却是他的主导思想之一。在奥卡姆看来，亚里士多德的许多精巧体系，都是没有必要或难以证实的。

除了挑战经院哲学，奥卡姆还抨击了教会的等级制度。他坚信神启是获得正确知识的唯一途径，这种信念也使得他质疑教皇至上的原则。尽管奥卡姆愿意接受教会在精神事务方面的无上权威，但他反对将教皇的权威扩张到世俗事务上，例如让君主服从于教会的世俗权威。因为强烈和公开地抨击教会，他于1328年6月6日被革除教籍。那时他正处于神圣罗马皇帝路易四世的保护和支持下，所以他免受了教皇的迫害。

奥卡姆学说的支持者数量不多，部分原因是该立场在政治上是危险的，但他们的影响很广泛。他们的哲学被贴上了“唯名论”的标签，因为它否认抽象物体或普遍概念的实际存在。经过引申，自然世界只能通过“偶然事件”的方式来进行描述。偶然发生的一些事件，可能是真实的，也同样可能是虚假的。对此，我们可以思考一下“所有天鹅都是白色的”这一陈述。该结论可以通过观察得出，并被奉为普遍真理，但当人们发现澳大利亚黑天鹅时，这个结论便被证伪了。问题取决于命题之外的事实。如果普遍概念不存在，自然界是由偶然事件组成的，那么关于自然世界的任何发现都只有通过观察，所有普遍陈述（如分类）都可能会根据进一步的观察而进行修订。某些哲学家不再从事形而上学传统领域的研究，而是转向对经验的研究，奥卡姆哲学就属于这种潮流。而且，奥卡姆派的立场倾向于哲学独立于神学。尽管不是持此观点的唯一派别，唯名论者反对大多数中世纪思想家所接受的哲学从属于神学的阿奎那立场。作为自然与超自然相分离的又一种形式，如果要进行独立的自然哲学研究，这是一条必经之路。

黑死病和中世纪的终结

奥卡姆刚刚去世，便暴发了中世纪最惨烈的自然灾害——大瘟疫或称黑死病。这场瘟疫起源于14世纪30年代的中国（此说尚存争议。——译者注），通过商人传播到黑海，在那里，意大利商人、水手和甲板上的老鼠都被感染，并于1347年散播到欧洲。该病非常可怕，可以通过空气、触摸或者跳蚤叮咬进行传播。病人往往在感染数小时内死亡。由于该病可以引起腹股沟腺炎（因此是一种淋巴性瘟疫），或身上（尤其是腹股沟、腋下和咽喉处的淋巴结）出现充满黑色血液的肿块，所以被称作黑死病。意大利作家薄伽丘用“和朋友吃午餐，和天堂的祖先吃晚餐”来描述受害者的惨状。许多历史学家估计这场瘟疫在5年内造成了2500万人的死亡，这是当时欧洲三分之一的人口，但死亡人口甚至可能会高达50%。许多城镇和乡村，因为人口稠密造成疾病迅速传播，变成了空城和死村。在瘟疫到来前，欧洲就遭受过一系列农作物歉收，营养不良和大饥荒已经令民众贫弱不堪，从而加剧了大瘟疫的灾难。

瘟疫的持续时间与英法之间的百年战争（1337—1453）相吻合。英国失去了大部分的大陆领土，但旷日持久的冲突摧毁了大批法国贵族阶层。紧随黑死病脚步的是东西教会大分裂（1378—1417），导致教会的中央权威分崩离析，罗马和阿维尼翁的教皇互相竞争，试图同时发号施令。这个时代所有的死亡和破坏都鼓励人们转向更加保守的神学，并促使了神秘基督教义的复兴。黑死病看起来像是《圣经》的诅咒，没有任何尘世的行为对它有任何影响。医师们经常把疾病归咎于不吉的星象事件，巴黎大学医学院认为这场瘟疫是木星、土星和火星的联珠引起空气腐坏而造成的结果。历史学家芭芭拉·塔奇曼（Barbara Tuchman）称这个时代为“多灾多难的14世纪”，标志着中世纪欧洲走向终结。尽管中世纪的社会结构从西欧社会完全消亡几乎用了400年，但开启这条新路的并不是哲学家、社会改革家、商人、君主或教皇，而是疾病的痛苦。

瘟疫肆虐的年代，自然哲学很少有原创性的工作，因为大多数幸存的神学家和学者更关心死亡和救赎，而非自然的结构。尼古拉·奥雷姆（Nicolas Oresme，约1323—1382），法国利雪（Lisieux）的主教，是少数继续从事自然哲学研究的人之一。奥雷姆在数学方面的研究是分析几何学的先驱，他试图用几何学来表示速度。在《论天空与世界》（*Le Livre du Ciel et Monde*）这部对亚里士多德《论天》（*De Coelo*）的评注中，他提出了到那时为止对地球可能运动的最全面考察，结论认为证据支持托勒密的地心模型。奥雷姆除了《论天空与世界》，还在查理五世（Charles V）的指示下将多部亚里士多德的著作翻译成了法语，因此他的工作标志着一场从拉丁语到本国语言的态度转变。

瘟疫对自然哲学的最大影响是间接产生的。大量人口的死亡，意味着当瘟疫过去后，土地上严重缺乏人口。对于那些幸存者来说，生活比以前拥有了更多的可能性。幸存者继承了遇难者的财产，通过获得近亲乃至远亲的遗产，许多人突然变得富有。到处都是肥沃的土地，但耕种的人却很少，所以农民从地主那里获得了更有利的条件，可以买得起较为奢侈的物品。农民离开土地从事贸易和商业活动也更容易。城市、国家和富有的贵族往往不得不竞相吸引工匠甚至农民到他们的领地。蓬勃发展的经济，让那些能够满足奢侈物品需求的人发了财，这些奢侈物品包括丝绸、细布、香料、象牙、香水、玻璃件、珠宝，以及从鞋类到盔甲乃至机械玩具等大量制造品。在主要的商业中心，特别是意大利的热那亚和威尼斯等城邦，这些新涌现的钱财支付给商人，负担起海军舰队、公共设施和教育，对艺术的赞助也迅猛增长。由于意大利商人及其阿拉伯贸易伙伴控制着来自远东最昂贵奢侈品的运送，贸易中心之外的人们只能看着他们的黄金和白银流走，让别人富裕起来。西班牙人、葡萄牙人、英国人甚至意大利人都开始考虑如何绕过中间商，直接与中国进行贸易。

要做到这一点，欧洲人需要大量的工具：更好的航海天文学，改进的制图和地理学，更好的新型仪器，以及让这一切变为可能的更高深的数学。新贸易计划的关键是能在大西洋上航行的新船，因此需要更好的航海工程学。而比这些工具更为急需的是设计、建造、拿出和使用这些工具的人才。自然哲学为这些人提供了关键的驱动力，加之与约翰内斯·古腾堡（Johannes Gutenberg，约1397—1468）精巧发明的印刷机相结合，欧洲便拥有了一场知识、经济和文化活动大爆发所需的全部要素。

本章小结

罗马陷落后，欧洲的统治者、教会领袖和知识分子都在努力创建一个稳定的等级森严的社会。从知识的角度来说，他们首先创造出对希腊哲学的需求，将其融入他们的教育和神学的世界观中。直到1300年，欧洲的发展仍然缓慢，社会秩序井然，监管严密，而且人们有些孤芳自赏。研究自然哲学的是一小群主要在大学里的知识分子，而炼金术士、医师和工匠们则专注实践中的问题。对于大多数思想家来说，哲学和神启知识之间已经确立了分界。正如阿奎那所展示的那样，这两种知识体系并不冲突，因为它们各自针对知识的专属领域、神学进行高级的研究，而哲学则发挥实用但支撑性的作用。换句话说，拉丁学者面临着与古希腊人同样的问题，并决定将两个世界分离开来，一是神启宗教的超自然世界，一是正常地通过理性认识的自然世界。这种分离的张力非常具有启发性，让一些最优秀的思想家创建了令人钦佩的经院哲学知识系统。与此同时，那些关注将这种知识应用于现实目标的人，比从事学术的经院学派更能大行其道。到1450年，他们的时代来临了。欧洲社会曾因遭遇末日四骑士[1]而动摇，但在此之后，一种新的繁荣和自由的观念出现了。空气中充满了冒险。

论述题

1. 查理大帝是如何支持教育的，为什么？
2. 基督教学者是如何克服亚里士多德哲学的内在问题的，为什么这样做？
3. 炼金术士如何对自然哲学的传播做出贡献？
4. 十字军东征通过什么方式改变了欧洲的自然哲学研究？

1　也称天启四骑士，指战争、饥荒、瘟疫、死亡。——译者注

第四章时间线

1405—1433年	郑和下西洋
1406年	拉丁学者重新发现托勒密的《地理学》
1448年	古腾堡运用活字印刷术
1473—1543年	尼古拉·哥白尼在世
1492年	哥伦布首航美洲
1493—1541年	帕拉塞尔苏斯在世
1527—1608年	约翰·迪伊在世
1543年	哥白尼发表《天球运行论》
1543年	安德烈亚斯·维萨留斯发表《人体构造》
1546—1601年	第谷·布拉赫在世
1556年	阿格里科拉发表《论矿冶》
1564—1642年	伽利略·伽利莱在世
1571—1630年	约翰内斯·开普勒在世
1596年	开普勒发表《宇宙的神秘》
1609年	开普勒发表《新天文学》
1610年	伽利略发表《星际使者》
1614年	伽利略撰写《致克里斯蒂娜女公爵的信》
1618年	开普勒发表《世界的和谐》
1632年	伽利略发表《关于两大世界体系的对话》
1632年	伽利略被罗马宗教裁判所传唤，次年审理并判软禁
约1635年	约翰内斯·布劳发表世界地图
1638年	伽利略发表《关于两门新科学的对话》

第四章

文艺复兴时期的科学：宫廷哲学家

15—16世纪，欧洲的智识生活变得开阔。自然哲学家发现了新的文本、新的土地、新的解读和新的职业道路。欧洲人的“文艺复兴”，意为“重生”，始于因古典文献的发现而重燃的兴趣。与这场精神之旅相匹配的，是更强的信心和冒险精神，后者使他们接触到新发现的民族和地域。欧洲人知道，他们生活的世界充满着越来越多的可能性。他们遇到的人拥有各自的知识，特别是航海知识。虽然知识界一开始也回顾古人的光辉遗产，但他们很快就把古代的知识当作获取新信息和思想的跳板。与此同时，随着宗教改革的剧变，天主教会失去了其宣称的对真理的垄断，而大学的经院哲学家也发现自己遭到攻击，不再是哲学知识的唯一主宰。一个机遇之窗得以开辟，特别是通过王室宫廷和商人会所的赞助。因此，人们开始重视不同的事物。比起三段论逻辑和神学的精妙，王公们更想得到奇观、权力和财富。因此，那些讲求实用（或声称如此）的自然哲学家就身价倍增。

早期文艺复兴：人文主义者和印刷机

正如我们所看到的，欧洲人从未完全脱离古希腊知识和自然哲学。在中世纪，他们对亚里士多德进行过深入的研究，以至于其逻辑和更大的知识体系已经成为开展学术和神学讨论的基本要求。然而，有很大一部分古希腊和古罗马的文献已经从人们的视野中消失了。尤其是柏拉图，对欧洲学术界来说几乎一无所知，就像其他许多文学和哲学著作那样。通过重新发现并了解这些伟大的古代思想家，欧洲学者的眼界打开了。为这次重生做出贡献的先生和女士，被称作人文主义者。

从14世纪的意大利开始，游离于教会或大学的一些学者开始为意大利城邦中有钱有势家庭的儿童提供教师服务。他们讲授人文学（*Studia humanitatis*），通过学习过去伟大的拉丁篇章来强调“三艺”。像彼特拉克（Petrarch，1304—1374）、莱昂纳多·布鲁尼（Leonardo Bruni，卒于1444）和维罗纳的瓜里诺（Guarino da Verona，也称Guarino Guarini，1374—1460）等学者寄希望于西塞罗和塞涅卡的精彩散文，以理解如何成为良好的公民并过上美好的生活。由于这些教师改变了教育的场所和目的，妇女和男子一样都能获得新的知识，一些妇女成为著名的人文主义者。例如，伊索塔·诺加罗拉（Isotta Nogarola，1418—1466）创作了《关于亚当和夏娃的对话》（*Dialogue on Adam and Eve*），讨论究竟是亚当还是夏娃更应该对他们从伊甸园被驱逐负责（被视为一场早期的女权主义讨论）。切奇利娅·加莱拉尼（Cecilia Gallerani，1473—1536）是列奥纳多·达·芬奇的朋友，可能举办过第一次艺术家和文人的“沙龙”或聚会。她以达·芬奇画像中“抱银貂的女子”而知名。所有这些人文主义者都深信，优美的文字和思想能够造就睿智的公民，他们致力于搜寻古代文献的纯正版本，以兑现这句至理名言。

古代智慧的重新发现，人生重新定位于今世的美好生活，而不再仅忙碌于求取来世的救赎，通常被称作“文艺复兴”。尽管历史学家目前仍在激烈争论这个术语的使用，但这段时期见证了学术和艺术活动的兴盛，它始于14世纪的意大利，并在接下来的200多年里被欧洲其他地区效仿。尽管人文主义者强调语法、修辞和逻辑等基于语言的研究，但学术的世界不断变化，同样影响到对自然的研究。学者们似乎愿意并且也能够提出关于自然哲学体系的基本问题，并发展出新的研究方法。对这些学者而言，希腊自然哲学起初是一种令人欣喜的重新发现，但最终被几乎完全抛弃！在这一时期，学者自身也经历了彻底的改变，逐渐远离了教会和神学——它们曾是研究自然的基础和动因。在这点上，雅典哲学的理念也因人们对它的研究而实现了重生，随着大学的大幅扩张和王室宫廷的资助，出现了独立于神学和教会支持的探讨哲学的途径。人们仍要求自然哲学家对其事业予以辩护，他们的一些做法便是提醒人们自然哲学对城市和国家的功用。

虽然大多数人文主义者更关注用他们的母语来理解《圣经》和西塞罗的书，而不是预测行星的轨迹，但他们的事业有助于向自然哲学注入新的活力。人文主义通过三种方式来做到这点：人文主义者从希腊原文重新发现并翻译了古典科学文献；人文主义方法论以更加怀疑的态度对待书面材料；人文主义为科学论述引入了新目标，建立了新模式。

同样重要的是，人文主义复兴了亚里士多德学说，一方面通过重新发现亚里士多德著作的早期希腊版本（以前只能通过翻译阿拉伯文而获得），一方面通过尽力让经院哲学家打磨他们的论点和方法论，以更加严密。结果，亚里士多德的体系并未在人文主义者的攻击面前倒塌；相反，它在保留其基本框架的同时，吸纳了许多人文主义研究的方法论和精确性。亚里士多德体系作为一个研究纲领，被证明极富成效，因为它提供了一个对物质世界包罗万象的研究，包括物理学、天文学和生物学，以及运用形而上学、逻辑学和政治学对精神和社会领域的研究。直到17世纪同样复杂精妙的范式建立起来之前，亚里士多德哲学仍然是有用和必要的。因此，15世纪和16世纪自然哲学的历史，是亚里士多德学说的提炼和胜利，而不是它的失败。

这一时期，有两个重要事件促成了希腊自然哲学的重新发现。第一个是1453年君士坦丁堡落入土耳其人手中。此前通过与拜占庭的贸易，或在一些意大利修道院里，也能得到个别古希腊手稿。但随着最后一个古希腊学术前哨的陷落，城市被土耳其军队占领，为了免遭侵略者毁坏，数以百计的书籍（有些直接从城墙扔出）迅即流入意大利。希腊语知识从而成为学术研究的绝对需要。文化市场上希腊文本的泛滥，正好遇到了重新发现希腊自然哲学的第二种推动力。这就是美第奇家族的赞助，他们致力于柏拉图全部作品的翻译。美第奇的科西莫，有权有势的佛罗伦萨银行家族的首领，1439年迷上了柏拉图的形而上学哲学，到15世纪50年代，他鼓励马西里奥·费齐诺（Marsilio Ficino，1433—1499）这样的人文主义者翻译柏拉图的著作。科西莫复建了柏拉图学园，任命费齐诺为负责人，在较短的时间内，这个团队就将柏拉图的多部重要著作翻译成拉丁文。伴随这次重新发现，还发现了一些神秘学和魔法类的论著，如所谓的三重伟大的赫尔墨斯（Hermes Trismegistus）和犹太人的卡巴拉密教，它们推动发展了文艺复兴的魔法，比起中世纪的实用魔法（如《秘密之书》所载）要远为深奥。

印刷机的发明，使得希腊自然哲学得以重新发现，不仅意大利，而且整个欧洲都随之掀起了研究自然的兴趣。1448年约翰内斯·古腾堡引入了活字印刷术，从而革新了交流方式。活字印刷本身并不是一个革命性的想法，但是它代表了多项既有技术的完善和整合。使用木刻字块的印刷术，已有千年的历史，中国人大约自北宋时期就开始掌握。中国发明家毕昇（？—约1051）创制了一种使用陶瓷字符的活字印刷系统，但尚不清楚欧洲人是否了解中国印刷术的知识。15世纪初欧洲使用雕版印刷术。尽管中国人发明了大部分的印刷组件，但出版物的印刷却受到阻滞，一是因为象形文字的语言需要成千上万个字符，二是因为它威胁到既有誊抄阶层对书写的垄断。相比之下，古腾堡只需要制作24个小写字母（j和u的用法还没有标准化），再加上大写字母、标点符号和少数特殊符号就可以了，而当时欧洲的抄写员又少又贵。

古腾堡融合了两项亚洲的发明——螺旋压印机和纸张，来改进他的活字印刷机。中国在大约西汉时期发明了纸，1189年欧洲开始造纸，为牛皮纸和羊皮纸提供了更为廉价的替代品。古腾堡制作印刷字体，先用硬金属（钢）刻制每个字母，然后用它们在较软的金属（铜）上冲压出一套字模。接着他再用铅合金铸造足够使用的字母。这些字母的大小和形状统一，可以装配并印刷，然后拆散再重复组装。

古腾堡的工作细致入微，因为他试图精确仿制手稿本的版面设计。这种对细节的专注和制造实体印刷机的成本，促使他1450年从美因茨的约翰·福斯特（Johann Fust）那里寻求资金支持。古腾堡的杰作是“42行圣经”（也被称作古腾堡圣经或马萨林圣经）。然而，他是一名出色的工程师，却不是一个精明的商人，1455年完成了印刷，而为了抵债，他的大量器材都被判给了福斯特。《圣经》印刷了大约300部，每部售价30弗罗林，相当于一名牧师的三年薪金。

古腾堡的印刷机被广泛仿制，到1500年，欧洲已有上千座印刷厂在运转（见图4.1）。《圣经》、宗教典籍，以及赎罪券的需求量极大。赎罪券是一种可以从教会购买的纸条，用于减免罪行，教会则将这笔款项随意支配，从资助十字军东征到兴建教堂。在印刷机的帮助下，大量的赎罪券被生产出来，有时单独一次的印数就多达20万张。对其他种类书籍的需求也出现了爆炸式增长，因为一切书籍，从希腊罗马文献到各类医学典籍，都可以拿来印刷。人文主义者先后感兴趣的拉丁文和希腊语文献，都成为印刷商的素材，反过来也创造了人们对这种古典文献的需求。

印刷的影响是深远的。那些从未见过任何手稿的人现在也可以读书。印刷术让知识变得更易获取，巨大的文献宝库向越来越多的读者开放。随着图书价格的降低，越来越多的人买得起书，阅读习惯也随着读写能力的传播而改变。页码的出现（这让读者熟悉了阿拉伯数字），使得添加目录和索引成为可能。这意味着，一本书没有必要从头读到尾，读者便能直接找到他们想要的信息。由于人们现在有可能获得多种卷册，所以他们可以将某个文本与其他文本相对照，这在抄写时代难以想象。

马歇尔·麦克卢汉（Marshall McLuhan）等一些传媒学者曾主张，大规模印刷技术的出现，极大地改变了西方社会的心理状态。从文盲社会走向识字社会，导致人们的时间和空间意识发生了改变，事实存储之地从人们的记忆转换为书面的记载，记忆的重要性降低，不同的意见得到传播，世界观更为宽泛，并在一定程度上有助于职业化概念的出现，以及“专家”的创造。

在自然哲学领域内，印刷术的出现也改变了话语。印刷帮助人们明确希腊和其他自然哲学文本的最佳校正版本，因为可以通过比较多种手稿而选出最权威的版本。它能够防止抄写造成的偏差，或简单错误的累积，例如拼写错误会因辗转誊抄而越来越多。它还可以插入插图、表格和地图，这些事项因极易造成誊抄错误，经常在手稿中被遗漏，或变得面目全非。这就意味着学者可以聚焦于发现新的知识，而非不断地校正旧知识。由于读者能够以相对较低的价格购买或借阅到大量的图书而无须亲自前往藏有原始手稿的修道院，所以有可能对文献作深入探究，如不同版本之间的对照，特别是星表或植物的插图和描写。新的信息也能够快速散播。例如，1492年克里斯托弗·哥伦布航海的消息，在他返回西班牙后立刻被印刷出来，当年就从西班牙语翻译成德语、意大利语和拉丁语，而13世纪马可·波罗游历中国的消息，只有寥寥无几的人知道，即使到了15世纪也没有改观。最后，印刷术为自然哲学家提供了纸质的计算工具、观点的公开论坛，以及一个文人理想国——有着共同兴趣和倾向的人得以交谈。

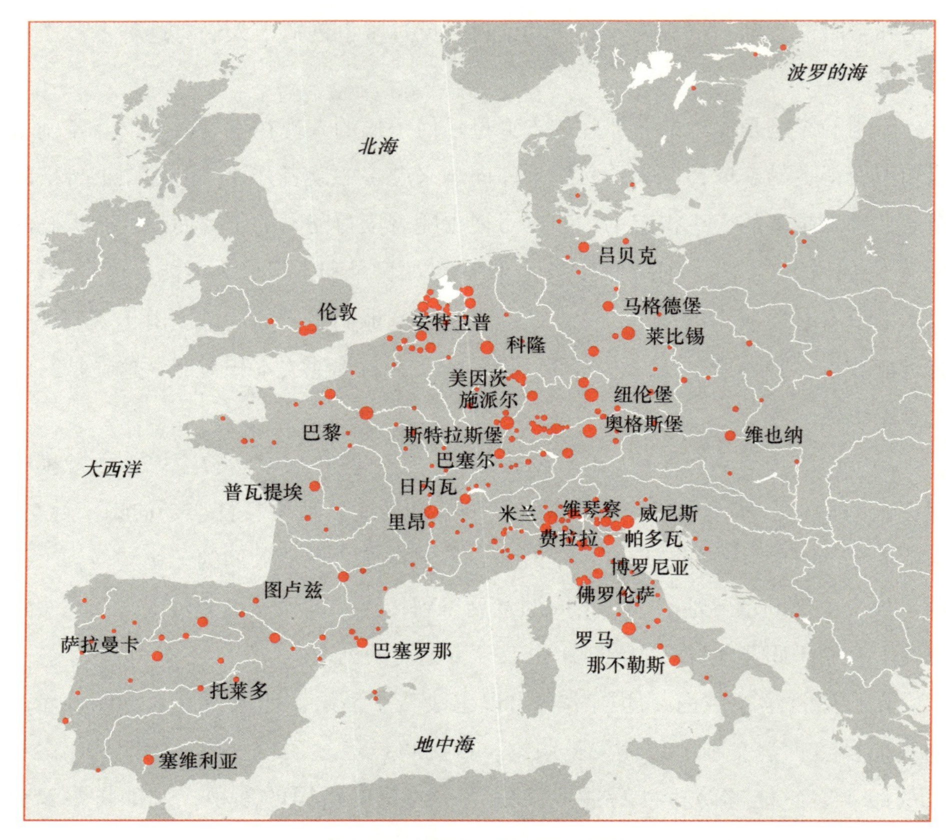

图 4.1 印刷术在欧洲的传播

1452—1500年间的印刷中心

哥白尼，第谷·布拉赫与行星系统

深受人文主义思想影响的最著名自然哲学家可能是尼古拉·哥白尼（Nicholas Copernicus，1473—1543），印刷机转变了他的研究及其传播。哥白尼出生于王室普鲁士（当时和现在都属波兰）的托伦（Torun）[1]，一个相对孤立的学术前哨。他游学意大利，学习人文主义方法，查阅原始手稿。在那里他找到的最有价值的文献就是托勒密的《天文学大成》完整手抄本，当时是天文学独一无二的

1 王室普鲁士（Royal Prussia）于1454年归属波兰统治，1772年成为普鲁士的一部分。“二战”后重新划归波兰。

最重要原始资料。15世纪80年代，王室普鲁士境内都没有一部全本的《天文学大成》。而到1543年他去世时，已经有三种不同的印刷版本，使得哥白尼和其他天文学家可以对照天文星表，发现古代观测之间的差异，从而建立新模型。哥白尼还有一部包含图解的欧几里得《几何原本》印刷版（威尼斯，1482），以及多部约翰内斯·拉哲蒙坦那（Johannes Regiomontanus）印刷的作品，拉哲蒙坦那印制了首版托勒密的《天文学大成》，以及古代所有的重要科学著作，这些著作成为16世纪天文学家和数学家的必读书目。在意大利，哥白尼还碰到了源于阿拉伯文献的手稿。历史学家现已证明，哥白尼的思想在很大程度上归功于这些伊斯兰天文学家，他的新行星模型是跨文化对话的一部分，而非某位离群索居思想家的独创。哥白尼并不关心他的观念从何而来，但是乐于尝试许多策略来找到其中有效的途径。

当哥白尼学习了托勒密的天文学，并将其与中世纪的恒星和行星表对照，他发现了许多严重的问题。不仅天体的预测位置相互差异，而且哥白尼认为托勒密违反了他自己所坚持的天界完美圆周运动。作为一项数学练习，哥白尼决定推翻天界的安排，而将太阳置于所有行星的中心，包括地球在内的所有行星围绕其转动。在这个体系下，太阳位于中心保持静止，地球现在有一个周日运动，用以解释日夜更替，再加上绕日的周年轨道（见图4.2）。对此，哥白尼还加入了第三种

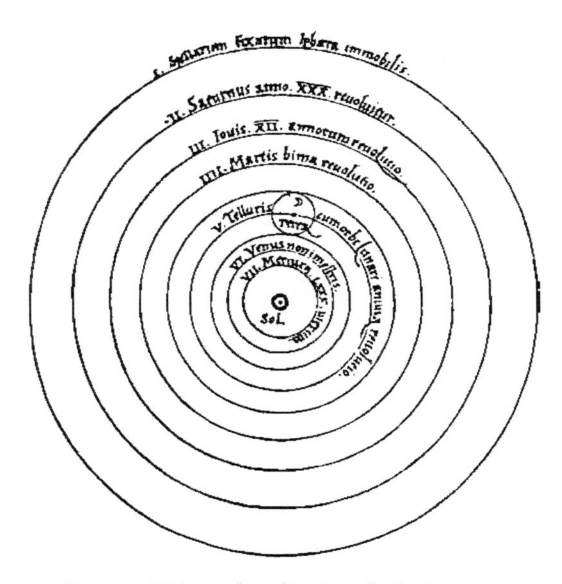

图 4.2　哥白尼《天球运行论》中的太阳系

运动：地轴的转动，来解释季节变化和黄道带的年度倾角变化。

哥白尼的体系在数学上和托勒密体系同样复杂，但它确实解释了长期以来困扰天文学家的一些反常现象。例如，在托勒密体系中，无法妥善解释为什么水星和金星永远不会出现在离太阳45°角以外的地方。哥白尼体系通过将内行星置于地球和太阳之间而解决了这个问题。此外，日心模型解决了逆行运动的重大问题，它曾让托勒密设计了本轮。

此外，哥白尼的体系在美学上是令人愉悦的，而且消除了整个宇宙的周日运动。然而，这并不意味它没有自己的问题。例如，在这个新模型中，金星和水星应该像月亮那样有相位的变化，但这些从未被观测到。更令人担忧的是，尽管哥白尼体系要求地球在天空中移动，但恒星似乎没有移动的迹象。当时的天文学家认为，恒星离地球足够近，那么如果地球绕着太阳转，人们观测恒星的角度就会发生变化。它被称作视差，直到1838年才被观测到。考虑到地球和恒星之间的遥远距离，除非制造出功能强大的望远镜，否则不可能测量出来。

如果地球真的像哥白尼描述的那样，以三重运动的方式运行，那么可能会有人提出一些更带有地球性质的其他问题。为什么鸟可以向东飞？为什么球会垂直下落？为什么我们感觉不到地球在运动？没有任何证据能够证明地球的运动，这个瑕疵困扰了天文学界好几代人。

最重要的是，哥白尼体系违背了整个亚里士多德的宇宙秩序。如果地球不再位于中心，“自然运动”的亚里士多德物理学就崩溃了。天主教神学已经开始一方面依赖于亚里士多德的解释，一方面更依赖于地球位居中心，作为宇宙中最不完美的部分，从而既是罪孽和过错的所在，也是救赎的关键点。如果地球只是众多行星之一，难道不会存在别的救世主和不同的拯救方式？仅仅因为这样的猜测，乔尔丹诺·布鲁诺（Giordano Bruno，1548—1600）在1600年就被绑在火刑柱上烧死了。因此毫不奇怪，身为一名教士从而也是教会神职人员，哥白尼直到临终前都迟迟不愿出版他的学说。经过朋友们，特别是格奥尔格·约阿希姆·雷蒂库斯（Georg Joachim Rheticus，1514—1574）的劝说，他才不情愿地答应出版《天球运行论》（*De Revolutionibus Orbium Coelestium*，1543）。雷蒂库斯督促着哥白尼著作的出版，直到被迫离开纽伦堡。安德里亚斯·奥西安德（Andreas Osiander，1498—1552）接手这本书，并添加了一篇未经作者首肯的序言，声称整本书只是一个假说。无论是否是假说，《天球运行论》的印刷让整个欧洲科学界都能了解到哥白尼学说，一个世纪的争论开始了。

读过哥白尼著作的学者分为两类：对包罗万象的宇宙学感兴趣的哲学家，以及愿意运用其计算方法而不考虑其模型的数学家。许多哲学家或天文学家希望对这个模型加以修补，打造更容易被教会接受的一套体系。第谷·布拉赫（Tycho Brahe，1546—1601）可能是其中最为显著的一位。第谷是丹麦贵族，按照他的社会地位，应该担任军事首领而效忠国王，但他不畏艰险，将天文学研究当成自己的封建义务。他极大地受惠于人文主义者重新发现的古代自然哲学，以及印刷技术。甚至比哥白尼的条件更为优越，他能够比对印行的星表。实际上，他是一位自学成才的天文学家，从印刷的书籍中学习到技艺。他也是欧洲最杰出的裸眼观测者。他建造了巨大的天文台，以及望远镜发明之前人们所见过的最大的天文仪器（见图4.3）。

大浑天仪（约1585）

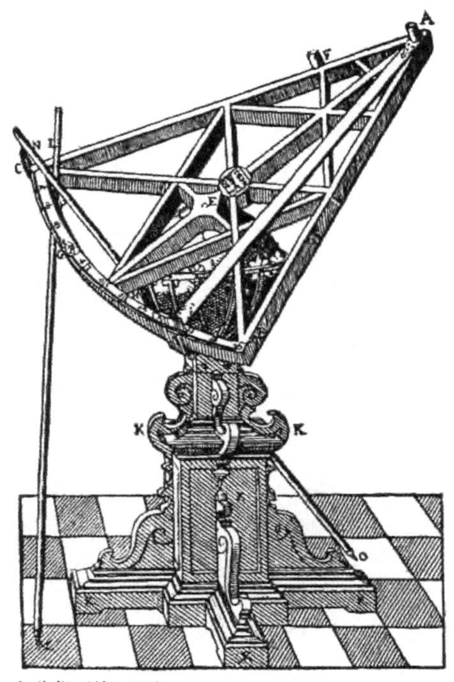

六分仪（约1582）

图4.3　第谷·布拉赫的观测设施

第谷设计了一套行星体系，通常被称作第谷体系，它介于托勒密和哥白尼的体系之间。在这个体系中，太阳和月亮围绕着地球旋转，而除此之外一切都围绕着太阳旋转。它既让地球端坐宇宙中心并受上帝眷顾，同时也解释了水星和金星的问题（见图4.4）。

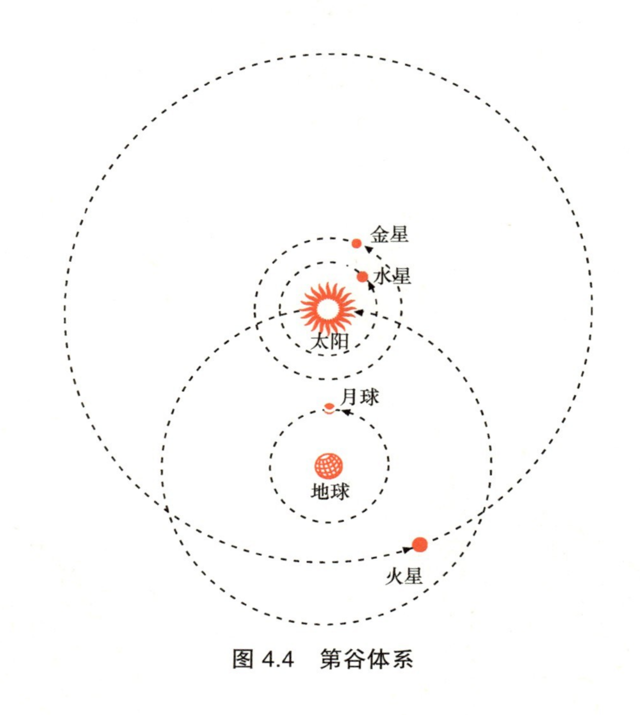

图4.4　第谷体系

用这些壮观的天文仪器，第谷还完成了16世纪最为重要的一些彗星和新星观测。例如，他观察到1577年的彗星，并证明它的路径掠过了其他行星的轨道。这是一个重大发现，因为它迫使人们思考亚里士多德宇宙论中固体透明天球的物理实在性。这些彗星来自哪里？它们怎么可能既不完美（短暂出现），而又位于月上界（月球轨道以上）呢？第谷等人证明了它们的路径是月上界的，从而开始怀疑对宇宙的传统物理学解释。但是第谷没有提出另一套物理学——这可能有助于说明天文学家和自然哲学家并不愿意放弃亚里士多德的理论。

第谷的另一个发现是观察到几颗新星——天空中原本空无一物的区域出现了恒星并持续存在。这一事例再次违反了天界的永恒性，而且，因为第谷的观测十分确凿，人们无法对新的恒星视而不见。事实上，1572年对新恒星的观测迥然不同于此前的超新星事例，因为在第谷的带领下，许多人可以同时观察到这个现象并在一年内向学术界报告。它作为最早的案例之一表明，科学“事实”确立的基础，是共同体的认同而不是学术权威。科学事实的创建日益成为一项公众的事业。

一些历史学家曾将哥白尼的著作视为科学革命，或者至少是哥白尼天文学革命的开端。如果我们所指的革命是从旧模式向新模式的快速转变，那么它在很大程度上并没有发生。尽管有哥白尼对宇宙的彻底重新排序和第谷那些精湛的观测，人们还是不愿意放弃托勒密体系转而拥抱哥白尼主义。直到开普勒和牛顿修正日心说框架前，它从未被完全接受，只有到了17世纪后期才成为一种普遍接受的模型。在16世纪，数理天文学家接受了哥白尼主义的技术方面内容，而哲学家接受了描述性方面的内容。尽管如此，一些天文学家还是认识到新体系的优势，至少对它加以考虑，逐渐地，人们在不同的时间和场合，将宇宙中心的位置给予太阳。天文学家从一个体系转变到另一个体系的原因是复杂的。例如，历史学家托马斯·库恩（Thomas Kuhn）就主张，有些人认为哥白尼体系在美学上令人愉悦。几位特立独行的思想家，如英国人托马斯·迪格斯（Thomas Digges）和德国人迈克尔·梅斯特林（Michael Mästlin）接受了哥白尼的宇宙学，而其他的人，如维滕堡紧密团结的学者群体，在16世纪50年代初就采用了一套混合体系。我们将看到，伽利略对哥白尼主义的拥护，与他的赞助者有很大关系，当然伽利略也受到美学的影响，考虑着将天文学和物理学一以贯之。

大航海时代

关于天体恰当模型的争论不只是学术上的口水战，整个欧洲的统治者和企业家都迫切需要了解并预测诸天的运动，因为他们越来越热衷于远洋贸易和发现。自十字军东征以来，欧洲人通过与中东乃至亚洲的贸易，一直对能够获取的异国商品充满兴趣。到了15世纪，特别是君士坦丁堡陷落后，这种贸易完全由奥斯曼帝国控制，因此锐意进取的欧洲国家决定绕开博斯普鲁斯海峡的瓶颈，摆脱中间商。虽然印度洋在托勒密的著名地图上是一片封闭海域，但葡萄牙人已开始沿非洲海岸南下，发现可以绕过好望角抵达东方，尽管仍要经过阿拉伯人控制的水域。

在葡萄牙人的探索和贸易计划开展之前，阿拉伯商人已经在印度洋各处航行多年。至少在12世纪，阿拉伯商人就在非洲和印度海岸之间活动，从事贸易，建立基地，与印度民众交往。葡萄牙人对航海的兴趣，夹带着各种复杂的动机，包括好奇心和帝国扩张，但最重要的还是商业考虑。他们非常热衷与阿拉伯商人合作，以开辟通往东方的新路线。葡萄牙人乐于运用他们找到的任何信息，并经常将该地区其他旅行家的技术、地图和相关知识都据为己有。例如，他们的印度洋地图，就利用了在这些水域来往数百年的阿拉伯商人和老兵的知识。当欧洲人发表这些地图时，他们清除了来自伊斯兰的原始资料，只留下了一个个英勇欧洲人的冒险传奇。

远在欧洲人开启他们的“探索时代”之前，中国人就已经掌握了必要的航海和制图技能，开展意义深远的海上航行。最著名的是宦官郑和（1371或1375—1433或1435）的航行。郑和出生于云南信奉伊斯兰教的回族家庭。当明王朝收复云南时，郑和被俘并遭去势。他后来成为永乐皇帝朝廷中的权势人物，皇帝发起了七次下西洋出使远航，都以郑和为正使。这些远航，数百艘舰船载着数万军队穿越印度洋，抵达非洲之角和阿拉伯（不过有人认为郑和实际完成了环球航行，纯属无稽之谈）。从1405年到1433年的历次远航，郑和（虽然他可能在最后一次航海中死去）向遇到的各国首领赐送礼物，并将贡品带回中国。最著名的当数长颈鹿，是他1413—1415年间第三次远航从非洲带回的。郑和的成就相当可观，但值得注意的是，他的航行是沿着几条历史悠久、绘制精良的路线，有些可以追溯到汉代。例如，当他的船队1407年抵达马六甲时，那里已经定居着一个大规模的华人社群。

历史学家曾争论过，为什么郑和之后中国没有继续这个探索计划。显然，永乐皇帝驾崩是一个关键因素，因为继任皇帝立即停止了远航，认为它既费钱又没必要。这也看起来像是一个政治问题，因为郑和的成就代表了宦官的权力凌驾于文官，而后者对这些航行不感兴趣。中国人开始更多地聚焦于国内事务，而对接触更广阔的世界意兴阑珊，尽管他们延续着丝绸之路的贸易，还同其他民族在中国海域打交道。

其他可能拥有技术能力进行远距离航行的还包括美洲民族。雅各布·布朗劳斯基（Jacob Bronowski）认为，“新世界”没有驶向旧世界，是因为他们缺乏轮转的诸天观念，而轮子这种发明，在玛雅文明和其他南美文明中都很少用到。尽管这点可能有助于解释为什么探索不足，但两个更简单的原因限制了玛雅人的科学活动。第一个就是由于连年战争，以及干旱和环境退化带来的农业歉收，导致了一系列的崩溃。玛雅人的社会结构面对挑战不能及时应变，让情况雪上加霜。他们没有时间或和平的年代去发展自然哲学，而且他们对自然的研究也从未独立于宗教实践。第二个原因是技术方面的。玛雅有很优秀的数学家和工程师，但是没能掌握很多工艺，特别是高温冶炼和玻璃制造，使得他们只能用新石器时代的工具。

尽管这个新“大航海时代”对中国人和玛雅人的世界观都影响不大，却是欧洲人思想意识发展的关键时期。虽然中国人在海上航行得更远，很多渔民也曾在几个世纪前就已横穿大西洋，但是瓦斯科·达·伽马（Vasco da Gama，约1469—1524）、克里斯托弗·哥伦布及其后继者的成就，从根本上改变了欧洲人对地球的理解，也改变了他们和地球之间的关系。这些早期的探险者，胸怀基督教信仰和帝国野心，坚信事业的正义性和理解能力的优越性，挑战了古人特别是托勒密的权威。托勒密的《地理学》直到1406年才被人文学者重新发现，提供了一种新的地球图景，既可以被利用，也遭到了挑战。再加上其他自然哲学家的努力，人文学者的重新发现鼓舞人们扩充并最终否定了古代的地球知识。哥伦布及其后继者向欧洲人展示了一块古人全然未知的大陆（尽管当地人知道）。对自然哲学更为重要的是，这些探险者推翻了许多古代和中世纪的地球理论，至关重要的是通过证实地球上还存在着更多的陆地，远超过去的想象，从而人们才有可能穿越赤道区，人类能够而且确实生活在赤道区以南，那里被称作对映区。哥伦布并没有证明地球是圆的——自古以来有学识的人都知道——但的确是他证明了欧洲人可以通过航海抵达，并最终开发地球各地。

这些航海的主要动机是聚敛惊人的财富，留给自己和赞助该项事业的国家。最开始的目的地是远东，包括中国和东印度群岛。葡萄牙人捷足先登，在这些地区设置了很多重要的贸易仓库，像果阿（Goa，属印度）、马六甲（属马来西亚）、摩鹿加（属东印度群岛）等。而误打误撞来到美洲的西班牙人迅速调整了他们的任务，尽管仍在寻找黄金还有白银，这些西班牙征服者开始关注殖民，把土著居民视为有用的奴隶人口，能够轻易地皈依基督教信仰。后来，随着蔗糖和棉花的种植对于西班牙变得越来越重要，非洲奴隶贸易就被引入这种经济布局。然而，日益增长的对地球的关注和研究，不可能游离于这些帝国和商贸的事业。对自然的研究不可避免地与宗教和贸易问题连在一起。大航海时代的“发现”鼓舞了制图和导航方面的诸多创新，导致人们重新理解这个水陆相交的地球，对气候如何影响人类产生了兴趣，并且针对新世界各民族，展开民族志的调研和争论。

15世纪重新发现了托勒密的著作，无疑受此影响，测绘世界成为16世纪迅速发展的爱好。起初，航海图和平面图被用作描述性和经验性知识的辅助工具，但最终欧洲的统治者、投资者和学者希望以这种新的形象方法，来描绘他们的世界。像西班牙和葡萄牙等国家很快就建立起政府控制的图库，收集导航图和海图。后来，各国君主要求对各自国家和地区进行地图测绘，同时绘制出着眼帝国、范围更广的地图。结果一大批地图出现了，包括杰拉杜斯·墨卡托（Gerardus Mercator，1512—1594）和亚伯拉罕·奥特柳斯（Abraham Ortelius，1527—1598）的世界地图集，在荷兰精心雕版。克里斯托弗·萨克斯顿（Christopher Saxton，约1542—1611）和尼古拉·德·尼古莱（Nicolas de Nicolay，1517—1583）则分别勘测了英国和法国。在阿姆斯特丹，威廉·詹森（Willem Jansoon，1571—1638）及其儿子约翰内斯·布劳（Johannes Blaeu，1596—1673）制作了一系列详细的世界地图。地图成为富商心仪的物品，正如我们可以从维米尔（J. Vermeer，1632—1675）的众多画作中看到，商人家中的墙壁上挂着精美的地图。它们让空间可视化并易于掌控，利于开创帝国，鼓舞本地区的自豪感和认同感。

发现了新世界，最令人苦恼的一个方面就是，那里已经有人生活。他们是谁？他们是什么？当欧洲学者和探险家只能用欧洲人的范畴和理解去解释他们所遇到的事物，这种与先前未知的“他者”的接触，深远影响了欧洲人的思想。早期的探险者从欧洲人的视角，解释他们碰到的那些风俗和行为，并且试图消除不合他们预想的风俗，例如缺乏私有财产观念或者游牧的生活方式。16世纪西班牙的理论家试图将美洲印第安人纳入他们所知的唯一分类系统：亚里士多德系统。因此，像伯纳多·德·梅萨（Bernardo de Mesa）之流认为印第安人是天生的奴隶。16世纪20年代印加文明和阿兹特克文明的发现，使得这种观点变得难以置信。很明显，按亚里士多德的条件，这些都是开化的民族。他们拥有政府和基础设施，生活在一个复杂的社群中。因此有些思想家，譬如弗朗西斯科·维多利亚（Francisco de Vitoria，约1492—1546）宣称，这些人是天生的幼童，其观点的依据是他们存在人格上的缺陷，例如涉及食人行为、兽性未泯，或者低声下气，但具有从错误中学习的能力。他们应该受到保护，因为加以训练，他们就会成长，获得成人（即欧洲人）的地位。但上述观点从未获得多数人的认可，因为它意味着，这些孩童终将长大，他们的财产就应归还给他们。米歇尔·德·蒙田（Michel de Montaigne，1533—1592）也有一个虽然小众却影响深远的观点。蒙田认为巴西的图皮南巴人（Tupinambas）虽然是食人族，但仍是高贵的人种。即使他们不穿裤子，也比法国人高尚很多。高贵野人的观点，众所周知被让-雅克·卢梭的作品所发扬。

帕拉塞尔苏斯：医学和炼金术

自十字军东征以来，欧洲内部的贸易稳步增长，到16世纪已经形成了极为重商主义的文化和经济。随着新世界贸易网的发展，大宗金银涌入欧洲，欧洲制造业以及各国之间的贸易大幅扩张。在欧洲和新世界，采矿业成为欣欣向荣的产业。随着这种经济和产业上的变化，自然哲学特别在两个方面也同步出现进展，一是采矿和冶炼的理论，一是炼金术。此外，越来越多的技艺高超的工匠开始与自然哲学建立联系，提出新问题，开拓新的研究方法。

自古以来人们便开采贵金属和其他矿物。但在16世纪这些货物的需求急剧上升。燃烧用的煤，炼钢用的铁，制造业需用的锡和铜，它们都是有利可图的矿产。而开采这些矿物需要克服许多技术性的难题，尤其是出现于矿井不同深度的水。人们设计了水泵，但没有一个能完全让人满意。金属的冶炼过程也必须加以探讨，格奥尔格乌斯·阿格里科拉（Georgius Agricola，1494—1555）在《论矿冶》（*De Re Metallica*，1556）一书中，首次用自然哲学的术语解释了一些工艺流程（见图4.5）。阿格里科拉受过人文学科的训练，从其使用拉丁文可以明显看出，他致力于向学者群体介绍有关金属的研究。另一方面，他生活在波希米亚和萨克森，那是欧洲矿产最丰富的地方，并且他娶了一位矿主的女儿，因此他不完全是一个利益无关者。

图4.5 阿格里科拉《论矿冶》中的矿石处理设备

采矿给矿工带来许多严重的疾病，因此出现对这些病例感兴趣的医生并不奇怪。德国医师特奥弗拉斯特·博姆巴斯茨·冯·霍恩海姆（Theophrastus Bombastus von Hohenheim），即著名的帕拉塞尔苏斯（Paracelsus，1493—1541），将医学和炼金术的知识融会贯通，被公认为医疗化学或药物化学的主要开创者之一。他的一生深受德意志诸邦的宗教和社会危机的影响。帕拉塞尔苏斯出生于苏黎世，父亲是一名医师，希望他能传承这个职业。1514年，他用一年的时间在提洛尔矿山（Tyrolian mines）和西吉斯蒙德·富格尔（Sigismund Fugger）的冶金工场工作。富格尔也是一名炼金术士，正是通过他，帕拉塞尔苏斯对金属的本质产生了兴趣，一生中花了很多时间来认定和辨别金属的性质。离开提洛尔后，他遍游欧洲，短期求教于法国、英国、比利时，以及斯堪的纳维亚诸国的炼金术士，最终栖身意大利，他声称1516年在费拉拉大学获得了医学学位。

1526年，帕拉塞尔苏斯定居斯特拉斯堡，悬壶济世。他治疗矿工的疾病，特别是黑肺病。通过炼金术方面的研究，他开始倡导在治疗中使用金属而不是传统基于植物的药物。最著名的是，他给新出现的梅毒病例开出水银药方，这种治疗方法仅能稍稍减轻一点原始症状的痛苦。不过，帕拉塞尔苏斯的名气越来越大，恰逢巴塞尔的印刷商和出版家约翰·福洛本（Johann Froben）病倒，本地的医师束手无策，他就派人邀请这位年轻医生。

帕拉塞尔苏斯妙手回春。当时著名的荷兰人文主义和圣经学者德西德里乌斯·伊拉斯谟（Desiderius Erasmus）住在福洛本家中，因此帕拉塞尔苏斯的成功被广为传颂。巴塞尔市为他提供了驻城医师和医学教授的职位。他接受了，但只担任了两年，因为他关于治疗疾病的激进思想引起了巨大的争议。作为驻城医师，他上任伊始便公开焚烧盖伦和阿维森纳的著作，以表明排斥用草药治病的旧医学。他在其他方面也较为激进，坚持用德语而不是拉丁语讲课。他受到学生们的爱戴，却被同行所憎恨——他经常批评同行。

面对来自药剂师和其他医生的抗议喧嚣，城市官员为他们选聘帕拉塞尔苏斯而辩护。当时教士利希滕费尔斯（Lichtenfels）生病，悬赏100荷兰盾求医生治疗。帕拉塞尔苏斯使用了他那套金属药方法，利希滕费尔斯病愈，却拒绝支付赏金。帕拉塞尔苏斯把他告上了法庭，但要么是因为有人从中作梗，要么是因为己方法律程序上的错误，帕拉塞尔苏斯没能打赢官司。他放弃了自己的职位，余生都在欧洲游荡，一再因为自己的激进主张而与当局发生冲突。由于缺乏有权势赞助人的保护，他经常濒临险境，不是被世俗官方逮捕，就是被宗教当局指控为异端或巫术。1541年4月，他最终受聘巴伐利亚的恩斯特公爵大主教（Archbishop Duke Ernst）的宫廷。恩斯特十分热衷炼金术，因此可能出于医疗和炼金术的原因才提供的赞助职位。不幸的是，帕拉塞尔苏斯历经多年困苦而羸弱不堪，于同年9月去世。

亚里士多德主张存在四种基本元素，与其不同，帕拉塞尔苏斯及同期的许多文艺复兴炼金术士宣称仅仅存在三种元素：盐、汞和硫。这三种元素的精心结合，经过艰巨的、秘密的、冗长的实验室操作，就可能制造出梦幻般的哲人石，它是长生不老之源、灵魂之金，也可能就是黄金本身。尽管帕拉塞尔苏斯可以被看作一名炼金术士，但他并不真正热衷于物质嬗变。相反，他感兴趣的是医疗化学，也即医药化学。他宣扬了一种逐步形成的观点，认为炼金术应该关注利用物质世界，达成实用的目标，而不是徒劳无益地生成贵金属。尽管他的大多数工作带有神秘色彩，但他也促进了基于元素成分来理解物质的观念，这是后来化学研究的根本思想之一。

赞助与自然研究

在炼金术士的秘传研究和药剂师的世俗关切之间，经常难以划出明确的界限。两者都属于新兴的熟练工匠群体，16世纪欧洲的中心城市，越来越多的工匠从事着某种手艺。印刷工、器物制造商、测绘员，以及造船工匠都开始探寻，如何利用自然世界来为自己谋利。他们经常用到数学，有时也讲授数学。这个由杰出工匠组成的群体，与那些在非传统场所——如宫廷或私人赞助者家中——熏陶和受聘的学者，对世界的组成、设计和运行提出新的问题，这些问题导致了17世纪科学事业的一次重大的再定位。

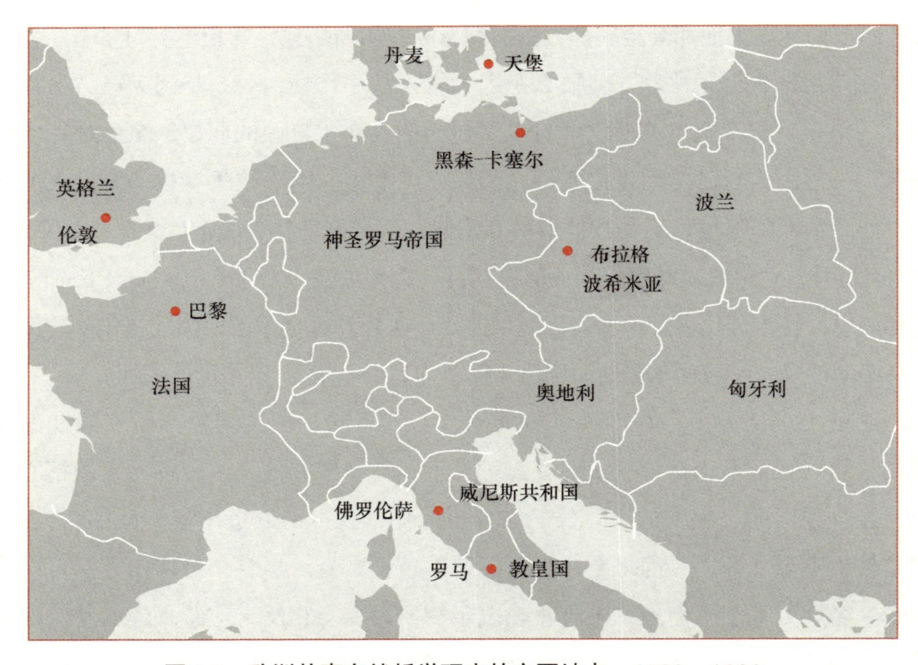

图4.6　欧洲从事自然哲学研究的主要地点，1500—1600

王室宫廷是自然哲学家、数学家和从业者的一个会聚之地。文艺复兴时期，这里是奇观展示和文化活动的场所，政治、文化和学术上的赞助，促成了有史以来最耀眼、最豪华的宫廷。当然，意大利最先出现了这类宫廷，如我们已知，佛罗伦萨的美第奇家族延揽了那个时代一些最杰出的艺术家、人文主义者和自然哲学家。其他王公和宫廷紧随其后，很快自然哲学就成为赞助体系下的一部分，影响着探究的主题和探究的方法。汉斯·霍尔拜因（Hans Holbein）的画作《大使们》（1533），展示了数学仪器对廷臣自我形塑的重要性。画作中两个出使亨利八世宫廷的法国大使，陈列出了天球仪、地球仪、象限仪、黄道仪，以及多面体日晷，以表明他们的博学和富有。

赞助是一种依附关系，是赞助人和门客两方之间达成的私人契约。赞助人拥有权力、金钱和地位，但仍意犹未尽。门客能够为赞助人锦上添花，然而也要从中分一杯羹。因此，这是一种双向且经常变动不居的关系。整个赞助体系建立于地位的动态平衡之上。在自然哲学的赞助关系中，门客声称自己掌握特殊的知识或技能，通常带有一点实际应用的价值，尽管有时他们仅仅充当赞助人的门面，能够在知识方面胜过其他一些王公的自然哲学家。哲学家千方百计获取潜在赞助人的注意，通过题献某部著作或奉送手稿，散发迎合赞助人兴趣的信件，或者出版书籍答谢赞助人的伟大。经过协商，赞助人为科学家安排若干宫廷或府邸的职位。一般而言，这就导致宫廷的科学带有实用性、开创性，经常充满争议。某些情况下，赞助人或其他廷臣也参与科学事业的合作。

这种门客-赞助人之间的关系不胜枚举，包括法国查理八世宫廷中的列奥纳多·达·芬奇（Leonardo da Vinci，1452—1519）；热衷此道的日耳曼王公，例如鲁道夫二世，黑森伯爵威廉四世；以及英国伊丽莎白一世宫廷中的天文学家兼数学家约翰·迪伊（John Dee，1527—1608）。当然，赞助关系及其影响自然哲学的佳话，还是伽利略·伽利莱（Galileo Galilei，1564—1642）的经历。尽管现代评论家念念不忘罗马宗教裁判所对伽利略的最后谴责，但在当时他就以其望远镜的观测而闻名于世。伽利略通过天文学，特别是通过物理学，构建了一套抽象的数学纲要，表明了世界的抽象性和数学化，与现代早期的自然哲学浑然一体。他认为上帝使用数字和度量来创造世界，因此他转而研究规律，不再追寻原因。他使用的测量和实验方法，通常被看作现代科学研究方法的一部分。但是，关于伽利略最耐人寻味之处可能在于，他是在宫廷完成了所有这些工作，既不像哥白尼那样在神学机构，也不像牛顿那样在大学。伽利略是一位彻头彻尾的现代早期的廷臣，某种学术上的骑士，争权夺势（或失去），不断地寻求新奇，以襄助和彰显赞助人。

关联阅读

赞助和自然探究：约翰·迪伊与伊丽莎白一世宫廷

著名巫师、数学家和自然哲学家约翰·迪伊的生平引人入胜，让我们瞥见复杂有时甚至危险的赞助关系真相。迪伊兢兢业业，但最终也没能在女王伊丽莎白一世的宫廷里成功获得御用哲学家的一席之地；在这个过程中，他远离了自己所珍视的哲学研究，从事了大量的实用性项目。而当他强调其学术工作的意义时，赞助人变得越来越漠不关心，他获得的支持也就越来越少。

约翰·迪伊在剑桥大学接受教育，迅速建立了对数学和地理学的高超见解。他前往鲁汶跟随杰马·弗里西斯（Gemma Frisius）和杰拉杜斯·墨卡托学习，两位都是杰出的数学家和地球仪制作师。返回英格兰后，他在伦敦自命为占星术士和地理顾问。许多探险家，例如汉弗里·吉尔伯特（Humphrey Gilbert），向他咨询关于航海和地理的问题，包括是否存在西北或东北航道等问题。迪伊成为玛丽和伊丽莎白两位公主的占星师。他因占卜玛丽的星象而被指控谋反，受到星室法庭（一个特设法庭，经常进行政治审判）的审讯。然而他最终洗刷了罪名。玛丽去世之后，他成为女王伊丽莎白一世的占星师，为她推算举行加冕典礼的良辰吉日。伊丽莎白一世接受了他的建议，并向他咨询过许多有关星象、地理和帝国的问题。

然而，迪伊着眼于更高远的目标。他试图通过炼金术来理解物质的深层要素，通过赫尔墨斯主义的哲学和魔法来理解创世的通用语言。他希望提出一套全新的哲学框架来理解世界，进而实现全人类的统一，但他无法说服女王为他提供必要的薪俸，使他能够心无旁骛地从事这项研究。他谋求像约翰内斯·开普勒——鲁道夫二世的御用数学家——那样的名声和稳定资助。但是伊丽莎白一世既务实又小气，尽管她也像正常的赞助人-门客关系那样，赠送过迪伊一些礼物，但从来没有赐予他所梦寐以求的金钱或头衔。

迪伊随后转向了更为深奥和超自然的研究，通过窥探水晶球、天使和恶魔的沟通，寻找对神圣形式（柏拉图式的关于自然的理念）的超验理解。在伊丽莎白宫廷铩羽而归，他前往欧洲其他宫廷碰碰运气。不幸的是，他遇到的波兰廷臣都怀疑他是英国间谍，而他在波希米亚的遭遇也好不到哪里去；他不得不逃离鲁道夫的宫廷，回到英国，却发现自己的房子和图书室遭到了破坏。尽管伊丽莎白一世给了他一个曼彻斯特基督学院学监的微职，但他再也没能取得伊丽莎白登基之初时的那些成功。他死于贫困，临终时只有女儿在照顾他。因此，迪伊的故事警示人们，学术赞助既有收益，也有风险。

伽利略

1564年，伽利略·伽利莱出生于比萨。他早年移居佛罗伦萨，并一直把自己看作佛罗伦萨人。父亲芬琴齐奥·伽利莱（Vincenzio Galilei）是一位著名的音乐家，发现了音乐中许多重要的数学定律。芬琴齐奥希望儿子成为一名医生，按他的话说“医生挣的钱是音乐家的十倍”，但伽利略更中意数学。他的第一份工作，就是比萨大学的数学教师，位于学术地位梯队的最底层。他的第一个有影响的任职是在威尼斯统治下的帕多瓦大学，他通过建立与威尼斯精英中权贵的赞助关系，来一步一步往上爬。伽利略总是入不敷出，因为他有七个兄弟姐妹依靠他的资助。他还需要为几个姐妹置办丰厚的嫁妆，而不务正业的弟弟米开朗琪罗·伽利莱（Michelangelo Galilei）总是负债累累。

在比萨，特别是在帕多瓦的时候，伽利略开始研究运动，尽管40年都没有出版这些发现，因为他无法令自己满意地解决所有的细节。多年之后，他断定这不是一个重要的问题；他提出了运动的定律，而不再寻找运动的原因。他最终发表了力学研究《关于两门新科学的对话》（1638）。他摒弃了亚里士多德关于运动的观念，表明速度确实可以持续增加，至少适用于自由落体，因此，冲力

（impetus，施加于物体上的力，亚里士多德说它会随时间而损耗）并不存在。相反，伽利略主张，持续的运动或持续的静止一旦开始，都会永久保持。这点与牛顿后来的惯性思想的区别在于，伽利略的连续运动是圆周的。在伽利略体系中，一个在地面上开始运动的球，如果不受摩擦力或任何其他外力的阻碍，就应该在绕地球的轨道上持续运行。也许伽利略在力学方面最重要的成就，是提出了一套关于抽象和可测量运动的清晰图景。

多年来，历史学家们认为，伽利略只做了思想实验。我们现在知道，他做过实际的实验，虽然比萨斜塔实验（可能是他最著名的实验）不是由他操作，但已成为科学史上最著名的未演示实验。有可能他的一名学生从塔顶扔过两个质量不同的球，尽管不能确定伽利略是否目睹。这个实验的意图在于揭示亚里士多德的预言是否正确，即两个球的下降速度不同且与球的重量成正比。实际的运动实验让伽利略断言，两个球会以相同的速率落下。按照伽利略的观点，如果两个球从塔顶同时下落，它们会在同一时间撞击地面。不考虑由于空气阻力带来的微小差异，伽利略的结论是对的。

研究下落中的物体，困难在于，相对当时可用的定量分析仪器来说，物体运动的速度太快了。那时没有秒表，所以伽利略设计了一个延缓自由落体速度的方法。他将球从斜面上滚下来，斜面上刻有间距相同的凹槽。通过倾听球撞击凹槽的声音，并对比唱格里高利圣咏的节奏，便可以测量时间。他发现球运动的距离与所用时间的平方成正比。这是一个伟大的发现，方法是排除所有的现实干扰，从而创建了一个几乎没有摩擦力的平面，用以开展理想的实验。伽利略不再追问物体下落的原因，而是测量它们下降的速度。这个定律对牛顿之后的工作影响深远，因为牛顿将其应用到整个宇宙，并构建了一个甚至可以更加精准量度的世界。像伽利略一样，牛顿也回避了原因的问题。

伽利略还研究了抛物运动的问题，这些问题对他所服务的王公和公国来说至关重要，因为关乎弹道学和战争。他将炮弹的运动分成两个方向（水平向前的运动和自由落体运动），判定运动轨迹是抛物线。他发现从大炮（水平）射出的炮弹，与相同高度自由下落的炮弹撞击地面的时间相同，并且断定大炮以45°仰角发射炮弹的射程最远（见图4.7）。因为伽利略拥护哥白尼的学说，他用运动的不同矢量作为证据来论证地球的运动。

A．大炮仰角的设定

B．伽利略之前不同仰角的射程

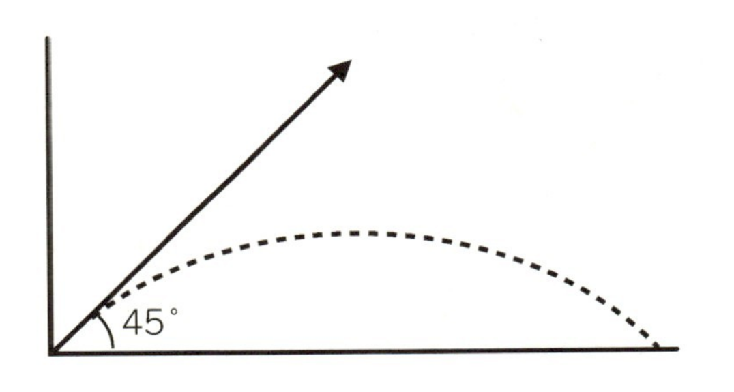

C．伽利略的方案

图4.7　大炮的射程问题

当伽利略在赞助人体制中左右逢源，他发现天文研究更能获得赞助人的青睐。虽然弹道学较为实用，但真正给他的职位、身份和权威带来丰厚回报的，还是望远镜及新天体的发现。17世纪的头几年，望远镜就已经在荷兰出现了。伽利略听说这个发明以后，就进口了一台。他掌握了望远镜的光学原理，并制作出功能更强的型号。1609年他向威尼斯宫廷展示了这个新奇物件，表明他的支持者能够通过望远镜，比用肉眼提前两个小时看到返航的商船，从而可以操控商品市场。这是彻底的内幕交易！威尼斯宫廷对此印象深刻。他们愿意将伽利略的薪水提高一倍，并可以终生供职，但条件是他未来所有的发明都将属于宫廷，而不能再索要更多的酬劳。

伽利略将目光投向了下一个奖赏——佛罗伦萨美第奇宫廷的职位。美第奇家族大概是意大利半岛上最重要的赞助者，在权力和声望方面仅次于教皇。他们可能是欧洲最富有的家族，与教皇有着千丝万缕的联系，商业利益遍及整个地中海甚至更广的地区。他们能够提供伽利略想要的地位和自由。伽利略开始给大公的儿子科西摩（Cosimo，那位复建柏拉图学园的科西摩的后代）讲授数学。他发明了比例规（亲自制作和销售），并一度教授实用数学，比如导航。1609年，他有所动作。他将望远镜对准天空，发现了环绕木星的四颗卫星。这个发现和其他一些发现都发表于《星际使者》（*The Starry Messenger*，1610）。他还发现，太阳有旋转的斑点，金星有相位，而月球有陨石坑和山脉。所有这一切都引起了极大的争议，因为它表明了天体的不完美，违背了亚里士多德月上世界的完美性。他将木星的四颗卫星命名为美第奇星，作为意向投奔者送给有权有势赞助者的礼物。当时已成为大公的科西摩非常高兴。经过讨价还价，伽利略获得了宫廷哲学家的职位。这是一次地位的重大提升。但是，风险也就随之而来。不出所料，伽利略会卷入许多学术上的争论，为其赞助者的荣誉冲锋陷阵。最终，他离开佛罗伦萨前往罗马，想博取教皇的庇护。这些风险预示了他的垮台。

约翰内斯·开普勒与第谷·布拉赫

另一位天文学家，约翰内斯·开普勒（Johannes Kepler，1571—1630），其职业生涯同样受到这种新型赞助需求的影响。开普勒性情孤僻，双目近视，生于一个不合主流的家庭。尽管如此，他还是成为神圣罗马皇帝鲁道夫二世宫廷里的御用数学家，并因此参与天文学的实践，为这个显赫的宫廷增光添彩。开普勒常被称作第一位真正的哥白尼主义者（尽管16世纪也有几个不太知名的天文学家可以分享这个称号），因为他全心全意地赞同日心说。但在实践过程中，他改变了日心说的内容，即使哥白尼也会感到震惊，因为他打破了天体完美圆周运动的观念。他还试图将天体运动的物理学与它们运动的数学模型联系起来。换句话说，开普勒不仅仅描绘天体的运动过程，还要追问运动的物理原因。尽管他的解释并没有被其他自然哲学家接受，却让天文学家认识到此类问题的重要性。

开普勒的母亲于1571年5月16日上午4点37分受孕，同年12月27日下午2点30分生下了他，怀孕时间共计224天9小时53分钟。我们知道这一点，是因为开普勒为自己占星算命，而要做出准确的预测，这些细节是必需的。这表明了占星术对于现代早期天文学家及广大社会民众的重要性，特别是对于开普勒的重要性，同样也表明了测量精密性和数学准确性对于开普勒的意义。

开普勒的童年极为阴郁。他成长于一个赤贫的信奉路德宗的斯瓦比亚家庭，父亲滥施暴力，母亲精神错乱，后来被判为女巫。开普勒早年幸运获得了一份奖学金，进入图宾根大学学习神学。毕业后，他在格拉茨担任数学教师和占星术士。在数学教学过程中（面对着一个几乎空荡荡的教室，因为他的教学技能乏善可陈），他做出了一个将会改变命运的发现。灵光一闪，宇宙的结构清晰地浮现在他眼前。他在三角形上画了一个外接圆，意识到行星的轨道很可能是这样产生的。

从这点出发，开普勒又提出了三个问题：为什么行星呈现这样的空间分布，为什么它们的运行按照特定的规则，为什么行星只有6颗？（最后的问题标志着他是哥白尼主义者，因为在托勒密体系中有7颗行星）随着对三角形外接圆的领悟，他解答了第一个和第三个问题。他将二维图形转换为三维的实体。由于在欧几里得几何学中只有5个正多面体，6大行星的轨道之间完美地各安置一个实体。这似乎是重建了行星之间的特定间隔。1596年，开普勒在《宇宙的神秘》（*Mysterium Cosmographicum*）中发表了这一发现。此后，在《新天文学》（*Astronomia Nova*，1609）和再版的《宇宙的神秘》中，他分析了行星以这种特定格局运行的物理原因。他假定，位于中心的太阳散发出的某种磁力，才是运动的原因。这种太阳是第一推动者的概念，表明开普勒深受新柏拉图思想的影响。尽管整个框架还存在着很多问题，但开普勒将为它付出毕生心血。

开普勒意识到，为了完善模型，他需要更精确的行星运动观测。他决定投奔欧洲最好的观测家，从而成为第谷·布拉赫的助手。开普勒在布拉格见到第谷，后者刚刚担任了鲁道夫二世的御用数学家。第谷与开普勒之间的关系远非和谐。第谷坚持让开普勒研究火星的轨道，开普勒只好勉为其难。但结果表明，他们无比幸运，因为火星是所有行星轨道中最不合常规的，为了使观测结果与数学模型相吻合，开普勒被迫放弃了圆形轨道的观念。开普勒自己从未做过观测（他高度近视，无法精确地观测恒星和行星），但花了8年的时间，进行一张张的数字计算。这是一项枯燥、重复而又要求精确的工作，却鲜少报酬。

第谷希望开普勒能够完善第谷系统，但作为哥白尼主义者的开普勒有着其他打算。1601年第谷去世后，鲁道夫二世任命开普勒接替御用数学家的职位。这一职位给了开普勒身份，但薪水不高。他以占星算命维生，但依旧有时间去完成《新天文学》，全名是《基于因果性或天空物理学的新天文学，源自对火星运动的探究，以高贵的第谷·布拉赫的观测为基础》，常常被看作他的最伟大著作。开普勒钻研火星运动8年，其计算与哥白尼体系相差仅8弧分。尽管这一结果已经相当精确（哥白尼自己仅仅精确到了10弧分），但开普勒确信第谷的观测结果应该更靠得住。经过激烈的斗争，他得出结论，行星运动的轨道是椭圆的。尽管这不是他计算出的第一个行星运动规律，但天文学家和历史学家还是称之为开普勒第一定律，因为它构成了开普勒其他观察的基础。他还假定太阳的“磁”力扫过行星，并以数学上一致的方式施加作用，太阳和各行星之间的连线在相同的时间内扫过相同的距离（被称作等面积定律，或开普勒第二定律）。这意味着行星越靠近太阳，运动越快。

1618年，开普勒出版了第三部名著《世界的和谐》（*Harmonices Mundi*）。他在这本书中主张，路径扫过诸天际的行星，奏出和谐的音乐。也许能说明问题的

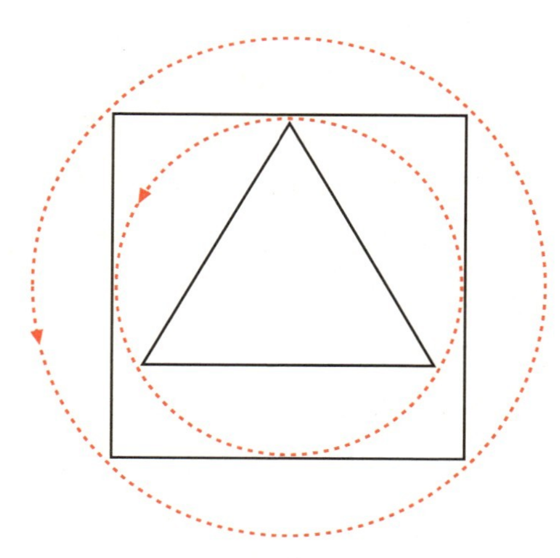

图4.8 开普勒的行星轨道

旋转三角形和正方形得到各个轨道

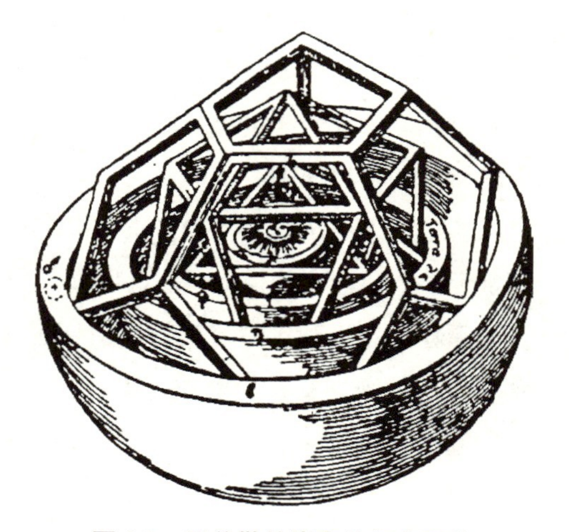

图4.9 开普勒的嵌套几何多面体

根据开普勒在《宇宙的神秘》（1596）中的行星空间分布观念绘制

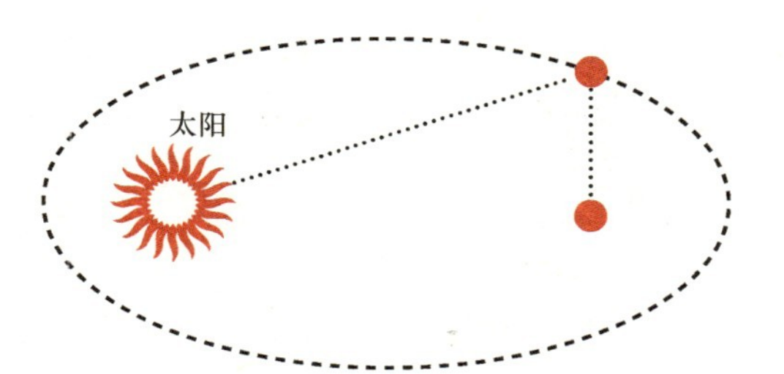

定律1：行星沿椭圆轨道运行，太阳位于其中一个焦点

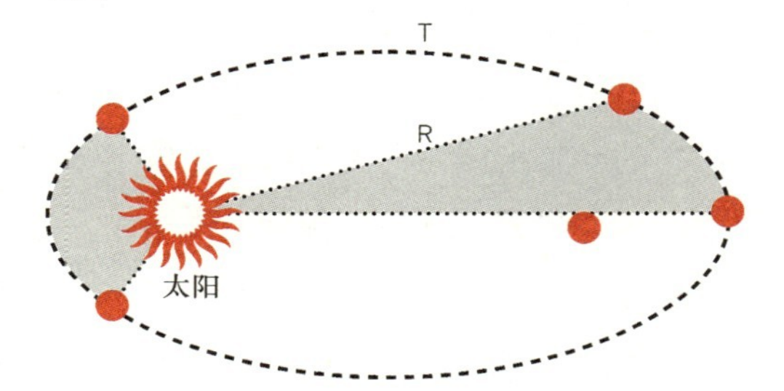

定律2：又称面积定律，即相同时间内连线扫过的面积相同

$$(T_1/T_2)^2:(R_1/R_2)^3$$

定律3：又称周期定律，即行星间周期T的平方与绕太阳半径的立方成正比

图4.10 开普勒的行星运动三定律

是，他在三十年战争之初写作这本书，宣称在音乐、天文、占星等领域发现了宏大的和谐方案，然而战争却迫使他逃离布拉格，在这期间母亲因从事巫术而受审，一个女儿也亡故。正如开普勒在《世界的和谐》中写道："战争之神徒劳地咆哮、狂吠和怒吼，并试图夹杂着炮轰、军号和喇叭齐鸣……让我们鄙视这些回响在神圣土地上的野蛮嘶叫，唤醒我们对和谐的理解和渴望吧。"

开普勒发现了土星奏出的大三度和木星奏出的小三度，在这期间他还提出了我们今天所谓的和谐定律或开普勒第三定律。这一定律通过试错法得出，证明了在公转周期（行星围绕太阳运转一圈的时间）和离日远近之间存在着数学关系，即离日越远，公转周期越长。开普勒发现，所有行星的轨道周期平方（T^2）与轨道平均半径立方（R^3）之间的比值都相同（k或某个常数）。

尽管开普勒著述颇丰，但他关于行星运动的解释却几乎没有影响到同时代的其他天文学家。作为鲁道夫宫廷的御用数学家，他是自然哲学的一位重要代表。他的著作理应被认真看待，但除了《鲁道夫星表》外，似乎很少有人阅读。在那个年代，他的著作被认为艰深，甚至带有危险。他在科学史上的地位更多是凭借后世思想与他的联系，而非他对当时天文学的影响。历史学家们挑选了三条“定律”，它们符合更为现代的天文学思想，特别是牛顿确认的思想，但它们本来混杂于开普勒创制的数十条定律，那些定律如今早被遗忘。与开普勒同时代的伽利略认为他是个危险人物，他们之间的通信礼貌却不热情。开普勒多处形迹可疑：新教徒身份，善于竞争的宫廷天文学家，还被当作公然接近“神秘力量”的人——既由于针对其母亲的女巫指控，也因为他对天体运动的物理解释依赖于超距作用。超距作用要求物体之间不通过某种物质而产生相互影响，开普勒推测的关于推动行星的磁力，被认为是一种魔法上的解释。

牛顿曾赞扬过开普勒的许多思想，但后来又声称从开普勒的研究中一无所获。另一方面，开普勒向我们展示了16世纪和17世纪早期的天文学是如何开展的。他多年的计算工作显示了数学对宇宙研究的重要性，而他在鲁道夫宫廷里的位置，则让我们想起这个自然哲学知识的新场所。

新教改革与伽利略受审

宫廷允许掌握实用知识的人，比如手艺高超的工匠或数学工作者，与大学培养或自学成才的自然哲学家交往。他们把这些不同的想法和兴趣结合起来，从而为自然知识开创新的问题和目标。大多数依附于王室宫廷的自然哲学家，既要靠学术上的敏锐性，也要靠实际上的应用，才能获得声誉。例如，开普勒和约翰·迪伊分别为鲁道夫二世和伊丽莎白一世占星算命。迪伊为伊丽莎白一世的加冕礼推算了良辰吉日，同时也为航海家寻找西北航道出谋划策。类似地，伽利略作为廷臣，也是既高深又得力。这些人巧妙地游走于理论和实践之间，因为他们三位都对宏大的哲学体系感兴趣，渴望获得宫廷的赞助，并不仅仅是为了制造改良望远镜或新式浑天仪。但是君主们想得到成果，这些探究自然世界的学者，只要与宫廷有了牵连，有时就不得不奉命从事。因此，宣扬实际效用，以及寻求那些能取悦宫廷赞助者的话题，都使得自然哲学的导向发生转变，而不再只是对事物如何运行的哲学思辨。

自然哲学家逃脱哲学思辨，或者更为传统的教会职务升迁，合理借口之一就是16世纪的另一场剧变——新教改革。尽管在15世纪，天主教会的各种令人诟病之处就已经引发了抗议，但1517年马丁·路德对赎罪券的果断立场，让天主教会一分为二。正如自然哲学的情况一样，宗教也受到印刷机的影响，那些印刷的赎罪券泛滥于市场，使教会的腐败显露无遗，而路德的支持者和反对者印刷的大量小册子，几年之内就让这场冲突在欧洲家喻户晓。

新教改革从知识上、社会上和体制上改变了自然哲学家所生活的世界。天主教会失去了对真理的垄断，让人欢欣解脱或陷入惊恐，这取决于不同人的宗教立场。出现了新的职业前景，对自然的研究也有了新的用武之地，比如商人的会所、王室的宫廷，以及更为世俗化的私立学校。虽然双方宗教阵营的领导人都呼吁重新回到救赎问题而不是凡尘俗务，但不同的思维和职业之窗已经敞开了。

历史学家曾反复争论过新教改革对科学的影响。有些人指出，在强烈的加尔文主义或至少是新教地区的科学蓬勃发展，就是新教支持科学的证据。另一些人则指出天主教会对伽利略的处置，以显示“迷信”造成的破坏。近年来，历史学家已经证明，无论天主教还是新教都非常关注对自然世界的理解。例如，耶稣会士，特别是罗马公学院的克里斯托弗·克拉维乌斯（Christoph Clavius，1538—1612）及其弟子，都是重要的天文学家和数学家。他们协助将亚里士多德的经院哲学转换为基于新数学的宇宙研究。伽利略也与耶稣会的自然哲学家通信，在互动中辩护或补充自己的观点。

人们探究自然哲学的动力，往往是将其作为从宗派冲突中脱身的途径，即通过研究工作找到一种中庸的方式来崇拜上帝。伽利略的危机，并不能黑白分明地归结为天主教压制科学。伽利略的现代声望很大程度上来自他的“科学卫士”形象。然而，他之所以陷入麻烦，不是因为他蔑视天主教会，而是因为他试图调和科学与宗教却没能成功，他的赞助人选择也太过冒险。伽利略一生都是虔诚的天主教徒。他认为他的真正敌人并非教会当局，而是“哲学家”——亚里士多德学派学者主张只有他们才有权提出关于世界的真理。

1614年，就在伽利略做出引发激烈争议的天文学发现不久，伽利略，以及受其牵连的哥白尼，遭到了神职人员的攻击。伽利略虽然生病，但还是应战了。他写了一封信，解释自然知识与圣经知识之间的划分。当这封信所托非人，他给红衣主教贝拉明（Bellarmine）写了一封更长的信，并亲自前往罗马说明情况。贝拉明是一位人道主义者，对伽利略的遭遇也有所同情。然而一些教会人士，尤其是多明我会修士，认为地球的运动是无法证实的，贝拉明也主张这是未经证实的。这是一个较为软化的立场，尽管贝拉明很难相信能够找到这样的证据。

伽利略决定进一步澄清自己的立场。在先前那封《致克里斯蒂娜女公爵的信》（为散发而写）的一个扩充版本中，伽利略宣称（秉承奥古斯丁），为了维护科学与宗教的尊严，二者之间必须有所区分。在一场质疑托马斯·阿奎那学说的争论中，他主张《圣经》从未用于否证那些经过观察或正确推理而确认的事实。他没有以这个论据来反对教会或基督教教义。相反，他却担忧天主教的自然哲学家在新教徒自然哲学家面前相形见绌，以及他在作品中所理解的真正的上帝奇迹，没有被看到或解读。伽利略引用了一位早期教父的话，产生了完全不同的效果："圣灵的意图是教导我们如何去天堂，而不是天堂怎么样。"

伽利略采取这种冒险和公开的立场，部分是由于他对天主教会的忠诚，以及渴望意大利出现强盛的自然哲学共同体。同样地，这也可以被看成吸引教皇注意的举动——他在寻求教皇的赞助。如果门客希望获得成功，就必须冒一定风险，才能维持自己的知名度。所以他保持攻势。听闻流言说他的信件和哥白尼的著作都将被列入另册，导致天主教徒无法正常获读，伽利略再次前往罗马请求教皇保罗五世的接见。实际情况是，他与贝拉明会面，被指示停止研究哥白尼的理论。教皇法庭的判决称，这个理论"在哲学上是愚蠢和荒谬的"，并且于1616年颁布禁令，告知伽利略不能再持有或捍卫哥白尼理论。

1623年，天空中出现了三颗新彗星，伽利略再度被天文学所吸引。与此同时，保罗五世已经去世了，取而代之的是一位人文主义教皇，即乌尔班八世。伽利略认为自己与教皇有交情，便于1624年拜访了乌尔班八世，请求允许撰写关于哥白尼体系的文章。他没有提及先前的禁令。会见结束后，伽利略以为自己已经获得了许可，能够以假说的方式提及一二。但最终情况并非如此。

17世纪20年代，伽利略开始为哥白尼主义做出辩护，从而出版了《关于两大世界体系的对话》(1632)。他以对话的形式写作，从而既表达出托勒密和哥白尼两方的观点，又不必明确选边站，但由于他将支持托勒密体系的人物命名为辛普利西奥（Simplicio）后，就不难窥见伽利略的倾向。他运用自己的潮汐理论作为地球运动的证据，因此也就是哥白尼学说的证据。虽然这个理论经不起推敲，也无人信服，但它向那些读者表明，伽利略确实在捍卫哥白尼主义，因而违反了1616年的禁令——不准相信哥白尼体系是一个已证的事实。如果祸闯得还不够，教皇还认为他受到了伽利略的当面背叛。

1632年伽利略被罗马宗教法庭传唤，他抵达罗马后，1633年开庭审理。审判围绕着伽利略是否曾被命令禁止讲授哥白尼的体系。伽利略说，那并不在他从教皇办公室收到的禁令文件之列，而只是被告知他不准认为这个体系是真实的，实际上所有的天主教徒都不准相信那是真的。宗教法庭指出，伽利略，只有伽利略，曾被告知他既不能持有、讲授，也不能以任何方式维护哥白尼学说。所依据的那份文件，要么是伪造的，要么是未经签发的教皇指令。因此，这并不是一场科学对抗宗教的审判，而是对教会是否顺从的问题。宗教法庭判定伽利略阳奉阴

图4.11　伽利略《关于两大世界体系的对话》(1632)扉页

违，并有效地让他哑口无言。他被处以终生幽禁。重拾力学研究的他，写出了最辉煌的著作《关于两门新科学的对话》(*The Two New Science*)，也是用对话体。由于禁止任何天主教徒出版他的任何作品，该手稿被偷运到信奉新教的荷兰。他的所有著作，特别是两部对话录，都风靡一时，被翻译成多种语言。

伽利略的悄无声息，以及科学研究向欧洲新教区域的转移，在一些历史学家看来，这表明新教教义更有利于科学。如此笼统概括是有问题的，因为自然哲学家在法国继续安居乐业，特别是在耶稣会内，而新教的宗教领袖通常比天主教更加敌视自然的研究。然而，从追求实用的角度看，在那些自然知识被认为有利于商贸和帝国开拓的国家，新教地区显然更积极地致力于科学，将其作为一项研究。他们强调自然的合理性和简单性等整套思想，尽管这种做法并非新教专属，但他们的自然哲学家也在寻找至简的答案。新教徒强调的观念是，知识应该是有用的，无论是为了人类的改善还是拯救。自然哲学家经常将研究转向具有功用的选题（或声称有用）。新教徒认为上帝既然赐予地球让人类充分利用，那么利用就成为科学的根本意识形态之一。清教徒和加尔文主义者相信个人的见证和经验；科学方法越来越多地采用实验。个人可以通过私下研究找到通向上帝的方法，这种想法在科学上得到了支持。天选和使命的理论，不仅让人们形成观念，认为探究自然者更为纯洁和高尚，还甚至造成了对科学家的崇拜。新教徒拒绝了教会传统；新科学摒弃了亚里士多德的科学传统。最后，特别是加尔文主义和清教主义，吸引了城市的商业阶级，他们钻研探险、航海、天文和数学问题，新科学的突破即将在这些领域出现。

关于新教控制区域和天主教控制区域如何开展自然哲学研究的争论，关键并不是自然哲学与宗教的直接关系，而更多在于通过冲突开创的学术空间。尽管天主教的等级森严可能让伽利略失声，但对自然的研究仍然重要。路德强烈反对哥白尼学说，但并没有导致新教徒放弃天文学。如果人们能像新教徒那样质疑宗教信仰的真正本质，那么无论对于新教徒还是天主教徒而言，理智上都毫无疑问跨越了界限。一小群人认为，在这样一个世界，世俗权威靠不住，宗教的权威也因纷争和不确定性而被严重削弱，自然哲学似乎提供了崇仰上帝的“第三种方式”。大自然始终如一，不像君主、教皇和牧师的言论那样出尔反尔。

教育和自然研究

对自然哲学家来说，教育机构是另外一种至关重要的体制，它在现代早期的欧洲发生了翻天覆地的变化。先前，教育曾经主要是基督教会的责任。大多数学校由教会资助，许多校长都是神职人员。15世纪中期以来，世俗对教育的兴趣开始上升，先是在意大利，后来是整个欧洲。教育的目的，不再只是在教会谋一份职业；政府要职、秘书职务，最后是士绅文化和可能的赞助，都为人们接受一定程度的教育提供了新的激励。与此同时，新教改革也为教育和识字带来新的动力，二者都是因为新教徒强调亲身阅读本地语《圣经》的重要性，而天主教会的回应也部分采取了教育方面的举措。因此，对更广大的民众来说教育成为当务之急。

有少数重要人士受过非常良好的教育，在现代早期，这些受过良好教育的人日益掌握了社会、政治和经济的权力。此外，一些男性和女性自学成才，或终生以非正式的方式延续他们的教育。由于教育服务的行情看涨，诸如大学这样的机构也开设一些不太正式的课程，面向那些无意靠文凭谋职的人。甚至更为传统的学科，如医学，也开始期待扩大其知识的应用范围。欧洲各地涌现了形形色色的学园，以满足专业化的深造。自学书籍变得越来越受欢迎，而教育领域的企业家，无论是人文主义者还是数学实践者，都开始通过个人课程和图书来销售他们的教学器具。因此，这段现代早期见证了欧洲各国，尤其是北欧和西欧的统治阶层中教育地位的变化，结果他们争聘学养深厚的顾问，对信息本身的需求也大增。在这种风气下，学习科目的功用就变得重要起来。

安德烈亚斯·维萨留斯

就是在这种新式大学体制下，安德烈亚斯·维萨留斯（Andreas Vesalius，1514—1564）完成培养并开展事业，同时也深受人文主义的影响。维萨留斯出生于布鲁塞尔，父亲是查理五世皇帝的药剂师。1530年，他就读于鲁汶大学，随后前往巴黎攻读医学学位。1537年，他进入以医学院闻名的帕多瓦大学。他马上就得到了医学博士学位，成为一名解剖学讲师，但这份工作的地位相当低下。他坚持亲自动手解剖，引起了轰动。这简直是闻所未闻，因为解剖学讲师传统上只阅读盖伦的著作，由他们的助手指出相关的部位。维萨留斯不久开始周游意大利和欧洲其他地方，表演公开解剖。他很快发现了传统盖伦解剖学中的问题，因为它与亲眼所见不一致。只是因为他亲自接触尸体，才有可能做出这样的观察。1543年，他出版了《人体构造》(*De humani corporis fabrica*)，阐述了他与盖伦的分歧之处，以及一种新的方法和一种新的哲学。维萨留斯创作了一本精美的图书，在这一过程中否定了盖伦的许多观点。

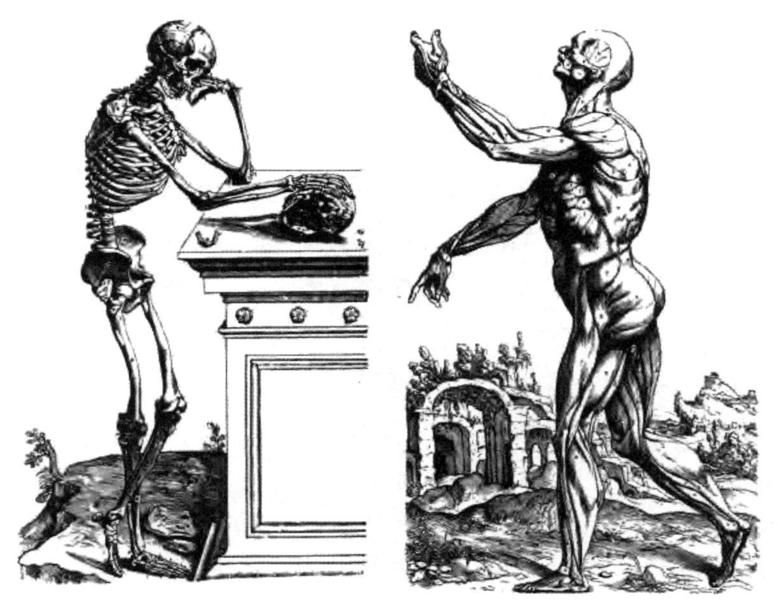

图4.12 维萨留斯《人体构造》(1543)一书中的人体骨骼和肌肉图

维萨留斯指出，肝并非有五叶，而是一整块；男性并不少一根肋骨，女性也没有多出一根；神经并不是中空的；骨骼是人体动力的基础。他最先以合理系统的方法绘制了人体的肌肉。然而，他最大的成就也许是他采用的方法。从人文主义出发，他对比了不同版本的盖伦著作，以找出最纯正、差错最少的版本。而一旦对文本产生怀疑，他便转向问题的源头，即人体。接着他运用观察，将亲身经历看作自然探究者的根本。维萨留斯没有依赖权威，而是规定要想成为解剖学家就必须亲自进行解剖。当然，这里带有讽刺意味的是，维萨留斯的著作很快获得了堪比盖伦的权威，而盖伦曾是他嘲笑的对象。

同样重要的是，维萨留斯的解剖不是在封闭的学术讲坛上进行，而是公开的表演。在他的协助下，公开演示和观众见证被确立为自然科学的重要组成部分。正如《人体构造》的卷首插图所示，人体知识的产生，正是因为每个人有目共睹，并且公认他们所见的一切（见图4.13）。这种公众演示的观念——作为知识的创造、事实的创造，以及一群志同道合人士达成共识之所需——在17世纪及此后成为科学实践与论述的必要因素。

图4.13　维萨留斯《人体构造》的卷首插图

本章小结

作为在公共场所、大学、宫廷、商业会所、仪器制造商店中开展的事业，自然哲学的创立，是文艺复兴和现代早期的一项创新。讽刺的是，古代知识的再发现和印刷，却让现代早期的学者宣称，他们正在创造新知识而不是墨守旧知。不断变化的社会、政治和宗教领域，为这些学者提供了探究自然的新去处，也对他们研究任务的世俗功用提出新要求。这一时期所有的自然哲学家都相信，研究自然便是研究上帝的工作，从而是一项神圣的使命。但他们同样相信，这项事业的关键是牢牢扎根于当下，目标是改善人类生活或个人进步（也许二者皆有）。在一个大冒险和大发现的时代，西欧尤其是大西洋沿岸各国，开始相信无限进步的可能性。哥伦布的远航在地球探险方面，伽利略的望远镜在天体观测方面，他们难道不是已经超越古人了吗？宫廷中的自然哲学家是一些富有创造力和实干的人士，而不是古板和空谈的神学家。这深刻影响了他们的态度和科学的面貌。

论述题

1. 哥白尼提出新的日心体系，影响因素有哪些？
2. 探险远航是如何影响人们在科学上对世界的理解的？
3. 16、17世纪赞助人在科学发展中发挥了什么作用？
4. 伽利略为什么与罗马天主教会产生冲突？

第五章时间线

1510—1588 年	罗伯特·雷科德在世
1561—1626 年	弗兰西斯·培根在世
1620 年	培根发表《新工具》
1578—1657 年	威廉·哈维在世
1596—1650 年	勒内·笛卡尔在世
1627—1691 年	罗伯特·波义耳在世
1627 年	培根发表《新大西岛》
1628 年	哈维发表《心血运动论》
1637 年	笛卡尔发表《方法论》
1643—1727 年	艾萨克·牛顿在世
1644 年	笛卡尔发表《哲学原理》
1644 年	埃万杰利斯塔·托里拆利发明气压计
1657 年	奥托·冯·盖里克演示马德堡半球实验
1658 年	波义耳和罗伯特·胡克造出第一台空气泵
1660 年	波义耳发表《关于空气弹性及其作用的物理－力学新实验》
1661 年	波义耳发表《怀疑的化学家》
1662 年	伦敦皇家学会章程颁布
1665 年	胡克发表《显微图谱》
1666 年	牛顿奇迹年
1666 年	巴黎皇家科学院成立
1666 年	纽卡斯尔的公爵夫人玛格丽特·卡文迪什发表《实验哲学之我见》
1687 年	牛顿发表《自然哲学的数学原理》
1700 年	柏林科学院成立
1702 年	玛丽亚·温克尔曼发现一颗新彗星，但该彗星没有用她的名字命名
1704 年	牛顿发表《光学》

第 五 章

科学革命：有争议的领域

从1543年到1687年，一批科学巨人出现了，他们沉思着自然世界，奠定了现代科学的基础。鉴于这一时期的成就，无怪乎历史学家会为科学革命时代这种概念而绞尽脑汁。事实上，20世纪科学史学科诞生之初，就聚焦于现代科学的起源问题。一些学科创始人的研究专注于这场重要的转变是什么，以及它是如何发生的。近年来，历史学家已经开始质疑这场革命究竟是否发生过。显然，答案取决于如何定义革命和科学：是否出现了思想的渐变、一种格式塔转换，或者一次社会学上的革新。我们主张，在对自然世界的探究方面，发生过一场转变，其中新的观念、方法、行动者、目标和意识形态通过百家争鸣，在日渐成形的民族国家中获得了一个崭新的世俗角色。就此而言，的确是一场科学革命。

科学革命可以被理解为一系列环环相扣的革新，它们对现代科学的创建具有重要意义。首先，自然哲学家迎接古人在认识论上的挑战，提出了一套新的方法论来揭示自然世界的真相。其次，在许多不同的领域，特别是物理、天文和数学方面，形成了宇宙万物的一些新理论模型。而且，那些对探究自然感兴趣的人士组建了新的机构和组织，开始承担当时较为世俗的任务，即评估科学事实，判别哪些人能够称得上自然哲学家。最后，也许最值得注意的是，那些对自然的深层真相感兴趣的人，提出了一套利用与开发的新思想体系，一种科学实践的新型结构，以及一个科学家的绅士群体，这些人将其行为的社会标准应用于现代科学的意识形态中。

新的科学方法：弗兰西斯·培根和勒内·笛卡尔

16世纪，古代自然哲学家的重新发现，以及对古代知识提出的挑战，导致16

和17世纪的学者转向认识论问题，即如何判定真理和谬误。或许是受到16世纪宗教动荡的激励，哲学家们开始询问至今对我们仍是根本性的问题：我们如何才能知道什么是真的？这就导致人们提出了一种新型科学探究方式——新的“科学方法”——以及新的方式表述这种对确定性的寻求。在英格兰，弗兰西斯·培根爵士（Sir Francis Bacon，1561—1626）的著作最为全面地阐述了这一方法论。培根尽管本身不是自然哲学家，但在《新工具》（*Novum Organum*，1620）和《新大西岛》（*The New Atlantis*，1627）中建议改革自然哲学。这个改革方案是其更宏伟的变革全部知识（特别是法律知识和道德哲学）计划的一部分。培根认为，所有的人类知识都是有缺陷的，因为每个人都持有偶像。偶像是人类观察世界时持有的偏见和成见。培根感到，自然哲学家要从这些偶像中自省，唯一途径就是着眼于自然界中细小、孤立的片段。人们要理解这些零星碎片，唯一有把握的方式是在受控的条件下进行研究，将其与外部的更大（非受控）环境相隔绝。运用这个设想，他提出了现在所谓的归纳方法。他建议，大量的调研人员可以源源不断地收集信息，以表格的形式汇总，然后由一名出类拔萃的解说者做出解释。

在《新大西岛》的一节中，培根描述了一个被称作“所罗门宫”（Solomon's House）的地方。他的这套方法论，虽然显得比以前经院学者的方法更为民主，却提出了一种由少数精英群体来掌控真理和知识的方式，由他们来判定可以研究什么，可以接受哪些解答。他的这种态度可能是受到下列事实的影响：他受过律师训练，政治生涯的大部分时间担任伊丽莎白一世的顾问，然后是詹姆士一世的大法官。因此，他习以为常的观念，是在法庭这种公共场所来检验证据。作为最常关注叛国和异端行为的人，他不信任自由思想，并且认为应该由那些英联邦和平与安全的守护者，即身份足以确保其公信力的人，来控制思想。培根担任大法官的工作包括监督酷刑的使用，那个年代认为通过拷问得来的证据较为可靠。对培根而言，知识就是力量，因此，理解自然之所以重要，恰恰是因为这些知识可以实际应用。在很多方面，培根是一位宫廷哲学家，所以伽利略充分运用的那些关于功用的说辞，也呈现于他的作品中。

这种方法论在欧洲大陆上受到了勒内·笛卡尔（René Descartes，1596—

1650）及其追随者的挑战，他们更喜欢基于怀疑主义的演绎风格。像培根一样，笛卡尔也出身于一个有权势的家庭，并接受过律师培训。与培根不同的是，他担任数学教师和实践者，而不是一个廷臣，尽管到了晚年，赞助的诱惑战胜了凭才智自食其力的奋斗。1649年，53岁的笛卡尔作为当时最负盛名的哲学家，接受了瑞典女王克里斯蒂娜的宫廷哲学家职位。这个职位待遇优厚，就像美第奇家族对伽利略的赞助那样，提供资金支持和社会地位，换取哲学家光耀克里斯蒂娜的宫廷，以及提供哲学服务。不幸的是，笛卡尔的健康状况很差，而克里斯蒂娜享受其哲学服务的做法是，让他早上5点前来指导，每周三次。结果冬天尚未到头他就死于肺炎。瑞典人把他的遗体送回法国，但保留了他的脑袋。这导致法国和瑞典之间近两百年的关系略微紧张，直到1809年瑞典化学家贝采里乌斯（Berzelius）想方设法得到了笛卡尔的头骨，并将其还给法国科学家居维叶，才让笛卡尔身首合一。

在《方法论》（*A Discourse on Method*，1637）中，笛卡尔提出了现代早期第一个可以替代亚里士多德认识论体系的方案：他的怀疑论方法。他从怀疑一切开始，将知识抽丝剥茧，直到一件他认为是真实的东西：作为一种思想的怀疑本身，它必须存在，以思考怀疑的思想。他将这一观点凝练到那句著名的宣言：我思故我在（*Cogito ergo sum*）。从这个起点出发，他通过第一原理的演绎，提出了一系列他认为不证自明的普遍真理。这种演绎方法的起源受到几何证明的启发，即从少数确定的前提或公理开始，推演到更复杂的情况。有趣的是，虽然笛卡尔使用这种数学模型，并提出了新的数学方法论，但他的大多数科学理论都明显不属于数学领域。而且，他对使用实验手段来发现自然知识不感兴趣。因为感官可能被蒙蔽，比起任何粗略的实验或演示，正确的推理才是自然哲学争论更值得信赖的仲裁者。

在这个确定性正在让位于或然性的时代，培根和笛卡尔都试图找到一些推理方法来生产确定的知识。培根回答的问题是，我们如何通过一种谨慎保守的方式知道什么是真实的，涉及的知识层级结构促成了学者的民主理想国。而笛卡尔的回答则是通过个人主义和反社群的方式，赋予个体思想家更大的权力，但归根结底，没能创建出一个学者的共同体。

作为自然哲学语言的数学

伴随着关于可靠和真实知识的争论，这个新方法论导致数学逐渐上升为自然哲学的语言。伽利略曾确信，上帝通过数字、尺寸和重量创造了这个世界，其他许多致力于自然研究的学者也拥护这一观点。在亚里士多德看来，称重或测量某个物品，并不会告诉你关于它的任何有价值的信息，而对于16、17世纪研究自然的学者来说，知道一个东西多重、运动得多快，要比探寻目的因更为可靠。他们宣称，他们只进行测量和观察，而不是寻求证实强加于事物的隐含假设。例如艾萨克·牛顿爵士的那句名言，“我不做假设”（*Hypotheses non fingo*）。追随伽利略和牛顿的脚步，自然哲学家越来越多地通过测量来寻找确定知识，而不再分析其原因。

数学的重大进展包括代数的重新发现，以及微积分的发展；此外，更简便的新符号系统也设计出来了。例如笛卡尔创立了用a、b和c表示已知量，而用x、y和z表示未知量的符号系统。数学家使用这些符号系统，争先恐后地解决更为复杂的代数方程。解析几何的创建，主要是笛卡尔，还有弗朗索瓦·韦达（François Viète，1540—1603）和皮埃尔·德·费马（Pierre de Fermat，1601—1665）的贡献，让数学家和自然哲学家如虎添翼。通过融合几何与代数，就可能将几何对象转化为方程，反之亦然。这也开启了自然数字化的大门，从炮弹的轨迹到树叶的形状，世间万物都可以转换为数学的表达。

反过来，数学家开始寻求新的方式计算曲线下的面积，描述动态的情况。结果便是英国的艾萨克·牛顿和德国的戈特弗里德·威廉·莱布尼茨（Gottfried Wilhelm Leibniz，1646—1716）分别独立发明了微积分。微积分能够将曲线下的无穷小面积求和，或用公式的形式描述曲线的形状。这就让自然哲学家可以精确描述一些动态的情况，例如速度和加速运动，这些用传统几何和代数体系难以处理。有些数学家关注到微积分的哲学内涵，因为无穷多的量求和却得到有限的值，而无穷小和无穷大却可能自相矛盾地等价。然而，那个时代人们日益寻求数学的实际应用和功用，微积分被证明是一种极富成效的工具，很快被科学界所接受。

莱布尼茨是一位如雷贯耳的德国通才，受到过律师培训，一生主要受聘于多位德国王公，特别是三位汉诺威公爵。不幸的是，他和格奥尔格·路德维希公爵（Duke Georg Ludwig，1660—1727）的关系恶化了，当路德维希成为英国国王乔治一世后，禁止莱布尼茨入境。莱布尼茨对笛卡尔和牛顿的工作都十分挑剔，并在谁先发明微积分的问题上，卷入了和牛顿的激烈纷争。这场纷争，在德国以莱布尼茨为首，在英国以塞缪尔·克拉克（Samuel Clarke，1675—1729）牵头，堪称17—18世纪最著名的哲学纷争，因为它涉及牛顿的自然哲学和神学问题。直至双方参与者谢世，此事一直未能妥善解决。现在看来，牛顿和莱布尼茨确实各自发明了微积分，使用了完全不同的符号和数学基础（牛顿是几何数学，而莱布尼茨是分析数学）。从某种意义上来说莱布尼茨最终获胜了，因为自18世纪以来，人们使用了他的微积分符号而非牛顿的。

数学从业者

数学成为17世纪自然哲学如此强大的工具，原因之一是涌现了一批倾向科学的新型人士：数学从业者。数学曾是一个相当独立的研究领域，对数学问题感兴趣的人通常将自己的研究与实际应用联系起来，例如大炮、要塞、航海和测量。在现代早期，自然研究开始涵盖测量、实验和功用，数学从业者为这种转变提供了必要的推动力。经济结构的变化、技术的发展，以及宫廷等新型政治化的学术空间，让他们的地位日益提高，从而科学上的变动，就与重商主义和民族国家的发展息息相关。数学从业人员宣扬其知识的功用，这套说辞促使那些寻求此类信息的人士认可数学的作用。

数学从业者声称拥有各种领域的专业知识。例如，伽利略早期在物理学和望远镜方面的研究，就是运用数学获得赞助的成功尝试。笛卡尔宣传自己讲授数学和物理的能力。西蒙·斯台文（Simon Stevin，1548—1620）声称他是一名数学从业者，拥有航海和测量方面的专业知识。威廉·吉尔伯特（William Gilbert，1544—1603）主张，他关于地球磁性的宏大哲学论证，可以实际应用于导航。莱布尼茨利用数学才能，担任汉诺威公爵的工程项目顾问。同样，许多从业者，包括托马斯·胡德（Thomas Hood，约1556—1620）和爱德华·赖特（Edward

Wright，1558—1615），都表现出对测绘和导航的兴趣。

这种对数学和量化世界运行状况的新兴趣，激发了人们对概率的热情。数学家不相信这个世界变幻无常，而是我们的知识不完善，限制了我们的理解力。将概率纳入数学计算，为理解复杂系统向前迈出了一步，在这个系统中我们无法确知所有的决定因素。布莱士·帕斯卡（Blaise Pascal，1623—1662）、皮埃尔·德·费马和克里斯蒂安·惠更斯（Christiaan Huygens，1629—1695）都研究过预测概率游戏的数学基础，概率游戏是17世纪流行的娱乐方式。帕斯卡在概率与几何方面的兴趣，不仅运用于纸牌和骰子赌博，而且让他提出对信仰上帝的概率性论证，如今被称作帕斯卡赌注（Pascal's Wager）。他总结道，虽然无法完全确定上帝是否存在，但通过分析四种可能情况，信仰上帝将会给人们带来最佳可能的结果。如果上帝不存在，信仰他不会失去任何东西，但如果他确实存在，人们信仰他便会得救。相反，如果上帝存在，而人们却不信仰，则会损失惨重（见图5.1）。

	不信仰上帝	信仰上帝
上帝不存在	无得无失	无得无失
上帝存在	被罚下地狱	得到拯救

图5.1　帕斯卡的赌注

到17世纪末，雅各布·伯努利（Jacob Bernoulli，1654—1705）编纂了概率论数学著作，主张在一个不确定的世界里，数学给了我们最大可能的确定性。然而在物理学领域，概率的概念并没有被顺利接受，牛顿的普遍定律似乎提供了确切的答案，而不是概率性的答案。物理学的基础从确定性转变为或然性，是现代科学中最令人不悦的转变之一，但它直到近200年后才会发生。

关联阅读

科学与市场：待沽的数学

16世纪，许多数学从业者通过演讲、授课、销售仪器，以及从事各种基于数学的活动（如测量或占星）来谋生。伦敦作为蓬勃发展的大都市，为这些技艺高超的人员提供了一个绝佳的市场，他们的工作表明了当时的自然哲学、数学和商业社会之间的相互联系。

伦敦的第一名数学从业者是罗伯特·雷科德（Robert Recorde，1510—1588）。在牛津大学培养成才后，他的主要功绩是向英格兰的广大受众介绍算术和数学，并在英国学界重建数学的语言和学科。雷科德用英文撰写了多部关于数学的基础性著作。应英国莫斯科公司（Muscovy Company，一家从事北欧贸易的商业公司，当时正在寻找前往中国的东北航道）的委托多次演讲，并为航海家撰写了一系列有关几何、球面几何、天文和导航的图书。与此同时，他还向英国听众介绍了欧几里得数学和代数，让自然哲学家能够以前所未有的方式运用数学。

在行会、公司甚至伦敦市政的赞助下，伦敦很快出现了许多效仿雷科德的数学讲师。例如，托马斯·胡德就是伦敦市聘请的首位数学讲师。1588年，胡德请求伯利勋爵威廉·塞西尔（William Cecil，Lord Burghley）支持一个伦敦的数学讲席，培养"伦敦城民兵训练团的军官"*。直到1596年成为伦敦市的数学讲师前，胡德都把自己的名字展示在所有著作的首页上，有时还建议感兴趣的读者到他的阿比切奇巷（Abchurch Lane）的家中接受深入指导，或者购买仪器。他的著作介绍了一些诸如地球仪、十字测天仪和象限仪等数学仪器的使用方法，表明他的讲座和私人教导都会强调这种实用的数学知识和理解。他还因从事占星而出名，这是另一种赚钱的方式。

那些主讲和听取这些数学讲座的人，都一度期望着他们可以买卖和使用所讨论的仪器。因此，不出所料，就在这些讲座面向伦敦市民举办的时候，越来越多的数学仪器制造商大显身手。一位金匠，托马斯·杰米尼（Thomas Gemini）可能是16世纪50年代英国最早的仪器制造商，接着是80年代的汉弗莱·科尔（Humphry Cole）。此后，许多人开办起商店，售卖导航仪器、测量仪器、地图、地球仪和星盘，同时为那些有兴趣使用它们的人提供非正式的指导。

到1610年，伦敦已经形成了稳固的实用数学共同体，主办了许多数学讲座，社会各界的听众出席。为解说数学和数学仪器的用法，已经推出了许多图书和特殊课程，所有这些都导致越来越多的人受到数学仪器和解说的训练，并对其敏感。各式各样的人相遇在仪器商店和数学讲座上——绅士、学者、商人和航海家。数学正在成为商业和自然哲学的共同语言。

*大英图书馆手稿，Landsdowne 101，f. 56

宇宙的新模型

为了寻找通往确切知识的道路，所有这些新尝试都是至关重要的，因为关于宇宙的构成，自然哲学家正在给出一些激进的意见。科学革命最明显的标志就是提出了宇宙的日心说模型。以哥白尼为开端，他声称地球围绕着太阳旋转，并且建立了一套数学模型来解释行星的运动。自然哲学家对哥白尼的理论迟迟不肯接受，因为它缺乏一个合理的物理解释，就像亚里士多德通过自然运动的概念为其宇宙框架提供物理解释一样。因此，所谓的哥白尼革命（历史学家喜欢把创新贴上革命的标签）是不完整的，直到伟大的英国天文学家和数学家艾萨克·牛顿设计出一套运动的数学模型，在基于万有引力概念的单一物理体系下，才解释了天界和地上的运动。

艾萨克·牛顿：伟大的通才

艾萨克·牛顿生于1643年，前一年伽利略去世。牛顿出生之前父亲就去世了，他的早年生活并不快乐，与他讨厌的继父和希望他经营家族农场的母亲相处都不融洽。牛顿没有农事方面的天资，母亲苦于无法为他寻找生计。幸运的是，当地的教区牧师注意到他的学术潜力，帮助他获得了剑桥大学三一学院的奖学金。牛顿是一个相对平凡的学者，但数学一枝独秀；他从笛卡尔的著作中自学了几何，通过韦达的著作自学代数。按部就班，1664年他成为三一学院的院士，1669年被任命为卢卡斯数学教授。后者是一个颇有声望的职位，尽管他的讲座经常门可罗雀。牛顿的老师艾萨克·巴罗（Isaac Barrow，1630—1677）为了让他获得这个职位不得不进行了一番幕后操作，因为牛顿不信仰基督的特殊神性，也不信仰三位一体。这让他成为一个潜在的异端分子，因为他不愿按要求宣誓遵从英格兰国教会，这种宣誓对任何高级学术的或政府的职位来说都是常规的要求。虽然牛顿不会在宗教信仰方面妥协，但他终生都将自己的观点深深隐藏。

1665年，大瘟疫再次肆虐英格兰。它迅速蔓延到了剑桥，牛顿被迫回到母亲的家里。强制的隔离为他提供了机会，把过去四年中通过精读而形成的很多想法融会贯通起来。尽管苹果不太可能真的落到过他的头上，但接下来的一年，即他的奇迹年（*annus mirabilis*），他提出了关于引力、物理学和天文学的理论。锦上添花，他还创立了微积分，并开始涉猎光学和光的理论。

尽管那一年牛顿研究过行星运动，但直到22年后他才发表研究成果。对于为什么行星轨道是圆形的，或者几近于圆形这个问题，他不满意自己所做的数学结论，所以把它们暂时搁置起来，以便专注于炼金术和神学，包括他长期热衷的《启示录》（*Revelation*）和《但以理书》（*Daniel*）。在接下来的13年里，他花了大量时间阅读《圣经》的注解，研究《圣经》，并构建自己的神学。这种神学颇为复杂，最接近一位论派（Unitarianism）或阿里乌斯教（Arianism）的一种极端形式，它们主张基督不是神，而是上帝创造的最高存在。终其一生，牛顿花在神学研究上的时间比其他任何学科都多。

1679年，伦敦皇家学会分管通信的秘书罗伯特·胡克（Robert Hooke，1635—1703）写信给牛顿，以了解他在做什么。胡克的工作是担任某种文人的笔友，与皇家学会的会员进行交流，让志趣相投的人保持联系。然而，牛顿和胡克之间的关系紧张，因为胡克批评过牛顿的早期光学作品。1679年胡克信中的问题是，从一座高塔向转动的地球扔下一个物体（比如一块石头），其轨迹会是什么？牛顿回答说，他当前还没有从事自然哲学的研究，但认为它将向东盘旋落到地球的中心，因为塔顶的线速度大于地球表面的线速度。胡克不这样认为：这条路径将是一个水平的匀速直线运动，再加上一个朝向地心的吸引力（大小变化反比于物体与地球距离的平方）的共同作用。这使得牛顿开始怀疑，他1666年关于行星轨道为什么是圆形的最初问题，是不是搞错了方向。

牛顿着手研究椭圆轨道的数学模型。1684年，他的朋友埃德蒙·哈雷（Edmund Halley，1656—1742，发现并以其名字命名彗星）造访剑桥，试图劝说牛顿将一些数学成果拿到皇家学会交流，这是一项艰巨的任务，因为牛顿守口如瓶，拒绝发表任何内容。哈雷说，他和朋友，建筑师和自然哲学家克里斯托弗·雷恩（Christopher Wren，1632—1723），以及胡克，都曾想知道，如果一个在轨道上运动的物体被中心物体所吸引，力的大小随它们距离平方的反比变化，那将是一种什么运动？牛顿回答说，1679年他就已经令自己满意地证明了其运动轨迹将是一个椭圆，尽管他没有拿出论证。哈雷对此印象深刻，认为这是数学天文学上的一个突破，并敦促牛顿发表。他甚至承诺资助出版。牛顿同意了，并在相当短的时间内写出了这本改变天文学和物理学的著作。1687年出版的《自然哲学的数学原理》（*Philosophiae Naturalis Principia Mathematica*，以下简称为《原理》），阐述了牛顿的万有引力理论，并建立了整个宇宙运动的数学和力学模型。在这部著作中，他使用了伽利略物理学的数学模型，并将它们与哥白尼和开普勒的行星模型结合起来。

牛顿创立了一门宇宙的物理学，这是一次伟大的综合，最终使天文学家们自信地抛弃了亚里士多德。他创造了一个宇宙的真实模型，而不是像哥白尼那样，仅仅提出一套计算的数学工具。

在《原理》中，牛顿第一次定义了力，将其增列为物质和运动之外的宇宙第三个基本特性。他说，力是引发运动改变的必要条件。没有力，一个质量（他创立的另一个术语）由于惯性，将保持静止或直线运动。这经常被称作牛顿第一定律。他的第二定律给出了数学上测量力的方法，现在表示为$F=ma$，他的第三定律断言，每一个作用力都有一个相等且相反的反作用力。为了理解宇宙中物体的运动，牛顿强调它们是在绝对的时间和空间中展开。在牛顿系统中，绝对时间和空间是现实中独立和不变的方面。绝对的时间是均匀一致的，以相同的变化速度前进，遍及宇宙的任何地方，以及过去和未来的任何时刻。人们不能直接感知绝对时间，但可以通过观察行星和恒星的运动来从数学上进行推断。绝对空间是宇宙中不可移动和恒定的维度。这意味着所有的观察者都看到了恒星和行星（以及其他所有事物）在绝对空间内的运动，因此他们都应该能看到相对于绝对空间的不变维度而量取的相同运动。这一事实的意蕴是深远的。这意味着牛顿物理学是真正普遍的，有人从遥远的恒星上测量宇宙也会得到和我们一样的结果。

牛顿拿走了离心力的概念（物体飞离圆形轨道的倾向），并反其道而行之。他在1666年的早期作品中，遵循了更陈旧的圆周运动的观点，试图去量化并解释这种飞离的趋势。但随着观念上的突破，《原理》另行主张一种向心力，即把物体拉向中心的力。这就是引力。因此，月球的运动是由两部分组成的：第一，惯性运动使它沿直线运动；第二，引力不断地迫使它向地球坠落。这两种力量的平衡使得月球在轨道上运行。

牛顿建立起他的论证，是为了反驳笛卡尔在《哲学原理》（*Principia Philosophiae*，1644）中阐述的涡旋宇宙论。笛卡尔曾主张宇宙就像一台机器，即称之为“机械论哲学”的概念。除了那些充满粗糙物质（比如地球）的部分外，宇宙是一个充盈的空间，或者说被一种叫作以太的元素所充满。以太的某种旋涡承载着行星沿各自的轨道运动。

《原理》通过多种方式批判了笛卡尔的著作（书名即受到笛卡尔著作的影响），这就是为什么它的第二卷集中于研究流体如何作用，以及物体如何穿过它们。这个关于流体力学的探索有可能会使现代读者困惑，因为它看起来几乎和力学、引力或者行星的运动没有关系。牛顿的目的不仅仅是提出自己的体系，而是要通过展示旋涡模型的致命缺陷，使笛卡尔名声扫地。

《原理》最为深远和持久的成就，是牛顿找到了一种方法，通过万有引力的概念，将行星和卫星（包括月球和彗星）的轨道、伽利略的落体定律、物体对地球的附着，以及潮汐，都融会贯通起来。他证明了一个从树上掉落的苹果和月球绕着地球旋转，都是遵循同样的定律。他的定律应用于一切事物——月球、木星和土星的卫星、地球、岩石和遥远的星体。

牛顿普遍定律的纯粹力量给其他许多领域的学者指明，人类之间的相互作用也应该受类似定律的支配。许多其他领域的哲学家，包括经济学和政治哲学领域，在整个18世纪都在寻找这样的定律，并主张说，任何一个社会如果不遵守这种普遍的定律，就会注定失败。

具有讽刺意味的是，《原理》一书并不畅销，财务上也亏损。英国皇家学会

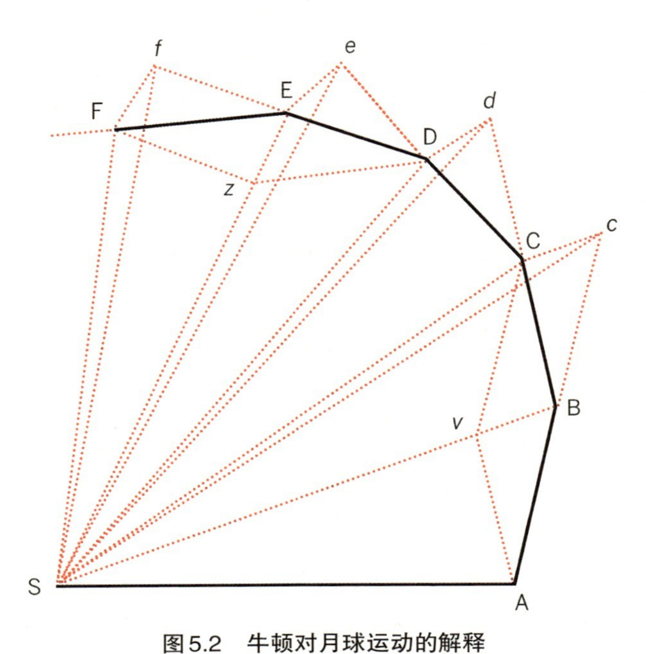

图 5.2　牛顿对月球运动的解释

根据牛顿《原理》的第一命题，在A、B、C等每一点上，月球的运动本来是远离S点的直线运动，但是被向心力（引力）拉向S点

作为英国科学在体制上超群的家园，拒绝为其提供赞助，因为他们之前一场出版的冒险项目，即弗兰西斯·威洛比（Francis Willoughby）的《鱼类志》（*History of Fishes*），造成了一场金融灾难。这种昂贵的绘本他们只卖出屈指可数的几部，于是被迫摊派给内部的雇员，尤其是罗伯特·胡克，以充作薪水！皇家学会的会员可能准确地预见到，《原理》这本书的读者人数有限，因此迫使哈雷自己出资，而他通过订购来完成。这个故事提醒我们，尽管我们现在可以认为牛顿的工作具有革命性，但在当时只有少数读者对其感兴趣，因为很少有人能够理解他的数学论证。

牛顿与炼金术

因为牛顿认为他的研究深奥难懂，只有少数精英才能领略，所以他并不过分

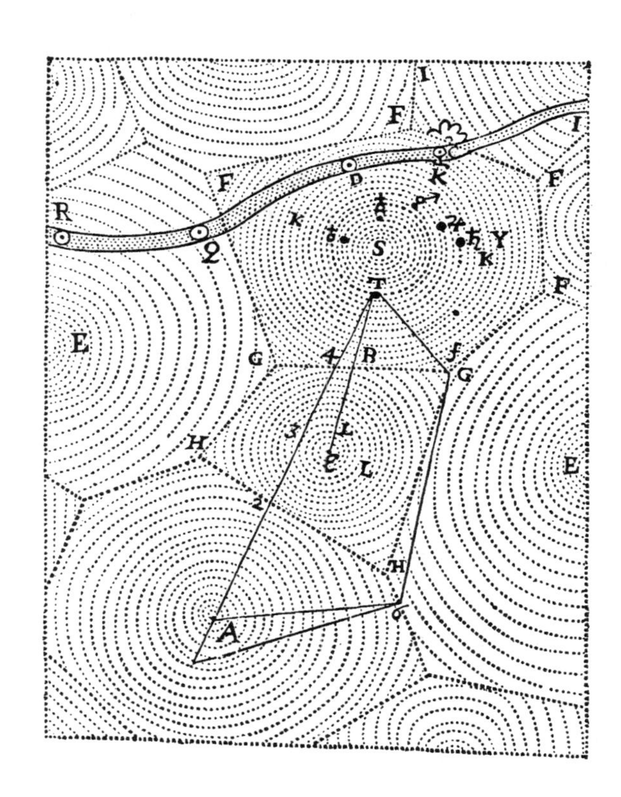

图5.3　笛卡尔的涡旋宇宙论

点S、E、A和ε是旋涡的中心。通过每个旋涡内部粒子的搅动，中心形成自发光体，也就是一个恒星。围绕S（太阳）运动的行星，随着旋涡运动（T代表地球）。顶部的线条表示彗星的路径。引自笛卡尔的《世界（论光）》（*The World* or *A Treatise on Light*）

关注是否有太多的读者。他对炼金术有着浓厚的兴趣，但这方面的工作被他的物理学和数学成就所掩盖，并因此从现代人的意识中逐渐消失。牛顿和罗伯特·波义耳（Robert Boyle，1627—1691）都涉足炼金术研究，既为了寻找哲人石，也为了探索自然的基本结构和功能。虽然“增殖者”或炼金术士只对黄金感兴趣，被视为愚钝的人，但许多受人尊敬的绅士也研究炼金术。牛顿和波义耳的研究都来自对上帝的宇宙秩序的信仰，同时也在寻找给自然带来生气的活性原理，从而再一次攻击机械论哲学。牛顿对宇宙如何在微观层面和宏观层面上的运行都感兴趣，他研究宇宙的原初物质是什么。他大量阅读过古代和现代作者的书，并进行了长时间的实验。由于擅长该领域的专业知识，他晚年被任命为铸币厂的负责人，对那些声称制造出黄金的人评头论足。在他去世的时候，大批炼金术的爱好者都渴望进入他那广泛收藏炼金术著作的图书室。

尽管没有畅销书作者的身份，还从事着更为神秘的研究，但牛顿是那一代最著名的科学家。他获得过许多重要的荣誉称号，表明其地位崇高，职务则包括大学学监，然后是铸币厂负责人，并当选为皇家学会会长。1727年为他举行的豪华国葬，彰显了他的尊贵身份，对这一事件的报道传遍了欧洲，其中就有伏尔泰（深受牛顿自然哲学影响）提供的亲眼所见的描述。令伏尔泰印象极深的是，一位自然哲学家，以及一位持有异端宗教观点的人，被如此隆重铺张地安葬。这是一个深谙知识分子重要性的国度！

机械论哲学

就在牛顿为整个宇宙的运动引入数学基础的同时，其他自然哲学家也在寻找更具体的模型。一些人看到身边不断出现的新仪器和新机器，便主张这个世界本身就是一种机器。随着人们制造出越来越精密的数学仪器，特别是用于导航、天文学、测量和计时的仪器，以及更复杂的机器，这暗示他们上帝可能创造了最复杂的机器。这种世界以机械方式运行的概念被称为机械论哲学，或者也可称为原子论或微粒哲学。它最初由笛卡尔和皮埃尔·伽桑狄（Pierre Gassendi，1592—1655）提出。笛卡尔尤其将机械论哲学扩展到包括生物，在他的《论人类》（*Treatise on Man*，1662）中指出人体的生理运行就像一台机器。微粒论哲学后来被英国人罗伯特·波义耳和托马斯·霍布斯（Thomas Hobbes）采用，后者还在其政治理论中加以发挥。基本上，它将世界解释为机器，无论是作为时钟（隐含着秩序）还是引擎（表现自然的力量）。如果宇宙是一台机器，那么上帝就是伟大的工程师或钟表匠。起初，伽桑狄设想出对自然的这种解释，是要赋予上帝一个超越的而非内在的角色。也就是说，伽桑狄主张上帝可以存在于物质世界之外，因为他已经在恰当的地方设置了一套机械结构。对上帝来说没有必要继续留在这个不完美的世界修修补补。微粒论哲学最终因其无神论受到指责，这是因为，如果宇宙是一座完美的时钟，它就永远不会停下来，也就不再需要上帝。所谓自然哲学家把上帝从宇宙中去除的说法是不公平的，却广为流传，影响到牛顿和伽桑狄。这种说法以多种形式重现，并在接下来的几个世纪中被用来指责许多哲学家和科学家。

机械论哲学植根于古代的原子论，即伊壁鸠鲁、德谟克里特和卢克莱修的思想，后被人文主义者重新发现。这些古代思想家假定世界是由无限小的简单粒子构成。对古希腊人而言，这表明世界是永恒的、完全由物质构成的。但理论的这一方面正是笛卡尔，尤其是伽桑狄（一个天主教神父）打算要改变的。他们主张，尽管世界好像已经永恒存在，但不可能是真实的，这就意味着世界的创始与世界的运行不能等量齐观，因此，只有通过上帝才能知道世界的创始，而通过自然哲学则无法得知。物质世界不能用来证实或证伪上帝的存在，因为上帝的存在是一个形而上学的问题，而不是物理的问题。

就像笛卡尔用怀疑论去剥离思想一样，机械论哲学家把物质还原为最简单的组成——原子。这些原子只有两个性质：延展和运动。因为延展是物质的一个定义——也就是说，物质必须占据空间，所有的空间必须占满物质——在这种哲学中，真空是不可能存在的。因此，占据宇宙的是充满物质的空间（plenum）。所有的超距作用实际上都是通过这种空间的运动，从而解释了磁力和行星的运动。针对笛卡尔理论的这个部分，牛顿在《原理》中进行了有力的抨击。关于自然界中真空是否能够存在的问题很快就被罗伯特·波义耳的实验项目所关注。真是一个极好的历史讽刺：对物质性质的深入研究，本来要证明机械论哲学，却正好驳斥了宇宙充满物质的理论。

用实验作为证据：威廉·哈维和罗伯特·波义耳

实验作为自然知识的可靠来源，在近代早期才刚刚兴起。当然，亚里士多德曾主张，强迫自然进入不自然的状态，我们将无从得知它的真实表现。这种态度在16世纪开始改变，部分是由于对确定性的新态度以及人类征服自然的力量，部分由于熟练的仪器制造者能够创制出精密的哲学仪器。弗兰西斯·培根担任大法官时曾监督过对叛国者的拷问，他相信人类在遭受极度痛苦时会被迫说出真相。同样地，对自然进行审讯，包括通过实验拷问自然，将迫使她吐露秘密。虽然在这一时期，实验结果所断言的真理，其可靠性仍不断受到审视，但可以公平地讲，在科学革命的这段时期，对自然研究的重大变化之一是对实验方法更多的使用和依赖。

关于实验的第一次持久讨论可能来自威廉·哈维（William Harvey，1578—1657）对人体解剖的研究。随着16世纪维萨留斯的成功，学者们对生物的结构和功能产生了浓厚的兴趣。例如，西罗尼姆斯·法布里奇（Girolamo Fabrici，也作法布里休斯，约1533—1619）考察了静脉的结构，并在1603年发现了有着特定间隔的瓣膜的存在。哈维通过敏锐的观察和深思熟虑的实验，以及对包括人类在内所有动物的结构相似性的信仰（后来被称作比较解剖学），提出了血液循环理论，这一理论在随后的几年中被证明是非常有影响力的。

哈维在维萨留斯曾任教的帕多瓦大学接受过医学培训，并于1602年回到伦敦，最初在圣巴塞洛缪医院当医生，最后成为英国国王查理一世的御用医生。在这些职位上，他对动物的血液进行过一系列的实验，从而促成了《心血运动论》（*On the Movement of the Heart and Blood in Animals*，1628）的出版，在此书中，他论证了动物和人类的血液被心脏泵出，在整个身体内循环，然后回到心脏。他通过一系列精巧的实验证明了这一点，其中一些实验涉及动物活体解剖，另一些则涉及人体的微创演示。该书序言中，哈维将这种循环与公民围绕国王的运动做了政治对比，表明他在即将爆发的英格兰内战中和保皇派关系密切。

哈维所做的最清晰的实验之一，就是证实了心脏隔膜上没有任何通道。从古希腊时代到盖伦和萨维留斯，解剖学家认为血液必须穿过分隔两个心室（或大心腔）的壁膜。虽然这一解释满足了假定的血液流向和路径的一些问题，但疑问始终存在。第一个是容量问题，因为旧的系统要求肝脏产生持续的血液供应，而这些血液被身体的其他部分完全消耗掉。在哈维看来，这与身体摄入的物质数量不成比例。第二个问题纯粹是解剖学上的。尽管盖伦曾说过，心室间隔有小孔，但维萨留斯没有发现这样的通道，与盖伦使用牛和猪的心脏不同，维萨留斯用人的心脏进行研究。然而，维萨留斯并没有彻底反驳盖伦，而是主张有一个海绵组织或者是小到看不见毛孔的渗透性隔膜。

哈维推断，如果血液是循环的，那么就只需要小得多的总量；与持续创造和消耗的血液供应相比，人们更容易设想重复使用的血液供应。系统的中心是心脏，像泵一样运行，但是为了论证两部分循环（从心脏到肺的往返，心脏到身体的往返），他必须证明血液不会穿过心室之间的通道，从静脉流向动脉。在后来的实验中，他用牛的心脏和一膀胱的水演示了这一点。他将牛心脏的各个通道结扎上，从而可以把水压入一个心室，看它是否会进入另一个心室。当结果是否定的，他有了第一个证据证明血液没有穿过隔膜。然后他系住或解开结扎，用膀胱里的水来展示血液必须依次通过右心房到右心室，通向肺部，然后经肺静脉到左心房和左心室，再通过主动脉流向身体。虽然尚不清楚血液是如何从动脉通过身体组织回流静脉（直到显微镜发展到能够在细胞水平上看到毛细血管才弄清楚这一点），但哈维的工作比旧的系统更好地解释了该项证据（见图5.4）。

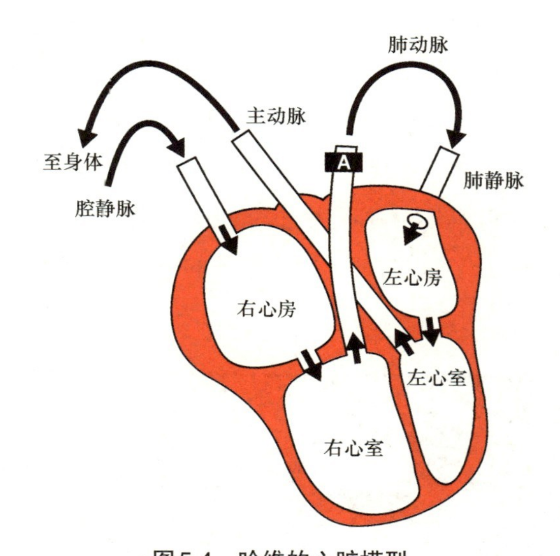

图5.4　哈维的心脏模型

哈维封住A处动脉，从腔静脉泵入水，演示没有液体从右心室流入左心室

哈维还在胚胎学研究中运用了细致的观察和一些实验方法。法布里奇在他《论鸡蛋和小鸡的形成》（1621）一书中，已经观察到胎生发育中，胚胎是由父母的精液和血液结合而形成的。哈维继续这项研究，对卵细胞的发育进行了细致的考察。他研究了受精卵从未成形状态到出生的过程，更细致地追踪了它们的生长阶段。他在《关于动物生殖的研究》（*Exercises Concerning the Generation of Animals*，1657）一书中发表了这项工作。这又激发了马塞罗·马尔比基（Marcello Malpighi，1628—1694）的进一步研究，他在1672年引入了显微镜观察卵细胞的发育。

哈维和马尔比基的工作，显示了观察和实验的力量，这符合许多自然哲学家的意图，即运用仪器和演示把现象隔离出来，并将研究分解成更小的片段。在科学革命期间，最有力提升仪器探究的人可能是罗伯特·波义耳。波义耳出身于爱尔兰贵族家庭，他在英国内战期间来到剑桥，并成为此后创立皇家学会的关键人物。从17世纪60年代开始，他就加入了伦敦上流社会，和姐姐兰尼拉夫人（Lady Ranelagh）一起生活，住在她蓓尔美尔街（Pall Mall Street）的房子里，在这里及他的实验室中招待皇室和学界宾朋。而在剑桥，他建立了自己的炼金术实验室，研究物质的根本组成。他谴责旧式的炼金术研究，并在《怀疑的化学家》（*The Skeptical Chymist*，1661）一书中为新的化学研究奠定了基础。

波义耳及其助手罗伯特·胡克，用一种新设计的空气泵对空气进行研究。他雇用仪器制造商将一个巨大的、小心吹制的玻璃球连接到一个泵上，以抽取球中的空气。在这点上，他效仿了奥托·冯·盖里克（Otto von Guericke，1602—1686），盖里克于17世纪40年代进行过自己的空气实验。最著名的是1657年，冯·盖里克演示了两队马匹分别拴在扣合的两个铜半球（所谓的马德堡半球）上，球内的空气被抽空，难以拉开，因为球外的空气压力要远远大于里面的空气压力（见图5.5）。

图5.5　冯·盖里克的马德堡半球实验插图

1658年，波义耳和胡克制作了第一个空气泵，并且进行了大量实验（见图5.6）。他们论证了空气是有重量的，真空是可以存在的，以及空气中含有呼吸和燃烧所必需的组分。他们的结论于1660年发表在《关于空气弹性及其作用的物理-力学

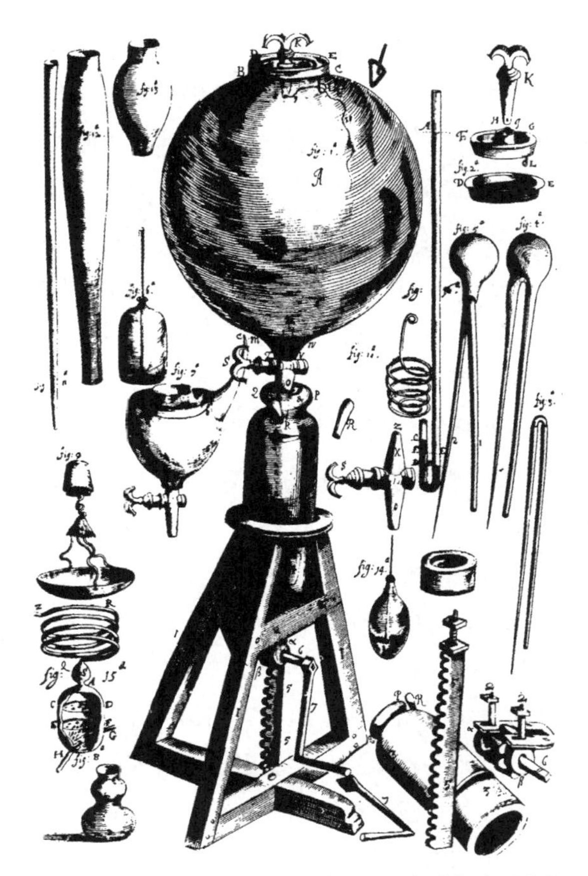

图5.6 《关于空气弹性及其作用的物理－力学新实验》（1660）中波义耳的空气泵和一些工具

新实验》（New Experiments Physico-Mechanical Touching the Spring of the Air and Its Effects）一文中。波义耳使用空气泵做了一些演示，壮观程度略逊盖里克，如将一些小动物放在玻璃球中，抽走空气，观察动物的死亡过程，或者代之以蜡烛，观察火焰的熄灭过程。通过这些实验，波义耳推断，在空气中存在支持生命和燃烧的物质。因此，他的工作和哈维的工作联系起来了，因为它涉及空气中某些组分是生命所需的，并且这部分空气通过肺被带入人体。这便属于人们越来越感兴趣的“活力论”，即寻找生命的火花，它能将无生命物质转换为活生生的动植物。

波义耳的工作也论证了空气压力（题目中“弹性”的意思）和体积的关系。他和胡克使用灌注水银的J形管，通过长端水银液面的升降来展示短端压力的增加和减小（见图5.6中的A）。波义耳宣称，根据猜想，“可以假定气压和膨胀程度成反比关系”，换句话说，当气压上升，空气的体积就按相等的比例减小，反之亦然。当波义耳提出一个关于大气的特殊参数时，他把大气看作一种弹性的流体，实质上并非一种元素。他指出的基本关系式后来被转化为$PV=k$，即我们现在所称的“波义耳定律”，偶尔也被称作“马略特定律”，因为埃德米·马略特（Edmé Mariotte，1620—1684）在1676年独立地发现了同样的关系式。

不幸的是，波义耳的空气泵深受一些问题所困扰。它的漏气很严重，以至于不可能排出内部所有的空气。而且，尽管他发表了关于这个设备及其操作方法的详细说明，还配上了原理图，但是全欧洲的其他自然哲学家就是无法重复他的实验结果。身兼自然哲学家和伦理学家的托马斯·霍布斯（Thomas Hobbes）严厉地批评了波义耳和胡克的工作。霍布斯声称空气泵没有什么用，无论如何也得不到他们所宣称的真空。尽管霍布斯列出了很多合理的论据，但是波义耳在社会和科学领域冉冉上升的地位，使得他在这场辩论中成为获胜的一方。

尽管实验器材问题重重，但从波义耳开始，可重复性成为实验程序的基本要求。也就是说，自然哲学家开始主张实验是有用的，并且可以精确地产出真实和确定的结果，因为实验结果并不取决于实验者，而且能够被其他任何人重复。空气泵在观察者面前是透明的，没有东西挡在观察者和被观察的自然物之间。换句话说，借助空气泵，从波义耳的工作中兴起了仪器实验的客观性这一思想意识。我们现在对实验——以及可重复性——的信赖，部分地建立在波义耳和伦敦皇家学会战胜霍布斯和其他怀疑者的基础上。由实验而产生的“证据”（即自然真实状态的事实）过去是，现在也是强有力的思想，即使它在哲学上有点瑕疵。由于种种原因，人们很难通过直接观察而认识自然，但正是由于波义耳的身份，以及见证者的身份，空气泵变得“黑箱化”。也就是说，空气泵和其他实验器材被认为是中立和客观的，可以不容置疑地揭示自然的状态。举个例子，当我们察看温度计以帮助决定穿哪种外套出门，我们就已经接受了温度这一特定的概念。温度计并不是一个毫无偏见的物件，而是体现着关于量化自然的一个哲学概念。对某些不熟悉温度这个概念的人来说，温度计就可能是一个无意义的装置。这并不意味着温度计揭示的东西是错误的，而是意味着，所有的科学仪器都代表着一种关于世界的信念体系。

哲学仪器的发展

在17世纪，其他的一些仪器（通常称为哲学仪器）和实验纲领也被设计出来，它们与波义耳的工作分享同样的思想意识立场。波义耳自己使用的气压计，是1644年由埃万杰利斯塔·托里拆利（Evangelista Torricelli，1608—1647）发明的，其他人追随其后，引向空气重量的研究。托里拆利将不同的玻璃管填满水银，倒置在一个盆中，从而发现所有玻璃管中的液面都保持相同的高度。托里拆利声称，水银柱之上的空间（波义耳称之为“托里拆利空间”）是一个真空，并主张“我们生活在气元素海洋的底部，通过确凿的实验可知，气元素是有重量的”。他还预言，如果一个人上升到更高的高度，空气的重量就会减小，水银柱也会降得更低。数学家布莱兹·帕斯卡（Blaise Pascal）验证了这个预言。帕斯卡首先着手复制托里拆利运用仪器进行的实验，这是一项艰巨的任务。他最终成功了，不仅通过水银柱，还通过更大规模的水柱来实验。这导致了一场围绕真空可能性的激烈争论，许多顶尖神学家强烈否认真空的存在。为避免这种讨论而专心研究空气重量的问题，1648年，帕斯卡带着气压表登上了法国克莱蒙（Clermont）他妹夫家附近的一座山。足以确定的是，上升的高度越高，汞柱越低，玻璃管顶部的“托里拆利空间”越大。因为帕斯卡不久之后出现了信仰危机，从自然哲学转向了灵性学，直到他去世后，遗作《论液体的平衡和空气的重量》于1663年发表，研究结果才为人所知。这项工作和波义耳的工作，一起为即将到来的世纪建立了一个实验研究的纲领，同时也展示了哲学仪器的力量和“客观性”。

也许17世纪最具创新意义的哲学仪器是显微镜，它出现于该世纪的头十年。继望远镜成功地将遥远的景物拉近之后，未知的仪器制造商，很可能是在荷兰，制造出这种用来大幅放大微小物体的仪器。以惊人的观察和发现而闻名的五个显微镜学家是列文虎克、胡克、马尔比基、施旺麦丹和格鲁。代尔夫特（Delft，位于荷兰）的商人安东尼·范·列文虎克（Antoni van Leeuwenhoek）首先把这些放大装置对准了各种各样的物质，其中最著名的是男性精液，他声称在这些物质中观察到了运动着的微小动物。这引发了写给英国皇家学会的一系列有趣信件。罗伯特·胡克转向了显微镜学家最喜欢的主题——昆虫、种子和植物——并在他插图众多的畅销书《显微图谱》中，通过版画捕捉了放大视野中的各种令人惊

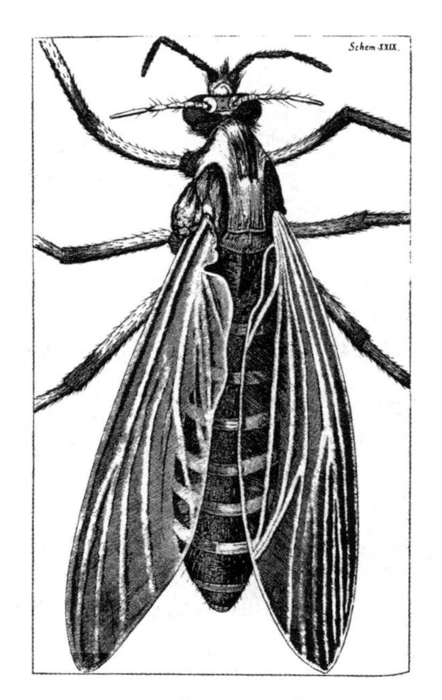

图5.7　罗伯特·胡克《显微图谱》(1665)中的插图

叹的图像。

意大利解剖学家马尔比基将显微镜对准了人体，除了胚胎学工作之外，还发现了毛细血管及其在血液循环中的作用。阿姆斯特丹的扬·施旺麦丹（Jan Swammerdam of Amsterdam，1637—1680）驳斥了当时关于昆虫变态的理论，而英国人尼希米·格鲁（Nehemiah Grew，1641—1712）则发现了植物的细胞结构。这五人都成功地克服了早期的怀疑，即该仪器虽然揭示了自然哲学共同体所寻求的理论和观测，但编造和隐瞒也层出不穷。到了18世纪，那些极细微的物体也被证明是可以观测到的，科学家们已不再担心仪器本身的任何干扰。

牛顿与实验方法

艾萨克·牛顿也参与了实验（和实验仪器）作为一种正当方法论的发展。从他的奇迹年开始，基于一系列简单精巧的实验，他提出了一种光的理论。由于在光学方面与胡克长达数十年的争论，他拒绝出版，但1703年胡克去世了。牛顿的《光学》（*Opticks*）遂于1704年问世。与《原理》不同的是，《光学》是用英语写成的，语言简洁，布局合理，让那些能读懂这本书并买得起棱镜、反光镜和透镜等光学设备的人，可以重复这些实验。牛顿甚至超过哈维或波义耳（他们也同样在书中解释了他们的实验步骤），成为新实验方法的典范。《光学》一书引起轰动，被热情的公众抢购一空，并于当年被译成法语、德语和意大利语。它几乎不断地被重印，持续至今。

牛顿为传统悠久的光学研究做出了贡献，这一传统可以追溯到中世纪和更早的阿拉伯自然哲学家。他还扩充了开普勒的工作，开普勒曾主张光以直的光线形式传播，从而可以对其路径进行数学描述。这使得几位自然哲学家，包括托马斯·哈里奥特（Thomas Harriot，约1560—1621）、勒内·笛卡尔和威尔伯德·斯涅耳（Willebrord Snell，1580—1626）提出了折射的正弦定律，阐明当一束光从一种透明介质进入另一种透明介质（如从空气到水）时，光线入射（原始）角度的正弦值除以折射光线角度的正弦值，等于常数。虽然这是一种有用的、可演示的关系，但在光的本质问题上导致了分歧。光是穿过物质的运动（即波）吗，还是由粒子构成？光是如何传播的，它能在真空中传播吗？17世纪70年代，惠更斯提出了一套光的波动理论，主张用波阵面的概念来描述光的路径。

牛顿批评了这种波动理论，主要是因为它似乎与开普勒提出的光线的直线运动性质相矛盾。牛顿主张光是微粒的，并通过一系列精巧的实验证明了这一点。通过将一束阳光穿过一系列的棱镜，他证明了白光并非过去设想的那样是纯光，而是多种颜色光（光谱）的混合物。他的演示实验被称作判决性实验（experimentum crucis），即证实了假说的演示实验。牛顿注意到，一束光线通过棱镜后，会被扩散成一个长方形，从顶端到底端呈现为各种颜色。自古以来，人们就认为这种效果是白光的某种腐化造成的。如果是这样的话，我们似乎有理由假定，将一些有色光通过第二个棱镜，腐化的程度就会进一步加深。于是牛顿让光穿过棱镜，接着让少量的有色光透过狭缝，然后再通过第二个棱镜。光的颜色没有变化。换句话说，没有添加或带走任何东西（见图5.8）。为了证实这一点，他还把两个棱镜放在一起，使第一个棱镜将光线分解，第二个倒转过来的棱镜又把所有的光带重新汇聚起来，产生白色光点。

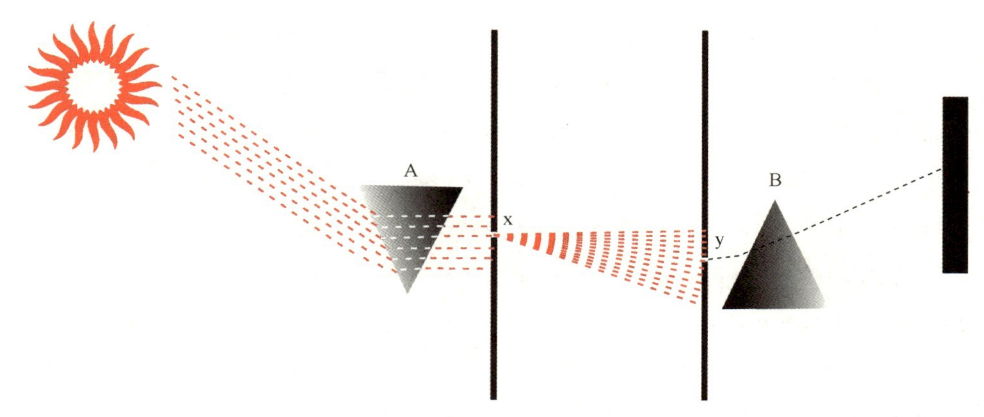

图5.8 牛顿的双棱镜实验

阳光穿过棱镜A落在屏幕上。所产生的光谱的一部分（单色光）穿过狭缝x照射到第二屏幕，在那里再穿过狭缝y，进入第二棱镜B。光最终投射到墙上。牛顿的实验证明，单色光不能进一步分解成光谱

牛顿认为光是由粒子组成的，它们的速度不同导致在通过棱镜时形成不同的折射角。例如，如果所有的红光都是由性质相似的微小粒子组成，似乎没有任何机制可以在红色微粒通过后续棱镜时改变它们的性质。

这是一场激烈的争论，以笛卡尔和惠更斯为首的法国人，倾向于光的波动论，但牛顿的《光学》一书为整个18世纪光学研究的新英国学派奠定了基础。

牛顿的《光学》还为追随他的自然哲学家制订了一个研究计划。这本书包含一系列的"疑问"，即牛顿感兴趣但没有时间去充分研究的话题。此外，因为在牛顿同行之间对"理论"科学存在着强烈的偏见，认为那意味着在没有实验证明的情况下提出哲学思想，所以牛顿将他的想法表述为一系列问题。这个问题列表延伸到光学之外，涵盖了一系列与光相关的科学领域，如光与热之间的关系，传播媒介对光性质的影响，以及宇宙的状态等。近百年中，许多有意寻找重要研究领域的自然哲学家和科学家，都是通过选取其中一个问题来开始他们的探究。例如，第18个疑问（《光学》第四版），牛顿指出，两个温度计，一个在真空中，另一个在有空气的密闭容器中，两者似乎都以相同的速度升温和冷却。这使得牛顿提出，必定有一种"比空气更加稀薄和细微"的传播媒介像振动一样传递热量。这一观察结果促使一些科学家寻找无重量的流体或以太，这个想法最终由爱因斯坦的工作解决。它还让其他科学家独立于温度去研究热的本质，最终导致热的分

子运动论和热力学定律。

牛顿提出的最著名的问题之一是1718年版《光学》中的疑问31。牛顿问道："物体的微粒是否具有某种能力、功效或力量？通过它们，微粒可以不接触而发生作用，不仅作用于光线，产生反射、折射和屈折，而且相互之间也能作用，引发形形色色的自然现象。"牛顿接着表明，已知的力，如重力和电力，可能在粒子的吸引方面发挥作用，但也可能有未知的力量在起作用。按牛顿的说法，通过观察吸引力，有可能计算出控制物质组合与功能的吸引定律。这个想法促成了化学亲和力的概念，这是大多数化学家用来解释物质如何结合的一个思想。亲和力理论是现代化学的基本概念之一，直到19世纪才被化合价理论所取代。

新的科学组织

新仪器，新实验，以及关于人与自然联系的基本假设，对于17世纪新科学事业的创建来说至关重要。同样重要的是在这个时期为了促进和支持自然哲学而专门成立的新体制机构。伦敦皇家学会和巴黎皇家科学院这类综合机构的建立，促成了一种引人注目的新型科学组织，它激励自然哲学家制定行为的社会规范，判定谁可以从事科学，以及什么才能算作科学，并宣扬他们的事业对世俗的实用性。正如伽利略曾试图区分垄断真理的宗教主张或科学主张一样，这些新的科学社团也是如此。这就是科学体制化的开端，既和基于大学的科学不同性质，也与16世纪围绕宫廷的科学有所差异——尽管从这些早期模式中借鉴了很多。个别王室宫廷的衰败让一些自然哲学家流离失所。特别是在法国，专制主义的日益增长，导致人们对赞助格外关注，而且也造成首都巴黎的城市精英和学术文化发展壮大。150余年血腥的宗教战争，使得人们转向教会之外寻求救赎的知识和拥有地位的稳固团体。日益崛起的有闲阶层正在寻求世俗的合法性，并要有所作为。

大约在1603年，第一个世俗的科学社团成立，即罗马的山猫学会（Accademia dei Lincei）。组织的创始人是费德里科·切西（Federico Cesi，1585—1630），即后来的切西公爵。该组织成立初期高度保密，并遭到包括切西父亲在内的当局的迫害。切西具有极强的学术能力和热情，在博物学领域开创了一个范围宏大且富有想象力的研究计划。1611年伽利略加入，特别是伽利略还向学会捐赠了显微镜，学会获得了长足发展。但是，哥白尼遭受谴责之后，接着1630年切西去世，伽利略也遭到谴责，学会停止了运行。1657年，佛罗伦萨成立了一个科学社团，即齐曼托学会（Accademia del Cimento，也称实验学园）。这个社团既没有正式的会员，也没有章程，存续的十年间，不过是一群热衷实验研究的人士松散集会。它与山猫学会一样，实际上是一个混合体，既不依托宫廷，也没有实现自治，因为它还关注着美第奇家族的大公斐迪南二世（Ferdinand Ⅱ）及其兄弟利奥波德（Leopold）公爵。

17世纪最著名的科学社团，这种新型科学组织的最早标志，也是硕果仅存的持续运作至今的机构，即1662年通过王室特许成立的伦敦皇家学会。关于它的起源有很多争论。一群致力于自然哲学、实验主义和自然知识功用的人，在英国内战以及随后的空位期间非正式地集会。内战双方是保皇派和议会派，保皇派希望维护国王的权力和英国国教的自由信仰，议会派则主张议会人员的权力至高无上，以及清教徒的宿命论神学。研究皇家学会的历史学家从两个阵营都找到了现代科学的奠基人，但尤其以清教徒最为众多。教育改革家塞缪尔·哈特利布（Samuel Hartlib，约1600—1662），为了逃避三十年战争从普鲁士来到英格兰，与议会派阵营过从甚密。他试图提出一个教育计划，向英国的知识界介绍自然哲学和新的实验方法。王政复辟后，哈特利布的圈子参与推动了皇家学会的创建，尽管皇家学会要比哈特利布及其圈子设想的路线更为保守和精英化。事实上，尽管早期的历史学家在激进的宗教和政治中追寻这种新制度结构的起源，但真相似乎是，大多数自然哲学家渴望在当时岌岌可危的政治和宗教纷争之外，找到一种替代物，而自然哲学正好提供了这样的第三条道路。

随着1660年查理二世的复辟，来自伦敦、牛津和剑桥的多个团体会聚到伦敦，成立了皇家学会。尽管接受了国王的许可，但它是自治的，因此，有别于早期的大学、教会或依托宫廷的科学研究和讨论场所，它的建立在研究方面带有强烈的培根哲学倾向，准备采用一种归纳的、合作的方法来发现有用的信息，服务于国家利益。在这里，宫廷哲学家提到的功用方面的说辞，被带进了都市绅士活动的场所。皇家学会的首任官方历史学家托马斯·斯普拉特（Thomas Sprat）称，学会的建立，是为了避免清教徒的“热情”和内战期间撕裂国家的教派纷争。尽

图5.9 斯普拉特《皇家学会史》(1667)扉页

管斯普拉特并非一位无私的观察者，但情况的确是，皇家学会试图找到解决那个时期宗教分歧和国家分歧的第三条道路。尽管皇家学会的会员归属于许多不同的宗教信仰（从天主教徒到清教徒），但他们的共同之处是渴望远离宗教纷争，去研究自然哲学而非神学。

皇家学会建立了一套严格的会员遴选方法，候选者必须被现有会员了解，并积极致力于自然哲学。例外之处是吸收了一些贵族，他们对于维持学会的精英特性不可或缺。学会还拒绝女性加入，虽然纽卡斯尔的公爵夫人玛格丽特·卡文迪什（Margaret Cavendish，1623—1673）确实参加过若干会议，出版的自然哲学书籍比许多成员加起来还要多。他们也很不情愿接纳商人，而是偏爱更值得信赖的上层人士。皇家学会发挥了把关的功能，判定谁才够格从事自然科学探究。他们还会判定什么才能被算作正确的自然哲学研究，一方面是通过首任通信秘书亨利·奥登堡（Henry Oldenburg，1619—1677）的工作，一方面是通过出版期刊《皇家学会哲学汇刊》——自1665年创刊出版至今。因此，谁堪称自然哲学家，什么可以算作自然哲学，皇家学会一举成为仲裁者。

17世纪另一个成功的科学社团是以完全不同的方式建立的。1666年，路易十四的首席大臣让-巴蒂斯特·科尔贝（Jean-Baptiste Colbert）在巴黎创立了皇家科学院。尽管自17世纪30年代以来，一直有以马林·梅森（Marin Mersenne，1588—1648）神父为中心的非正式通信网络，但科学院是自上而下的组织，是专制主义法国政府的一个组成部分。它与皇家学会不同，皇家学会的会员都是经选举产生的，且没有报酬，而科学院由政府任命了16名院士，作为公务员领取薪水，按照国王及其顾问的要求研究自然界。因此，科学院可以被视为科学职业化的起源，因为这是首例学者完全以科学家的身份获取报酬。由于他们的研究议程是由国家制定的，他们可以从事超出单个科学家能力的项目。例如，科学院赞助了地球表面1弧分的测量，从而首次精确测量了地球的大小及其与恒星的距离。然而，从长远来看，它不如皇家学会那样成功。任命某人为院士，往往是对其毕生研究的奖赏，而不是对新研究的激励。多数重大项目都无果而终。院刊《学者周刊》（*Journal des Sçavans*）创办于1665年，主要提供再版服务。科学院的贡献在于将科学提升为一种精英的和令人尊敬的活动，却不是一个资助创新的地方。

科学作为一门职业，这些新的科学社团为其开创了四项长久的遗产。首先，科学现在被看作一项公共事业，尽管它精心界定了范围、成员和方法。其次，通过皇家学会赞助的《贸易志》和科学院调研的《动植物志》等项目，其合作性质得以强调。这样的任务一方面导向了启蒙运动的观点，即只要组织得当，一切都是可知的，一方面也让人意识到所获知识的功用。当莱布尼茨1700年创建柏林科学院时，便选择了“理论与实践”作为它的座右铭。

再次，科学交流确立为科学事业的根本要素。尽管不可否认，自然哲学家（例如伽利略和开普勒）之间的通信，或者梅森神父的书信写作圈中的信件，对维持一个学者群体来说不可或缺，但17世纪科学期刊的创建，不仅扩大而且支配了这个群体。这些期刊充当了准确性和可靠性的保证方，即使有些问题是由社会决定并且存在高度争议。它们还向更广泛的读者传播科学观点和实验，让普通民众以身临其境的方式参与到科学中来。这激发了更广泛的对自然研究的兴趣，人们对新的科学观念更加认可，感觉科学家值得尊敬，即使有点令人敬畏。

最后，科学社团通过会员资格，确认了科学家的专家身份，他们可以提出和判断有关自然的问题。这在法国尤其如此，入选科学院是一个人研究生涯的顶峰。但同样地，皇家学会中的一些自然哲学家，如牛顿或波义耳，作为专家和重要学者，在学会内部和外部都受到尊重。在他们之下是采集者，这些人发现有趣的自然现象并报告，但将理论化的工作留给了更出色的人，就像培根在所罗门宫安排的那样。因此，17世纪的科学社团建立了关于科学及其实践的意识形态，沿用至今。

在16世纪，自然哲学家和技艺高超的工匠之间的联系，大大有助于形成有关自然的新思想，提出尚待研究的新问题。到了17世纪也是如此，尽管焦点转换到城市的商业中心，而不再是王室宫廷。正如科学家自身在这些新的、世俗的、脱离宫廷的环境下（往往在主要的贸易中心）与同类学者组建协会，他们也更接近造船厂、印刷厂、仪器制造商和制图商。然而，诸如皇家学会的《贸易志》之类的项目完全是一场灾难，它向我们表明，这些工匠与学者之间交流的复杂性，远远超乎想象。《贸易志》试图弄清英国所有种类制造业贸易是如何开展的，以让自然哲学家可能发现更合理的科学方法来制造商品。不出所料，这些商人对他们的商业秘密格外守口如瓶，而那些头戴假发的绅士提出的建议，至多于事无补，弄不好还会造成风险。将手艺人的技能和学者的精确性结合起来，这种新型合作方式的出现仍需时日。

女性在科学研究中的地位

关于17世纪科学的大部分讨论都聚焦于男性对科学的贡献。然而，这一时期女性正尝试在研究自然世界方面留下印迹。康威伯爵夫人安妮·芬奇（Anne Finch，1631—1679）和纽卡斯尔公爵夫人玛格丽特·卡文迪什，都致力于闯入这个先前由神职人员和男性构成的禁地。同样的社会和学术的巨变，一方面使科学成为绅士的追求，另一方面也为妇女提供了一丝机会，以参与到自然哲学研究中来。巴丝索瓦·梅金（Bathsua Makin，约1612—约1674）在其著作《论古代仕女教育的复兴》（1673）中，论证了女性研究自然哲学的权利和能力。安妮·康威则与莱布尼茨通信，和他分享自己的“单子”理论，后来成为莱布尼茨的微粒论宇宙哲学的基础。像瑞典的克里斯蒂娜这样的贵妇也参与了自然哲学的讨论。玛格丽特·卡文迪什撰写了多部自然哲学书籍，并出席过皇家学会的一次会议。她还创作科幻小说——《新世界：炽热的世界》(*The Description of a New World, Called the Blazing World*, 1666)。然而，这些女性只是凤毛麟角。17世纪和18世纪，和许多其他领域一样，女性在科学领域也处处受限。

这种限制，根源于人们对性别本质的看法普遍发生了变化，关于女性在社会和生育中扮演的角色也一直有不同观点。在前工业社会中，绝大多数人的生活与自然界息息相关，大自然被看作女性，是哺育的母亲。人们的理念是与大自然共存，而不是控制。例如，采矿要么被视为对大地的蹂躏，要么就是抢夺她的孩子，因为矿物是在大地的子宫中孕育的。因此，在开采之前，都必须进行献祭、祈祷和道歉。帕拉塞尔苏斯的活力论，新柏拉图主义的自然魔法，以及亚里士多德的自然论，都承认女性对自然的贡献，并给予自然应有的尊重。

然而，在现代早期的欧洲，情况开始变化。随着学者开始认为大地是可以开采的，她的形象变成了一个狂野的女性，必须加以驯服。同时，女性也逐步失去社会和经济地位，越来越缺乏自主性，赚取较少的薪水，难以在手工艺行会中独当一面。逐渐地，人们对巫术的指控愈演愈烈，且针对女性尤甚。关于性别和生育的科学理论发生了改变。在中世纪，人们承认女性提供了启动生殖的物质（即亚里士多德的质料，中世纪作家笔下的“女性精液”），而到了16、17世纪，诸如哈维等理论家宣称，女性仅仅是一种容器、子女的孵化箱，因此完全是被动的。同样，女性不再被视为平等的交往对象，而被当作诱惑者，引诱男人性交从而损害他们的身心健康。女性也失去了她们在生育中的职业地位，女性助产士被拥有执照的男外科医生和男助产士取代，他们使用产钳等新技术来协助顺产。最后，随着机械论哲学的引入，部分是为了解决所谓的世界紊乱，却剥除了自然的灵魂，只剩下毫无生机的原子。自然已死，女性自称通过生育获得的活力也化为乌有。换句话说，17世纪的自然哲学阐明了一种开发利用的意识形态，人们认为世界可以按照男性的具体要求来建构。

我们可以通过两位科学家的职业生涯，来追溯人们对于女性自然哲学家的态度变化：玛丽亚·西比拉·梅里安（Maria Sybilla Merian，1647—1717）和玛丽亚·温克尔曼（Maria Winkelmann，1670—1720）。她们的职业生涯一方面表明了女性参与自然研究的可能性，另一方面也显示出，科学社团通过设立新的制度，如何限制了她们的参与。

玛丽亚・梅里安的事业展示了女性在科学领域可能取得的成功，尤其是基于一种开创型模式。梅里安出生于德国的一个艺术和雕版世家。她自幼就热爱描绘昆虫和植物。嫁给继父的一名学徒之后，她成为著名的昆虫和植物插画家，出版了深受欢迎的精美的雕版图书。1699年，阿姆斯特丹市赞助她去苏里南旅行，在那儿她观察并记录了许多种新的动植物。返回后，她创作了一本关于这些新发现的畅销书，于身后出版。可以说，在旧的学徒制和商业模式下，她的职业道路非常成功。然而在她死后，她的作品引起了新兴博物学家和哲学家团体的关注，声望却每况愈下。她关于苏里南的著作遭到了猛烈批评，被指责使用了错误的分类系统，尤其是关于植物和昆虫用途，她居然相信奴隶的知识。因此，在18世纪科学界日益浓厚的歧视女性和种族主义心态下，她的名声被严重削弱。

玛丽亚・温克尔曼的父亲和丈夫都是天文学家［1692年她嫁给了戈特弗里德・基尔希（Gottfried Kirch）］，她和父亲及丈夫一起在柏林从事望远镜观测。1702年温克尔曼独立发现了一颗彗星并公布了她的发现。在她所选的科学领域，她是一个全心全意的参与者，但1710年基尔希去世后她的地位急转直下。柏林皇家科学院不允许她继续担任其丈夫在科学院的官方天文学家职位，而是最终授予她的能力平庸的儿子。即使莱布尼茨的支持也无法帮她保留职位；科学院不愿意创此先例，让一位女性担任如此重要的职务。在这一点上，他们效仿了英国皇家学会（即伦敦皇家学会），皇家学会也曾争论过是否允许玛格丽特・卡文迪什选为会员，结果是否决了这个棘手的先例。最终，柏林科学院不愿温克尔曼留在天文台，强迫她离开此地；由于不能使用大型望远镜，她无法继续观测工作。新型科学组织——科学院，证明了自身对女性的限制比早期的学徒模式还要严格。

17世纪科学的思想观念

开发自然、凌驾自然的新思想观念，反映了人们对知识和自然的态度变化。

尽管新知识和新方法论被证明至关重要，但在现代科学的创建中，意义更为重大的是17世纪科学社团开创了科学讨论新场所，确立了新的思想观念和行为规范。科学以前是神职人员和专业学者的领地，但17世纪的剧变——宗教和政治战争、经济上的冲突——创造出一个机会，让一群新兴的绅士阶层从业者制定了科学活动的新标准，开辟了从事科学的新场所。英格兰的情况正是这样，17世纪末推翻了专制统治，使得有闲阶级拥有了一定的结社自由，而与内战及其余波相关的纷争，让绅士渴望文明礼貌，并以另一种方式确立事实真相。

罗伯特·波义耳在科学的思想观念转变过程中发挥了特别关键的作用。首先，他在私人场所——尤其是位于伦敦时尚的蓓尔美尔街他姐姐的联排别墅内，建立了实验室，成为科学实验和研究的空间。至关重要的是这个空间的私密性，因为波义耳能够控制此处的准入和活动。也就是说，他可以允许那些具有合适资质、值得见证实验，以及确保行为得体的人士进来。同样地，这个时期欧洲各地出现了私人的自然博物馆，这些私人空间都属于贵族和绅士阶层，只有经过他们的允许，访客才能进入参观。

因为这个空间是私人的，所以波义耳可以决定谁有资格观察、谁有资格加入实验，甚至参与自然知识的创造。他制定了很多标准，后来被皇家学会和其他科学团体采用。想要进入的人员，必须结交波义耳或其朋友圈，因此肯定得是位绅士。这个人也应该是一名有见识的观察者，能够确认实验知识和见证事实真相，而不只是看热闹。不过，一个观察者属于有闲阶级，要优先于他或她在哲学上的见识。这一点在冯·盖里克著名的马德堡半球实验中得到清晰体现，正是通过一大群绅士旁观者的到场，这个实验才因创造了关于空气重量的自然知识而名垂青史。同样，皇家学会的重要功能之一，便是为各种实验演示提供了一批可靠的观众，从而确立了它们的真实性。

因为这些知识的实验和演示都是在绅士开创和使用的空间中进行，所以绅士的行为规范也被采纳为科学家的行为规范。例如，绅士支持私人空间的开放性和便于造访，但同时他们也谨慎控制着这些地方的人员出入。同样，他们建造的科学实验室，虽然声称是开放的公共空间，却只允许那些拥有知识和资质的人进入。绅士非常在意名誉问题，认为他们言出必信。一位绅士从不撒谎，这就是为什么他们会对任何欺骗的形迹怒不可遏（甚至决斗）。这也是为什么通过一些绅士的见证就可以确立事实，他们当然能够看到研究的真相，并准确地向其他人报告。科学家也是言出必行的。科学家不能欺骗或撒谎，因此他们要求在社会中获取一块值得彻底信任的净土。沿袭波义耳，皇家学会创建了一个科学家的共同体，他们能够决定，什么构成了真相和事实，谁可以宣布那些事实。

本章小结

到1727年牛顿去世的时候，自然哲学家的地位已经发生了很大变化。自然哲学家的形象已经远不是古希腊的“纯粹”文人、伊斯兰智者，甚至伽利略和开普勒时代的廷臣。纪念牛顿的半身塑像坐落在剑桥三一学院的门厅内（见图5.10）。它并没有像先前牛顿自学生时代以来的画像，把他表现为一位渊博的学者，或皇家学会的重要会员，也没有塑造为铸币厂的负责人。相反，它将牛顿刻画为一个

图5.10　牛顿的雕像[1]

1　见Sarah K. Bolton, *Famous Men of Science*, NY: Thomas Y. Crowell & Co., 1889。

现代的恺撒，有着坚定的目光和高贵的额头，征服了他所研究的一切。就像恺撒攻占罗马并建立起一个帝国，牛顿征服了自然，使其成为人类的领地。诗人亚历山大·蒲柏这样称颂牛顿的一生："自然偕其道，隐匿于长夜。上帝有言'待牛顿'，万物自此生光明。"

到17世纪末，现代科学的许多方面已经确立。这场科学革命时期的哲学家，在世纪之初致力解决了认识论问题，世纪之末又决定了讲述真相的行为模式。这些思想家中的一些人提出了新的思想、理论和实验发现，为后面的世纪制定了一系列的研究纲领。他们还引入了一套新的科学方法论，包括自然的数学化，以及对实验方法新产生的信心和依赖。新的世俗科学机构兴起，随之而来，他们的知识对国家和经济的功用也得以阐述。最后，来自有闲阶层的世俗绅士支配了自然哲学的探究，确保形成一套以性别和阶级为基础的行为规范。这些因素造就了一种新的科学文化，迅速呈现出显而易见的现代面貌。所有这些变化共同构成了这场科学革命。

论述题

1. 是否发生过一场科学革命，如果是，它的组成有哪些？

2. 牛顿何以被认为完成了哥白尼的天文学革命？

3. 英国皇家学会和法国科学院的异同之处有哪些？

4. 女性在自然哲学发展中的作用是什么，是否随时代而变化？变与不变的原因何在？

第六章时间线

1667年	巴黎天文台设立
1675年	格林尼治皇家天文台设立
1690年	约翰·洛克发表《政府论两篇》
1724年	加布里埃尔·华伦海特发明水银温度计
1735年	卡罗鲁斯·林奈出版《自然系统》
1736年	皮埃尔·德·莫佩尔蒂发表《论地球的形状》
1737年	弗兰切斯科·阿尔加罗蒂伯爵出版《为女士写的牛顿学说》
1738年	伏尔泰出版《牛顿哲学原理》
1742年	安德斯·摄耳修斯引入百分度的温度计
1743—1794年	安托万-洛朗·拉瓦锡在世
1743年	美国哲学学会成立
约1745年	发明莱顿瓶
1749年	布丰伯爵出版《博物志》
1751—1772年	狄德罗出版《百科全书》
1756—1763年	七年战争
约1765年	月光社开始活动
1766年	皮埃尔·约瑟夫·马盖出版《化学词典》
1769年	观测金星凌日
1774—1786年	约瑟夫·普里斯特利出版《关于各种空气的实验与观察》
1775—1783年	美国独立战争
1776年	亚当·斯密出版《国富论》
1780年	美国艺术与科学院成立
1783年	拉瓦锡发表《关于燃素的反思》
1789年	拉瓦锡出版《化学基础论》
1795年	詹姆斯·赫顿出版《地球理论》
1796年	皮埃尔-西蒙·拉普拉斯出版《宇宙体系论》

第 六 章

启蒙运动与科学事业

1727年，弗朗索瓦-马利·阿鲁埃（François-Marie Arouet，1694—1778）目睹了艾萨克·牛顿爵士的隆重国葬，向知识界汇报了科学在英国社会中的地位和重要性。阿鲁埃，即著名的伏尔泰，法国哲学和社会改革运动的引领者之一，有得天独厚的条件促进牛顿科学向18世纪的欧洲大陆学术圈传播。伏尔泰和其他许多改革者都深受牛顿著作和英国政治体系里自由观念的影响，致力于将自然哲学中的理性思想精华应用于人际关系问题。伏尔泰在《哲学通信》（*Philosophical Letters on the English*，1734）中谈到英国人的自由观念，而在《牛顿哲学原理》（*Elements of Philosophy of Newton*，1738）中介绍了牛顿，后者是由他和夏特莱侯爵夫人埃米莉·德·布勒特伊（Emilie de Breteuil，1706—1749）合著。对于许多启蒙思想家来说，自然哲学既是改革的典范，也是改革的工具。

改革的精神在两个方向上都发挥了作用。正如哲学家希望改造社会一样，新的自然哲学家也希望变革科学、革新科学研究的操作、改变科学论述的语言，让他们的发现和专业知识服务于国家。许多自然哲学家从牛顿那里汲取了研究议题和研究方法，因此18世纪的数学与物理科学，尤其是那些关于力和物质的科学，很大程度上获益于这位可敬的英国科学家。

随着许多欧洲国家开拓它们的贸易帝国和殖民地，18世纪成为商业蓬勃发展的时代。伴随这种扩张，欧洲人遇到了对世界有着不同认知和理解的各种文化与民族，因而这一时期的重要性在于，欧洲的科学和哲学思想被传播到其他国家，同时知识也从更广阔的世界回流到欧洲。欧洲人热衷于用新发现的动植物制成的产品，因为在这场新的商业革命中，此类产品可能一本万利。所以许多乐意研究自然的人越来越多地服务于商业投机或国家，也就不足为奇了。因此，科学研究在这一时期出现了两个相互矛盾的因素。一方面，关于自由、民主和宽容等哲学议题使得许多自然哲学家支持激进的政治立场；但另一方面，科学家们越来越多地出于国家或商业考虑而转向，用其专业知识协助全世界的资源开发，结果他们对国民财富和政府权力产生了越来越大的影响。许多更为激进的努力都因18世纪末的暴力而蒙上阴影，因为法国大革命期间，理性沦为了暴政，但到了19世纪，科学已经成为现代国家运转中一个强大且必要的组成部分。

普遍定律和进步观念

和科学革命的定义一样，历史学家也曾对启蒙运动的定义有过激烈争论。不同国家经历了不同程度的改革，以及对改革的抵制。然而，启蒙运动的核心是两个不朽的概念。首先是对人类处境的重估，从而产生了普世人权的概念。其次是相信进步的必然性。两者都引发人们呼吁社会、经济和政府改革，两者在很大程度上都归功于自然哲学的观念变化。启蒙运动明显受益于新科学，尤其是牛顿方法的一点，即对自然定律的深层普世性的信念。牛顿已经论证，引力定律和运动定律将宇宙统一起来。没有特权领地，也无法置身其外。自然定律对国王和农民都一视同仁。那么，支配人际关系的类似普遍定律也会存在并能够被人们发现。许多哲学家赞成，在法律、政府、经济、社会生活和宗教等人际互动领域存在普遍规律。他们不仅仅是社会批评家，而且呼吁采取行动来纠正过去的错误。像弗兰西斯·培根那样，他们挑战传统权威的观念，并希望代之以基于理性和普遍人权定律的规则。

牛顿在世时，引发启蒙运动的哲学传统便已经形成了。托马斯·霍布斯与罗伯特·波义耳争辩过科学知识的本质，他主张，为保护民众免受彼此伤害就必须设立君主，而民众要获得这种安全，就必须放弃某些个人权利。波义耳关于科学方法的观点赢得了争论，而霍布斯的政治观点却让自己不受待见。由于他的政治立场，皇家学会可能曾经拒绝选他为会员。约翰·洛克（John Locke，1632—1704）也驳斥了霍布斯关于政府的观点，主张生命、自由和享有财产都是天赋不可剥夺的权利。在其名著《政府论两篇》（1690）中，洛克捍卫了人民推翻恶政的权利，主张政府有义务保护人民的权利，人民也有权利甚至义务推翻任何未能保护他们固有和普遍权利的政府。

历史学家们现在开始怀疑，洛克是否对17世纪的英国政治进程产生过诸多直接的影响，但随着更多的哲学家寻找能与牛顿宇宙结构相媲美的社会基本结构，洛克的思想在18世纪开始广泛传播。当亚当·斯密（Adam Smith，1723—1790）论述经济学和社会互动时，尤其是在《国富论》（1776）中，他的分析就是基于市场的定律之上的。这些市场定律正如牛顿的宇宙，都可以进行自我调节。市场的“看不见的手”并非对幽灵般的商业精神的描述，而是一种经济学的机械模型，他希望能像牛顿的太阳系模型那样可靠和确定。

较不易察觉的是，启蒙运动哲学家从自然哲学那里获得了关于进步的信念。从最简单的层面而言，就是相信明天总会比今天好。莱布尼茨阐述过这种乐观的看法，但被伏尔泰在小说《老实人》中嘲笑，就像那个相信“所有可能世界中最完美世界”的书呆子。然而，自然哲学上真正阐明这个概念要复杂得多。自然哲学家认为，他们将来能够比当下更好地理解支配自然的规则，而不仅仅是一种世界更美好的笼统信念。实际上，他们相信自己会通晓关于自然的一切，识别宇宙这个机器的所有组成部分，就像钟表匠能够识别并重新组装钟表的所有零部件。这个自然之钟的形象很好地符合了牛顿机械论，而同时也表明了日益增长的工业实力，可以制造出座钟和航海天文钟等准确和精密的机械。

狄德罗的《百科全书》

启蒙运动中最为雄心壮志且影响深远的知识计划是德尼·狄德罗（Denis Diderot，1713—1784）的《百科全书》。1751年出版的第一卷便引起了轰动。法国书籍审查员封禁了此书并吊销了出版商的执照。法国总检察长称其为悖逆公序良俗的阴谋。教皇也发布声明，任何购买或阅读此书的人将被革除教籍。当局的喧嚣如此猛烈，导致狄德罗的许多撰稿人退出了这个计划。事实上，共同主编让·达朗贝（Jean d’Alembert，1717—1783），一位研究天体力学的物理学家，就因为这些争议而辞职。然而，再没有什么比如潮的争议和少许的丑闻更能激发人们获取这本书的欲望了。由于这种狂热，《百科全书》迅速成为欧洲的热门话题，

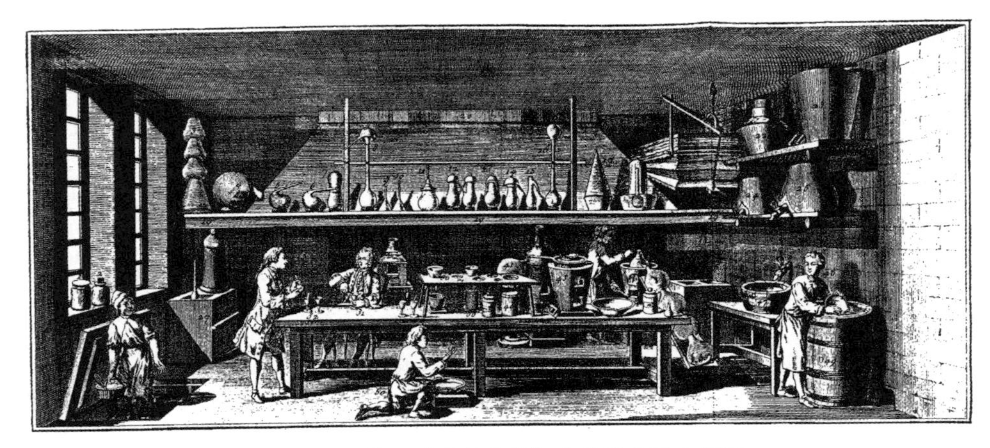

图6.1 狄德罗《百科全书》中化学实验室插图

收获了大批读者。狄德罗坚持工作，克服种种艰难险阻，最终完成了这部28卷的不朽巨著，其中文本部分17卷于1765年出齐，插图系列11卷于1772年出版。此书共售出2万整套，还有数以千计的节略本、分卷本甚至盗版本印行。

狄德罗的目标就是要向所有受过教育的欧洲人提供现代思想体系下各个学科最通行的信息。《百科全书》的宗旨是一种普遍的知识，以及对进步的信念。许多篇章包含了对科学、技术和哲学的最新认识，配有精美的插图。狄德罗认为，通过扩散这些知识，整个公民社会都会发生改变。正如人文主义者曾经相信基于古典知识的教育可以造就优秀的公民，狄德罗提出，理解科学及其揭示的新知识，可以创造出一个公正的社会。《百科全书》充满了对社会的批判、对现代工业的推崇，以及科学发现的力量能够启蒙社会的信念。它既是关于艺术、工艺和文学现状的汇编，也是对改革和进步的大胆呼吁。它也表明了自然的秩序，以及研究自然的秩序。

科学社团与科学研究的大众化

启蒙时代也是自然哲学不再局限于一小群知识分子精英阶层，而汇入大众文化的时期。宫廷哲学家早已将自然哲学家和权力宝座联系在一起，但除了少许例外，这些联系只存在于贵族和精英的社交圈。然而，伦敦皇家学会的成立，以及巴黎科学院，为自然哲学在大学、教会或宫廷之外开创了一处空间。随着18世纪王室宫廷数量的减少，这些讨论和探究自然哲学的新场所为日益大众化的科学事业提供了市场和人才储备。

这两种主要的科学团体被欧洲各地效仿，因此到了18世纪末，几乎所有大城市和多数国家的官方机构中都设有一个科学社团（见图6.2）。在莱布尼茨的建议下，普鲁士科学院创建于1700年，为欧洲最古老的科学院之一。奥地利科学院成立于1713年，1724年彼得大帝在圣彼得堡创立俄罗斯科学院。丹麦皇家科学与文学学院发端于1742年，而布鲁塞尔皇家科学和文学学院则是在1772年奥地利统治时期建立的。许多德国科学社团，包括巴伐利亚科学与人文学院（1759）和哥廷根科学院（1751），都在18世纪中期建立。意大利的科学社团则包括1735年成立的托斯卡纳科学与文学学院，以及1782年在维罗纳成立的国家科学院。

1743年，本杰明·富兰克林（Benjamin Franklin，1706—1790），以及乔治·华盛顿和托马斯·杰斐逊等人在北美成立的美国哲学学会（APS），清晰体

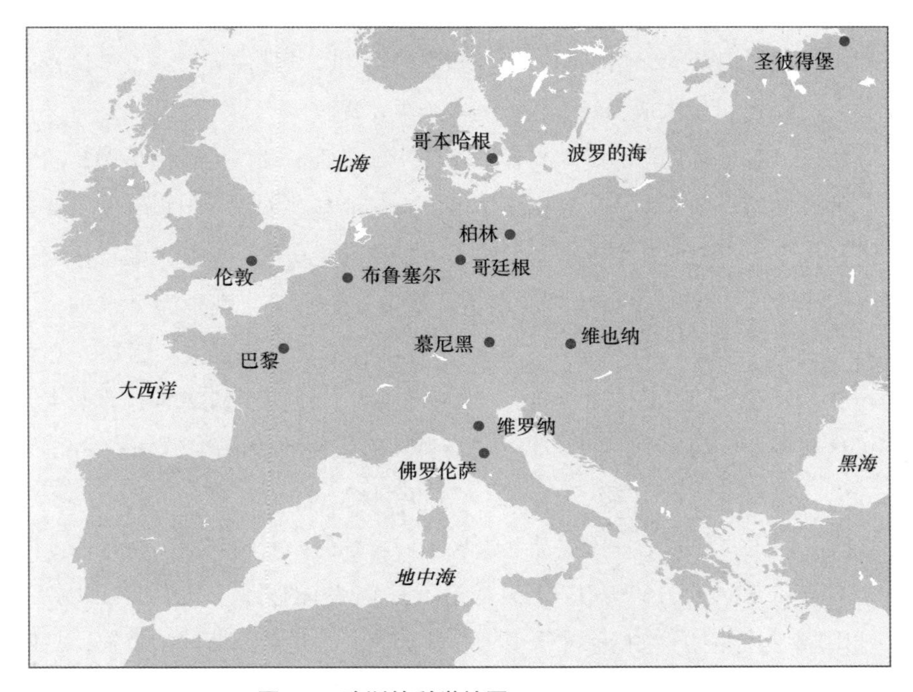

图6.2　欧洲的科学社团，1660—1800

现了启蒙思想、革命和科学的交织。美国艺术与科学学院成立于1780年，创始人包括约翰·亚当斯（John Adams）和约翰·汉考克（John Hancock），后来加入的成员有本杰明·富兰克林、约翰·奥杜邦（John J. Audubon）和路易·阿加西（Louis Agassiz）。在这些即将成为美利坚合众国缔造者的人士看来，通过新的科学组织对自然哲学的改革，与对政府的改革之间存在联系。这种观点反映了他们总体的哲学思想和态度。

由于识字率的提高和启蒙思想的传播，自然哲学成为一项更为时尚的主题。在英国，科学讨论的场所是咖啡馆和讲堂，那里是日益壮大的城市中产阶级的聚会之地，起初在伦敦，后来蔓延到工业化孕育的地方城市。这些新听众着迷于自然哲学家所提供的信息，特别是关于新进展的信息，以及这些知识的功用。像约翰·德萨吉利埃（John Desaguliers，1683—1744）等演示者向人们讲解牛顿及其力学，用机器和模型来展示新的科学原理，这些机器和模型都与类似的工业革新密切相关。这些演示和讲座不仅提供了一套优雅、理性的语言，用以思索社会中正在发生的政治上特别是技术上的转变，而且也为男男女女提供了一种合乎道德的娱乐活动。对于像神体一位论派（Unitarian）和贵格会教徒等宗教异议者来说，这些对上帝理性力量的介绍表明了此类知识的功用，并促使异议派大学讲授更多科学，它们到18世纪末成为科学教育的一个重要资源。

在法国，对自然哲学的同样兴趣，作为一项优雅、理性的谈论话题，随着沙龙文化的发展而受到推崇。沙龙模仿了王室宫廷的某些方面，但也容纳了背景更为广泛的人士。它们通常由社会上的头面人物发起，会聚一些艺术家、作家、音乐家、哲学家，以及商业和政府的精英。邀请知识分子，既是为了娱乐，也是为了获得新知。因此，特别是对于一些聪慧而有抱负的年轻人，因缺乏必要的资源或头衔而无法进入国王的宫廷，沙龙就成为一种获取赞助的有效渠道。正是为了这些观众，伏尔泰的朋友弗兰切斯科·阿尔加罗蒂伯爵（Count Francesco Algarotti，1712—1764）出版了《为女士写的牛顿学说》（1737）一书。

该时期的主要沙龙之一由乔芙兰夫人主持。她的原名叫玛丽·特蕾莎·罗代（Marie Thérèse Rodet，1699—1777），嫁给了一个富有的男人，尤其是在丈夫去世后，她用这些财富和厅堂招徕才子要人。乔芙兰夫人是孟德斯鸠的密友，与俄罗斯的叶卡捷琳娜女王通信，款待过本杰明·富兰克林和托马斯·杰斐逊。她是狄德罗和达朗贝的朋友，给予《百科全书》经济上和社交上的支持。当时住在巴黎或到访巴黎的知识分子，大多数都参加过她每周一或周三定期举行的聚会。

关联阅读

科学与革命精神

1743年，美国哲学学会成立于费城，是北美历史最悠久的学术团体。创始人包括本杰明·富兰克林、威廉·亚历山大和弗朗西斯·霍普金森，他们都是美国独立战争的重要人物。富兰克林谈到创建学会的原因时说："我们已经圆满完成了第一项艰巨的任务，即建立了新殖民地，各地都有许多人安居乐业，从而略有闲暇，培育精致艺术，提升知识的公共储备。"1769年，哲学学会与美洲促进有用知识学会（American Society for Promoting Useful Knowledge）合并，重新命名为促进有用知识的驻费城美国哲学学会，该名称很快被缩减为美国哲学学会（APS）。

学会的成立，本来是作为论坛让人们讨论关于自然的思想和发现，结果却变成这个时代一些最激进、最具革命性的思想家聚集之地。对自然的研究，以及在人类社会中对理性和秩序的寻求，两者的关联被证明是人们付诸行动的强大动力。

早期的会员名单读起来就像是革命家的点名册，乔治·华盛顿、约翰·亚当斯、托马斯·杰斐逊、亚历山大·汉密尔顿、托马斯·潘恩和詹姆斯·麦迪逊等人悉数在列。这些人的共同之处在于对改革的信念，以及对自然哲学和理性的持久兴趣。在美国哲学学会的会员看来，理性和自然哲学，特别是秉承《原理》和更为实用的《光学》中提出的牛顿模式（众所周知富兰克林和杰斐逊都拥有这两本著作）的自然哲学，才是可靠知识的基础。正如自然界的运行遵循单一、普遍的物理学原理那样，人类的法律也应该建立在单一、普遍的法则之上。例如，潘恩主张，社会的存在处于一种"天赋自由"的状态（人权源于天赋而不是人类习俗），在这种状态下，所有人都是平等的，不分高低贵贱。这完全沿袭了启蒙运动的传统，并在美国独立战争的文件中得以体现。尤其是《独立宣言》（宣言的作者包括多名美国哲学学会会员），它在导言中直接援引自然定律：

> 在人类重大事件的进程中，当一个民族必须解除其和另一个民族之间的政治纽带，并同世界各国一道，依照自然法则和自然之上帝的意旨，取得独立和平等的地位时，出于对人类舆论的恰当尊重，他们应当将迫使他们分离的原因公之于世。

导言将人权描述为不言自明的，就像物理学定律那样不言自明，并且指出，应该为全体人民制定一部普世、天赋与平等的法律，就像牛顿的引力定律一样普遍适用。尽管自然哲学不是美国独立战争的原因，却是其精神传统的一部分。美国哲学学会一如既往地鼓励革命的思想，并在查尔斯·达尔文、路易·巴斯德、伊丽莎白·阿加西、莱纳斯·鲍林和玛格丽特·米德等会员身上发扬光大。

电

有一个很好的例子可以表明法国的沙龙文化热衷自然哲学，而英国青睐自然哲学的演示，那就是对电的痴迷。自从16世纪威廉·吉尔伯特发现了电，已经有几代人熟知这种神秘物质的存在，但对它加以研究并非易事。17世纪，奥托·冯·盖里克发明过一种器械，通过用手或布料摩擦一个旋转的硫黄球来产生一种电荷。这虽然能够控制静电的产生，但作为实验设备仍然用途有限。18世纪50年代，许多人设计出使用旋转玻璃盘来产生电荷的发电机，最登峰造极的例子是约翰·库斯伯森（John Cuthburtson，1743—1821）建造的大型装置，产生的电荷可以达到50万伏特左右。

较小的静电发生器经常被用于演示，如一个以带电男孩为特色的表演。表演中，一名儿童被用丝绳吊在天花板上，发电机产生电荷并导入他的身体，然后他利用静电来移动小物件，或者对旁观者施以轻微的电击。这个带电男孩显然是一种娱乐，类似的游戏还有人与人之间传递的电击，或者是让椅子带电来捉弄毫无戒心的访客（见图6.3）。但这种演示也有其意义：它们经常被用来阐明诸如电流、电路和绝缘等概念。

图6.3　带电男孩

丝绳悬吊的男孩被导入静电（n处的棒），吸引起纸屑，从而演示电的传递。摘自约翰·加布里埃尔·多普尔迈耶（Johann Gabriel Doppelmayr）的《新发现的现象》（*Neu-entdeckte Phaenomena*，1744）

人们对电的早期研究是定性的，集中在寻找电，观察其性质，以及掌握如何制造它。1752年富兰克林的风筝实验是搜寻电现象中最著名的故事，已经升华为家喻户晓的神话。富兰克林确有可能放飞过一只风筝，作为实验来判定闪电是否为电，但他既没有留下关于此事的直接描述，也没有任何迹象表明可能发生的日期。最清晰的记录来自约瑟夫·普里斯特利（Joseph Priestley）根据富兰克林的叙述而写的报道，但这篇报道是在事后15年才发表的。可以肯定的是，富兰克林并没有像通常描述的那样冒着雷雨放风筝。实际情况可能是，他在风暴云来临之际放飞一只风筝，依据是电荷的积累必先于闪电的释放。他将风筝线系在钥匙顶环的一侧，再将一条丝带系在另一侧，这样就切断了电流的路径，而且小心翼翼地保持丝带的干燥（因此绝缘）。他用一根铁丝从钥匙连到地面。当他注意到风筝线上的麻纤维竖起并相互排斥时，便把指关节靠近钥匙，受到了电击。尽管这是令人信服的证据，但他还用导线给莱顿瓶充上电，证明闪电的电荷与传统发电收集的电荷完全相同。

虽然定性研究是认识电的必要起步，但要理解电的原理及用途还是捉襟见肘。特别是完全放电问题使得电难以研究。1745年前后，莱顿瓶的发明是控制这种神秘能量的重大进展。它不是一个人发现的，而是三个人几乎同时发现的：德国的埃瓦尔德·尤尔根·克莱斯特（Ewald Jürgen Kleist，1700—1748）、荷兰的彼得·范·穆森布鲁克（Pieter van Musschenbroek，1692—1761）和安德烈亚斯·库纳乌斯。虽然克莱斯特可能是第一个使用装满水的罐子试图收集电荷的人，但描述这种仪器的人却是穆森布鲁克。由于这项工作是在莱顿开展的，随着时间的推移，这个名字被大多数人所接受。它是一个玻璃罐包裹上金属箔（被认为用来防止电通过玻璃泄漏）并装满水。一根长钉或金属棒穿透罐子的密封塞，静电发生器产生的电通过金属棒传导至内部并被储存起来。当金属棒接触导体时，就会发生放电（见图6.4）。

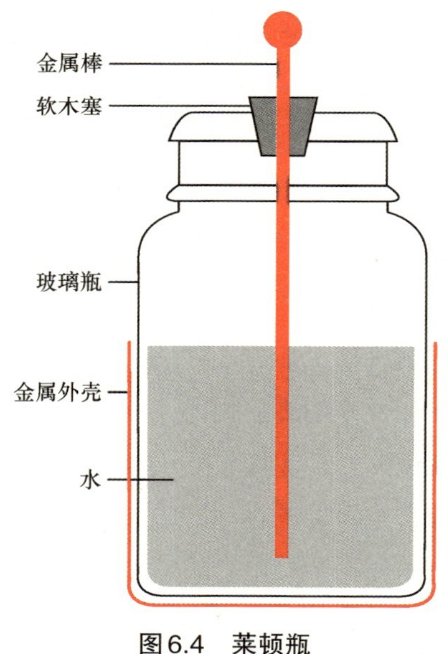

图6.4　莱顿瓶

使用莱顿瓶，富兰克林以一种非常实用的方式来探究电的性质。他通过放电而模拟闪电，设计出避雷针来保护建筑物。他制作了一个名为“雷屋”的模型，展示避雷针的有效性。模型屋的内部是一个装有少量可燃气体的密闭容器。当电流作用于屋顶时，它产生的火花就会引燃气体，掀翻容器的盖子（即屋顶）。而当房屋安装了避雷针时，电荷被导离模型，房屋安然无恙。富兰克林后来应召到伦敦，与国王乔治三世讨论避雷针的有效性。国王仍坚信，金属棒的顶部加装圆球会更有效，结果这种有些徒劳的设计被英国人采用。

这一时期的理论把电描述为流体，它实际上是从静电发生器中“流入”莱顿瓶。莱顿瓶也有助于澄清电路的概念，正是基于此，另一种沙龙演示风靡起来。莱顿瓶充满电后，一圈人手牵手。其中一个人松开一只手，用它托住瓶子的底部，而另一边的人则用空出来的手触摸金属棒。如果有足够的电量，这个圈子里的每个人都会感受到电击。因为莱顿瓶只能容纳固定的电量（即它的容量，此后，基于这个概念命名了电容器），这样的演示有助于将电的研究从定性检验转变为基于定量思想的研究，例如外壳表面积、电量，以及作用力之间的关系研究。

新的度量体系

开展电学实验的困难，凸显了这一时期科学研究面临的核心难题之一。人们很大程度上只能定性地而无法定量地认识电的现象。实验结果的精度远远落后于物理和数学所能揭示的潜力。遥远行星的位置可以比海上船只的位置更加精准地测定。从17世纪开始，忠实于测量被看作通往真知之路，由此人们对量化的兴趣日益增长，导致18世纪一些新仪器的发明，并且为了跟上时代改革的步伐，创造了一套新的度量系统。

这些新仪器中首要的便是温度计。虽然已经有过许多尝试测量温度的方法，包括伽利略的工作，但直到1714年，加布里埃尔·华伦海特利用酒精的膨胀来测量温度，才发明了第一台精确度满足科学研究需要的仪器。他还提出使用水银作为膨胀液体，1724年在《皇家学会哲学汇刊》上发表了制造方法。接着，他又基于水的冰点制定了温标，设定盐水的冰点为0华氏度，淡水的冰点为32华氏度，沸点则为212华氏度。

在那个对海洋的理解攸关贸易和权力的时代，将盐水的冰点设定为华氏零度是顺理成章的。就在华伦海特发明第一支水银温度计的同年，英国议会通过经度委员会悬赏2万英镑（相当于今天的50万美元），以求有人能够创建一套测定海上经度的系统。这是一个困扰了几代导航员的老问题。巴黎天文台（建于1667年）和格林尼治皇家天文台（建于1675年）都把改进导航技术作为自己的主要目标之一。陆地上可以通过天文观测计算经度，而在船上却不行。多年来，人们提出了各种解决方案，但都未成功，要么因为无法在移动的船上实现，比如观测木星的卫星，要么根本不切实际，比如测量磁场的变化。促使1714年设立这个奖项的是经久不绝的航海险情，而由于贸易和海运量的扩张，这个问题引发了更大的担忧。当1707年，海军上将克劳迪斯里·肖维尔爵士（Sir Cloudesley Shovell）在英格兰近海的海难中损失了四艘船和800—2000名船员，改进导航的必要性就十分明确了。然而使用天文观测确定纬度相对容易，但是确定经度需要一种精确的计时方法。至少早在1530年，数学地理学家伽玛·弗里西斯（Gemma Frisius）——杰拉杜斯·墨卡托的老师——即已知晓，他提出，如果有一个精确的时钟，他就能测定经度。

这就是问题所在。利用天文事件，如伽利略建议的木星卫星的食，作为对时间足够精确的测量，便有可能确定经度，但这样的观测无法在海上航行的船上进行。即使克里斯蒂安·惠更斯1656年发明了摆钟，足以能够准确计时，该装置在航行的船上仍是于事无补。这个难题最终由钟表匠约翰·哈里森（John Harrison）解决，1761年他在去牙买加的两次航行中测试了他的计时装置。尽管哈里森的精密计时器大获成功，但委员会只颁给他5000英镑的奖金，直到1773年乔治三世国王为他求情，才获得了全部奖金。作为一名工匠，他并不符合皇家学会彰显的自然哲学家的绅士形象。皇家学会的领导者曾希望由其会员获此殊荣。

对争夺殖民地和经营全球贸易网络的欧洲国家来说，导航至关重要。这场帝国竞赛决定了一些研究计划的主题，比如经度测定和坏血病的治疗。与此同时，这些国家的扩张，使得许多先前构想却没有实施的实验和观察成为可能。以皮埃尔·德·莫佩尔蒂（Pierre de Maupertuis）的拉普兰探险为例。莫佩尔蒂是科学院的院士，1736年受命率队去测量1°经线的精确长度。他是热忱的牛顿主义者，是首先把牛顿的引力学说介绍给法国科学家的人之一。测量结果的报告《论地球的形状》（*Sur la figure de la Terre*，1736），证实了牛顿的理论预测，即地球不是完美球形，而是两极略扁。

数学物理学

越来越多的大陆思想家转向数学物理学的研究，莫佩尔蒂也是其中之一。他们横跨数理学科和实验主义学科，通常遵循牛顿所设定的方向，既有数学方面的，也有实践方面的，这些都通过牛顿《光学》一书的“问题”部分提出。这些人还有约瑟夫·拉格朗日（Joseph Lagrange，1736—1813）、皮埃尔－西蒙·拉普拉斯（Pierre-Simon Laplace，1749—1827）、奥古斯丁·让·菲涅耳（Augustin Jean Fresnel，1788—1827），以及莱昂哈德·欧拉（Leonhard Euler，1707—1783）这位有史以来最多产的数学家之一，他发表了超过1000篇论文和著作，从数论到数学制图无所不包。虽然这些人的兴趣和研究方向各不相同，涵盖从最深奥的微积分到化学，而将他们的研究融为一体的是，他们都努力用数学术语来表达他们周围的一切。菲涅耳提出了光的波动理论，挑战了牛顿的微粒论，但也发明过菲涅耳透镜，该透镜由一系列同心的圆环构成。它被用于灯塔（后来用于剧场照明），因为它能比传统的金属反射镜汇聚更强的光线，却比常规透镜小得多。

着眼于光学，17岁的拉格朗日开始了认真的数学研究。他寄给过欧拉一份成果的证明，欧拉鼓励他继续这一努力。拉格朗日坚持做下去，实质上创建了天体物理学领域。尽管牛顿的力学已经设立了一个框架，但是一些准确的细节，如太阳系为什么会以这样的方式运行，或者地球和月球之间引力联系的本质，都是需要解决的复杂难题。拉格朗日在其著作《分析力学》（1788）中完成了这项工作，该书用严谨的数学术语阐述了力学。序言中写道：

> 人们在这本书中找不到任何图表。我所阐述的方法既不需要作图，也不需要几何或力学的论证，而只需要按照整齐划一的步骤进行代数运算。

拉格朗日对引力的研究，使他断言空间中存在五个点——即拉格朗日点，两个天体（如地球和月球）的引力在这些点上相互平衡。在这五个点中，两个点（L_4和L_5）比其他的更为稳定，以这种方式作用的吸引力使得位于该点的物体能够无限保持轨道的稳定性。地－日系统的L_1点目前已被太阳和日光层的观测卫星所占据，顾名思义，用于观测太阳。

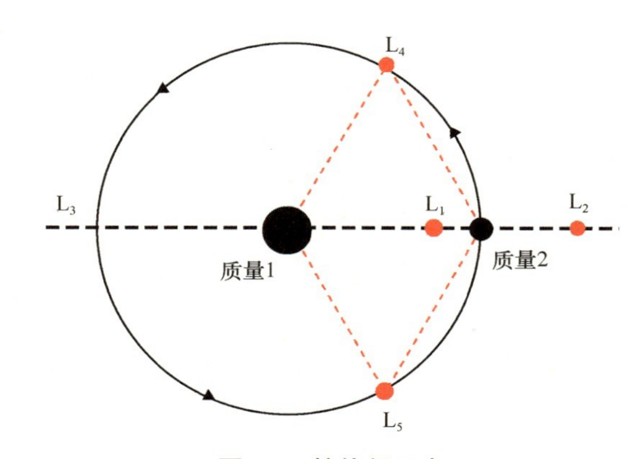

图6.5 拉格朗日点

拉格朗日点是空间中卫星轨道最稳定的点

和拉格朗日一样，拉普拉斯也研究天体力学。他写了许多专门的论文，以及一部解释宇宙如何运作的通俗著作《宇宙体系论》（1796）。在现实层面上，他是伟大的化学家安托万·拉瓦锡的助手，协助他研究热和能量。这些科学家为物理学注入了新的活力，将他们的注意力转向范围越来越广的自然现象。罗杰·约瑟夫·博斯科维奇（Roger Joseph Boscovich，1711—1787）提出了其中一个最宏大的计划，他声称宇宙中所有的物质都可以装进一个果壳里，并试图用一个物理-数学的理念来囊括宇宙的结构。他的《自然哲学理论》完全消除了物质，只讨论几处力点，仅仅基于物理原理，就率先试图提出一套大统一理论（Grand Unified Theories，GUTs）。

科学探险：金星凌日

宏伟的数学成就激发了许多科学家的热情和思考，而吸引公众视线的却往往是冒险的考察。这一时期最著名的科学探险之一就是对金星凌日的考察。开普勒早前就已认识到，（从地球上观察）水星和金星都会掠过太阳表面，并计算了这类现象发生的周期。他测算金星凌日总是成对出现（两次间隔8年），先是经过105.5年出现一对（第二次是8年后），再经过121.5年出现另一对（以及又一个8年），如此循环。开普勒去世仅一年，皮埃尔·伽桑狄就观测到1631年的水星凌日。此后便是观测下一次金星凌日的时机，预计为1761年和1769年。杰雷米亚·霍罗克斯（Jeremiah Horrocks）认识到了这一天象的重要性，即若在地球上的不同地点同时进行观测，所获得的信息可以用于计算到金星的距离及日地距离。

1761年，约瑟夫-尼古拉·德利尔（Joseph-Nicolas Delisle，1688—1768）组织了大型的金星凌日观测行动，向印度的本地治里（Pondicherry）、圣赫勒拿岛（St. Helena）、印度洋上的罗德里格斯岛（Isle de Rodrigues）和西伯利亚的托博尔斯克（Tobolsk）派遣观测人员。许多其他的观测人员也参与了观测，但非常不幸，恶劣的天气条件，以及七年战争（1756—1763）使某些观测人员没能记录下这一天象，（观测的）结果也不如天文学家预计的那么理想。

1769年的探险则更为成功。库克船长（Captain Cook）的塔希提岛（Tahiti）远航和纪尧姆·勒·让蒂尔（Guillaume Le Gentil）的冒险经历引起了公众的浪漫想象。塔希提岛刚刚由英国探险家发现，就被描绘成了人间天堂。由于塔希提岛拥有极佳的热带气候，岛民热情好客，有关塔希提岛的报道在欧洲媒体铺天盖地。库克船长的任务主要是科学性质的——绘制地图、观测凌日、检验测量经度的精密计时器，以及寻求治疗坏血病的方法。但同时他也受命将那些先前尚未发现的土地全部据为英国所有。

勒·让蒂尔前往本地治里，经历了一番艰难的陆路行程，然后横穿印度洋，但错过了第一次金星凌日。他留在当地直到第二次金星凌日到来，却因天气恶劣又一次铩羽而归。他将冒险经历写进《印度洋之旅》（*A Voyage in the Indian Ocean*，1779年出版第1卷，1782年出版第2卷）。科学的英雄时代由此拉开了大幕，当以扩充知识为名，身临极端的险境，被赋予的意义不亚于年代久远的十字军东征。巴黎科学院的一个小组，被派往加利福尼亚巴哈地区的圣何塞德尔卡波（San Jose del Cabo in Baja）执行任务，除一人外全部死于传染病。此人在艰苦卓绝的条件下，徒步穿越了后来成为得克萨斯州的地域，历尽千辛万苦抵达法国领土并回家。（观测）数据的汇编也花费了很多年（如库克船长直到1771年才返回英国，因为他要寻找“南方大陆”），但巴黎天文台台长杰罗姆·德·拉朗德（Jerome de Lalande）利用汇总的所有小组观测的凌日数据，计算出日地距离为1.53亿—1.54亿千米。虽然不如天文学家所期待的那么精确，但仍不失为一项重大的成就。它也展现了科学知识和枪炮、殖民地一样，是如何巩固了法、英等欧洲国家的帝国势力。

其他科学上的接触

出于商业、政治和科学原因，欧洲人致力于发现更多世界其他地区的无穷资源。这一时期，欧洲人首次齐心协力，绘制他们前所未知的国家和地区图。例如，英国最早的印度次大陆地图绘制于18世纪。詹姆斯·伦内尔（James Rennell）在伦敦依靠汇集东印度公司职员关于各地的报告，绘制了莫卧儿帝国的地图。欧洲人也对域外动植物的利用颇感兴趣，借助当地人的知识来获得一些信息。玛丽亚·梅里安在苏里南之所以能调查昆虫的特性，正是因为苏里南人向梅里安分享了他们的知识。就关于自然界的知识而言，欧洲人和欧洲以外的人往往处于平等的地位，尽管很多信息在欧洲人看来没用而被弃之不顾。例如，南美洲孔雀花具有堕胎的效用，这样的知识就没有被传回欧洲，虽然这种花本身因其美丽而知名和珍贵。

最能展示不同科学世界观之间磋商的事件，也许是1793年马戛尔尼（George McCartney，1737—1806）的使团来华。马戛尔尼受英方派遣，试图与清政府建立更密切的贸易关系。他率领着使节和士兵，但也带来了科学家和学者，携带着多种科学装置（例如世界地图和豪华钟表），自以为会让中国人惊奇一番。约瑟夫·班克斯委托他寻找茶树，多多益善，以冀班克斯1778年在印度开辟的茶园栽培品种多样的新茶。但此次访问是一场彻头彻尾的失败。由于马戛尔尼拒绝向乾隆皇帝下跪行礼而陷于窘境，清廷对这些体现欧洲科学诀窍的物件也漫不经心。中国拥有自己的世界地图和自己的计时器。英国人本以为会遇到一个落后不堪、期盼教诲的民族。相反，他们遇到的却是一个饱经沧桑、文明开化的社会，掌握着自己的科学理解。

工业革命与地球研究

地理学家、数学家、制图师、天文学家和钟表匠都致力于解决复杂的航海和天文学问题，从而增强其新生帝国的实力。相得益彰的是，他们的成功有助于开发殖民地的自然资源并垄断市场。这样产生的财富反过来又为工业革命提供了资金，特别是英国，创造性的工业活动从1750年前后就开始大量涌现。到1780年，工厂生产系统的建立，以及詹姆斯·瓦特（James Watt，1736—1819）发明的冷凝式蒸汽机，开始改变了许多人的生活，他们从农场搬进工厂，从而一方面导致了如格拉斯哥、伯明翰、曼彻斯特和伦敦等早期工业城市中脏乱差的贫民窟，另一方面则创造了工业贵族的巨额财富。科学史家曾长期争论过，科学增长在这一时期同技术和经济变迁之间的关系。然而，科学的突破并没有直接促成新的技术，倒不如说，科学有助于创建一种进步的文化，并为科学事业的功用争取话语权。

随着商人们远渡地球各个新角落并与之贸易，自然哲学家开始将地球本身视作科学研究的正当主题。关于地球的研究——科学革命中的宇宙结构学和地理学，再加上启蒙运动时期的地质学——受到多个方面的推动，包括有关采矿和陆地成形的经济考量、应对新发现民族的政治问题、全球的适航性，以及关于上帝造物证据的宗教问题。所有这些都促成了18世纪的地质和地球研究，这些研究聚焦于下列几个问题：地球的创造过程及其后续历史、地球的年龄、地层的构造以及化石的位置。

自然哲学家首先关心的是上帝创世的物质实在。例如，英国人托马斯·伯内特（Thomas Burnet，约1635—1715）在《地球的神圣理论》（1691）中，试图用机械论（笛卡尔的）而不是神迹的术语来解释创世，沿袭机械论哲学的倾向而回避超自然的解释。他以《创世记》的故事开篇，却用自然的、机械的原因来解释《圣经》中的创世事件。他宣称，地球起初非常炽热，随着它的冷却，一片平整的陆地在水面之上形成薄壳。然而，伯内特并没有摒弃所有的《圣经》解释，因为他主张，原罪降世导致薄壳破裂，陆地上洪水泛滥，令世界不再是完美的球体，而呈现出高山和海洋。

尽管伯内特使用了《圣经》的依据，但他的非宗教立场还是受到批评。而这并没能阻碍另一位英国自然哲学家威廉·惠斯顿（William Whiston，1667—1752）在《地球的新理论》（1696）中提出类似的观点。惠斯顿是牛顿的支持者——他曾在剑桥与牛顿共事——因此寻求将地球的历史置于牛顿思想的框架之内。他主张，地球本由一颗彗星构成，因重力而坍缩为一个坚实的星体，而大洪水则是由于另一颗彗星同地球上沉积的水擦身而过，并将地球撞离了圆形的轨道。因此，这都是亚当和夏娃堕落后的缺憾之处。

这些17世纪后期的创世故事，伴随着那个时代出现的激烈的宗教冲突。18世纪，人们更有可能摆脱圣经故事，转而寻求理性的解释。然而，这并不是说18世纪的地质学家是无神论者。相反，他们认为上帝的工作本质上是理性的，故而是可以解释的。此外，业余绅士哲学家的兴起为地质调查带来了崭新的目标——追求地位和政治权力，而不是意识形态或宗教方面的原因。例如，地质学聚焦于观察包括化石在内的实际现象，而不是像伯内特和惠斯顿那样提出宏大的思辨系统。17世纪早期，化石被认为是带花纹的石头而不是原始的生物，但是当时的科学家，如尼古拉斯·斯丹诺（Nicolaus Steno，1638—1686）和约翰·伍德沃德（John Woodward，1665—1728），则将它们解释为生物在岩石中石化的遗体。

然而，将化石看作生物的遗骸，引发的问题比解决的问题还要多。欧洲发现的大多数化石似乎都属于海洋生物，且不像现存类型。此外，许多最好的化石沉积物位于高山之上，人们很难相信那里在早期曾经是海洋或者湖泊。尽管《圣经》中的大洪水可能提供一些解释性的说法，但解释物种灭绝和水下山脉则需要科学信念的重大飞跃。到18世纪末，这种解释危机导致人们提出了两种针锋相对的地质学理论：水成论（Neptunism）和火成论（Vulcanism），分别以古罗马的海神和火神命名。

之所以称作水成论，是因为它的支持者认为水是地球形成的根本动因。乔治·路易·勒克莱尔，即布丰伯爵（George Louis Leclerc，Comte de Buffon，1707—1788），在其《博物志》（*Histoire Naturelle*，1749）中主张，冷却的地球经历了六个阶段才形成陆地，大体对应创世的六天。在这六个时期，地球变冷，水凝结了，海洋退却；地球沿着一个清晰的方向演化为目前的面貌。然而，水成论的真正创始人是亚伯拉罕·戈特洛布·维尔纳（Abraham Gottlob Werner，1749—1817），这就是为什么这个学说有时被称为维尔纳学说。维尔纳在一所矿业学校担任矿物学教师，矿业学校是启蒙运动教育革新的产物之一。他断定地层势必显露岩石形成的顺序，并且这些岩层是从原始海洋中沉淀而来。这一解释主要基于他对沉积岩层的发现；他假定火山活动是局部的，相对不那么重要。他工作的地方弗莱堡（Freiberg）附近缺乏这类火山活动，可能会影响到他的相关阐述。维尔纳还坚信，目前起作用的各种力都太微弱，不足以造就世界现在的样子，所以过去的力量肯定更为猛烈和强大。换句话说，他认为地质构造的变化只有一个方向，即目前的状态。维尔纳极具影响力，因为他教过众多矿物学家、采矿师和地质学家，而且他的方案符合矿物的分类方案。对于日益壮大的对化学感兴趣的研究群体来说，该理论也具有吸引力，因为它表明不同类型的岩石和矿物有其化学基础。

直到18世纪末，水成论都被广泛接受，但它无法解释许多地质学上的观察，例如所有这些大洪水都去了哪里，火成岩是如何形成的？以及最棘手的问题，为什么一些海洋生物的化石会出现在山顶？渐渐地，一些矿物学家开始主张地球内部能量的某种贡献，有时被称作火成论或火山作用。用热的概念，特别是以火山运动的形式，来解释地质结构，早在1740年安东·拉扎罗·莫罗（Anton Lazzaro Moro，1687—1764）就在其火山岛的研究中提出过。他还主张山上发现的水生生物化石意味着这些岩石曾经是一片海底。最全心全意的火成论者是让·埃迪恩·盖塔（Jean Étienne Guettard，1715—1786）。盖塔住在法国的奥弗涅附近，那里有很多圆锥形的山头，表明它们曾经是火山。他主张，过去的火山力量要比现在强大得多，且分布广泛，足以解释岩石的形成、化石的分布和火成岩。他是第一个创制法国地质地图的人，1780年完成了《法国矿产分布图及说明》。他还和年轻的拉瓦锡一起，参加过对法国进行全面地质调查的计划，但浅尝辄止。无论盖塔还是维尔纳都是重要的科学思想家，他们被瑞典皇家科学院选为院士，盖塔1759年当选，维尔纳是在1810年。

尽管盖塔和维尔纳代表着截然不同的火成论和水成论，但越多的人开始研究岩石及其分层，以上两种解释就越难令人满意。詹姆斯·赫顿（James Hutton，1726—1797）提出了一种新理论，结合了地球内部的能量以及水的作用。在《地球理论》（1795）一书中，他提出沉积岩是由早期的火成岩形成的，地球处于持续的变化状态，从一种形式到另一种形式，循环往复。火山活动迫使火成岩上升到地表，在那里因水带来侵蚀而形成沉积岩，有些沉积岩又被热熔融形成火成岩。循环就这样建立了。就像赫顿所说："我们既找不到开始的痕迹，也看不到终结的景象。"

运用这一观点，赫顿攻击了在他之前的所有矿物学家和地质学家，因为他主张，目前正在起作用的各种力量，确实足以导致岩石分层的演化本性，而且地球的内部能量古今相同。换句话说，无论从圣经角度还是物质角度，这都是一个没有方向的模型。这就是所谓的“均变论”。赫顿的理论过于激进，尽管他首次发表于1785年的早期论文得到好评，但1795年的著作《地球理论》出版后，他遭到广泛的谴责。这在很大程度上是因为法国大革命激起了保守派的担忧，而赫顿的“无神论者”和“雅各宾派”理论在一个战时爱国至上的国度里是没有容身之地的。至少一段时间之内，启蒙运动的自由遗产已经殆尽。

博物馆收藏和科学探险

18世纪地质学的重要性还反映在人们对收藏和分类的热情上。16和17世纪的收藏家把他们的藏品汇集到博物馆，那里最初是作为研究或冥想的地方（工作室）。如康拉德·格斯纳（Konrad Gesner，1516—1565）和乌利塞·阿尔德罗万迪（Ulisse Aldrovandi，1522—1605）等自然哲学家的早期藏品包括书籍、版画和手工艺品。这些博物馆的选择和组织原则通常是基于自然界的稀奇、怪异和间断，而不是一些隐含的秩序或连续性。藏品可能包括奇形怪状的石头或双头牛犊，而不是某个地区的完整植物种群。从17世纪末到18世纪初，王公贵族们将收藏发展为宫廷科学的奇闻趣事部分。这些密室（studiolo）或珍奇柜（19世纪成为绅士阶层的必备之物）的藏品，不像格斯纳和阿尔德罗万迪那样是用于研究，而是用来公开展示和炫耀。

1683年成立于牛津的阿什莫尔博物馆（Ashmolean Museum）堪称第一个真正意义上的公共博物馆，也就是说，公众可以付费参观这些收藏。从向公众开放的角度看，它可能效仿了同在牛津的博德林图书馆（Bodleian Library），作为欧洲第一座公共图书馆，人们可以在有正当理由的情况下，付费进入利用。并不是所有的参观者都满意这种开放政策，因为它侵犯了绅士作为见证者的特权地位。例如，德国的冯·乌芬巴赫伯爵（Count von Uffenbach）1710年访问阿什莫尔博物馆时完全无动于衷，因为他不得不与庶民摩肩接踵！然而，公共博物馆，或至少是受过教育的民众可以参观的博物馆，很快就成为欧洲开明进步的标志。俄罗斯、意大利、西班牙，以及法国的博物馆都在18世纪向民众敞开了大门（尽管开放法国的皇家植物园需要攻占巴士底狱)。大英博物馆建于1753年，源自英国皇家学会已故会长汉斯·斯隆(Hans Sloane)遗赠的个人收藏。

斯隆是一名专为伦敦富豪看病的医生，积累了大量的藏品。起初，他收集旧大陆和新大陆的植物，然后扩展到各式各样的制品，涵盖贝壳、昆虫、化石、矿物、古董、硬币、书籍和手稿等，这些藏品的收集大多数是因其稀缺性，而不是为了建立一个连贯的分类系统。1687年，在阿尔伯马尔公爵克里斯托弗·蒙克(Christopher Monck，Duke of Albemarle)的赞助下，他的牙买加之旅使他开始从事收藏活动，并走上了财富和权力之路。当公爵在航程中意外丧生，斯隆得到一个奇特的机会来实践他的保存技术，即在返航途中对阿尔伯马尔公爵的遗体进行防腐处理。回来后，斯隆利用他在南美找到的一个新物种，向英国民众推销。他观察到南美土著人食用巧克力，但发现它太苦，不合自己的口味。然而，他尝试混合了糖和牛奶后，巧克力变得非常可口，因此他凭借进口和制造牛奶巧克力发了大财。

那个时代的重要人物大部分都参观过斯隆的藏品，举几个来说，有卡罗鲁斯·林奈(Carolus Linnaeus)、本杰明·富兰克林和乔治·亨德尔。斯隆本人是一个有点敏感和反社会的人，在18世纪早期的英国，他和几乎所有重要的科学家都有过旷日的争斗。例如，他和地质学家伍德沃德大吵过一架，指责他在一次皇家学会会议上冲自己做鬼脸。1742年，他退隐伦敦郊外的切尔西，创立了药用植物园。在他死后成立的一个信托基金，很快组建了大英博物馆，成为18世纪最大的公共博物馆。

接替斯隆担任皇家学会会长的是约瑟夫·班克斯爵士(Sir Joseph Banks)，也是一位杰出的收藏家。班克斯在职业生涯的早期，曾作为随船植物学家参与了库克船长的首次太平洋航行(1768)。此次首航中代表英国皇家学会的班克斯，甚至比库克名头还大，库克只是一个相对默默无闻的海军军官。班克斯的随行人员威胁要把这艘船压沉，事实上，他对空间和资源的需求如同狮子大开口，以至于库克再次远航时没有邀请他。此次旅行观察到不计其数的新动植物，让班克斯应接不暇。他将首次登陆澳大利亚的地方命名为植物湾，因为那里的植被是如此丰富和奇异。他回来后决心收集世界上所有的植物物种。

库克的历次航行本身，即展示了帝国崛起、英雄式科学和收藏精神的交集。

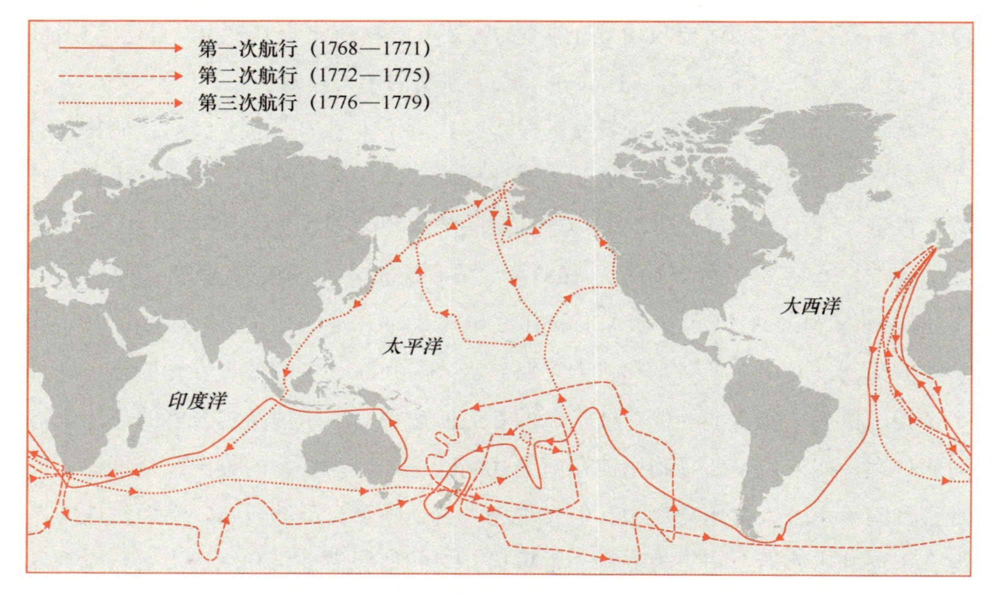

图6.6 库克船长的三次航行（1768—1779）

库克此行意在证明未知的南方大陆是否存在，这块理论上的大陆应当在地球的另一端，与欧亚大陆相对应。库克证明了这块大陆不存在，同时发现了许多新的土地和岛屿（并宣称它们属于英国），测试了精密计时器，证实了吃柠檬可以预防坏血病。这些航海活动对大英帝国来说具有象征性意义，到世界某个地方搜集一番，宣称主权为己有，并树立英国科学和技术的威望。尽管班克斯没有继续参加库克的另两次航行，因此没有目睹库克遇难于夏威夷，也没有踏上温哥华岛。但在海军部的批准下，他确实发布过收集动植物和观察自然现象的指令。

班克斯成为欧洲最伟大的植物收藏家，也是英国最有权势的自然哲学家，控制着相关人事任免，影响着科学事业的资助。他建立了英国皇家植物园，不仅收集标本，还培育植株并分发给其他植物园。如今在欧洲园艺学中不可或缺的东方花卉，大部分来自班克斯的收藏，例如杜鹃花。班克斯把皇家植物园当成大英帝国的一处重要集散地，利用它将植物从帝国的某处移栽到另一处，当然，植物园要保留样本。随着新一轮的帝国扩张，这里接着成为博物馆性质的采集场所。作为乔治三世的私密朋友，班克斯有权指示皇家海军的探险活动，收集和运送特别的样品。他也雇用了一些职业采集人员，比如为英国带回猴谜树和巨杉的阿奇博尔德·孟席斯（Archibald Menzies），以及著名的非洲探险家蒙戈·帕克（Mungo

Park），最终在探索尼日尔河航道时遇难。班克斯最著名的两个功绩，一是1788年将茶树从中国移栽到印度，二是1787年将面包果树从塔西提岛移栽到加勒比海诸岛。后一次行动征用了皇家海军邦蒂号（HMS Bounty），船上的人们待遇很差，而面包果树却被精心呵护，忍无可忍的水手发动了针对布莱船长（Captain Bligh）的叛乱，驻留到荒凉的皮特凯恩（Pitcairn）岛。此次暴动中最传奇的部分或许是，布莱及其支持者乘坐一艘没有甲板的小船，从太平洋返回英国，随后驾驶新船再次移栽面包果树，终于大功告成。

效仿英国的先例，其他欧洲国家也跃跃欲试，通过科学观测和军事胁迫来开创帝国。特别是法国人，在太平洋上大肆扩张地盘，跟英国人没有什么两样。例如路易-安托万·布甘维尔，即布甘维尔伯爵（Louis-Antoine de Bougainville, Comte de Bougainville，1729—1811），登陆塔希提岛，带回了一种以他的名字命名的新植物——九重葛。他还引入了哲学范式“高贵的野蛮人”，后来由让-雅克·卢梭加以阐述。让-弗朗索瓦·德·加拉普·拉佩鲁兹（Jean-François de Galaup La Perouse）指挥了另一次探索发现和开拓帝国之旅，但他的船1787年消失在太平洋上，关于他的命运引发了诸多猜测。人们花费了大量的时间、想象和金钱，试图寻找这支失踪的探险队，但由于法国大革命随即爆发，第一艘被派出寻找的船只发生叛乱而返航，从此拉佩鲁兹杳无音信。

关联阅读

远渡重洋的耶稣会士科学

耶稣会自从1543年依纳爵·罗耀拉（Ignatius of Loyola）创立，到1773年被解散，耶稣会传教士在全世界创建学校、学院、大学以及教会。在其鼎盛的1750年，耶稣会运营着欧洲500多所学院和大学，另有约100所海外院校（大多分布在美洲西班牙属殖民地），还有遍及全球的270多个教会。耶稣会经常与西班牙、葡萄牙和法国这些殖民大国协作，服务于它们的利益。同时，耶稣会士还构建起一个国际网络，向全世界传递自然知识，与地方统治者、土著民族、殖民政府，以及欧洲的学术和宗教组织打交道。它是一个真正的国际和跨文化的组织。

耶稣会士的职责之一便是考察自然。耶稣会的神父受过良好的数学和天文训练，关注许多不同的科学领域，特别是天文学、制图学、地理学、博物学、民族志、植物学和药物学。在不同的地区，他们对自然的兴趣呈现出不同的形式。例如，在中国，自从1601年利玛窦（Matteo Ricci，1552—1610）在北京获得了长期居留权，耶稣会士就密切参与钦天监的事务，与中国的天文学家和士大夫合作。1684年法国耶稣会士到来后，他们受清朝康熙皇帝的委派，参与绘制蒸蒸日上的大清帝国全图的庞大计划。

另一方面，在大多数这些遍及全球的前哨，耶稣会士都对药用植物颇感兴趣，既出于实用的原因，也部分是他们关注世界的奇妙之处，以彰显上帝之伟大。在美洲西班牙属殖民地、法属加拿大，以及葡萄牙属加勒比群岛，他们从原住民那里收集关于植物的知识及其疗效，将这些知识以书信或出版品的形式送往欧洲。他们还向欧洲寄回标本，充实到一些伟大欧洲学者的收藏中，如康拉德·格斯纳。我们会看到，之所以能够获取这些乡土知识，全在于耶稣会士长期居留这些地区，学习当地的语言和文化，设法赢得当地民众和统治者的信任。

耶稣会于1814年恢复，若干耶稣会士在此后的岁月中继续支持对自然的研究，无论是在欧洲还是海外。

业余科学团体

至于那些留在本土的人，出于收集和理解自然现象的好奇心，参加自然哲学讲座的兴趣，以及科学知识的正当威力，促使他们创建了许多基于业余爱好者的科学团体。其中最著名的也许是伯明翰的月光社（Lunar Society）。

月光社成员间的合作，展示出科学的功用与产业利益、经济利益之间的交集。设在伯明翰的月光社始于1765年，当时有一小群人非正式地聚在一起，讨论自然哲学和时务问题，他们称自己为“月光学圈”。1775年在威廉·斯莫尔

（William Small）和本杰明·富兰克林的鼓动下，这个团体扩充并更名为“月光社”，名称反映了真实的情况：成员在每月最接近满月的星期日或星期一之夜聚会，以便借光穿越没有路灯的伯明翰街道。这些自诩为“狂人”（Lunatics）的聚会，通常在马修·博尔顿（Matthew Boulton）的家——索霍会馆（Soho House）举行。月光社到1790年左右逐渐停止活动，主要由于法国大革命使他们看起来像是一个潜在的颠覆性团体，但零星的会议可能一直持续到1809年。

尽管月光社从来没有像当时其他各类科学社团那样正式（实际上，月光社的许多成员也是皇家学会的会员），但它秉承将科学知识的功用付诸实践的理念，锐意进取。关于自然世界的知识不仅仅是为了更好地理解上帝的创世或提升心智。知识是要改善人类世界的。在大多数情况下，这些人并不区分个人利益与社会利益。许多成员的身份首先是商人，其次才是自然哲学家，并且大多数成员在其生涯中从事过各种各样的职业。尽管他们对某些方面的改革颇感兴趣，但他们也许更应该被定性为“改良者”，孜孜不倦地查缺补漏，千方百计地让一切事物井井有条，无论是一台引擎、一种经营方式、教育，还是硫酸的生产。尤其是詹姆斯·瓦特（James Watt）与实业家约翰·罗巴克（John Roebuck）的合作，以及瓦特最终与马修·博尔顿更富成效的合作，都对蒸汽机的改进大有裨益，而蒸汽机真正让工业革命插上了翅膀。

其他哲学社团在英国遍地开花。例如，1781年成立的曼彻斯特文学和哲学学会旨在促进上流社会的知识、理性的娱乐、技术上的指导，以及专业性的职位。对科学知识的追求，既被看作一种超越（作为超然于物质世界的通往上帝之路），也被视为理智上承认了一种新的世界秩序——这种秩序基于产业制度和对物质世界的开发。曼彻斯特是一座新兴的制造业城市，其精英市民寻求一种能够代表他们生活的正当性，以及关于进步和功用的思想体系。曼彻斯特文学和哲学学会由医务人员创立，会员包括贵格会教徒、神体一位论派和制造商。在这样的社团里，地方性事务和商业问题要比伦敦的指示更为重要。伦敦的科学家不会吩咐制造商如何动手操作；同样，制造商也不会指示科学家该做什么。相反，这些社团为第一代会员中的激进躁动提供了可控的出口，并为第二代维护其获得的权益提供了手段。很快，文学与哲学学会在布里斯托尔、纽卡斯尔和爱丁堡等地先后成立。

分类系统

对于那些送到博物馆收藏的手工制品，或为地质学理论化而采集的化石来说，一个反复出现的问题是如何对他们找到的物品进行标示和分类。分门别类是百科全书派、物质理论家和帝国主义者的目标。只有知道所有事物的名称，将每个类型或个体划归到更大的万物体系之下，才有可能控制世界及其资源。在整个中世纪和文艺复兴时期，分类一直基于“存在的巨链”，那是一套严格的等级制度，从上帝依次下降到天使、人、动物、植物，终结于无生命的世界。学者们已不再满足于这个体系，因而寻求新的、更合理的分类架构。这些思想家设计出理性的系统，先是对动植物分类，接着对化学元素分类，成为旨在了解一切的伟大启蒙运动计划的一部分。

卡罗鲁斯·林奈（也作卡尔·冯·林奈，1707—1778），瑞典植物学家，是18世纪最成功的分类学家之一。他积累了大量的植物藏品（干燥的，而不是活体，与邱园的收藏相反），从世界各地的收藏家那里接收植物。林奈提出了一套分类系统，并在《自然系统》（1735）中首次阐述，它基于特异性的逐步提高：界、纲、目、属、种、变种。为了对具体的植物进行分类，他使用了“人为分类法”，即他将该系统建立在容易计数和测量的属性特征上，却可能无法反映物种之间的本质联系。18世纪的所有分类学家都使用人为分类法，但也希望有一天能找到物种之间相互联系的自然基础。后来人们发现，只要添加时间的维度，如同达尔文所为，这样的自然分类就会成为可能。林奈的分类方法基于植物生殖器官的形态特征，确切来说是通过计数雄蕊和雌蕊的数目。这并非随意之选，因为生殖器官在传递某些基本性状方面更为关键。随后，他创立了一套属名加种名的双名命名法，沿用至今。

林奈着眼于明显相关的属和种之间的联系，以表达层级分类的概念。也就是说，他主张从最简单到最复杂的生物，并没有像巨链理论所设想的那样存在明确的线性连续或等级，而是每个属、每个物种都同样复杂。他描绘了物种之间的关系，布局就像地图上的各国一样，每个物种都与许多其他物种联系。起初，他在《植物哲学》（1751）中主张物种的不变性，没有看到一个物种向另一个物种的转变。到了1760年，他已断定一些物种可能有共同的祖先，但认为这仅仅是由于杂

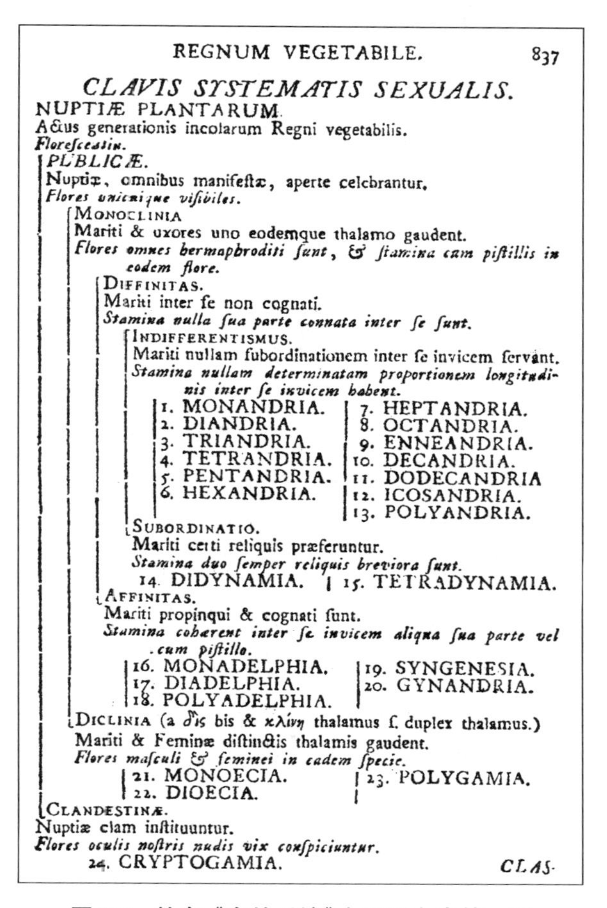

REGNUM VEGETABILE. 837

CLAVIS SYSTEMATIS SEXUALIS.

NUPTIÆ PLANTARUM.
Actus generationis incolarum Regni vegetabilis.
Florescentia.

PUBLICÆ.
Nuptiæ, omnibus manifestæ, aperte celebrantur.
Flores unicuique visibiles.

MONOCLINIA
Mariti & uxores uno eodemque thalamo gaudent.
Flores omnes hermaphroditi sunt, & stamina cum pistillis in eodem flore.

DIFFINITAS.
Mariti inter se non cognati.
Stamina nulla sua parte connata inter se sunt.

INDIFFERENTISMUS.
Mariti nullam subordinationem inter se invicem servant.
Stamina nullam determinatam proportionem longitudinis inter se invicem habent.

1. MONANDRIA. | 7. HEPTANDRIA.
2. DIANDRIA. | 8. OCTANDRIA.
3. TRIANDRIA. | 9. ENNEANDRIA.
4. TETRANDRIA. | 10. DECANDRIA.
5. PENTANDRIA. | 11. DODECANDRIA
6. HEXANDRIA. | 12. ICOSANDRIA.
| 13. POLYANDRIA.

SUBORDINATIO.
Mariti certi reliquis præferuntur.
Stamina duo semper reliquis breviora sunt.
14. DIDYNAMIA. | 15. TETRADYNAMIA.

AFFINITAS.
Mariti propinqui & cognati sunt.
Stamina cohærent inter se invicem aliqua sua parte vel cum pistillo.
16. MONADELPHIA. | 19. SYNGENESIA.
17. DIADELPHIA. | 20. GYNANDRIA.
18. POLYADELPHIA.

DICLINIA (a δὶς bis & κλίνη thalamus s. duplex thalamus.)
Mariti & Feminæ distinctis thalamis gaudent.
Flores masculi & feminei in eadem specie.
21. MONOECIA. | 23. POLYGAMIA.
22. DIOECIA.

CLANDESTINÆ.
Nuptiæ clam instituuntur.
Flores oculis nostris nudis vix conspiciuntur.
24. CRYPTOGAMIA.

CLAS-

图6.7　林奈《自然系统》（1735）中的一页

交导致的。林奈将分类看作一个封闭的系统，基本上不会有新物种出现；因此，理论上所有的物种都是可知的。他设想的命名法大纲是一个有限的列表，分类学家可以填补表中的空当，最终形成所有生物的完整知识（这与19世纪化学元素周期表的发展非常相似）。因此，基于性状的相似性，林奈表明了物种间的天然亲缘联系，并擘画出一套命名所有生物的宏伟研究计划。

尽管林奈首先是一名植物学家，但他确实将他的命名法和命名系统扩展到动物命名上。在此之前，动物已经按亚里士多德的方式，被划分为四足和双足动物，再加上鸟类和鱼类。林奈致力于寻找相似的性状，以便把不同的物种联系起来。他最有争议的举动可能是，依据种群雌性部分个体的乳房就识别出一门类动物（即哺乳动物）。这可能是因为林奈本人是瑞典反奶妈喂养运动中的一名有影响力的成员，该运动鼓励中上层妇女（如他自己的妻子）哺乳她们自己的孩子。由于他将马、狗、猿和人划归为同一个门类，结果关于人在自然界中的地位问题在生物界引发了轩然大波。

物质研究：化学与炼金术的终结

在对物质的研究中，通过理解其内在力量而征服自然，这个问题和人们对分类的兴趣是相互交融的。数学物理学已经被牛顿整理和简化为一系列的公理性定律，与此趋势相反，化学领域则缺乏一套核心的条理化观念，甚至没有一套普遍接受的语言和命名系统，结果，关于物质的理论众说纷纭。人们发现了更多的化学物质和反应过程，但因为没有一套核心的条理化原则，故而它们仅仅意味着更多令人困惑的事物。工业化学基本上仍然是某种产品的手工艺或行会系统，但随着欧洲开始工业化，对材料的需求促使生产商扩大生产规模，寻找新的方法。其中有些材料，如火药、染料、酸类，以及沥青之类的造船材料，需求量非常大，以至于它们的产量引起了各国的重视。

虽然炼金术仍然常见，但遭到了自然哲学家越来越多的攻击，他们谋求在理性和实验的基础上开展对物质的研究。自从波义耳出版了《怀疑的化学家》（1661），这些研究者就一直致力于建立一套探究物质世界的方法，而不必依赖隐藏和神秘的力量。这一点随着1732年赫尔曼·布尔哈弗（Herman Boerhaave，1668—1738）的《化学元素》出版而得到加强。该书被翻译成几乎全部欧洲主要语言，被认为是化学的基本著作之一，直到50年后才被拉瓦锡的著作所取代。皮埃尔·约瑟夫·马盖（Pierre Joseph Macquer，1718—1784）试图进一步向化学领域引入一些规则。马盖受过医师的训练，1745年被聘任为巴黎科学院院士。他的研究偏离了波义耳的路线，而采取一种更接近牛顿的微粒论体系。1751年，他出版了两本有影响力的教科书，即《化学实践原理》和《化学理论原理》。1766年，又出版了《化学词典》。尽管在马盖及其同代人的研究中，来自亚里士多德的某些概念仍阴魂不散，但他们对实验步骤和定量分析日益重视。

18世纪的许多主要化学家都致力于气体化学，研究“空气”，也就是我们所说的气体。把研究各种空气放在首位是有许多原因的：首先，它们与生命紧密相连，不难理解当时对生命的研究非常流行；其次，它们还与其他化学过程相关，例如燃烧、生锈和煅烧，并且是许多重要操作的副产品，如酿造、熔炼和染料制造等；此外，在知识层面上，空气是一种最精细的物质，因此人们相信，了解空气的结构和性质将为更全面地了解物质打开大门。这遵循了微粒论的传统，尤其是笛卡尔、波义耳和牛顿，他们都主张物质，甚至连光（以牛顿为例），都是由极其微小的粒子构成的。

物质的种类不断增加，但无论如何，它们在一个方面具有统一性，那就是燃烧的原理。17世纪到18世纪早期，许多哲学家曾研究过燃烧（包括矿灰、锈蚀和呼吸）；大多数人都赞同，火是一种物质，化合物被加热时便会从中释放出来。在更古老的炼金术传统中，火被看作一种要素或精气。后来的医药化学传统中，约钦姆·贝歇尔（Joachim Becher）等人认为，火是一种油状土（有点类似于亚里士多德学说的火元素），与其他物质结合构成了世间的材料。某种材料所含的油状土越多，其潜在的可燃性就越大。

贝歇尔的这套早期学说被格奥尔格·恩斯特·施塔尔加以改进，两人曾有过通信。1718年，施塔尔用“燃素”（phlogiston）一词取代了油状土，该词的希腊文词根“phlogos”意为火焰。他主张金属由矿灰和燃素组成，所以当金属被加热时，燃素释放到空气中而留下矿灰。所有易燃物质都含有燃素，但燃素本身具有区别于其他物质形式的特性。该体系的化学反应可以被描述为：

$$\text{金属（矿灰＋燃素）}\xrightarrow{\text{加热}}\text{矿灰＋燃素（释放到空气中）}$$

燃素理论可以很好地解释燃烧的许多方面。如果一种物质让周围空气的燃素饱和（这种空气即被“燃素化”了），那么它就会停止燃烧，就像一个封闭罐子里的蜡烛。如果某种物质释放了所有的燃素，完全化为了灰烬，燃烧也会停止。燃素化的空气不支持呼吸，但由于植物从大气中吸收或固定燃素，将其变回可燃的木材，因而大气中的燃素不会饱和。燃素说的支持者发现，物质在燃烧或煅烧后经常变得更重，表明燃素具有负的重量或正的“轻量”，不像牛顿体系中的物体那样被吸引到地面。

整个18世纪，许多研究者都在继续研究空气。斯蒂芬·黑尔斯（Stephen

Hales）发明了一项技术，使得收集空气更加容易。黑尔斯运用了集气槽，通过排水置换来收集气体。虽然这种方法以前可能有人用过，但黑尔斯的使用让这种方法很快被其他实验家采用，如约瑟夫·布莱克（Joseph Black）和亨利·卡文迪什（Henry Cavendish）。布莱克在苏格兰工作，在进行医学博士论文研究时开始了化学探究，他开始热衷于酸碱之间的关系及其与“固定空气”，也即今天所说的二氧化碳的关联。布莱克通过将这种不可见的气体倒入容器中一支燃烧的蜡烛上，从而熄灭火焰，演示了“固定空气”不能支持燃烧。通过仔细测量的实验，他证实了化学反应中化学物质以固定的比例结合，固定空气是大气的成分之一，也是呼气时产生的气体之一。通过这些演示，他证明了大气层的空气是气体的混合物，而不是亚里士多德学派和许多后来体系中所认为的单一元素。

1766年，卡文迪什——剑桥伟大的卡文迪什实验室即以他的名字命名——确认了“易燃空气”（现在称作氢气）的特性，并将其与其他已知的可燃气体区分开来。易燃空气的特性使许多人认为它就是燃素。1784年前后，卡文迪什首次明确地证实了水是一种化合物，推翻了亚里士多德的又一种元素。

尽管布莱克和卡文迪什的研究非常广泛，但在“空气”的本质方面，最伟大的研究者是约瑟夫·普里斯特利（Joseph Priestley，1733—1804），他分离和研究的新气体比任何其他研究者都多。他虽然几乎没有受过自然哲学方面的正式训练，但是接触到很多对这门学科感兴趣的人，比如讲授过化学的医师马修·特

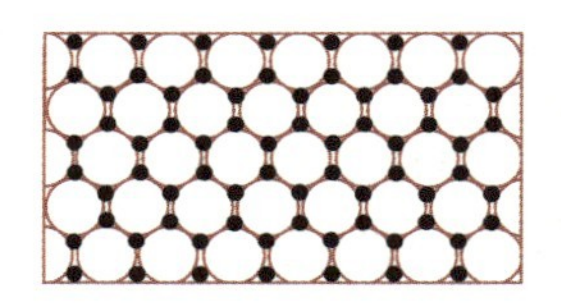

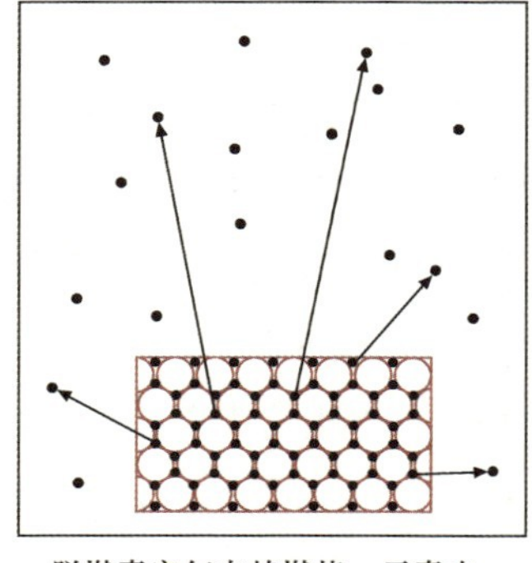

脱燃素空气支持燃烧，元素中高浓度的燃素释放到燃素浓度较低的空气中

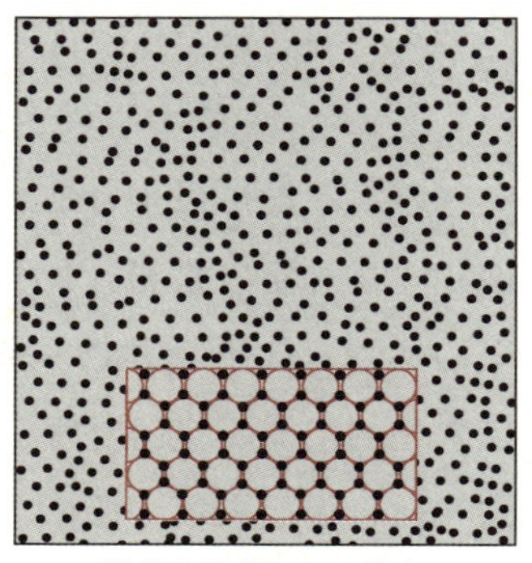

燃素化的空气已经饱和，所以不会燃烧

图6.8 燃素

纳（Matthew Turner）以及本杰明・富兰克林。普里斯特利担任了谢尔本伯爵二世威廉・佩蒂（William Petty，second Earl of Shelburne）的图书管理员，既有赞助人，也有职位，使得他可以从事研究工作。1774—1786年间，他写了一部六卷本的巨著，题为《关于各种空气的实验与观察》。他研究了我们现在称之为一氧化氮、氯化氢、氨、二氧化硫和其他一些气体。还研究了燃素化空气溶于水（苏打水）后的特性，用以治疗坏血病。事实上，他最重要的工作，是他所谓的"脱燃素空气"。当加热一些汞灰时，他得到了在他看来非常助燃的一种新气体。他推论说，这种空气本身所含的燃素极少，以致燃烧物中的燃素迅速释放以填充空隙。与之相反的是燃素化空气，充满了燃素，再也吸纳不了，燃烧也就不能发生了。

普里斯特利对化学的兴趣与他激进的政治和宗教观点紧密相连。他是一神论者，与沃灵顿学院（即后来的曼彻斯特大学）的不信奉国教者学院保持联系，该学院提供科学上的培训，作为实现其进步和理性目标的一部分。普里斯特利信仰进步的观念、人类的完美性，以及人类发现关于万物（从自然界开始）真相的能力。因此，他赞成废除压制型法律，并同情美国和法国的革命。就像赫顿的情况一样，普里斯特利成为一个越来越可疑的人物，尤其是自英国对法国宣战之后。1791年7月14日，他在伯明翰的房子被一群暴徒（有时被称为普里斯特利暴动）破坏。1794年他离开了英国，定居宾夕法尼亚，在那里他继续支持燃素理论，直到去世。

虽然在英国完成了有关空气的重要工作，但这项科学研究的中心是法国，尤其是巴黎。到1750年，巴黎科学院吸引了欧洲大陆一些最有影响力的科学家。因为尊崇的职位由政府支薪，而且科学院的名额有限，所以与院士相关的竞争和政治图谋非常激烈。在这个沙龙社会、科学发展和改革运动的世界，出现了安托万-洛朗・拉瓦锡（Antoine-Laurent Lavoisier，1743—1794）。他是一个改革者，知道自己的工作在科学内部和对法国社会的政治意义。他追随父亲的脚步，高等教育阶段最初学习法律，却被科学特别是化学所吸引。1768年，他在科学院获得了一个助理职位，虽然这个职位级别最低，没有报酬，但他接受了这个职位，决定为科学而献身。为了给研究工作提供资金，他在包税总公司（Ferme Générale）持有股份，这个私人的包税公司是替政府征税的组织。尽管他后来升格为院士身份，获得了政府的薪水，但个人财富和包税总公司的股份早就足以让他腰缠万贯。他最终成为一名总包税商，即该组织的高级官员之一。虽然这支持了他的研究，但他与税收的瓜葛导致他1794年被送上断头台，革命法庭审理并宣判他为反革命。

1771年，拉瓦锡迎娶了玛丽·安妮·皮耶雷特·波尔茨（Marie Anne Pierrette Paulze，1758—1836），她是包税公司合作伙伴的女儿。玛丽融入了拉瓦锡的科学和政治生活。她照料他的各种事务，学习英语以便为他翻译资料，并参与实验室工作。她跟随路易斯·大卫（Louis David）学习艺术，并负责刻画拉瓦锡工作的场景。顺应沙龙文化，她每两周举办一次文人的聚会，拉瓦锡在家中便可招待他们。甚至在拉瓦锡被处决后，她还继续这项活动。在这一点上，她符合科学领域女性的模式——在幕后工作，通常是科学事业中默默无闻的伙伴。

拉瓦锡身为科学院的院士，同时也是一名公务员，期望用才智为国家服务。以他对改革的干劲和兴趣，他非常热衷于就广泛的主题发表言论，包括审查巴黎的供水、监狱条件、食品掺假、气球飞行，以及一系列工业问题，如陶瓷工业、玻璃制造和油墨制造等。他还致力于农业改革，1785年担任农业委员会的成员。由于他为国家所做的工作及其化学家的能力，他被任命为皇家火药和硝石管理局局长，受命改进法国的火药，原先其质量通常低劣，而且原料很难获取。在这个职位上，他分配到巴黎兵工厂的一所豪宅，有足够的空间用作实验室。

普里斯特利1774年访问巴黎时，与拉瓦锡讨论了关于脱燃素空气的研究。拉瓦锡一直在寻找大气中支持呼吸和燃烧的成分。具有讽刺意味的是，拉瓦锡正是利用普里斯特利的发现而推翻了燃素理论。到1777年，他已经得出结论，“特别利于呼吸的空气”通过燃烧和呼吸，转化成“固定空气”。由于它与酸的关系，他把这种空气命名为氧（oxygène，希腊语中的成酸物质）。到1778年，他证明了大气中的空气是这种可呼吸空气和一种惰性空气的组合。这开启了许多更深入的实验，包括证明水是由氧气和卡文迪什的易燃空气组成。这些实验让拉瓦锡确信燃素体系无能为力。1783年，他向科学院提交了一篇论文，题为《关于燃素的反思》，阐述了旧学说的问题以及他的氧气体系如何解决这些问题。这一争议性的立场一方面为拉瓦锡赢得了包括约瑟夫·布莱克在内的众多支持者，一方面也遭到了许多著名化学家的极力反对，包括马盖和普里斯特利本人。

图6.9　拉瓦锡和拉普拉斯的冰量热器，见《化学原理》(1789)

抛弃了燃素，留下一个关于热的问题。如果金属灰和呼吸都只是一种化合，那么热是什么呢？与数学家兼物理学家皮埃尔-西蒙·拉普拉斯一道，拉瓦锡重新阐述了新体系中热的作用，引入热量的概念来代替燃素的本义。为了量化热的产生，他们发明了冰量热器，利用融化的潜热来显示化学反应和呼吸排放的热量。约瑟夫·布莱克已于1760年确认了潜热，当时他注意到在熔点时，增加的热量将冰融化而没有提高它的温度（直到所有的冰都融化了，水才开始变热）。因此，将一定体积的冰融化成水需要一定的热量。通过测量水量，可以计算出热量。拉瓦锡认为热量是一种无重量的流体，当它注入其他物质会引起膨胀。例如，在碳和氧的燃烧过程中，产生的二氧化碳具有初始物质的总重量，并以热和光的形式释放出热量。虽然这个观念后来被证明是错误的，但拉普拉斯和拉瓦锡对能量的测算成为标定食物能量的基础。

拉瓦锡及其许多支持者认为，要将化学置于合理而实用的基础上——在这里指的是他的体系和对燃素理论的排斥——他们必须改革整个化学。追随人文主义和启蒙哲学，他们从语言入手，1787年，拉瓦锡与克劳德·路易·贝托莱（Claude Louis Berthollet，1748—1822）、福尔克拉伯爵安托万·弗朗索瓦（Antoine Francois de Fourcroy，1755—1809）、盖顿·德·莫尔沃（L. B. Guyton de Morveau，1737—1816）等合作出版了《化学命名法》。这项工作试图统一化学物质和元素的命名并使之系统化，用拉丁文和希腊文词根取代旧的常用名。因此，硫酸酒石（vitriolated tartar）、杜巴斯盐（sal de duobus）和再生秘药（arcanum duplicatam）都变成了硫酸钾。除词根外，还通过不同的后缀来区分化合物，表明其类别。由硫酸形成的盐称作硫酸盐，而由亚硫酸形成的盐称作亚硫酸盐。使用该命名法系统，实际上意味着接受了拉瓦锡暗含的基础氧化理论，从而确保他的体系成为化学研究的新途径。

最初，拉瓦锡的新体系遭到强烈反对，尤其是不少老一代化学家。他的说服活动不仅通过出版和科学院等正式渠道进行，而且也利用各种沙龙。在玛丽主持的每双周聚会上，他几乎招待了每一位到访巴黎的重要自然哲学家。从1785年起，他作为科学院的负责人，操纵了化学部门的组织，成员均反对燃素说。当《物理杂志》的编辑权在1789年被燃素说人士控制后，拉瓦锡及其弟子皮埃尔·阿代（Pierre Adet，1763—1834）创办了《化学年鉴》，致力改善化学的报道和质量。该杂志如今仍然是最重要的科学出版物。

1789年，拉瓦锡出版了影响深远的著作《化学基础论》（*Traité Élémentaire de Chimie*）。这本书汇集了他各方面的研究工作，介绍了他的命名法、实验系统和仪器，以及测量的方法和标准，还全面汇总了按其理论体系确认的所有元素和化合物。该书被广泛阅读，迅速翻译成各种文字，给予燃素说致命的打击。基本上可以说，任何对物质理论感兴趣的年轻化学家或个人，如果不了解拉瓦锡的体系，就不能自称跟上了潮流。他的命名法非常实用，很快成为应用最广的系统，拉瓦锡的化学理论就蕴含在内。同样，测量和实验也成为化学研究的组成部分，相比旧有的定性研究，它们为许多截然不同的研究计划铺平了道路。

化学革命的第一阶段因法国大革命结束。拉瓦锡作为一名改革家和政治上的温和派，曾希望利用科学来支持一个更加进步的新法国。他努力让法国无论在学术还是实践方面都强大起来，将其理论体系运用于火药生产、农业改革和地质工作。但当大革命沦为恐怖统治后，拉瓦锡作为包税商与旧政权之间的关联，在激进分子的眼中就变得形迹可疑。他被揭发，与其他27名包税商一起遭到逮捕。对他们的审判只持续了几个小时，虽然指控没有实质内容，但欲加之罪还是落锤，无论拉瓦锡及其朋友如何辩解，都无法影响结果。1794年5月8日，拉瓦锡被送上断头台，法国和科学界失去了最强头脑之一。谈到拉瓦锡之死，拉格朗日说："砍掉他的头颅只需要一瞬间，而这样的头颅一百年也长不出来。"

随着化学作为一项公开和系统性的研究而兴起，自然哲学家和越来越多研究科学的院士们严肃思考的领域中，逐渐不再有对物质嬗变的探究。一场落幕戏彻底关闭了炼金术和炼金术士的大门，这就是詹姆斯·普莱斯（James Price）事件，他1752年生于伦敦，原名詹姆斯·希金博瑟姆。虽然他毕业于牛津的莫德琳学院，1782年才获得医学博士，但一年前他就被选为皇家学会的会员，部分由于他在化学领域的工作。毕业后，他邀请了一些重要人物到家中，声称已经将水银嬗变为黄金。他把一种神秘的白粉加入50倍于其重量的水银中，混合一些硼砂和硝石，将这种混合物倒入坩埚中加热。产物是一块银锭。而当普莱斯用60倍重量的水银进行同样的操作时，产物就成了黄金。这些锭块被确认为真正的金银，并呈送给国王。

此事引起了轰动，普莱斯让炼金术的老把戏峰回路转。他没有直接为其研究谋求赞助，而是写了一本关于这些实验的小册子，并成为畅销书。到1783年，普莱斯说他的白粉供应已耗尽，而再制一些白粉的成本太高，需要资金和人力，而且会损害他的健康，因为他暗示，制造这种白粉需要耗费心神。

约瑟夫·布莱克审阅了普莱斯的研究，断定其漏洞百出。他说，令人震惊的是，普莱斯居然获得过医学学位。支持者和反对者都迅速加入了争论，最终成立了一个委员会来调查情况。普莱斯一度拒绝合作，但来自社会和朋友的压力迫使他接受了调查。他有六个星期的准备时间，但这一切都是徒劳。当皇家学会的三名调查人员到达，他把他们带进自己的实验室，然后借故离开。他喝了一小瓶氢氰酸，回到实验室，倒在调查人员的脚下而死。事实上，炼金术也随着他而寿终正寝，因为这次事件之后，欧洲的任何科学团体都不会再关注炼金术的花言巧语，除非去揭穿它们。

本章小结

法国大革命，以及随之而来的全欧洲战争，终结了许多自然哲学家更为激进或“自由思考”的立场。对自然现象、行星运行和物种进化予以理性世俗的解释，在18世纪90年代变成了危险的念头。尽管如此，自然哲学在此启蒙运动时期已经改头换面。定量分析、逻辑和条理的分类系统，对曾被视为难解之谜的电和热之类现象予以测量和解释——所有这些都是百年发展的遗产。

革命和战争造成了混乱，最终超越这些混乱的一项永久改革，就是度量衡的公制系统。即使在同一个国家，也往往没有统一的计量标准。例如，法国大约有300种不同的重量单位。早在1670年，法国牧师加布里埃尔·穆顿（Gabriel Mouton）就提出利用科学的原则改革度量衡系统。1742年，瑞典天文学家安德斯·摄耳修斯（Anders Celsius，1701—1744）引入了百分度的温度计，这是在科学上广泛采用的第一个重要十进制测量系统。在锐意改革的18世纪90年代，托马斯·杰斐逊在美国提出了一种基于十进制的计量系统，虽然这个想法没有付诸实施，但1792年美国铸币局推出了十进制货币。1790年，法国国王路易十六授权巴黎科学院调研法国度量衡的改革。五年后，法国共和政府正式采用公制系统。尽管我们今天所知，科学计量系统的国际单位制（Système International d'Unités，SI）是19世纪国际会议的产物，但计量系统的概念，即单位统一、相互融合（例如固定体积的水等于某个特定的质量），是建立在启蒙运动的革命性改革基础上的。

正如启蒙运动和工业革命创造了全新的工种类别一样，在这个时代，我们也看到了科学家的诞生：他们通过职业、教育和社团，将新形成的科学当作毕生的工作。科学家专注于利用他们关于自然的知识，千方百计使他们的成果能够改善公民的生活、增强国家的力量，提高股份公司的盈余。科学如今已经势不可当地与19世纪的帝国宏图交织起来了。

论述题

1．科学革命的思想是如何影响启蒙运动的？

2．地质学家如何论证地球是被创造出来的？他们的证据是什么？

3．科学收藏如何改变了科学的发展？

4．拉瓦锡为化学领域带来了哪些革命性变化？

第七章时间线

1734—1799年	麻田刚立在世
1794年	巴黎综合理工学校成立
1798年	托马斯·马尔萨斯出版《人口论》
约1806年	乔治·居维叶研究乳齿象
1808年	约翰·道尔顿出版《化学哲学的新体系》
1809年	拉马克出版《动物哲学》
1809—1882年	查尔斯·达尔文在世
1815年	拿破仑战败
1822—1895年	路易·巴斯德在世
1830年	查尔斯·巴贝奇出版《关于科学在英国衰落的思考》
1830—1833年	查尔斯·莱伊尔出版《地质学原理》
1831年	英国科学促进会成立
1831—1836年	贝格尔号远航
1833年	威廉·惠威尔普及"科学家"一词
1844年	罗伯特·钱伯斯出版《自然创造史的遗迹》
1844年	达尔文写成演化论的文章，但是没有发表
1845年	皇家化学学院在伦敦开办
1848—1859年	亚历山大·冯·洪堡出版《宇宙》
1851年	万国工业博览会在伦敦举行
1851年	威廉·汤姆森发表《论热的动力学理论》
1853年	佩里海军中将抵达日本
1855年	赫伯特·斯宾塞出版《心理学原理》
1856年	威廉·帕金发现苯胺染料
1858年	阿尔弗雷德·拉塞尔·华莱士写信告知达尔文演化论
1859年	达尔文出版《物种起源》
1860年	斯坦尼斯劳·坎尼扎罗发现测量原子量的方法
1860年	托马斯·亨利·赫胥黎反驳塞缪尔·威尔伯福斯对演化论的批判
1865年	奥古斯特·凯库勒提出苯环结构
1869年	弗朗西斯·高尔顿出版《遗传的天才》
1870年	意大利统一
1871年	达尔文出版《人类的由来》
1871年	德米特里·伊万诺维奇·门捷列夫提出元素周期表
1871年	德国统一，德意志帝国建立

第 七 章

科学与帝国

19世纪是欧洲帝国的黄金时代。尽管欧洲人很早就开始了探险和殖民，但欧洲国家，尤其是大西洋沿岸国家，至此才从经济上、军事上和政治上掌控了全球各地。蒸汽机、电报和工厂，战胜了时间和空间，满足了物资的需求。帝国的足迹踏遍全球各个角落，帝国的旗帜飘扬在最边远和充满挑战的地方。由于西欧国家经历了快速的工业化，它们越来越热衷于占据殖民地，以攫取自然资源和垄断市场。工业化和殖民主义都有助于刺激科学的发展，而科学则能够提升人们认识世界的能力，找到方法将所占殖民地的自然资源转换为财富。但严格来说，这种科学交流并不是单向的，因为非欧洲国家通过接触欧洲的思想，也开始吸纳一些观念和技术，其中就包括对自然的研究。与此同时，对于那些殖民地范围有限的欧洲国家而言，科学提供了应对经济劣势的一种方法，即通过发明新工具和新技术来解决廉价自然资源的匮乏造成的问题。

殖民竞赛的大赢家是英国，1815年拿破仑战败后，最强大的对手法国遭到重创，简直让英国在全世界所向披靡。法国的失败不仅在于战场上，更在于商店和工厂中。以殖民地势力为支撑，英国工业的产量远超法国，因此他们的每一颗子弹、帐篷和海军舰艇，都能成本低廉，生产却又多又快，法国无法与之匹敌。虽然美国殖民地在1776年已经脱离了英国的统治，但相较于英国治下的印度以及非洲、中东和亚洲的广大地区而言，只能算是冰山一角。并且，尽管英美之间有过长达百年的猜忌和冲突，特别是1812年战争（美国第二次独立战争）和英国勾结南部邦联的美国内战，但英国一直都是美国最大的贸易伙伴。

荒谬的是，英国的强大为欧洲大陆一系列政治重组铺平了道路，结果对英国的霸权地位构成挑战。1870—1871年的普法战争导致奥托·冯·俾斯麦（Otto von Bismarck）统一了德意志诸邦，而加里波第则统一了意大利各国，1870年落入维克托·伊曼纽尔二世（Victor Emmanuel Ⅱ）的统治。20世纪爆发的战争，其根源就在于19世纪确立的势力阵营。

与帝国的“大棋局”同样重要且值得注意的事实是，那些足不出户的人在各地事件发生几天甚至几个小时内就能读到报道、看到照片。1804年理查德·特里维西克（Richard Trevithick，1771—1833）和马修·默里（Matthew Murray，1765—1826）建造了第一台有轨蒸汽机车，由此引发了一场交通革命，到19世纪末，铁路铺设里程已达数十万千米。1819年，“萨凡纳号”实现了蒸汽船的第一次跨大西洋航行，到该世纪中叶蒸汽船取代了帆船。尽管火车和轮船的速度飞快，它们也赶不上电报在全球传输信息的速度。通过铁路、轮船和电报，掌控全球帝国和国际贸易所需的信息流动终于成为现实。

采集和分类：生物学和帝国

随着欧洲帝国主义的大规模扩张，科学家和普通公众越来越热衷于采集所发现的大量新颖和奇异物种。追求怪异和独特的狂热之风经久不息，珍奇柜，以及异域的鸟类、昆虫和狩猎战利品的陈设，成为许多中产阶级家庭的标志。对于严肃的研究者来说，采集服务于寻找它们的秩序和联系。林奈之后，18世纪的采集科学发展为19世纪的生物科学。与此紧密相连的观念是，分类和理解是控制和开发过程的一部分，因此也就与帝国的计划难分难解。

我们可以通过亚历山大·冯·洪堡（Alexander von Humboldt，1769—1859）的职业生涯，追溯生物界研究从18世纪博物学（Natural History）向19世纪生物学的转变。作为普鲁士军官之子，洪堡选择了科学旅行家和博物学家的职业，而不是父亲所设想的外交官。博物学家跟随库克船长的远航令他深受影响，他1799年开始了自己遍及美洲西班牙属殖民地的长期旅行。结果一系列的游记和博物学著作成为畅销书。但洪堡对动植物的描述，与班克斯或其他18世纪博物学家有着明显的差异。结合大量的野外工作，他使用精密仪器进行精确测量，并贯彻所有生物具有相互关联性这一总体观念。对此他在最后出版的多卷本著作《宇宙》（*Cosmos*，1848—1859）中做了最为清晰的阐述，该书对未来的科学家影响巨大。

一些历史学家称之为洪堡式科学，它有力地促使生物学家（尤其是在美国）强烈依赖田野工作，也有助于开创对生命世界的原生态理解。

随着更多的物种尤其是可供利用的物种不断被发现，新型动植物的分类工作仍在继续。博物学家和探险家找到这些新植物并发现其用途，就像汉斯·斯隆发现巧克力那样。最重要的发现之一是奎宁，这是当地唯一已知的疟疾治疗方法；在这个欧洲人更容易患上该病的时代，它让帝国势力深入赤道地区成为可能。奎宁本身就是殖民主义的产物，因为它产自秘鲁发现的一种树皮，17世纪30年代当地人告诉了西班牙人。林奈1638年命名该植物为金鸡纳（Cinchona），取自安娜·钦琼（Ana Chinchon）伯爵夫人，即秘鲁总督之妻。虽然这个故事不足凭信，但据说钦琼伯爵夫人得过疟疾，用奎宁树皮成功治愈，因此其用途得以传播开来。由于金鸡纳树不易栽种且十分昂贵，设法生产人造奎宁就成为有机化学的重要任务之一。

由于这些帝国遇到其他民族，与之贸易，并在很多情况下加以征服，所以科学的分类活动也开始将人类包括在内。林奈是这方面的先行者，他将人类划分为会思考的哺乳动物［智人（Homo sapiens）］。而且，他宣称人类有四大种族：欧罗巴人、亚洲人和非洲人（沿袭古希腊的三分世界），再加上新世界的亚美利加人。林奈的一个门徒，约翰·弗里德里希·布鲁门巴赫（Johann Friedrich Blumenbach，1752—1840），进一步深化这种分类，提出了这些族群之间的关系模型。他认为所有人都属于同一物种，但是不同种族的完美性存在等级差异。布鲁门巴赫将来自高加索山脉的人，即他眼中最漂亮的人，列为最接近完美的种

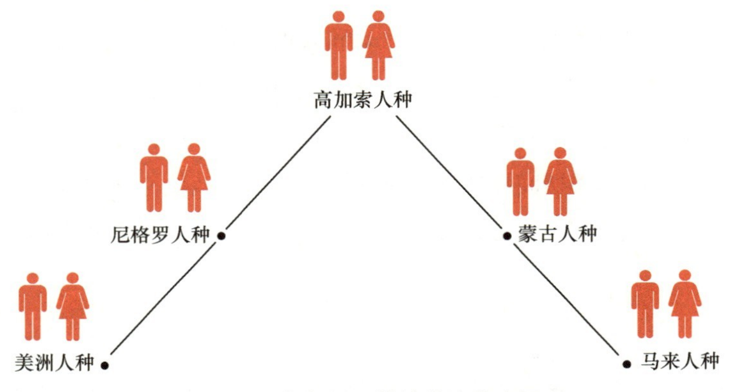

图7.1　布鲁门巴赫的种族分布图

族，而其他种族因向东或向西迁移，被贬低为偏离标准的退化。为了让模型对称，他还增加了马来人作为第五个种族（见图7.1）。

虽然布鲁门巴赫并非有意借其分类来表明种族发展的层次差异，或者暗示在某些方面高加索人以下的种族更接近动物，但是19世纪的种族论者很快把这个金字塔看作生物学等级和文化成就的标志，充当实施种族剥削的借口与机会。这方面最臭名昭著的例子也许是撒拉·芭特曼［Saartjie（Sarah）Baartmann］的故事，她是南非当地的科伊人（Khoi），1810年被英国海军外科医生威廉·邓禄普（William Dunlop）带回英国，以“霍屯督维纳斯”（Hottentot Venus）[1]为名在各类助兴表演中展示。这件事情引起了公愤，因为奴隶制已经在英国宣告非法，最终芭特曼被转移到法国演出。乔治·居维叶（Georges Cuvier，1769—1832）等科学家非常渴望对她研究一番，尤其是她的独特解剖特征，但芭特曼拒绝了。她最终成为一个穷困潦倒的妓女，1816年孤零零地死于巴黎街头。她去世后，身体被一名法国外科医生解剖，多个部位在自然博物馆展出直到1949年，然后又在巴黎人类博物馆展出到1974年[2]。

灾变或均变：地质学的记录

尽管对来自远方的人类、植物和动物的研究极大地吸引了大众和科学的关注，但地质学却是欧洲取得研究进展的最重要领域之一。帝国竞争的形势下地质学蓬勃发展，是因为它关系到煤炭、铁矿和其他可开采矿产资源的工业发展。例如，英国启动了大型的田野计划，来了解、绘制和命名地层，加拿大、澳大利亚、新西兰和印度的皇家地质调查机构也都承担起这项工作。

就像欧洲启蒙运动期间那样，地质学家继续钻研地质变化的历史。关于成因的争论——18世纪的岩石水成论和火成论，转变为一场对变化速度和变化类型的

1 “霍屯督”是欧洲白种人对非洲黑人的蔑称。

2 芭特曼的遗骸于2002年从展品中剔除并送还本国。她被安葬于南非东开普省汉基的盖蒙图河畔。她回归南非，被视为对殖民时代种族主义的控诉，也标志着这段人身剥削的恐怖经历走向终结。

更具量化的讨论。这场争论出现了两大思想流派——灾变论和均变论，观点分歧在于，地质构造的形成是通过突变还是渐变。问题的症结在于：地球是否曾经更热，火山活动是否曾经更剧烈，或者地球是否一直以它现在的方式在运行。赫顿曾说过，现在起作用的力量可以解释所有的地质变化，但是到18世纪末，他已经被贴上了危险激进分子的标签，并且19世纪早期的大多数地质学家都不同意他的观点。直到19世纪30年代查尔斯·莱伊尔（Charles Lyell，1797—1875）的工作，才有人重提这一思想，即当前正在发挥作用的力量是历史上地球的外貌产生改变的原因。

居维叶是最杰出的灾变论者。他在新建的巴黎国家自然博物馆担任解剖学教授。作为一名政府职员，他通过自己的地位和工作，彰显了法国在帝国竞赛中的优势，即使在拿破仑战败之后。除了这些地质学思想，居维叶还研究比较解剖学，证实了个体动物的各部分必须协同运作，因此，所有假想的动物身体部件的置换和重组都是不可能的。例如，有食肉牙齿的动物必然具有适合消化肉类的胃。他能从动物的一小部分骨骼重建完整的动物，并因此而出名。

居维叶收到过一些来自巴拉圭的奇特化石，尽管残骸表明这是一种大型的已灭绝动物，但他断定这些化石最类似于当今的树懒。很快他便意识到，证明物种灭绝的唯一方法就是利用这类巨大的遗骸，而先前关于海洋化石的争论总是悬而未决，原因是那些海洋生物仍有可能生活在尚未探测到的海洋深处。居维叶观察了各种类似大象的遗骸，并运用比较解剖学证明：第一，非洲象和印度象（亚洲象的亚种之一）是不同的物种；第二，美国俄亥俄河附近发现的遗骸显示为一个完全不同的物种，他称之为乳齿象（mastodon，见图7.2），同时他又将一个来自西伯利亚的不同但是相关的标本命名为猛犸象。最终，这个西伯利亚物种的冰封尸体被找到了，它全身覆盖长毛，表明它们不是从其自然栖息地走散的热带动物，因为它们明显是适应寒冷气候的生物。

那么，居维叶提出疑问，它们为什么灭绝了？巴黎附近发现的多数大型哺乳动物遗骸，尤其是古河马和古犀牛，都存在于砾坑中，因此他推断，肯定发生过一次突如其来的剧变，可能是一场洪水，杀死了它们。居维叶和其他研究者发现，当地的石膏采石场显示淡水和海水生物的化石交替分布，从中可以断定发生过一系列的灾变。居维叶将新近的研究运用于阿尔卑斯山，通过地层柱分析，证

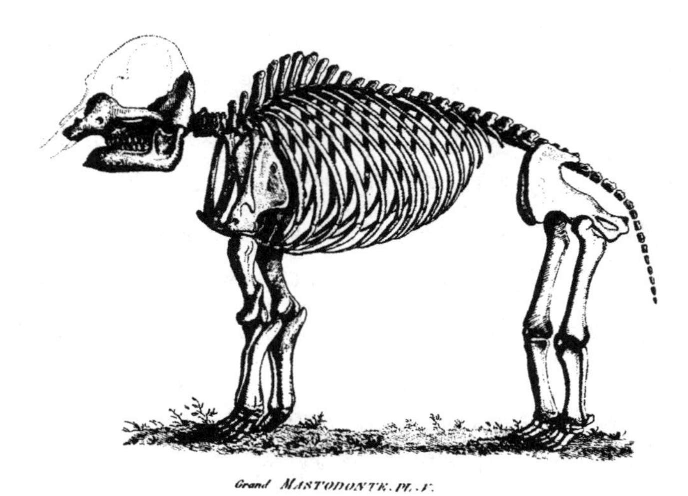

图7.2 居维叶命名的乳齿象，发现于1806年

明它们肯定起源较晚，从而表明山体的形成可能是一场灾变的结果。然而，他强调这些灾变都是局部的而非全球性的，因此与《圣经》上的洪水没有联系。尽管他无法确认所有这些变革的原因，但他坚信它们最终会水落石出。

居维叶强调地球上生命发展的渐进一面，将物种灭绝也看作这个整体进程的一部分。随着居维叶在法国、威廉·史密斯（William Smith，1769—1839）在英国找到了更多的化石，他们发现砾坑下面的石膏层中的哺乳动物化石与现在动物的差距，甚至比先前的河马和乳齿象化石与现在动物的差距更大。例如，居维叶发现一种动物的遗骸看起来像是貘、猪和犀牛的组合。第三纪[1]岩层中有很多哺乳动物的遗骸，但第二纪岩层中包含的大多是蜥蜴类化石。事实上，居维叶发现了多种蜥蜴类，占据着生态景观的各个部分：一种会飞的，他称之为“翼龙”；一种会游的，他称之为“鱼龙”；一种会走的，他称之为“禽龙”。而第一纪岩层中空无一物。这就是地球上从一类生物到另一类生物的清晰演进过程。

一些地质学家仍将更新世末期的灾变证据与《圣经》中的洪水等同起来，但是更多人在居维叶的引领下忽略了这一宗教背景，反而专注于生命形式在不同阶

1 最初人们把地壳发展的历史分为第一纪（大致相当于前寒武纪，即太古宙元古宙）、第二纪（大致相当于古生代和中生代）和第三纪三大阶段，相对应的地层称为第一系、第二系和第三系。——译者注

段的演进证据。而且似乎越来越可信的是，这种导致大规模物种灭绝的力量肯定比今天所显现的自然力量更为强大，种类也有所不同。这点得到了物理学家的证实，他们着眼于热辐射理论，主张地球的初始温度要高得多，而后才逐渐冷却下来。

英国地质学家查尔斯·莱伊尔不同意这种观点，如果过去的作用力与现在的类型不同，那就无从得知。他力图维持科学的合理性，提出一套完全一贯的理论，使科学家能够通过当前的观察来理解自然。在《地质学原理》（*Principles of Geology*，1830—1833）中，莱伊尔阐述了他的均变论，这部三卷本著作的标题有意参照了牛顿的《原理》。他主张，逐渐累积的地质变化可以解释化石记录中物种的灭绝和演进。他利用自己对西西里岛埃特纳火山（Mount Etna）的研究，乔治·波利特·斯克罗普（George Poulett Scrope，1797—1876）对法国山区的研究，以及因熔岩流而逐渐形成的山谷，表明渐进的地质变化对应于同一地区物种的逐渐灭绝。他还主张，在最新一次设想的灾变后一些大型哺乳动物并未灭绝，如更新世地层的泥炭沼泽中发现了巨型爱尔兰“麋鹿”，这表明，灾变并非物种灭绝的唯一原因，而且可能并未发生过（见图7.3）。

图7.3　1846年修复的一架爱尔兰麋鹿的化石

这种灭绝的鹿，有时被称作麋鹿，高度超过3米

莱伊尔的理论有三个独立的方面。其一，现实主义，宣称正如我们所目睹，今天仍在起作用的那些力量创造了我们的世界。这让人回想起牛顿主张的当前作用力的普遍性，并以此解释宇宙的结构。其二，均变论，确定今天的这些力在过去以同样的程度起作用。也就是说，莱伊尔驳斥了认为过去的环境更热或更极端的主张。这两条定理引出了第三个方面：世界处于一个稳定态。就像赫顿先前所言，莱伊尔也宣称世界的变化没有升级，也没有方向。然而，与赫顿不同，莱伊尔面对着一套更丰富的古生物学资料，因此比起前辈，他采取的立场更难获得支持。莱伊尔不得不强调地质记录的缺失，并声称未来探察时可能会在其他地层中也找到恐龙化石。

尽管莱伊尔理论中的现实主义和均变论两方面对地质学家和生物学家极具吸引力，但其非进步主义的立场是多数人难以克服的障碍。莱伊尔不得不论证物种的稳定性，也就是说未曾有过演化。但从居维叶以来，许多科学家的工作又看起来无从反驳。此外，莱伊尔似乎要捡回一种“系统”的概念，这种概念已经被支持田野调查的洪堡等人的工作所质疑。

莱伊尔尽管研究方法存在问题，但其工作影响深远，因为以今比古的方法论颇具吸引力。通过论证这种方法论足以理解自然，从而保障了科学摆脱哲学和宗教的独立性。更值得注意的是，莱伊尔已是科学界举足轻重的人物。他的名字在英国科学体制内如雷贯耳，他曾担任伦敦地质学会的会员和后来的会长、皇家学会会员，并成为皇家奖章的获得者，以及英国科学促进会（BAAS）的会长。莱伊尔的观点在政治上也受到青睐。均变论可以看作对保守派政治的支持，让工人阶级安居乐业，与之相对的灾变论则更符合法国人的见解，即通过革命而有望促成社会和政治的进步。因此，莱伊尔的理论并未困扰到像查尔斯·达尔文（Charles Darwin，1809—1882）那样的中产阶级绅士，他们构成了科学界的中坚。相比之下，欧洲大陆的科学家仍在追随居维叶的理论，尤其是该理论得到了物理学家的支持以后。

尽管这些大的理论纷争持续不断，大多数19世纪的地质学家还是将时间花费在缓慢而踏实的田野工作上，整理出地质柱的岩层结构。田野地质学家，例如英国的罗德里克·默奇森（Roderick I. Murchison，1792—1871）与亚当·塞奇威克（Adam Sedgwick，1785—1873），利用多个夏季踏遍乡间，寻找暴露的岩层。这项工作实际上非常复杂，因为某些地层在此处可能位于表层，在另一处则会位于底部，而在第三处完全消失。如何划分这些不同地质层面的竞争，夹杂着政治势力和职业权威的影响，特别是在命名法的竞争方面。最终，这些地层以其发现地点——英国郡县的名字命名［寒武系（Cambrian）以威尔士的古地名命名，志留系（Silurian）为威尔士边境附近与罗马人作战的英国部落，泥盆系（Devonian）以德文郡命名］。1831年在英国科学促进会的开幕式上，默奇森宣布了他关于志留系的鉴定结果。

物种的起源问题

物种问题是随新兴地球科学而引发的最复杂问题之一，也受到帝国主义扩张和探险活动的刺激。新物种从何而来？在化石记录中，它们的出现似乎毫无预兆，其消亡也猝不及防。是否曾有过多次新的创世？那些物种是否仍生存在地球上某些未被发现的地带？（当然这种猜测不适用于恐龙或者大型哺乳动物）究竟该如何定义物种？最早尝试去回答若干此类问题的，是一名来自法国的科学家——让-巴蒂斯特·德·莫奈·德·拉马克（Jean-Baptiste de Monet de Lamarck，1744—1829），他和布封以及后来的居维叶一样，在巴黎的皇家植物园工作。拉马克否认物种灭绝的可能性，而是主张一个物种通过演化转换为另一个物种。1809年，他出版了《动物哲学》(*Philosophie Zoologique*)，从中阐述了演化理论，后来被称作拉马克学说。在拉马克看来，环境影响着不同性状的发展，因此是演化变革中的首要因素。当环境发生变化，个体植物或动物的内部力量会促使身体发生变化，以确保适应新的生存条件。例如，长颈鹿的短颈祖先，如果生活的环境中所有可以获得的食物都生长在很高的树上，那么这种鹿的内部力量就会长期促使其脖颈生长。当然，拉马克学说中更关键的要点在于，物种某一代获得的性状变化可以遗传给下一代，这通常被称为获得性遗传。因此，脖颈增长的长颈鹿的下一代就会生来拥有略微颀长的脖颈，而它们下一代的脖颈还会更长，结果逐步出现了今天的长颈鹿。物种并没有灭绝，因为已经消失的形态只是演变成了另外的样子。通过这种方式，拉马克复活了存在的巨链，而没有涉及宗

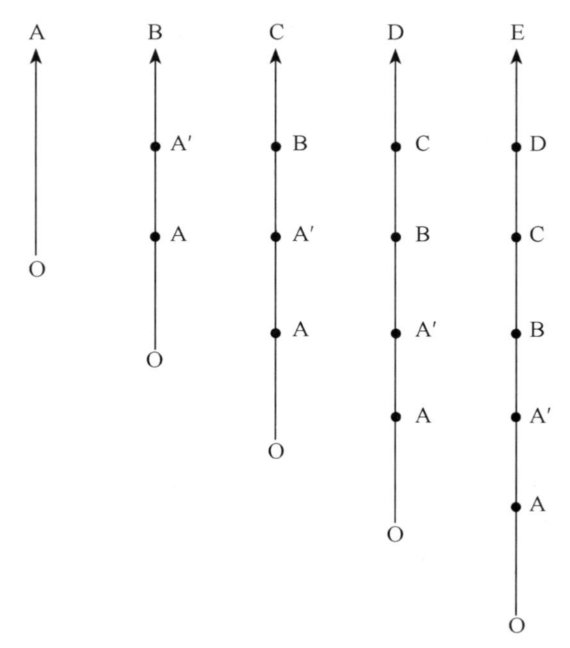

图7.4　拉马克的理论

生命起始于O，而ABCDE都是现存的生命形态

教内涵，他主张每一物种都从最原始的开始，通过一系列自发的代代演化，从而解释今天存在着不可胜数的物种（见图7.4）。

拉马克因这个理论而受到攻击，特别是来自宿敌居维叶的攻击。尽管拉马克的理论有助于阐明一个事实，即19世纪早期的人们已在思考演化问题，但它并没有在该领域产生直接的影响。例如，查尔斯·达尔文就几乎没有从其思想中获益。但无论如何，拉马克的理论还是留下了烙印，被20世纪早期许多杰出的美国生物学家采纳，并以新拉马克主义而闻名。

类似地，达尔文的祖父，月光社成员伊拉斯谟·达尔文（Erasmus Darwin，1731—1802），以及19世纪早期在英国支持演化学说的罗伯特·钱伯斯（Robert Chambers，1802—1871），都展示出演化思想的流行，而不是直接倒向达尔文的理论。伊拉斯谟·达尔文的观点发表在长诗《动物学》（*Zoonomia*，1794—1796）中，体现出启蒙运动后期的激进思想，使他被当作危险的雅各宾派自由思想家而麻烦缠身。钱伯斯的《自然创造史的遗迹》于1844年匿名出版，它基于拉普拉斯的膨胀式宇宙观点，受到普罗大众的广泛欢迎，却被科学家们冷嘲热讽。钱伯斯被看成一个门外汉，缺乏应有的专业地位，因此也就没有权利做出这种推测性的论断。达尔文把这个教训铭记于心：在发表任何“离经叛道”的理论之前，都要先让自己获得资历。

达尔文和自然选择演化论

查尔斯·达尔文出身于科学精英阶层，社会地位和学术水平均属上流。他的父亲是一名富有的医生，祖父是月光社的重要成员，外祖父是英国杰出的实业家约西亚·韦奇伍德（Josiah Wedgwood），后来，他和表姐艾玛·韦奇伍德（Emma Wedgwood）结婚，因此和英国制造业精英的联系更加稳固。他最初到爱丁堡大学学习医学，但发现外科手术令他烦恼（当时麻醉药尚未普及）。抱着成为一名英国国教牧师的想法，他转入了剑桥大学。达尔文对学业漫不经心，直到他和亚当·塞奇威克教授做过一个夏天的英国地质考察后，才第一次对生物学产生了热情，并以此为终身事业。他欣然转到博物学领域，师从植物学家约翰·史蒂文斯·亨斯洛（John Stevens Henslow），建立起自己的甲虫收藏。1831年，亨斯洛将这名好学而又彬彬有礼的学生推荐给费茨罗伊船长（Captain FitzRoy），以博物学家和伴游的身份参加皇家海军贝格尔号（Beagle）的远航（1831—1836）。如果不是因为达尔文恰好拥有绅士阶层的身份，他是不可能被推荐，也不可能被接纳的。

贝格尔号的远航（见图7.5）改变了达尔文的一生。在登船时，亨斯洛送给他查尔斯·莱伊尔《地质学原理》的第一卷，这本书使他相信，用至今仍在起作用的力量便可以解释过去的一切变化。虽然他从未相信莱伊尔的稳态假说，但接受了均变论和现实主义。达尔文始终认为自然变化是有方向性的。当在智利的康塞普西翁（Concepción）经历过一场地震后，他确信至今仍在起作用的力量可以非常强大且具有破坏性。他在那里发现了不计其数的新颖又美丽的物种，比如巨型犰狳的化石。在远离厄瓜多尔海岸的科隆群岛（Colón Islands）上，他注意到每个岛上的龟类和雀类都有区别（虽然直到后来在伦敦的博物馆中，他才真正理解它们的分类和重要性）。

达尔文满载着新鲜的想法返程，并通过先后发表地质学和生物学方面的论文，很快确立了自己作为职业科学家的地位。他的第一篇科学论文提出了珊瑚礁形成的理论，论文遵循莱伊尔的均变论，主张当海岛被淹没后就会形成珊瑚礁。因为大多数珊瑚只能生长在接近海面的水下，它会在不断下沉的岩石顶部一层层生长，从而形成珊瑚礁。这一简明的解释使达尔文获得了进入皇家地质学会的资格。

达尔文开始撰写一系列笔记，内有他对物种之间关系的困惑——事实上，所有问题都围绕着物种是什么。1838年，他阅读了托马斯·马尔萨斯（Thomas Malthus）的《人口论》（1798），演化的机制突然豁然开朗。马尔萨斯认为，食物的供应最多会以算术级增长（1，2，3，4，5……），但人口却能以几何级增长（1，2，4，8，16……），最终导致你死我活地争夺资源。虽然马尔萨斯提出这个理论是为了解释他看到的英国潜伏的人口危机，但达尔文很快把它运用到了动植物世界中。

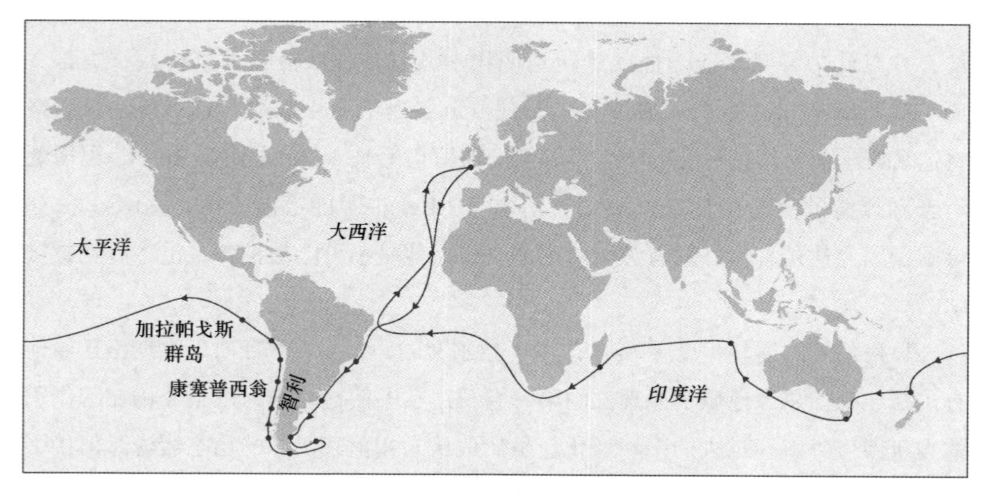

图7.5 达尔文在贝格尔号上的航行（1831—1836）

达尔文在1842—1844年间提出的理论，通常被称作自然选择的演化论。他立论的前提是演化确实发生过，而他在南美之旅中对此予以了确信。那么演化是如何发生的呢？他主张，首先，种群中的每个个体都存在变异。通过观察家养动物（比如达尔文养的鸽子）便可一目了然。这些变异往往是随机、连续和细微的。其次，某些变异在特定环境中会呈现出优势，而大自然会将这些变异保留下来——这就是所谓的自然选择。因为马尔萨斯的研究已经表明，个体中只有极少一部分才能幸存下来，所以必然存在使部分个体存活而其他个体死亡的原因。不知何故，这些个体产生的变异使它们比种群中其他个体更具生存优势。比如，某些鸟天生具有更尖的喙，使它们能够啄洞找虫子吃；在一个洞居昆虫众多而其他食物匮乏的环境下，这就是一种适应性特征。这种变异会代代遗传，直到越来越多的鸟拥有了这种尖喙，而钝喙的鸟则被取代或者走向灭绝。

达尔文描述了物种内部的竞争，某一物种的每个个体都要与种内其他个体争夺稀缺的资源。其他具有潜在威胁的物种，只不过构成了变异发生的环境。就像阿尔弗雷德·丁尼生（Alfred Tennyson）勋爵所说，大自然“红牙血爪”，因为每一天都要上演生存斗争，胜利意味着一切。这里没有二次机会，也不可能时光倒流，因为物种一旦灭绝，就会永远消失。结果就造成了分枝式演化，某个共同的祖先可能会衍生出多个不同的物种，这些不同的变种会占据不同的生态位。达

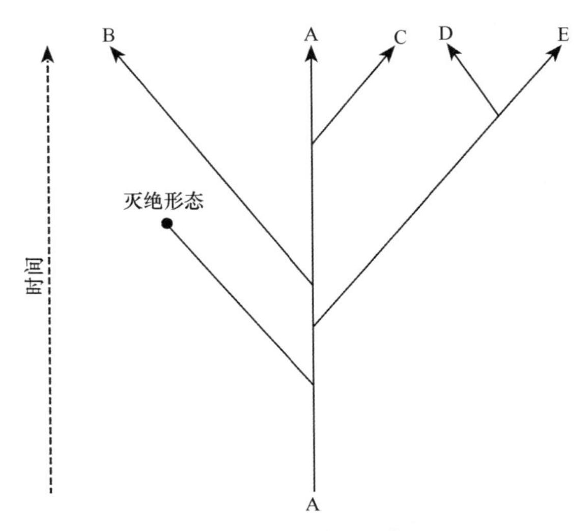

图7.6　达尔文系统

达尔文的系统以某种初始形态为起点，然后随着时间的推移产生出变种。一些变种可能会灭绝而从系统中消失

尔文在回答物种的定义问题时，考虑到了时间的维度，因为林奈所设想的物种图谱，如今变成了连续进程中在某一时间的抓拍，那些密切关联的种、属之类的连续性，是因为它们先前拥有共同的祖先（见图7.6）。

这一斗争和竞争的理论，同当时资本主义和帝国主义对资源的争夺息息相关，由此造成的国家冲突就发生在达尔文的身边。先前关于演化论和地质学的探讨对他有所影响，但他也是富有的巨商家族的一员，生活在一个因工业化而繁荣的国家，这个国家正在与其他欧洲国家展开激烈的扩张主义竞争。他的理论是特定时空条件下的产物，正如它也是某个科学家的灵感。

尽管1844年达尔文就已将他的演化论写成文章，但并没有拿去发表。他可能害怕会像钱伯斯那样遭到嘲笑。他还在奋斗，为的是在英国同行中确立自己的科学家资质。在此期间他开展过一项大规模的藤壶研究计划，再加上早年的珊瑚礁理论，为他在科学家同行中赢得了更多尊敬。然而到1858年，另一位博物学家——阿尔弗雷德·拉塞尔·华莱士（Alfred Russell Wallace，1823—1913）写来一封信，宣称自己提出了一种根据自然选择的演化论，从而促使达尔文必须采取行动。达尔文向莱伊尔寻求建议，莱伊尔友善地推迟了华莱士论文的发表，等待达尔文迅速写好自己的论文，最终一篇联名发表的论文呈现在林奈学会会员面前。不出一年，达尔文撰成《论以自然选择为途径的物种起源》（*On the Origin of Species by Means of Natural Selection*，1859）一书，全面阐述了他的理论。

达尔文和华莱士的经历有许多相似之处。他们都曾踏上采集之旅，都先后受到莱伊尔和马尔萨斯的启发，而且都对物种分布问题感兴趣——为什么物种与其近亲物种在地理上最为接近。而且，他们都服务于英帝国的宏图，达尔文是产业界绅士阶层的一员，而华莱士则作为职业采集员，先后前往亚马孙河流域和马来群岛。因此他们二人都从自然选择角度提出演化论，或许并不完全是意外。华莱士一直声称，他的理论尚不够完善，并且在撰写该主题的完整著作时，将其命名为《达尔文主义》（*Darwinism*，1889）。但他们在科学上和社会上的地位差异，也能够解释这种声誉上的天壤之别。不论是非如何，这一理论此后都被称作“达尔文演化论”。

关联阅读

科学与阶层——华莱士与采集

阿尔弗雷德·拉塞尔·华莱士的家庭背景和查尔斯·达尔文迥然不同。他无法以绅士业余爱好者的身份来从事科学职业，而只能通过为他人采集标本和面向大众撰写畅销书来谋生。他并不是达尔文所处的精英圈子成员，尽管后来他和达尔文成为朋友，后者请求政府奖励华莱士一份年金，他们于1880年达成此事。没有时间、金钱、人际关系以及社会资本，华莱士无法引领有关演化论的科学探讨，而演化论也几乎完全与达尔文的名字联系在一起，而非华莱士。

华莱士出生于一个地位不稳固的中产阶级家庭（父亲托马斯曾学习过法律，但从未执业过），直到14岁才进入文法学校学习。毕业后他经过学徒担任测量员，在许多测量站工作过，一直到20多岁。工作中，他对生物学和科学发现之旅产生了兴趣。他阅读过马尔萨斯、莱伊尔、钱伯斯等人的书籍，以及达尔文在“贝格尔号”上经历的记述。他还结交了昆虫学家亨利·贝茨（Henry Bates），1848年他和贝茨一起前往南美洲，开启了他的首次探险和采集之旅。

贝茨和华莱士花费两年时间探索了亚马孙河，又花了四年探索内格罗河。他们在那里发现了超级丰富的新品种动植物，都是欧洲人前所未见的。华莱士本来希望返程后通过出售这些采集品来支付此次航行的费用，但不幸的是，海上航行26天后，船只失火，一直烧到吃水线。华莱士只抢救出一些笔记和草图；其他所有物品都付之一炬。

1854—1862年间，华莱士走遍马来群岛，采集标本用于出售，以及研究该区域的博物志。他注意到在群岛的不同方位上，物种分布存在明显的差异。基于地理分布特征研究历史上的物种分化，这是一个有力的案例（达尔文后来提出该案例）。如今，马来群岛的这条分布差异线被称为华莱士线（Wallace

Line)。他采集了12.6万余件标本，包括数千种当时科学界未知的物种。采集标本时，他也洞察到演化的机制（自然选择），1858年写成纲要寄给达尔文，从而迫使达尔文更为明晰地阐述自己的理论，并于次年付梓。

返回英国后，华莱士变身为一名成功的作家。他最著名的作品《马来群岛》（*The Malay Archipelago*，1869）不断被重印。他开始交往博物学领域的杰出人士，并定期与达尔文会面交谈。但他的经济状况仍然朝不保夕，仅靠一本书接一本书的预付版税维生。而且，他还热衷于社会议题［受罗伯特·欧文（Robert Owen）的启发］，涉足唯灵论，被皇家学会的绅士会员孤立。华莱士从未获得达尔文那样的声望，基本上成为达尔文故事的一处注解。他缺乏同绅士阶层的联系，又没有各种资源，这都有助于解释他在科学界的地位略逊一筹。

赫伯特·斯宾塞与社会达尔文主义

达尔文的理论之所以能让受过教育的英国人产生共鸣，是因为它在很多方面呼应了早已阐明的社会理论。自然选择的演化论通过与赫伯特·斯宾塞（Herbert Spencer，1820—1903）的观点尤为契合，成为社会增长和发展的一种主流解释。社会达尔文主义大行其道，一方面证明了进步信念的合理性；另一方面，为了取得这种进步，又有必要操控自然和社会。这些理论让人们认识到，无论是否符合心意，演化都会发生，因此，开化的民众一旦觉悟，就有义务运用这种演化的力量造福。

赫伯特·斯宾塞生来就是贵格会教徒，早年曾当过铁路工程师，后来成为作家，以及《经济学人》杂志的助理编辑。他继承了一小笔遗产，因而能够全心全意地学习和写作——特别是关于人类的处境。在诸如《社会静力学》（*Social Statics*，1851）、《心理学原理》（*Principles of Psychology*，1855）等著作中，斯宾塞主张，人类社会的进步，可以用从最简单（土著部落）到最复杂（欧洲帝国）的演化来解释。和达尔文一样，斯宾塞也受到过马尔萨斯的影响，将人生视为一场斗争，只有强者才能存活。他创造了“适者生存”一语来说明这一现象。为了确保社会最为强大繁荣，斯宾塞主张应该尽量减少国家的控制。然而，斯宾塞并不支持彻底个人主义的道德观，而是坚持，只有理解了个体利益的自然统一，才能营造强有力的社会。因此，适者生存成为人类经济和社会进步的关键。当这些理论用于解释种族问题时，就为种族隔离（防止劣势种族混杂到优势种族中）和压迫（强者支配弱者具有道义和自然上的必要性）提供了合理的借口。

斯宾塞哲学和形形色色的社会达尔文主义，为资本主义和放任经济学提供了辩护，也成为反驳福利国家的论据。美国实业家安德鲁·卡内基（Andrew Carnegie）便是斯宾塞的头号粉丝之一，也就不足为怪了。

其他形式的社会达尔文主义则强调种族和国家之间的斗争，从而为欧洲正在进行的军备和工业竞赛辩解。这些理论家认为，战争是淘汰劣等国家的一种方式。“强权即公理”论证了帝国主义的合理性，因为按其基本原理，劣等种族理应被剥削和支配。社会达尔文主义在优生学方面也有其独特的表述，这些支持者提出了所谓的种族科学。优生学家宣称，国家有义务去限制低等公民的生育而促进高等公民的人口增长。早期的支持者之一是弗朗西斯·高尔顿，即查尔斯·达尔文的表兄弟，著有《遗传的天才》（*Hereditary Genius*，1869）。

在《物种起源》一书中，达尔文并没有谈及人类，尽管他肯定已经意识到他的理论可以应用于此。在1860年召开的英国科学促进会年会上，达尔文的理论在这一点上遭到了塞缪尔·威尔伯福斯（Samuel Wilberforce）主教的攻击，此人被媒体称为“滑头山姆”。辩护方是被称作“达尔文斗犬”的托马斯·亨利·赫胥黎（Thomas Henry Huxley，1825—1895），他说宁愿自己是猿人的后代，也不愿祖先是这种自作聪明的人，滥用其才智阻碍科学的进步！达尔文后来也加入论战，出版了《人类的由来》（*Descent of Man*，1871），书中他试图证明智力和道德也有可能通过自然选择来演化，因而，人类的演化方式和动物没有区别（见图7.7）。这本书虽不像他先前作品那样严谨，却提出了一种令人好奇的研究途径：人们开始研究伴侣动物，寻找智力和情绪的迹象。华莱士反对这种把人降格为动物的做法，他在生命的最后几年研究唯灵论，这是维多利亚时代的流行追求，要寻找神圣的灵光，正是这种灵光将人与兽类区分开来，甚至在身死之后保持不灭。

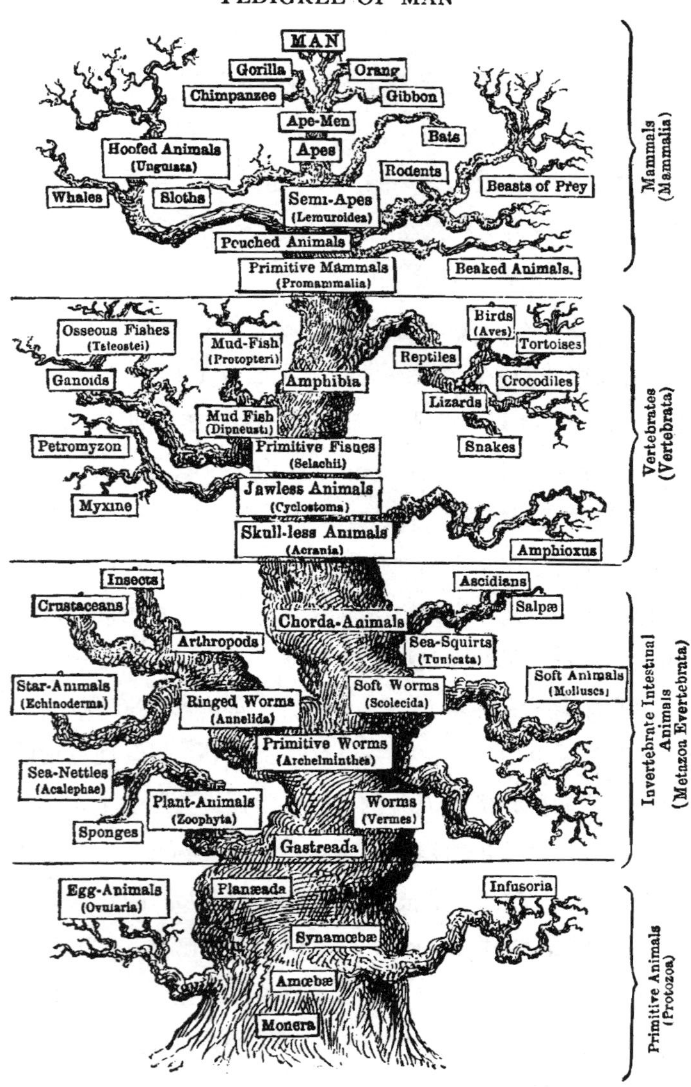

图7.7　人类族谱

这一“谱系树”基于人类中心论的角度解释达尔文的演化论。该体系表明人类是演化的最终产物

尽管达尔文的著作和理论都炙手可热——《物种起源》初次印行几天内便销售一空，但他通过自然选择的演化理论在20世纪前并没有赢得生物界的认可。他确实拥有一些同时代的支持者，特别是英国的赫胥黎和美国的阿萨·格雷（Asa

Gray，1810—1888）。博物学家无比欣然地接受了他的理论，因为它既解释了分类为什么可行，也解释了物种地理分布的来源。例如，博物学家亨利・贝茨主张，在英国中部地区的蛾子身上就能看到自然选择现象。中部地区工业化以前，浅色的蛾子占大多数，它们能和树皮的颜色混同在一起，从而躲避捕食者。后来由于污染，树的颜色越来越深，暗色的蛾子获得了伪装优势，大肆繁殖，成为主要形态。贝茨还提到达尔文关于“拟态伪装”的解释。这种现象是指无害昆虫使自己看上去像有毒品种。贝茨指出，看上去不好吃的昆虫存活概率更高，因此那样的着色就成为有利生存而选择的变异。

达尔文理论的反对声音

大多数博物学家，尤其是英国的，并不太关注演化理论，而是热衷于采集活动。动植物标本的采集狂潮已经上演，鼓舞着男性和越来越多的女性，深入田野搜寻珍稀的植物、动物、昆虫和化石。中上阶层的收藏家会资助别人（比如华莱士和贝茨等）远赴域外并带回标本。很多业余收藏家都深受自然神学的影响，威廉・佩利（William Paley）曾对这一学说有过最为明晰的阐述。佩利论证，如果一个人走进森林，找到一块手表，即便他不知道这个物件是什么，也不知道它的运行原理，但他一定知道它是由某种智能者——也就是钟表匠——制造而成。那么，更为显而易见，大自然的构造远比手表错综复杂，肯定出自“伟大的钟表匠”之手。这一论证，被称作“设计论证”，颇具说服力，随后被《布里奇沃特文集》（*Bridgewater Treatises*）的作者们采用，包括贝登・鲍威尔（Baden Powell，童子军创始人的父亲）。应布里奇沃特伯爵弗朗西斯・亨利・艾格顿（Francis Henry Egerton）的遗赠委托，这套书旨在将科学的各个领域，同上帝存在和神圣计划的证据联系起来。佩利为这套书撰写了最知名的部分。达尔文本人小心谨慎，不与“设计论证”发生冲突，尽管许多诋毁他的人从其理论体系的核心看出了无神论，因为它似乎不需要终极计划便创造出了人。

虽然演化作为一种基本的假定，在科学界的追随者日益增长，但达尔文的理论确实也引发了一些疑问。上帝怎么会创造出这样一个充满狂暴和浪费的世界？

这与自然神学家所想象的宏伟设计大相径庭。人类真的只是猿猴的后裔，而不是上帝按其形象创造的吗？如果达尔文是正确的，岂不意味着《圣经》上有些部分写错了？

对生物学家和其他科学家来说，还有一些紧迫的问题尚未解决。化石记录似乎没有包含任何渐进的演化形态，根据达尔文理论的预言，许多过渡形态找不到，即存在大量的“缺环”。眼前正在发生的变异造成的演化上的改变，与化石记录中的幅度相比微不足道。更糟糕的是，在社会上颇有权势和影响力的物理学家威廉·汤姆森（William Thomason，1824—1907），即拉格斯的开尔文男爵或更简洁地称作开尔文勋爵，他提出地球的年龄只会在2000万到4亿年之间，这对于达尔文的渐进演化来说时间太短了。

汤姆森是一个天才，10岁就毕业于格拉斯哥大学，之后到剑桥大学继续深造。1846年担任格拉斯哥大学的博物学教授，直至1895年退休。他在电学和磁学领域做出了开创性的研究，协助铺设了第一条大西洋海底电缆。由于他的贡献，他于1866年封爵，并在1892年成为有进上院资格的贵族。1890—1895年他还担任了皇家学会主席。依据地球的现有温度和地球从熔融状态冷却的速度，开尔文勋爵得出地球的年龄大约为5000万年。这项计算结果出自他的热力学研究，特别是在《论热的动力学理论》（*On the Dynamical Theory of Heat*，1851）中提出了绝对温标（又叫开尔文温标），将理论上分子运动停止的温度设为零度。在绝对温标下，冰在273.16K融化。假定地球是沿着从熔融温度到太空温度的热谱变化（即把地球看作只接收太阳热能的石块），那么地球上存在生命的时间就可以计算出来。达尔文演化论的难题在于，尽管5000万年已是非常久远的时间，但科学家认为通过演化产生现存生物需要200亿年，两者仍相去甚远。

最后，关于变异或遗传性状得以代际传递的生物学机制，还存在一些问题。达尔文推测的繁殖的作用方式，并没有被广泛接受。再加上其他的反对意见，许多科学家都不愿意接受他的解释。到1900年，虽然演化已成为每位生物学家的信条，但其机制却比以前更让人困惑。

关联阅读

科学与宗教的“战争”

1875年，约翰·威廉·德雷珀（John William Draper，1811—1882）撰写了《宗教与科学的冲突史》。他在书中主张，宗教（他意指基督教，特别是天主教）在几个世纪以来曾经阻碍了科学的进步，只有现在，即开明的19世纪，科学的思维能够战胜宗教迷信。德雷珀提出，科学的历史曾经是一部科学和宗教相冲突的历史，科学寻求扩充人类智力的效能，而宗教则试图压制这种能力。他引用中世纪压制关于大地为球形的希腊知识，以及罗马天主教会迫害伽利略等作为这种战争的例子。该论题（“冲突”论题）成为一种有力的常被援引的解释，直到今天仍有人使用，特别是涉及演化论与神创论的关系时。

然而，事实要远为复杂得多。首先，“科学”和“宗教”两词本身就已随时间而变化。几千年来，如我们所见，科学与宗教紧密交织，许多自然哲学家甚至难以理解德雷珀所要尽力做出的区分。理解上帝的世界与拯救之道，两者的关系常常是相辅相成的，而非全面意义上的对抗。第二，德雷珀使用的特例无法准确地反映这种关系。至于地平假说，并没有压制球形解释。对地球的物理形状感兴趣的基督教学者和大多本土语言作家，从罗马衰亡到哥伦布之前的年代，共识都认为地球是圆的。没有切实的异见风潮宣称世界是平的，宗教当局也没有压制球形大地的思想。

同样，伽利略与教会之间的冲突，并不关乎宗教信条，而更在于天主教会内部的政治冲突。伽利略是一名虔诚的基督徒，致力于调和科学与宗教。他希望良好的科学能够襄助天主教会。

19世纪之前，绝大多数科学家都是各种宗教信仰的信徒。例如，他们将宗教视为科学研究的助力，从事科学的许可，还为他们提供初始假说和设计论的论据。这种状况在19世纪中期发生了变化。奥古斯特·孔德（1798—1857）的实证主义哲学主张科学通过不断进步而取代了宗教。英国科学哲学家威廉·惠威尔（William Whewell）在《归纳科学的历史》（1837）一书中宣称，科学必须从以前迷信的陷阱中解脱出来，才能繁荣发展。德雷珀的著作，以及后续安德鲁·迪克森·怀特（Andrew Dickson White，1832—1918）的著作《基督教世界科学与神学论战史》（1896）都延续了这种风潮。到19世纪70年代，科学走向职业化，让许多人认为科学是与宗教不同的一项事业（尽管无须对抗宗教），这种观点在英国尤为明显。

然而，在20世纪乃至21世纪，宗教与科学仍是剪不断理还乱，也经常有互惠。许多科学家依然是信徒，其中有些人将两者截然分开，也有些人听任信仰的影响。同样地，有些宗教人士也将科学看作神创世界的重要组成部分。

科学职业化与科学教育

不足为奇，这个时代产生了达尔文的理论，也塑造了夏洛克·福尔摩斯（Sherlock Holmes）——阿瑟·柯南·道尔（Arthur Conan Doyle）爵士笔下的冷静、科学而且极重逻辑的私人侦探。科学家尽管仍在争论一些细枝末节，但似乎要揭示自然界的全部奥秘，而建立起物质世界如何运作的完整图景也好像已初露端倪。掌握了这些知识，善于观察的人类头脑就没有解不开的秘密。达尔文和福尔摩斯还有一个相似之处，他们都只是业余爱好者，而非受过专业培训的受聘人员。不过，福尔摩斯象征性地造就了一代又一代的私人侦探，而达尔文虽天赋异禀又充满睿智，却代表着一种科学风格的落幕。他是最后一位伟大的绅士业余科学家。科学作为一门职业，19世纪是其转折点。越来越多的人认为科学是一种职业性活动，从而与作为哲学分支的自然研究日益分道扬镳。这得益于科学组织的数量增加和专门化程度的提高，以及致力于科学的新式教育和研究机构的建立。虽然德国学术界早前可能使用过，但“科学家”这一术语仍应算作19世纪的产物，由威廉·惠威尔在1833年英国科学促进会的一次会议上面向广大听众提出。

拿破仑统治期间为科学职业的扩张提供了一个良好的开端。尽管拿破仑对科学的实际支持并不始终如一（例如他在埃及为逃避英军而抛弃了许多科学家），但他确实让人们认识到技术性知识的重要性。法国大革命期间，巴黎科学院于1793年解散，但旋即又在1795年重建，成为法兰西研究院的组成部分。除了科学院，拿破仑还于1805年批准成立了阿尔克伊学会（Société d'Arcueil），会员包括许多重要思想家，如克劳德·贝托莱（Claude Berthollet，1748—1822）、皮埃尔-西蒙·拉普拉斯，以及亚历山大·冯·洪堡等。

比起阿尔克伊学会，意义更为重大的是将巴黎综合理工学校（École Polytechnique）打造为当时最先进的科学和工程学校。它最初是国民公会在1794年成立的中央公共工程学校，次年改为综合理工学校，并于1802年吸收了国家炮兵学校。起初隶属于内政部，与军事关系紧密，1804年拿破仑将其转变为一所精英的军事学校。大炮总是军事上最具知识储备的分支，需要广泛了解数学、物理学、化学，以及我们后来称之为材料科学的一些要素。与此同时，炮兵部队也没有拘泥于古老传统，而以新的渠道选拔军事指挥，不再完全依据社会等级。这吸引了许多出身低微但机灵聪明的年轻人，其中就包括拿破仑，他于1785年被任命为炮兵军官。

综合理工学校的创建者有三位：一是拉扎尔·卡诺（Lazare Carnot，1753—1823），他组建了共和政府新军，并撰写过防御工事的科学著作；二是加斯帕尔·蒙日（Gaspard Monge，1746—1818），数学家兼物理学家，他在画法几何学方面的研究，奠定了建筑和工程制图的基础；三是阿德利昂·玛利·勒让德（Adrien Marie Legendre，1752—1833），是一位研究数论的数学家。数学、化学和物理学是该校的核心学科，学习内容往往比较高深，以致有人抱怨说综合理工学校太过理论化，超出了军校所需。然而该校声名远播，整个19世纪都在发挥关键作用，直到今天仍然是法国教育机构中的佼佼者。两百多年来该校源源不断地培养专业工程师和科学家。

拿破仑统治的最为吊诡之处在于，它终结了共和体制，也未能征服欧洲，却将欧洲大陆带入新的阶段，引发的诸多改革正是各国投入反法战争要扑灭的。英国一个世纪之前便遭遇过类似的改革，除此之外，欧洲各国都在战争压力下经受了经济和社会的重大变革。农业经济和有限的中产阶级无法提供足够的物质资源，以应对拿破仑的威胁。为了抗衡法国的力量，欧陆国家需要来自国民的支持和生产能力，反过来，国民也要求更多的自治权和在政府中的发言权。拿破仑之前的军队是基于文艺复兴晚期的结构，指挥官往往是未经训练的贵族。但是军官的大批死亡，以及拿破仑时期军队规模的迅速扩张，迫使军队的指挥权发生变化。拿破仑征召了法国的农民和中产阶层市民，将其改造为强大的军队。许多新军官并不来自于贵族阶层，他们带领军队投入支持或反对拿破仑的战斗。他们不愿意解甲归田，重新回到旧体制。

从牛顿时代直到19世纪早期，业余科学家的自由自主和广泛涉猎，让英国科学受益匪浅，但随着科学知识的日益复杂化，这条道路走到了尽头。科研力量的中心转移到了法国，甚至进一步转移到德国的学校和研究机构。在英国，皇家学会所鼓吹的科学功用的说辞越来越空洞，在支持科学和科学家方面也越来越乏善可陈，事实上，已经变得比某种专属的社交俱乐部好不到哪里去。大多数会员很少开展或根本不做科学研究，但他们却对科学事务评头论足，向政府提供建议。一些科学家，比如查尔斯·巴贝奇（Charles Babbage，1792—1871）等，特别担忧政府缺乏对科学的支持（尽管他因计算机器的研究获得过一笔赠款），不满皇家学会的状态。巴贝奇撰写了《关于科学在英国衰落的思考》（1830），次年又增加资料再版，迈克尔·法拉第（Michael Faraday，1791—1867）作序。这是对皇家学会的尖锐抨击。虽然文章的许多观点有根有据，却并没有说服皇家学会改弦更张。

既然皇家学会不思变革，巴贝奇和一些朋友选择创建一个新型的社团，致力于科学并促进其发展。1831年，他们成立了英国科学促进会，该组织仿照了1822年劳伦兹·奥肯（Lorenz Oken，1777—1851）创建的德意志博物学家协会（Deutsch Naturforscher-Versammlung）。英国皇家学会和法国科学院都是精英型组织，将科学视为高级的智力追求，成员身份有严格的限制，但新的社团是围绕科学的实际参与者而组织的。英国科学促进会的会议地点不只在伦敦，而是遍及全国的城市，甚至到加拿大等殖民地召开。这些会议提供场所，展示当地的知识成果，从而鼓舞了许多博物学家，而那些知识都曾被精英机构忽视或认为无甚价值。比起皇家学会，英国科学促进会与工业界的关系更加紧密，因为它的会员资格面向所有科学爱好者开放，包括小企业主、学校教师和手工艺人，而皇家学会仍继续根据赞助和选举来遴选会员。

巴贝奇及其支持者担忧英国丧失其科学上的领先地位，但是科学落后造成的后果，大部分并没有被察觉，因为被大英帝国的蒸蒸日上所遮蔽。1851年，英国为了炫耀国力，在伦敦举办了万国工业博览会，隆重展示其技术和帝国的成就。博览会最引人注目的是约瑟夫·帕克斯顿（Joseph Paxton）设计的水晶宫（Crystal Palace）展厅，它由铸铁框架和玻璃面板搭建而成。内部展出的是当时工业的非凡成果，各式各样的机器和产品汇聚一处，以展示和促进技术创新。博览会是一场盛大的聚会，陈列了来自世界各地的1.3万余件展品，包括工商业产品和艺术品。它还包括来自帝国异域的展品，比如英属圭亚那的一株巨型睡莲，其叶子大到能承载一个儿童的重量。博览会吸引了600多万名游客前来参观。水晶宫本身就是一项创新，被视为现代模块化钢架建筑的先驱。帕克斯顿使用了4000吨钢铁搭建骨架，以及8.361万平方米的玻璃充当外墙，占用了海德公园7.18万平方米土地（见图7.8）。

图7.8　水晶宫

水晶宫是1851年伦敦万国工业博览会的中心展厅

与博览会息息相关的是，在美术、商业和科学等方面努力开展面向民众的教育和推广。许多人注意到，尽管英国在工业实力上领先世界，但在人才培养以及对技术和科学教育提供的制度支持等方面却落后于竞争对手。就在举办博览会的同年，国立矿业学校（Government School of Mines and of Science Applied to the Arts）开始招生，部分回应了关于科学培训的持续担忧。1863

年该校重新命名为皇家矿业学校，1872年又合并了新理科学校（New Science School），后者是利用博览会的盈余在南肯辛顿建立的。尽管这些努力对英国有所裨益，但比起法国和德国的技术和科学培训所得到的支持与涉及的领域，仍不可同日而语。

路易·巴斯德

在法国，巴黎高等师范学校（École Normale Supérieure）培养了一代又一代的重要科学家，包括数学家埃瓦里斯特·伽罗瓦（Évariste Galois）、社会学家埃米尔·迪尔凯姆（Émile Durkheim，1858—1917），以及生物学家路易·巴斯德（Louis Pasteur，1822—1895）。巴斯德在化学、物理和生物等领域接受过广泛训练，科研事业起步于对酸的不对称结晶结构的研究。作为活力论者，他确信生物有机体在本质上异于非生命物质。与他的结晶学研究同样值得注意的是，他在细菌学方面的研究最负盛名。他发现，存在于酒、牛奶和醋中的发酵过程，是由于一些微小生物的活动，而不是化学反应。通过17世纪到18世纪显微镜学家的持续观察，再加上精心控制的实验研究，巴斯德发现这些微生物是厌氧的，可以通过加热来杀死。巴氏杀菌法被用于酿酒业（以及后来的制奶业）杀灭有害细菌，促进了法国的酿酒产业，同时巴斯德也凭借专利获得了丰厚的回报。

在学术生涯中，巴斯德还推广了细菌致病理论。该理论最先由罗伯特·科赫（Robert Koch，1843—1910）提出。巴斯德将其应用于家蚕病，开发出炭疽病和狂犬病的疫苗，协助世界各地建立巴斯德研究所分支机构来开展他的研究。他善于自吹自擂并赢得了一场重要的科学论战，那是关于自然发生说的可能性问题，对手是菲利克斯·普歇（Felix Pouchet，1800—1872）。普歇认为，在适当的条件下（如温暖潮湿的土壤或粪便），生命可以从无生命的物质中创造出来。当实验尚无定论时，巴斯德只说了句自然发生是不可能的，他是当时法国最负盛名的科学家，这个身份就终结了争论。巴斯德的观点通过后来的研究才得以证实，但自然发生说作为一种生物学思想基本上已销声匿迹了。

日本科学：全球背景下的观念融合

到19世纪初，殖民活动和全球接触，让很多人看清了——常常是从最血腥的角度——欧洲技术的威力。一些非欧洲国家开始认识到这种帝国强权背后的科学基础，从而寻求创建本国的科学事业。在某些情况下，科学交流已经顺畅建立，例如，耶稣会士自16世纪就开始在中国传教。最初若干年中，耶稣会士从中国人那里学到的知识，要多于中国人向欧洲人学到的知识［这一情况在1793年马戛尔尼（McCartney）使团访华时再次出现］。但是到了19世纪，随着欧洲帝国主义的兴起，对非欧洲国家来说，欧洲的科学思想便具有了崭新的意义。

以日本为例，一小群创立本土自然哲学的学者和收藏家，变身为科学共同体，就是先后受到中国学术和夹带进来的欧洲思想的刺激。德川幕府时期（1600—1868）[1]，天文学家和教师受聘于将军，获取微薄的薪水。而医师往往掌握自然哲学和医学，社会地位就要高于天文学家和哲学家。在锁国令（1633—1639）[2]颁布之前，荷兰和葡萄牙的贸易商为日本带来了欧洲的医学文献。关于外科手术和药物学的信息因其功效，格外受到追捧。1639年以后，获允进入日本的外商只有荷兰、朝鲜和中国，且都被严格控制。1650年，幕府的官员从荷兰订购了解剖学教科书，指示众多医师学习西方医学。经过一段时间，日本人研习和翻译了大量医学著作，越来越致力于追随欧洲风格的实验生理学和解剖学，以至于开始抵触“汉方”的医学实践。

欧洲天文学（主要是托勒密体系及其亚里士多德学说基础）在锁国之前就已由耶稣会士介绍到日本，但1670年前后中国《授时历》的传入，为天文学提供了一套更为实用的方法。日本人不只是照搬采用，他们对这套中国历法进行了修订，使用欧洲的世界地图，调整了经度和纬度的差异。观念的融合在麻田刚立（Asada Goryu，1734—1799）的履历和研究中清晰可见。他受过医师训练，自学了天文学，并脱藩前往大阪。他的资助人和学生间重富（Hazama Shigetomi，1756—1816）拥有一部经耶稣会士编校的中国天文学著作，里面包含了开普勒的

1　日本通常认为德川幕府的开创时间是1603年，即德川家康在江户开府的年份。——译者注
2　指江户幕府颁布的一系列建立锁国体制的法令，特别重要的是1635年的《禁止海外渡航令》和1639年的《禁止葡萄牙船舶来航令》。——译者注

三定律。按科学史家桥本毅彦（Hashimoto Takehiko）的说法，开普勒定律让观察和理论相一致，麻田刚立对此无比钦佩，遂开始研究西方天文学。而后，利用从欧洲天文学那里学到的技能，对日本进行数学勘测，1821年绘制出第一幅日本本土的地图。

科学在日本的地位发生了重大改变，之前人们热衷于跻身武士阶层，现在转变为考入“传习所”（technical school）[1]，那里讲授天文学、物理学和数学等科目。这提升了人们对物理学的兴趣，也提高了物理科学的地位。随着1853年佩里（Perry）海军准将抵达日本，人们对西方科学的兴趣进一步高涨。佩里的到来，迫使日本开放与美国的外交关系，而随行的军舰让日本人明白，美国人的技术要远远领先于日本。到1870年，人们对西学实践的兴趣，促使熊本藩（Higo Administration）关闭了开展儒学教育的时习馆，而开设洋学校，该校由西点毕业的简斯（L. L. Janes）上尉主持。他除了英语教学外，还讲授数学、化学、物理学和地质学。

1868年，德川幕府宣告终结，明治时代开启。其标志性事件是国家权力归还于天皇，以及颁布“五条誓文”：

> 一、广兴会议，万机决于公论；
> 二、上下一心，盛行经纶；
> 三、官武一途，以至庶民，各遂其志，要使人心不倦；
> 四、破旧来之陋习，基天地之公道；
> 五、求知识于世界，大振起皇基。

虽然第五条明确表示日本愿意从世界各地汲取最好的思想和实践，包括科学思想和实践，我们也要特别留意第四条包含了等同于自然法则的概念，那是18世纪末许多欧洲思想家所倡导的。

日本树立了一个优秀的典范——体现出科学在非欧洲国家现代化中的作用。

---

1 讲授近代科学知识的机构通常以私塾的形式出现，比如“庆应义塾”。这里使用的“传习所”是一直沿用到明治时期的机构名称，最为有名的是胜海舟1855年在长崎开办的“海军传习所”。——译者注

尽管这种科学起源于欧洲，但它并不是通过殖民主义或其他胁迫手段强加于人的西方思想。日本学者和领导者的自然哲学研究有很多渊源，起初通过结合中国和本土的思想观念，奠定了日本自然哲学的基础。当与之匹敌的思想从欧洲渗透进来，日本人便根据它们的功用来选择接受还是拒斥，但他们也是融合并修正了那些思想。今天，日本已成为世界上最崇尚科学的国家之一，不过仍保留着自身的传统和文化。

化学与国家：分类、结构和功用

虽然法国科学因巴斯德等科学家的工作而一派繁荣，德国人也开创了一个科学计划，取得了令人难以置信的丰富成果。到1850年，德意志诸邦已经培育起茁壮的科学文化，转变了大学的教学和研究，创建了科学家、商业和政府之间的合作关系网。起初，不列颠被财富与帝国蒙蔽了双眼，没有意识到德国进步的幅度，而仍依赖像开尔文勋爵这些公认科学家的杰出才能和专业知识。虽然从“纯粹的”研究方面，一些英国化学家和物理学家尚能与德国、法国的研究人员并驾齐驱，但是欧洲大陆的科学家却得到了大量投向科学和工程的人力物力，因为那里的科学更好地融入了国家和工业需要。18世纪化学开始成为单独的研究门类，但很多工业化学还是基于手艺和工匠系统，而19世纪中期人们对材料的需求猛增，大规模生产方式成为当务之急。一些产品，如火药、染料、酸类，以及海军用材（如沥青）等，极为关键且需求量大，甚至成为关乎国家安全的物资。为了理解这些物资的获取和持续供应是如何转变为国家大计的，我们就必须回到实验室，寻找一百多年以来化学发展的一些线索。

19世纪初年，人们开创了若干新工艺，迅速合成或发现了许多物质。这虽然展示出人们对化学的强劲兴趣，有助于支持工业，但也意味着出现更多引发疑惑的现象。例如，拉瓦锡在《化学元素》一书中罗列了33种元素，但是到1860年，这个列表就增加了32种新元素，同时还有1000种上个世纪没有的化合物。得益于一些新工具（如本生灯），化学家不断开发出更好的实验室技艺。本生灯是由罗伯特·本生（Robert Bunsen，1811—1899）和学生亨利·罗斯科（Henry

Roscoe，1833—1915）发明的。本生灯的无色火焰能将物质加热到足以发光的温度。化学家进而发现每种物质都有独一无二的光谱色。这个发现对于分析化学至关重要，本生就是用这种方法找到了两种元素：铷和铯。

虽然更好的工具与技艺可以带来有趣和实用的新材料，但是化学研究的根本性问题，仍然需要一种高屋建瓴的理论来将各种信息整合为一套全面的体系。化学需要秩序，有些人认为可以通过寻找化学元素之间的隐藏关系而获得。约翰·道尔顿（John Dalton，1766—1844）曾提出过一种原子理论，即通过原子的质量（相对原子量，各元素与最轻的氢元素质量的比值）来区分它们。这个想法发表于《化学哲学的新体系》（*New System of Chemical Philosophy*，1808），对人们如何理解物质产生了广泛的影响。但是，一个仅仅按质量排列的线性元素表谈不上有什么结构。1829年前后，德国化学家约翰·德贝莱纳（Johann Döbereiner，1780—1849）将每三种元素分成一组，称为“三元素组”，并且指出每组元素的相似性质。1862年，贝吉耶·德·尚古尔多阿（A. E. Beguyer de Chancourtois，1820—1886）发表了他所谓的“地球物质螺旋图”，将所有的已知元素按45°角排列在一个圆柱体上[1]。这是人们按重量和性质来排列元素的重大进展，却没有引起注意。

1826年，伟大的化学家永斯·雅各布·贝采里乌斯（Jöns Jacob Berzelius，1779—1848）计算出48种元素的原子量，及其数百种氧化物的分子量。然而，由于其他研究者也提出了一些不同的原子量和测量体系，他的工作并没有得到广泛认可。不同的科学家在原子量的测量中使用不同的标准，有些人将氢原子的原子量设定为1，而贝采里乌斯将氧等同于100，然后据此测量其他元素的质量。经过多年的研究，斯坦尼斯劳·坎尼扎罗（Stanislao Cannizzaro）于1860年宣布了解决测量原子量问题的新方法，他证明通过将气体和蒸汽的密度与氢气的密度相比较，就可以准确地得出元素和化合物的分子量。

拥有了这种测定原子量的可靠方法，解决元素的分类问题就成为可能。1864年，尤利乌斯·洛塔尔·迈耶尔（Julius Lothar Meyer，1830—1895）创建了一种元素表，将拥有相同性质的化学元素按原子量排成竖列。这些相似的元素也显

1 他发现位于同条母线上的元素性质相似，但该论文发表时图解被编辑删掉了。——译者注

示出相同的化合价。化合价起初是用来衡量某种元素的化合能力的。化合价较高的元素，比如氧，能非常活泼地与其他元素结合生成化合物；而其他元素，比如金，仅能形成极少的化合物。而在现代术语中，化合价是指某种元素能与多少个氢原子相结合；例如，一个氧原子可以和两个氢原子或者另一个氧原子结合。这套体系同时与元素的化学活泼性相关联，而不仅仅是数量。例如，化合价为1的元素（如碱金属）非常活泼，而化合价为3的元素（如氮或砷）就不太活泼。有机化学中最重要的4种元素就按化合价形成了一个赏心悦目的名单：

H（氢） 1
O（氧） 2
N（氮） 3
C（碳） 4

在英国，分析化学家亚历山大·雷纳·纽兰兹（Alexander Reina Newlands，1837—1898）独立制作了一张元素表，按元素的族和原子量进行划分。当他1866年将其呈送化学学会时，因为同类分组的问题，再加上由于多个组内出现了元素质量的明显断层和奇怪跳跃，元素表却没有为其留出空当，所以遭到了批评。他的论文《八音律以及原子量间数字关系的原因》被《化学学会杂志》拒稿。当俄国化学家而非英国人创立了元素周期表，且看上去非常类似纽兰兹的工作，这次拒稿就让化学学会饱受非议。直到1887年，化学学会才亡羊补牢，将最高奖项戴维奖章授予纽兰兹。

门捷列夫和元素周期表

迈耶尔和德米特里·伊万诺维奇·门捷列夫（Dmitri Ivanovitch Mendeleev，1834—1907）确立了元素的秩序。他们都独立地认识到，元素可以按原子量和性质分组。1868年，迈耶尔绘制了九列表格，将性质相似的元素按照原子量的升序填入。同年，门捷列夫开始撰写一本化学教科书，将对化学知识进行一次伟大的综合。就像拉瓦锡在《化学元素》中所做的那样，门捷列夫试图对所有已知的元素进行分类。他为每种元素制作了一张卡片，列出其属性，然后将这些卡片反复排序，以寻找一些规律。当这些卡片按原子量分类时，一种规律显现出来了。他于1869年制作了一张元素表，并于1871年提出改进版（见图7.9）。虽然仍然存在一些问题，特别是新近发现的一些元素尚未完全确定其性质，但他的排列清晰地反映出原子量的递进，以及按性质和化合价的归类。

Reihen	Gruppe I. — R^2O	Gruppe II. — RO	Gruppe III. — R^2O^3	Gruppe IV. RH^4 RO^2	Gruppe V. RH^3 R^2O^5	Gruppe VI. RH^2 RO^3	Gruppe VII. RH R^2O^7	Gruppe VIII. — RO^4
1	H=1							
2	Li=7	Be=9,4	B=11	C=12	N=14	O=16	F=19	
3	Na=23	Mg=24	Al=27,3	Si=28	P=31	S=32	Cl=35,5	
4	K=39	Ca=40	—=44	Ti=48	V=51	Cr=52	Mn=55	Fe=56, Co=59, Ni=59, Cu=63.
5	(Cu=63)	Zn=65	—=68	—=72	As=75	Se=78	Br=80	
6	Rb=85	Sr=87	?Yt=88	Zr=90	Nb=94	Mo=96	—=100	Ru=104, Rh=104, Pd=106, Ag=108.
7	(Ag=108)	Cd=112	In=113	Sn=118	Sb=122	Te=125	J=127	
8	Cs=133	Ba=137	?Di=138	?Ce=140	—	—	—	— — — —
9	(—)	—	—	—	—	—	—	
10	—	—	?Er=178	?La=180	Ta=182	W=184	—	Os=195, Ir=197, Pt=198, Au=199.
11	(Au=199)	Hg=200	Tl=204	Pb=207	Bi=208	—	—	
12	—	—	—	Th=231	—	U=240	—	— — — —

图7.9 《化学年鉴》（*Annalen der Chemie*，1871）上门捷列夫的元素周期表

门捷列夫的伟大洞见之一，就是留出了一些空位，代表尚未发现的元素，他接着预言了它们的特殊性质。门捷列夫1869年领先迈耶尔发表了元素周期表，但迈耶尔引用了门捷列夫的一些工作，1870年制作的新表几乎与现代的元素周期表相同。

门捷列夫的体系融汇了大量的化学思想和信息。正如拉瓦锡的命名法中包含着一种潜在的哲学，元素周期表也代表着一种特殊的物质哲学。它将物质视为由各种独特且不可分割的粒子聚合而成。这些粒子能够结合形成更复杂的化合物，但它们只能以固定的比例结合。一种元素的原子都是相同的，性质也相同。周期表还编入了物理领域的某些概念，例如给定质量的某物质中包含的原子数量、化合价，以及元素的定义。虽然现代的元素周期表往往被看作一种索引，但它背后

有着所有关于物质结构和状态等问题的悠久争论。当科学家使用元素周期表时，他或她就已经接受了蕴含其中的哲学思想。经过长期使用并证明了可靠性，人们已经不自觉地接受了元素周期表，它深深扎根于科学的实践，被视为金科玉律，无法撼动。

随着元素周期表中的空格所代表的元素相继被发现，门捷列夫体系的实用性得到了更多的支持。其中，门捷列夫预言了他称之为类铝（*eka aluminum*，*eka*在梵语中意为“第一”）的性质（见图7.10）。1875年，保罗·埃米尔·勒科克·德·布瓦博德兰（Paul Émile Lecoq de Boisbaudra，1838—1912）发现了镓，它具有门捷列夫所预言的类铝的基本特征。1879年，尼尔森（L. F. Nilson，1840—1899）又发现了他所谓的“类硼”，并命名为钪，自此门捷列夫的名声得到了认可。

性质	类铝	镓
原子量	≈ 68	69.9
密度	5.9	5.93
熔点	低	30.1℃
氧化物分子式	Ea_2O_3	Ga_2O_3

图7.10　门捷列夫的预测和布瓦博德兰的分析结果

由于他的成就，1882年门捷列夫和迈耶尔一起获得戴维奖章，1890年被选为皇家学会外籍会员，并于1905年被授予科普利奖章。

有机化合物的结构

尽管元素周期表为我们理解物质世界提供了强有力的工具，但它也厘清了一个关于物质本质的棘手问题。到1875年，已经发现了60多种确认的元素，那么问题来了：为什么会有这么多种不同的元素？它们质量上的微小变化真的能解释性质上的截然不同吗？化合价模式一旦确立以后，更深层次的问题出现了：原子是如何结合到一起的？亲和力理论似乎越来越不充分，因为它无法从物理上解释，为什么一个碳原子的亲和力或结合能力两倍于氧原子。

虽然元素是纯净的且数量相对有限，但是通过一些组分可以构建的分子种类非常多，特别是在有机化学领域。现代有机化学研究任何以碳为核心成分的化合物，但18世纪的许多化学家认为，有机化合物只能通过生物体产生。按这个被称为“活力论”的理论，动植物中存在着一种特殊的生命之力。这种观点基于简单的观察，即动植物是有生命的，虽然也是由化学元素组成，但显然不同于无机物。尽管许多人信奉活力论，研究者却没有对其予以清晰的阐述。一些人将活力论视为生命的一种特殊属性，能够加以研究，而另一些人则把它看作灵光，从而超出了科学研究的范围。1832年弗雷德里希·维勒（Friedrich Wohler，1800—1882）利用无机化合物合成了尿素，给予活力论沉重一击，尽管活力论还需一百多年才会完全消失。通过用氢氧化铵（氨水）处理氰酸铅，再除去氧化铅，维勒得到了尿素——现代化学式为$CO(NH_2)_2$。这是迈向有机化合物的操作和合成的重要一步，对欧洲各国竞相创建高技术产业起到了奠基作用。

到19世纪40年代，人们对有机化合物的合成开展了大量研究，更重要的是，还通过实验研究了组分是如何结合以及被取代的。许多研究都是基于贝采里乌斯的理论，他提出了电化学结合和基团的概念。基团是由若干原子构成的稳定单位，它们可以结合其他的原子（一般只有少数几种替代选择），从而改变了化合物的性质，却创造出一类相关的化合物。

让-巴蒂斯特-安德烈·杜马（Jean-Baptiste-Andre Dumas，1800—1884）提出了类型学说，即通过有机化合物的性质和反应来对其分类，以理解它们的组成和活性。接着，他的学生奥古斯特·罗朗（Auguste Laurent，1808—1853）提出了“原子核理论”：既然化合物的结构决定了可能的化学反应，那么一种物质中原子的位置和关系对我们理解其化学性质至关重要。以上这些理论的支持者和反对者之间展开了激烈的争论，推动了人们理解有机化合物的复杂结构和性质。一个普遍公认的有机化学体系难以形成，部分原因是各方的信息缺乏一致性。例如，化合物中的同一个原子，不同的化学家使用着不同的原子量，同样的分析却产生出明显不同的结果，因此几乎无法验证他们所使用的理论。

问题在于如何成键，或者说不同原子结合到一起的方式。虽然不同数量的原子可以在不同条件下结合形成分子，但尚不清楚控制分子形成的规则是如何起作用的。弗雷德里希·奥古斯特·凯库勒（Friedrich August Kekule，1829—1896）帮助阐明了这个问题。与其把基团看作功能成分，还不如对每个原子一视同仁，它们都可以按照固定的规则结合。核心是碳原子，它可以与其他四个原子结合（凯库勒称碳为“四原子的”或“四元的”），而无须受基团或者官能团的限制。1857年凯库勒用“香肠分子式”来表示这种关系（见图7.11）。

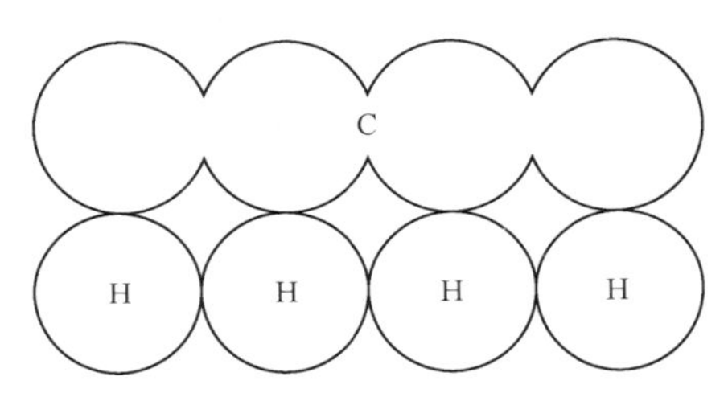

图7.11　凯库勒的甲烷（CH_4）香肠分子式
一个碳原子连着四个氢原子

强调结构的概念，对有机化学而言至关重要。凯库勒于1864年发表了一串名单，列举了来自不同化学家的20种不同的乙酸分子式，以展示混乱的程度（见图7.12）。虽然人们普遍公认实验式$C_4H_4O_4$（表示四个碳、四个氢和四个氧原子），但对于如何表述其成分，以及可能有哪些不同的官能团，却完全是混乱的。

根据凯库勒的思想，人们找到一种图示的方法，基于每个原子的成键数量来表示有机分子的复杂结构[1]。1866年，出现了用线段表示化学键的体系，作为标准方法沿用至今。尽管分子模型在结构理论兴起之前就已经建立，但简明的新体系促进了分子模型的构建，这对许多研究项目产生了重要影响，其中最引人注目的就是DNA结构的竞争。尽管这种心理学上的改弦更张十分微妙，但从古老炼金术的物质嬗变观念，转变为构建分子的新型化学观念，使得化学更适合于研究具有商业用途的化合物。

1　有机物的基本成分包括碳、氧、氢和氮，还有其他一些元素，如磷、硫和铁等，在生物细胞中发挥着重要作用。助记符号HONC是按照价键数量的顺序排列的（氢H–1，氧O–2，氮N–3，碳C–4）。

公式	名称
$C_4H_4O_4$	实验式
$C_4H_3O_3 + HO$	二元结构
$C_3H_3O_4H$	氢酸理论
$C_4H_4 + O_4$	原子核理论
$C_4H_3O_2 + HO_2$	隆尚（Longechamp）
$C_4H + H_3O_4$	格雷厄姆（Graham）
$C_4H_3O_2O + HO$	基团理论
$\left.\begin{matrix}C_4H_3O_2\\H\end{matrix}\right\}O_2$	格哈德式模型（Gerhardt's type）
$\left.\begin{matrix}C_4H_3\\H\end{matrix}\right\}O_4$	席施科夫式模型（Schischkoff's type）
$C_2O_3 + C_2H_3 + HO$	贝采里乌斯式结合
$HO(C_2H_3)C_2, O_3$	科尔贝（Kolbe）
$HO(C_2H_3)C_2, O, O_2$	科尔贝
$\left.\begin{matrix}C_2(C_2H_3)O_2\\H\end{matrix}\right\}O_2$	武尔茨（Wurtz）
$\left.\begin{matrix}C_2H_3(C_2O_2)\\H\end{matrix}\right\}O_2$	蒙迪斯（Mendius）
$\left.\begin{matrix}C_2H_2HO\\HO\end{matrix}\right\}C_2O_2$	盖瑟（Geuther）
$\left.\begin{matrix}C_2H_3\\O\\O\end{matrix}\right\}O + HO$	罗契尔德（Rochleder）

图7.12 凯库勒的乙酸名称表

然而，结构主义观点的胜利并不仅仅基于有机化合物命名的合理化。结构图式清楚地表明，具有相同实验式（即具有相同数量和种类的原子）的化合物可能具有显著不同的结构。而且，某些类型分子之间的区别，仅仅是因为原子在更大结构中的位置发生了微小的改变。

结构方法导致的最大突破之一是凯库勒发现了苯环。1825年，迈克尔·法拉第首次注意到苯及其相关物质，它们因其独特的、有时较为刺鼻的气味，而被统称为芳香烃。它们在煤焦油这种生产焦炭的副产品中被发现，具有许多有趣的性质，例如能够结合其他多种有机化合物。苯也带来一个谜团，因为它的实验式

C_6H_6似乎还留下两个空余的键，没有被氢原子填满。如果化合价规则是正确的，那么分子中要么缺失了两个氢原子，要么其中4个碳原子的化合价为5。任何一种可能性都需要重新定义原子价键和元素。

根据凯库勒自己的说法，他是在火炉边休息时找到了解决问题的办法。他想象原子排成一行行的长队，并像蛇一样游动。其中一条蛇用口衔住了自己的尾巴。凯库勒利用这一形象，想出了苯环的六边形模型，其中每对碳原子用双键连接，三对碳原子之间则用单键连接（见图7.13）。虽然这个故事可能是一种事后诸

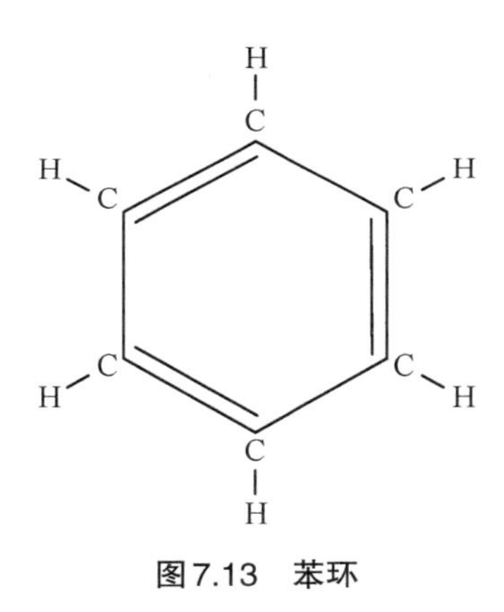

图7.13　苯环

葛亮般的解释（一些历史学家质疑过凯库勒的说法），但它已经成为化学史上的一个标志性事件。

化学、工业和国家：合成材料的发明

19世纪50年代初，德国化学工业转向类似凯库勒的研究，以提高产量和开创新产品，因为德意志诸邦的内部自然资源远比不上法国和俄罗斯那样具有先天优势，获得的殖民地资源也比英国少得多。虽然1871年德国统一，在某些方面改善了获取国内资源的状况，但德国很晚才加入殖民竞赛。这对后来产生了重大影响，因为德国发动了一系列战争以扭转局势。同时，自然资源匮乏也成为德国人致力于科学教育和研究的主要动因。

1837年，德国化学家尤斯图斯·冯·李比希（Justus von Liebig，1803—1873），当时最有影响力的科学家之一，在英国科学促进会年会上称，英国已不再是科学上的领先者。19世纪40年代初，当他在英国就多个主题巡回演讲时，进一步阐明了这个观点，描述了德国化学领域正在开展的新研究，以及化学教育（尤其是基于实验室的培训）的重要性正日益提高。因此，不能说英国完全没有注意到德国化学的兴起以及研究性质和场所的转变。李比希自己在吉森（Giessen）的教学实验室就堪称化学教育的典范，将知识培训和实际的实验室研究相结合。它让学生参与到真正的研究项目中，而不仅仅只是对现有工作进行技术上的综述。

由于英国的各类机构中并没有类似的化学教学活动，所以一群杰出人士赞助了一笔基金，成立了皇家化学学院。这些人以阿尔伯特亲王为首，包括詹姆斯·克拉克（James Clark，维多利亚女王的医生）爵士、迈克尔·法拉第，以及首相罗伯特·皮尔（Robert Peel）爵士等。该学院于1845年开办，主持者为奥古斯特·冯·霍夫曼（August von Hofmann），他由李比希推荐，经阿尔伯特亲王的亲自劝说，从德国来到了英国。尽管皇家化学学院迈出了重振英国科学领导地位的一小步，但英国没有与法国相提并论的巴黎综合理工学校或高等师范学校。而在科研项目方面，英国的大学甚至远远落后于哥廷根大学等欧陆机构。

皇家化学学院的主要目标是培养纯粹的研究人员，模仿欧陆学校的高端学术研究，但在促进研究与应用的整合方面却乏善可陈。应用化学，如果不是被完全阻止的话，也被视为对人才的降级使用。实际情况是，许多学生和从事研究的化学家都认为，任何偏向应用化学（商业化学则更糟糕）的做法都可能会终结他们的研究生涯。在此背景下，15岁的威廉·帕金（William Perkin，1838—1907）进入了皇家化学学院。帕金的工作打开了化学全新时代的大门，但英国人并没有看到其重要性。

本章开头所提到的奎宁，在人们试图合成的天然材料列表中位居前列。奎宁是当时已知唯一治疗疟疾的方法，仅产自金鸡纳树的树皮，该树原产于南美洲，且难以在别处栽培。到1852年，仅东印度公司每年就在奎宁上花费大约10万英镑。

霍夫曼认为萘胺（naphthalidine）可以转化为奎宁，因为它们含有一些相同的基本成分。萘胺很容易获得，因为其中一种成分石脑油（naphtha）是煤气生产的副产品。煤气被广泛用于照明和加热，通过隔绝空气加热煤而制成。得到的气体含有大约50%的氢气和35%的甲烷，剩余部分是其他气体的混合物。煤提取气体后，还剩下焦炭用作固体燃料，以及黏稠的棕黑色焦油。煤焦油富含200多种有机化合物，包括苯、萘和甲苯等，在科研和商业应用方面有重要价值。

1856年，帕金开始研究奎宁。他在家中建起一个小实验室，试图按照霍夫曼的想法将萘胺转化为奎宁，但实验产生的是泥状沉淀，而不是奎宁。然而，他注意到，实验失败后用来清理溅出物的一块抹布，被染成了深紫色。他并不认为自己的实验失败了，而是继续提纯并检测这种未知的物质，结果证明它是人工苯胺，是靛蓝植物的基本着色成分。鲜艳的色彩使帕金相信他创造了一种具有商业潜力的产品。在家族的资助下，他创建了首座人工染料厂，生产一系列淡紫和紫色的染料。不过，他的努力没有立竿见影。印染工业使用天然原料——如靛蓝、茜草和菘蓝等植物，以及昆虫和软体动物等，工艺则在某些情况下可以追溯到古希腊乃至古埃及时期，它们对创新并不太感兴趣。

然而，天然染料存在许多问题。它们的质量差别很大，而且植物染料的颜色每年都随生长条件而变化。此外，许多染料的原料产自欧洲以外，使得成本增加、供货的可靠性降低。英国对这些问题最有切肤之痛，因为英国主导国际贸易，主要的基础就是纺织业。帕金的苯胺染料取自国内，质量更为稳定。帕金也恰逢其时，因为就在他开始生产染料不久，1858年维多利亚女王在女儿维姬公主和普鲁士王子弗雷德里克·威廉（Frederic William）的婚礼上，选择了淡紫色作为礼服颜色。一夜之间，淡紫色成了时尚界最受欢迎的颜色。尽管女王衣服上的颜色不是苯胺染成，但染料制造商最初对这种新产品的抵制，被后来天然染料的突然供不应求所打消了。

如果帕金的工作本来只是打算为世界带来更鲜艳、更均匀和更持久的色彩，那么它也应该是一项重大的科学成就，即使不是一流的。我们的世界充满了色彩，都来自他所研究的化学衍生物（见图7.14）。从彩色摄影到服装，再到新车的最后喷漆，一切都可以追溯到帕金的发现及其商业开发。然而，1906年化学工业协会（美国分部）以他的名字命名了帕金奖章并首次授予他，但颁奖并不是因为他在商业上的成功。奖项的设立，是为了表彰他对现代化学，特别是有机化学的贡献。

煤焦油的衍生物	
染料	苯胺紫、苦味酸、茜草色素
药品	阿司匹林、可待因、奎宁
化学武器	氯化苦、氰化溴苯
人工香料和香味	香草醛、香豆素
炸药	甲苯类，如三硝基甲苯（TNT）
塑料	人造树胶
生物用品	亚甲基蓝细胞染色剂

图7.14　苯胺染料的化学衍生物和相近化合物（简要示例）

从收益的角度看，苯胺以及后来茜素染料的商业成功，戏剧性地证明了科研可以投入实际的应用。化学家可以通过将一项发现推出实验室投向市场而发家致富。许多年轻的科学家都铭记着这一事实。很多世界领先的化学公司都是因人造染料而成立。拜耳公司由弗雷德里希·拜耳（Friedrich Bayer，1825—1880）和威斯考特（J. Weskott，1821—1876）于1863年创立，生产品红等染料。阿克发公司（Aktiengesellschaft fur Anilinfabrikation），即今天更广为人知的AGFA，由保罗·门德尔松-巴托尔迪（Paul Mendelssohn-Bartholdy）和卡尔·亚历山大·马蒂乌斯（Carl Alexander Martius）于1867年创办。马蒂乌斯曾在伦敦的皇家化学学院为霍夫曼工作；1865年，他协助怂恿霍夫曼重返德国，承诺提供更多资金和新的实验室。

就像染料工业在经济上所取得的成功，帕金的工作还打开了一扇通向有机合成的大门。合成苯胺染料所使用的工具，也能用来制造几乎所有的现代有机产品。因此，煤焦油研究的开发，其经济影响不可估量。

帕金在36岁时就退出了染料行业，当时化学研究和商业开发之间的关系已经发生了翻天覆地的变化。如果说这完全是他发现苯胺紫的结果，可能略显不公平，但他的工作非常关键且具有标志性意义。

有些讽刺的是，曾是帕金老师的霍夫曼，没能留在英国继续培养下一代化学家，而是搬回了德国。到1878年，英国的煤焦油年产值是45万英镑，而德国的煤焦油年产值超过200万英镑；德国有17家人造染料厂，而英国只有6家。这创造了一个积极的反馈循环。因为在德国，化学家有更多的工作岗位，化学研究是一条颇具魅力的教育和职业道路。反过来，众多的化学家拓展了从事研究的范围，创造出新产品，从而需求更多的化学家来管理日益扩充的化学生产线。化学产品接着又意味着产业工厂，需要工程师、建筑工人和技术人员。新的化学工艺需要钢铁生产和零部件制造方面的新技术，这些技术也可以应用于其他行业。最优秀和最聪明的化学家被引导进入纯粹研究岗位，下一层的人填补教师队伍，其余的则被工业界吸收。到1897年，德国有4000多名化学家担任非学术职位，而英国工业界聘用的化学家则不足1000人。

本章小结

到19世纪末，英国仍然是世界上最强大的国家，但它的地位正日益受到挑战。在殖民时代的大博弈中，英国拥有最好的殖民地并控制着海洋，但德国却建成为一个科学和工业的强国，并蓄势待发。在即将到来的冲突中，德国依靠其科学家，特别是化学家，以克服自身的劣势。彬彬有礼的绅士业余科学家和上流社会院士们的世界已经支离破碎。科学正从理解世界转向征服世界，而工作于19世纪的科学家中几乎无人认识到，科学的功用可能有多么残酷。

论述题

1. 灾变论和均变论是如何解释地球的起源的？
2. 何为通过自然选择的达尔文演化论？
3. 社会达尔文主义的根源有哪些？
4. 19世纪的科学是如何职业化的，为什么？
5. 门捷列夫是如何将条理性引入化学的？

第八章时间线

1791—1867年	迈克尔·法拉第在世
1798年	伦福德伯爵出版《关于摩擦生热来源的实验研究》
1799年	伏特发明电堆或电池
1811年	阿伏伽德罗提出等温等压下等体积的所有气体含有的微粒数量相同
1824年	萨迪·卡诺出版《关于火的动力的思考》
约1825年	尼埃普斯发明永久照片
1827年	安培研究磁和电之间的关系；罗伯特·布朗描述“布朗运动”
1831年	英国科学促进会成立
1831—1879年	詹姆斯·克拉克·麦克斯韦在世
1837年	摩尔斯申请电报机专利，发明代码
1843年	焦耳发表《论电磁的热效应和热的机械值》
1848年	美国科学促进会成立
1853—1856年	克里米亚战争
1858年	普吕克发现阴极射线
1860年	坎尼扎罗发表关于阿伏伽德罗假说的《化学哲学教程提要》
1861—1865年	美国内战
1861年	法拉第发表《蜡烛的化学史》
1867年	诺贝尔申请炸药专利
1891年	斯托尼提出“电子”一词
1895年	伦琴发现X射线
1895年	维恩进行黑体实验
1896年	贝克勒尔发现放射性
1898年	居里夫妇发现钋和镭
1900年	马克斯·普朗克提出“量子”概念
1901年	首次颁发诺贝尔奖
1903年	卢瑟福和索迪描述放射性衰变
1907年	金箔实验展示原子内部结构
1911年	密立根油滴实验证明电子电荷
1911年	法国科学院投票拒绝玛丽·居里成为院士
1912年	玻尔与卢瑟福提出卢瑟福-玻尔原子模型

第 八 章

走进原子时代

尽管我们经常把“原子”一词与20世纪中期建造的第一批核武器联系在一起，但事实上早在19世纪，原子就已经成为人们集中研究的重点。在这个过程中，科学的实践，以及科学和更大社会之间的关系发生了不可逆转的变化。

1815年的世界是牛顿式的。革命、征服和战争可能会扰乱到人类生活的层面，但宇宙照常运行，这个平静而又按部就班的机械装置，遵循着质量、运动和引力方面的定律。正如启蒙思想家所展示的那样，牛顿主义的影响远远超出了物理学领域，牛顿物理学本身也在一百多年中几乎没有什么变化。19世纪初期的物理科学的研究倾向，一方面是牛顿已经攻克过的那些自然领域，这实际上是对大师的工作进行微调；另一方面则是将牛顿原理应用到那些他没有涉猎的学科上，例如热力学和电学。大多数研究者的目标是向牛顿世界观的严密体系中添加新的材料。随着这些工作向前推进，人们获得新的工具，提供新的信息，从而需要新的理论结构去解释正在做出的发现，这就挑战了牛顿的主导地位。这些新探究中出现了两条强大的研究路线：能量研究（特征是基于波和力场的宇宙观）和物质研究（以微粒论的自然观为基础）。这两条进路似乎提出了关于宇宙的不同图景。随着科学家对这两个学科的研究越来越深入，曾经看似矛盾的观点开始相互交叉，当爱因斯坦的研究揭示出物质和能量之间的相互关系时，它们最终汇集到一起。

然而，在获得这种洞见之前，科学必须加以改造。个人赞助逐渐被制度化的资助所取代。随着各学科又被细划为多个分支学科，科学本身变得更加专业化；例如，化学被分成了有机化学和无机化学两大分支。在这个时代，科学家的角色越来越职业化，大量的教育和研究机构得以建立，特别是在英国、法国和德国。19世纪也是一个转折点，科学发现转化为实用目标的速度加快。例如，电学与磁学从18世纪的科学研究对象，到19世纪末已经转向了工业应用，包括电报和商业发电等。

掌控电力

尽管可以肯定，牛顿已意识到一些电的现象，但如果只是来自阅读威廉·吉尔伯特的著作的话，那么他在研究中并没有触及这个主题。18世纪的电学研究一度受阻，因为控制电和发电都很困难。1799年亚历桑德罗·伏特（Alessandro Volta，1745—1827）发明了电堆或电池，为科学家提供了持续、可控以及可量化的电流，并使其成为研究对象和新的实验室工具。1820年春，汉斯·克里斯蒂安·奥斯特（Hans Christian Oersted，1777—1851）将这种工具投入使用，在家中用一根通有电流的电线做了一次电加热的演示。他还计划展示磁力，在附近放置了一个罗盘。在加热实验中，他注意到当电流通入电线时，罗盘的指针发生了移动。尽管像吉尔伯特等早期自然哲学家曾将这两种现象都视为远距离作用的不可见之力，但这个观察结果首次通过实验表明了电和磁是相关的。同年9月，该效应在巴黎科学院演示时，被安德烈·玛丽·安培（André Marie Ampère，1775—1836）注意到。安培对化学、物理学、心理学及数学都有广泛的兴趣，于1814年被选入科学院的数理学部。当他看到奥斯特的演示时，便意识到了其重要性，转而研究电与磁场的相互作用。其成果是1872年的著作《关于电动力学现象的数学理论的回忆录：独特的经历》（*Mémoire sur la Théorie Mathématique des Phénomènes Électro Dynamique Uniquement Déduite de l'Expérience*），其中对电和磁的性质均给出了实验和数学上的证明，包括磁力作用的平方反比定律。像引力一样，磁铁吸引力的下降也正比于到磁铁距离的平方。安培的工作将电和磁的研究置于坚实的数学基础之上。同年，格奥尔格·西蒙·欧姆（Georg Simon Ohm，1789—1854）为这个解释添加了电阻的概念。在《伽伐尼电路的数学研究》（*The Galvanic Circuit Investigated Mathematically*）中，欧姆提出了他的定律，指出电动势等于电流乘以电路的总电阻。在这个公式中，欧姆提供了一种方法，通过电路中的元件（例如电磁体甚至是电线）来量化电的耗费。欧姆的最初表达公式为：

$$x=\frac{a}{b+I'}$$

我们现在写作

$$I=\frac{V}{R}$$

这里的I是通过导体的电流，单位为安培；V是导体两端的电势差，单位为伏特；R是导体的电阻，单位为欧姆。

电和磁之间的关系，促使许多研究者通过将电线缠绕在铁芯上来制造电磁铁。当电流通过电线时，铁芯就被极化并产生一个磁场。因为电线必须与铁芯和自身都绝缘（不然就会短路），也因为电线不带绝缘层，所以早期的电磁铁电线圈数都很少，以避免电线互相触碰，而且涂上漆以绝缘于铁芯。1827年，在纽约奥尔巴尼（Albany）工作的约瑟夫·亨利（Joseph Henry，1797—1878）制造了一种更为强大的磁铁。他用丝线包住电线，并把35英尺（约10.7米）长的这种电线缠绕在一个马蹄形的铁芯上。这个实验非常成功，亨利又继续制造出越来越强大的磁铁，其中有一个甚至可以用来提起900多千克的东西。虽然这些磁铁具有明显的实用性，但他在电磁铁方面的其他研究将产生更为深远的影响。1831年，他发明了一个振荡装置，它利用两个磁铁线圈来吸引或排斥一个铁棒，像跷跷板一样转动（见图8.1）。由此电报诞生了，它是维护国家和商业帝国的重要工具，也

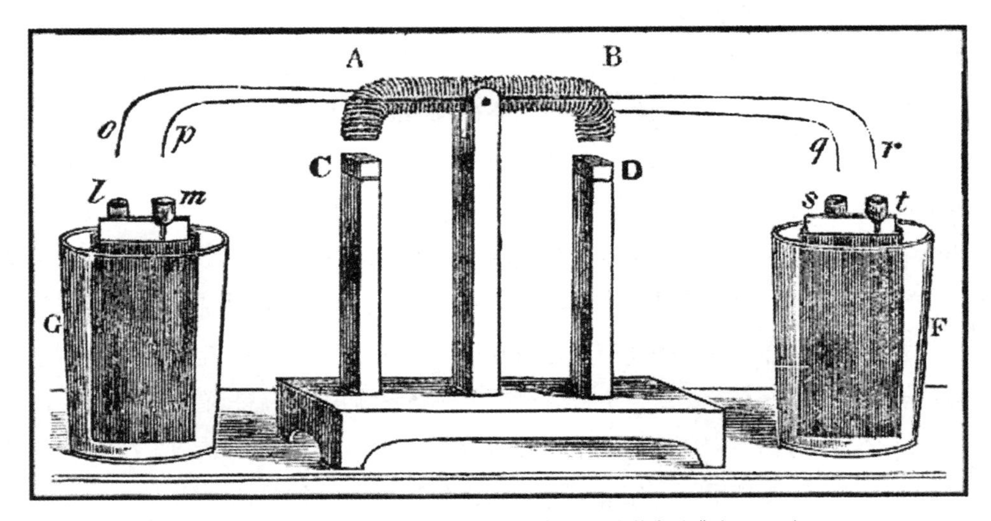

图8.1　亨利的电动装置，摘自《美国科学杂志》（1831）

是迈向电气和电子工业的第一步。

亨利接着成为新泽西学院（即后来的普林斯顿大学）的自然哲学教授。1846年他成为新成立的史密森学会的首任秘书，后来又担任过美国科学促进会的主席（1849—1850）及美国国家科学院的院长（1868—1878）。

亨利还发现，磁与电之间的关系是通过电磁感应双向进行的；根据这一发现，他于1830年制造了第一台发电机。通过移动电线穿过磁场，电线中产生了电流。虽然他可能是第一个发明发电机的人，但亨利没有公布他的成果，因此这项发明的科学功绩被算到迈克尔·法拉第的头上。

法拉第的科学之路不同寻常。作为一个铁匠的儿子，他的早期教育非常有限，但他在一个装订商手下当学徒，并如饥似渴地阅读书籍。阅读过《大英百科全书》上关于电的条目后，他开始投身于科学研究。法拉第参加了汉弗里·戴维（Humphry Devy，1778—1829）爵士的几次公开演讲，并与他通信。1812年，戴维在一次实验室事故中暂时失明，于是雇用了法拉第作为助手，从而开启了这个年轻人在化学领域的科学工作。法拉第作为一名化学家，取得了一些显著成就，包括发现了他所谓的氢的重碳化合物，即今天所说的苯。他最受欢迎的化学著作是《蜡烛的化学史》，这是面向年轻人的六次系列讲座的合集，于1861年成书出版。

尽管他作为化学家取得了成功，但在1821年前后，他转变了研究方向，越来越远离物质而趋向于力学。他确信，电、磁、光、热，以及化学亲和力，都是同一现象的不同侧面，这种现象并非基于某种流体的运动，而实际上是一种振动形式。就像拨动小提琴的琴弦会引起匹配的琴弦在远处振动一样，法拉第推断应该也可以检测到电的“振动”。他拿来一个铁环，一侧缠绕上线圈，线圈连接到伏特电池。铁环另一侧也缠绕上相应的线圈，并连接到一个罗盘，以显示磁场的出现。当电流通入，罗盘的指针产生晃动，从而证明了电磁感应原理（见图8.2）。

法拉第通过在马蹄形磁铁两端之间旋转一个铜圆盘，证明了电和磁之间的关系是动态的。当铜盘运动时，电流就会产生，当它静止时，就没有电流产生。只有穿过磁铁的磁场，一切才会发生。换句话说，磁铁的真正能量存在于它周围的空间，而不是在磁铁本身，那里不过是力的会聚点。法拉第从这些实验中得出结论，电和磁可以被理解为某种影响物质结构的应变（有点类似于挤压弹簧）。他

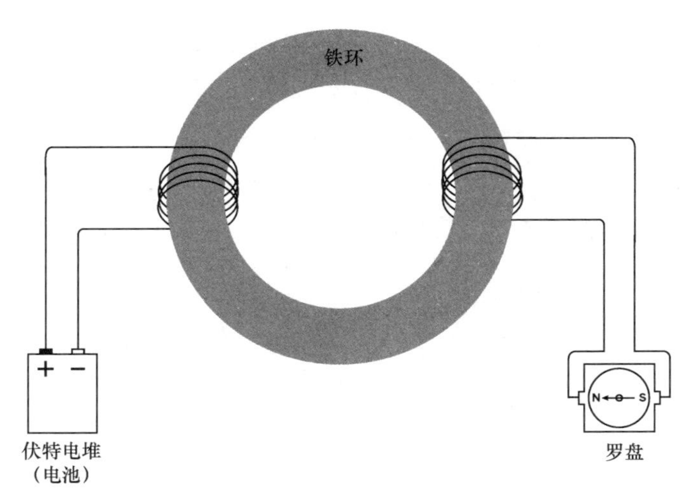

图8.2 法拉第的铁环

在一项实验中证实了这一观点，实验中他让偏振光穿过一个强磁场，偏振面发生了旋转，表明光被磁场移动了。正如他想到的那样，光也是电磁现象的一个要素。然而，他对力场的解释并没有被同时代的人所接受，部分原因在于物理学日益朝定量的方向发展，而法拉第的工作没有用清晰的数学术语来阐明。

詹姆斯·克拉克·麦克斯韦（James Clerk Maxwell，1831—1879）接过了这项任务。麦克斯韦并不是牛顿那样的早慧天才，但是当他1854年毕业于剑桥大学三一学院时（与牛顿同一个学院），他的洞察力和数学技能就已经让人们认识到了他的才华。他接着担任了剑桥大学一系列高级学术职务，最终在1871年成为首任卡文迪什实验室物理学教授，同时负责设计新的卡文迪什实验室。麦克斯韦并不是这个职位的首选，但是开尔文勋爵和瑞利勋爵都拒绝出任这一职位。卡文迪什实验室以卡文迪什家族命名，他们为最初的建设提供了大量资金。亨利·卡文迪什研究过一系列题目，例如空气的性质（此外还确定了水是化合物），以及地球密度的测量。他也研究过电，但没有发表成果。卡文迪什实验室是一座物理教学实验室，作为重要组成部分参与开设一种新型的研究课程及考试，即自然科学荣誉学位考试（Natural Science Tripos），1851年剑桥大学开始实施这种制度，旨在培养更多的科学家来与法国和德国竞争。卡文迪什实验室至今仍是教学和研究的重要中心之一。

麦克斯韦具备深厚的能力，创造了物理现象的数学模型。他利用了法拉第的场论及其精巧的实验，并将其建立在坚实的数学基础之上。由于他主张磁场中的扰动是以特定的速度传播，所以他能够计算出电磁波的传播速度，即每秒3.1×10^{10}厘米，或大约每秒30万千米，等于通过实验确定的光速。麦克斯韦推断这不可能是巧合。他预测，电磁波谱的观测频率将远低于或远高于光的频率，但直到麦克斯韦去世后它才得到证明。

通过将若干问题融会贯通，麦克斯韦的工作为物理学的许多方面奠定了基础。他不仅将电、磁和光联系起来，而且把它们作为场和场中的波联系到了一起。这打破了牛顿学说将光视为粒子的观点，而完全符合惠更斯和托马斯·杨所构建的光的波动本质的实验证据。因此，物理学的大问题似乎被完美地解决了。根据场理论，宇宙可以被视为一口巨釜，里面充满了波，它通过一种被称作以太的天际流体传播，粒子也存在于以太中，并在引力的作用下飘浮。尽管这一体系比牛顿提议的版本要略微复杂一些，但它似乎平稳有效，哲学上也能保持简洁。也就是说，宇宙是由为数不多的固有定律所支配的，这些定律可以完全用数学术语来表达。

到1879年麦克斯韦去世，无论是科学界还是工业界都和拿破仑时代末年大相径庭。如今这是发明家的时代。蒸汽动力、电报、摄影、印刷，以及冶金等领域都引进了新技术，并且改变了世界各地人们的社会、经济和政治生活。工业化国家的物资供应，从手工制作或小作坊的产品，迈向了消费品和工业产品的大规模生产和全球分销。

电力是欧洲和北美社会转型的重要因素之一。电从法国和美国沙龙里知识分子眼中的新奇事物，变成了一种工业用品。它最早的商业应用之一是电报。1831年，惠斯登（Wheatstone）和库克（Cooke）发明了首台电报机，通过控制磁针偏转指向特定字母，尽管他们的专利权和首创性遭受到争议。1833年，数学家卡尔·高斯（Karl Gauss，1777—1855）和威廉·韦伯（Wilhelm Weber，1804—1891）创建了一个模型电报系统，将信号发送到两千米以外。1834年第一台商业发电机上市后，电报的商业化变得可行。1837年，塞缪尔·摩尔斯（Samuel Morse，1791—1872）为他的电报机型及点划代码系统申请了专利。1844年华盛顿市与巴尔的摩市的电报线联通，1854年伦敦和巴黎联通，1858年第一条大西洋海底电缆铺设。电报线沿着铁路通向世界各地，1861年纽约和旧金山联通。美国内战爆发后，骇人事件的新闻传向开通电报的各地。记者发送的电报，被蒸汽驱动的印刷机印到报纸上，让新闻事件几小时内就传遍全球，而无须再花费几天或者几周。

电的本质与热力学

全世界的发明家以令人震惊的速度开发出各种电气设备，但即便电力已经成为一种商品，它的本质仍然是个谜。法拉第和麦克斯韦把电看作一种振动或力场，通过导线和磁场的相互作用而产生电，证实了这个观点。相反，化学电源（比如电池）产生的电，说明电是有物质基础的。化学家关注电解（包括利用电流进行的化学反应），从而促成了关于正负电活性的理论。例如，带正电的钠离子和带负电的氯离子反应生成氯化钠。尽管电解的思想有助于科学家理解原子和分子相互作用的新侧面，并聚焦于电子活动的区域问题，但是仍无法解决有关电的来源和本质的深层问题。

部分的解决方案太过抽象，成为现代科学史上最富争议的假说之一，被反复拒斥和复活。1811年，阿莫迪欧·阿伏伽德罗（Amedeo Avogadro，1776—1856）在《物理学杂志》（*Journal de Physique*）上提出了一个假说：同温同压下等体积的所有气体包含的粒子数量相同。这解答了约瑟夫·盖-吕萨克（Joseph Gay-Lussac，1778—1850）在研究气体定律时所提出的问题，以及道尔顿有关气体结合的问题。科学家知道，一体积的氧气与两体积的氢气结合，能产生两体积的水蒸气。阿伏伽德罗推断，除非氧实际上是一个分子，可以分裂成两个原子（或他所说的"半分子"），从而最初一个氧分子（现在通常称为氧双原子分子或者O_2）生成两个水分子，否则便无法解释。在其最简单的形式中，阿伏伽德罗假说将固定数目的原子和分子认定为一个特殊的量。这个量如今被称为"摩尔"，即"物质的量"，它等于以克为单位的原子量或分子量所含的微粒数。确定这个基本的信息单位，对于理解物质的构成非常重要，同时也是理解物质如何形成的关键。物质世界要持久地运行，某种特定物质的每个分子都必须以相同的元素、相同的比例构成，但是如果不知道一个分子内每种元素的确切数量，我们便不可能理解这些元素是如何聚集在一起构成分子的。计算出比例就为我们提供了一种工具，用于理解为什么一些元素，比如氧和碳，可以结合形成许多化合物，而其他一些元素，比如金和银，却只能和少数几种元素结合成分子。

阿伏伽德罗的假说并没有被顺利接受，因为它的基础是同种粒子相互吸引，这就违背了基于异性粒子相吸（如同磁铁的异极相吸、同极相斥）的化合物亲和理论。1814年安培试图复兴阿伏伽德罗的观点，19世纪40年代，有机化学领域的奥古斯特·罗朗及查尔斯·弗雷德里克·热拉尔（Charles Frederic Gerhardt，1816—1856）也予以跟进。但是直到1860年，斯坦尼斯劳·坎尼扎罗在卡尔斯鲁厄会议上散发了小册子《化学哲学教程提要》，阿伏伽德罗的假说才开始影响人们的思考，解答关于确定和比较分子量与原子量的问题。卡尔斯鲁厄会议是第一次国际性的化学会议，参加者包括当时一些最重要的科学家。召开此次会议是为了制定命名法的国际标准，并解决一些关于原子量的问题。阿伏伽德罗的假说为解决原子量的问题提供了一条途径，最终被大家所接受。

那些起初似乎是物质的问题，变成了与电有关的问题，因为物质可以带有电荷，而正是电荷将各种元素聚集成化合物。1881年，斯凡特·奥古斯特·阿伦尼乌斯（Svante August Arrhenius，1859—1927）抵达斯德哥尔摩，在埃里克·埃德伦德（Eric Edlund，1818—1888）手下研究溶液和电解质，进一步阐明了阿伏伽德罗的假说。根据阿伦尼乌斯的研究，当电流通入熔融的氯化钠（NaCl），分子就会分裂或解体。分子的组成部分不是原子，而是他所谓的离子；其中钠离子带有一个正电荷（Na^+），氯离子带一个负电荷（Cl^-）。这些离子会向电极移动：钠离子到阴极，氯离子到阳极，在那里它们失去电荷，变成钠原子与氯原子（或元素）。

这表明原子和原子团可能本身自带电荷，而非仅仅是被电的活动所影响。这一结论既解答了很多问题，也引发了同样多的问题，因为这似乎需要融合两种不相容的物体——道尔顿的原子和麦克斯韦的电磁波。有一种解决方式是把电描绘成某种粒子，或不可分割的单位。爱尔兰物理学家乔治·约翰斯通·斯托尼（George Johnstone Stoney，1826—1911）起初将其称作“电原子”，并计算出它的大小，1891年他提出用术语“电子”作为电荷的单位。

尽管有些科学家把电子看作一种粒子，但另一些科学家试图通过重建原子来解决问题。笛卡尔的粒子、牛顿的微粒，以及道尔顿的原子，都是微小的、离散的、不可分割的粒子，它们以特定的方式相互作用，尽管作用方式尚不明确。虽然这个概念对从总体上研究物质有些用处，但在研究磁学、光波、热等方面却困难重重。威廉·麦夸恩·兰金（William Macquorn Rankine，1820—1872）在1849年，以及开尔文勋爵在1867年，都基于涡旋提出了不同的原子模型。开尔文主张，涡旋原子完全是弹性的，许多重要的条件，比如热膨胀、光谱线，都可以从这种动力模型中衍生出来。

气体的分子运动论和热动力学

这些新思想起源于对热的研究。热，或者后来所称的热力学，也是牛顿没有解决的领域之一。在亚里士多德的体系中，热是一种元素。整个18世纪，人们认为热是火或者燃素的本质，直到拉瓦锡通过精心的实验驳斥了燃素论。在拉普拉斯的帮助下，他引入了热质这一概念，这是一种“没有重量的流体”。热质的概念确实有助于解释显而易见的热运动，以及热与温度的区别。热质被认为是从温暖区域（充满热质）流向寒冷区域（缺乏热质）。热代表某一给定物体内的总热质，而温度衡量的是热质的集中度。因此举例来说，一个湖泊的温度会低于一壶沸水，但它包含的热质却多得多。

尽管热质的概念别出心裁，但它不太符合牛顿物理学，而且，创造一种新物质的做法，也有悖于19世纪的潮流——用物体本身说明其物理性质，而不是另外构想影响物体的各种东西。早在1738年，著名的瑞士数学和物理学家丹尼尔·伯努利（Daniel Bernoulli，1700—1782）就基于原子运动的牛顿原理，提出了一种压力理论。粒子运动得越快，产生的压力越大。这一理论被认为不太可能，几乎无人问津。热可能与原子的状态有关，但必须用其他方式加以论证，才能引起人们的注意。本杰明·汤普森，即伦福德伯爵（Benjamin Thompson，Count Rumford，1753—1814）对热质提出了批评。此人职业生涯丰富多彩，包括充当英国间谍，服务于巴伐利亚选帝侯（他使汤普森获封神圣罗马帝国的伦福德伯爵），建造改良的壁炉，娶了拉瓦锡的遗孀（婚姻只持续了一年），还监督过大炮的生产。伦福德起初支持热质说，还为该理论增添了冷辐射概念。但正是他对大炮钻孔器械的观察，使他放弃了热质说。他观察到，一个钝钻即使永远旋转下去，也无法穿透大炮的铁壳，却会源源不断地产生热。如果热质是一种物质，那么铁中的热质最终会消耗殆尽，然而事实并非如此。1798年，他发表了《关于摩擦生热来源的实验研究》，成为一篇经典的物理学论文。热质说虽然被证明是错误的，却导致热的量化，而伦福德的著作将功（动力作用）和热直接联系起来，推动了热的研究。

1824年，尼古拉·莱昂纳尔·萨迪·卡诺（Nicolas Léonard Sadi Carnot，1796—1832）出版了《关于火的动力的思考》，从中他科学地分析了热机理论。热机是通过热从一个区域流向另一个区域而实现做功，例如蒸汽机中蒸汽的加热和冷凝。尽管基于热质说，他证明了热的做功类似于水从高处落到低处，由此，就有可能计算出热机的效率，但其效率都非常低。在蒸汽机中，蒸汽冷却了100℃（即蒸汽通过活塞并凝结成水，从150℃下降到50℃），效率只有0.236，这意味着只有不到四分之一的热可以转化为功。卡诺的工作十分出色，但他36岁时就死于霍乱。他的工作后来经过焦耳、开尔文和克劳修斯（Rudolf Clausius，1822—1888）的重提，才广为人知。

1843年，詹姆斯·普雷斯科特·焦耳（James Prescott Joule，1818—1889）在英国科学促进会上宣读了一篇论文，正式确定了功和热之间的关系。这篇名为《论电磁的热效应和热的机械值》的论文，首次量化了对应温度上升的热的机械当量值。焦耳认为，将1磅水的温度提高1华氏度需要耗费838英尺·磅的功。换句话说，能够将1磅重的物体提升838英尺所需的功，如果转化为热，可以将1磅水的温度提高1华氏度。这篇论文没有引起科学界的反响，但他坚持不懈并改进了他的实验。1845年，他向促进会提交了《论热的机械当量》一文，新计算的值为819英尺·磅。1850年，他通过使用落锤驱动的桨轮（在固定体积的水中转动时会产生摩擦，见图8.3），将数值精确为772.692英尺·磅（相当于1卡＝4.157焦耳，目前国际公认值为1卡＝4.184焦耳）。这次，他的工作得到了更多的青睐。

焦耳和开尔文勋爵一起继续研究热，并协助提出了气体的分子运动论。该理论将热和压力同气体中粒子的运动联系起来，宣称粒子的平均速度与气体的温度

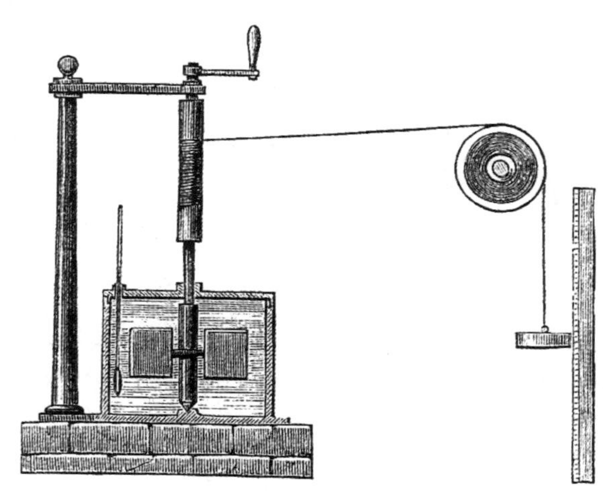

图8.3　焦耳的热功当量图解

直接相关。关于原子的运动，鲁道夫·克劳修斯也独立得出了同样的结论。他还在1865年引入了“熵”一词来描述能量的耗散，熵会随着时间不断增加。通过克劳修斯的工作，建立了气体的分子运动论，即系统中粒子运动和热的关系。热不是一种神秘流体，而是原子和分子的运动。此外，至少从统计学上讲，所有这些原子的游走运动都可以被测量，意味着热可以被看作一种关键工具，用于说明物质的状态。

气体的分子运动论，基础是原子和分子的存在，因此它也成为物质理论的一个组成部分。1865年，约瑟夫·洛施密特（Joseph Loschmidt，1821—1895）应用该理论来计算原子的直径，并使用该数值来确定单位体积气体中的分子数。克劳修斯设想了分子的“能量”，可以分解为平移运动（从一个地方到另一个地方的运动）、振动，以及自旋运动。基于此，他证明了氢气、氧气和其他气态元素的热容量，符合它们的双原子分子理论，从而为确定原子量的蒸汽密度法提供了支持。

所有这些复杂工作的现代表述，都已被纳入19世纪40年代至50年代提出的两大普遍定律。第一条定律将能量定义为物理科学中的一个新的基本概念。它表明热是能量的一种形式，在任何密闭系统中，总能量是恒定的。因此，现实世界中不可能制造出一台机器，在没有外部能量输入的情况下持续运转，因为用于机器运转的能量会被耗散（例如通过摩擦），从而无法运转机器。换句话说，你从一个系统中获取的能量不会比你投入的更多[1]。

热力学第二定律，即熵定律，表述为：在任何物理化学过程中，都不可能把所有的能量转化为功。有些能量总是转换成热，因此不能做功。此外，在任何封闭系统中，热只会朝一个方向传递，从较暖的区域传递到较冷的区域。随着时间的推移，如果没有外部能量来源，熵会使所有物体达到相同的温度。这就是热水瓶既能保温又不能完全保温的原因。热水瓶通过减缓热量从高温的内胆向低温的外界传递的速度，从而让热饮保持更长时间的高温，但由于瓶身不够（也不可能）完美，热水瓶中的热饮最终会冷却到周围环境的温度。无论是热水瓶里的咖啡，还是整个宇宙，都适用熵定律。这只是时间问题。

这个观念的影响范围超出了物理学。开尔文运用这个理论，根据炽热镍铁球的冷却速度，来估算地球的年龄。结果表明，地球的年龄相当年轻，无法满足达尔文演化论的要求，从而成为达尔文演化论的一个重大的反对观点。

物理化学、阴极射线和X射线

尽管气体的分子运动论将热与粒子运动相联系，支持了人们对原子的信念，但一些科学家准备相信能量，而非物质，才是真正的物理实在以及物理科学的合适基础。越来越多的科学家主张，原子根本不以物质的形式存在。除了开尔文的涡旋模型外，麦克斯韦宣称，无须假定原子的实际存在，数学模型也能成立。威拉德·吉布斯（Willard Gibbs，1839—1903）提出了没有粒子的热力学理论。恩斯特·马赫（Ernst Mach，1838—1916）更是直言不讳地反对原子的观念，不仅主张原子论所描述的原子是假设的，不需要存在，而且认为将原子理论化会造成误导。马赫是实证主义的主要倡导者之一，实证主义哲学认为，唯一可靠的知识形式是科学知识，它来自可观察的或经验的证据。既然原子无法观测到，而且物

1 关于这个问题的一个例子是打开冰箱门来试图为厨房降温。因为冰箱制冷，是通过将内部的热转移到外部并散发到厨房的空气中，所以适得其反，你将令空气升温。冰箱的发动机运转产生摩擦，将产生更多的热，因此你会让房间更热。

理学的许多方面也不需要它，那么它就落入形而上学的范畴，这个哲学分支推测自然的起源和目的，而不是思考自然如何运作。按马赫的说法，科学中没有任何东西可以建立在这样的推测之上。

这种反唯物主义的观点甚至得到了一众化学家的支持，德国颇具影响力的物理化学家威廉·奥斯特瓦尔德（Wilhelm Ostwald，1853—1932），以及法国若干著名化学家，如马塞兰·贝特洛（Marcellin Berthelot，1827—1907）和亨利·勒夏特列（Henri Le Chatelier，1850—1936），都反对原子论。他们支持唯能论（Energetik）体系，按其学说，物质必定构成一种连续体，因为所有的"物质"都必须是能量谱系的一部分。唯能论建立在热力学基础之上，并通过光的波动理论而加强。

许多唯能论的支持者都自称物理化学家。1887年，奥斯特瓦尔德与阿伦尼乌斯、雅各布斯·亨里克斯·范托夫（Jacobus Henricus van't Hoff，1852—1911）一起，创办了《物理化学杂志》（*Zeitschrift für physikalische chemie*），成为这一新领域的首要期刊。无论是从体制上还是从研究范围而言，化学和物理已开始分道扬镳。物理化学则试图利用热力学和能量的概念，解释物质的化学反应和各种物理性质，从而弥合上述分野。尽管物理化学对物质的结构和各种力的作用提出了一些精辟的见解，但它并没有被整个化学界所接受。一些化学家反对，是因为它过分依赖于定量和数学分析，而这些分析似乎是故弄玄虚或让人捉摸不透。其他

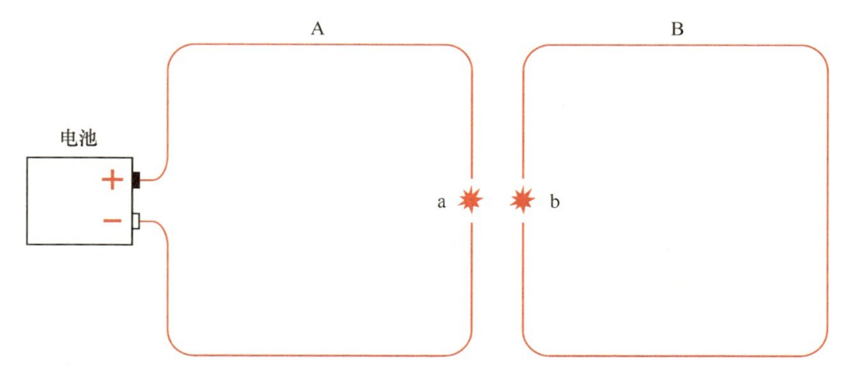

图8.4 赫兹的电火花缝隙实验

线圈A与电池相连。缝隙a处会产生火花，电流形成完整回路
线圈A附近放置一个相似的线圈B，也有相同的缝隙b。当a处产生火花时，线圈B感应形成电流，b处产生火花

人，特别是那些从事有机化学研究的人，认为物理化学家提出的问题对他们的工作毫无裨益。

物质和能量之间的关系不断产生新的谜题。例如，当电流通入水时，水就会分解成氧和氢，但我们也知道水在极高温度下也会分解成这两种元素。电流穿过固体，似乎对固体没有影响，然而它通入液体却会引起分解。常压气体的导电实验，要么难以成功，要么需要很高的电压，结果导致剧烈的火花甚至爆炸。如果物质是一种错觉，那么物理学家就必须解释能量、力场和波是如何相互作用，从而形成这个物质的宇宙的。如果物质和能量是分离的，那么物质又是如何产生电荷的呢？解决这些问题，需要用新的方法来研究物质的组成部分，这就意味着新的实验室设备。

在极低的压力下，电也能穿透气体，但是直到玻璃吹制工海因里希·盖斯勒（Heinrich Geissler，1814—1879）发明了一种制造优良真空管的方法，人们才能够对这种现象进行研究。1858年尤利乌斯·普吕克（Julius Plücker，1801—1868）发现，当一股电流通过真空管内的两个电极时，阴极会发出幽幽绿光。无论电极使用何种金属，都不影响这种辉光，因此他得出结论，这是一种电现象，而不是电极材料的特性。普吕克还演示了辉光会受到附近磁铁的影响。

追随普吕克的是德国的约翰·威廉·希托夫（Johann Wilhelm Hittorf，1824—1914）和英国的威廉·克鲁克斯（William Crookes，1823—1919）。1869年，希托夫（曾是普吕克的学生）证明，任何穿过真空的物体都沿着直线运动，如果中途遇到障碍物就会投下阴影。希托夫的发现得到了尤金·戈尔德斯泰因（Eugen Goldstein，1850—1930）的证实，他将这种射线命名为阴极射线。克鲁克斯也独自发现了同样的结果。他还通过在管子里放置一个明轮，设法观察射线能否产生作用力。阴极射线使明轮从阴极滚向阳极。根据这一现象，他主张射线实际上是具有一定质量的粒子，尽管后来的研究表明，实际上是微量气体分子引起了明轮的转动。

然而，对阴极射线的研究并没有解决原子组成的问题。对于物理化学家（尤其是在德国）来说，射线的性质似乎证实了宇宙的波动本质，而在英国，克鲁克斯的研究则被看作证实了物质的粒子本质。

在德国，海因里希·鲁道夫·赫兹（Heinrich Rudolf Hertz，1857—1894）继

续探索麦克斯韦关于波的推论。他设计了一个精致的实验，让电流在空气中跳过一个缝隙，产生电火花，从而证明了电磁辐射可以在一定距离内产生、传播和被探测。为了探测到波动，他将一根电线摆成矩形，两端微微分开缝隙。如果初始的火花产生的电磁辐射穿过了矩形的接收电线，那么它就会产生电流，通过缝隙时便形成火花，事实果然如此（见图8.4）。这些“赫兹波”，也就是后来人们所知的无线电波，验证了麦克斯韦的观点，扩展了电磁辐射的频谱，提升了用实验检验现象的能力。

威廉·康拉德·伦琴（Wilhelm Konrad Rontgen，1845—1923）发现的X射线进一步扩大了辐射光谱。1895年，伦琴在研究紫外光时，使用了一支阴极射线管和涂有一层氰亚铂酸钡的纸，纸在紫外光照射下会发出荧光。当他用黑色的纸盖住放电管时，涂层纸仍在发光。即使放到相邻的房间里，当电流通过阴极管时，涂层纸也会发光。这些射线似乎来自阴极射线照射的管子末端的玻璃。为了确定这种神秘射线的作用，人们研究了一系列的材料。材料密度越大，穿透率就越低。伦琴将照相底片暴露在射线下，发现底片记录了图像。最早的伦琴图之一就是他妻子的手，图中清晰地显示出骨骼和隐约的肌肉轮廓（见图8.5）。这项发现的潜在医学用途很快显露出来，仅仅过了几个月，X射线就被首次用于了医疗。

如果没有照相术的发明，伦琴的研究和X射线的医学应用就不可能出现。尼塞福尔·尼埃普斯（Nicéphore Niépce，1765—1833）被认为在1825年前后发明了第一张永久照片。法国人路易·达盖尔（Louis Daguerre，1787—1851）等人改进了这套技术。1884年，乔治·伊士曼（George Eastman，1854—1932）引入了胶片摄影，从此成为现代照相术的基础，直到数码影像出现。照相术可能是一个绝佳的例子：一项商业发明随后被带入实验室，在那里成为从天文学到细胞生物学的通用工具。使用照相术，向研究者提出了一个有趣的哲学问题，即实验的可靠性和客观性的限度，由于他们无从得知胶片的化学成分（商业秘密），因此无法控制实验的所有变量。

此后马克斯·冯·劳厄（Max von Laue，1879—1960）的研究证明，X射线具有与光相同的基本电磁特性，但频率要高得多，而且晶体能让X射线发生衍射并产生一致的图样。这个想法后来被威廉·亨利·布拉格（William Henry Bragg，1862—1942）和威廉·劳伦斯·布拉格（William Lawrence Bragg，1890—1971）

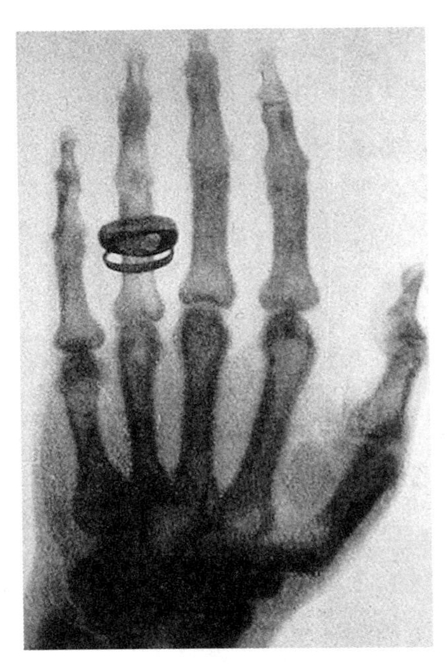

图8.5 伦琴拍摄的阿尔弗雷德·冯·科利克（Alfred von Kolliker）的手部X光片，1896年1月23日

父子用来开创晶体学的研究，他们通过分析X射线的衍射图像，绘制晶体的内部结构。这项技术在众多领域产生了重大影响，特别是为DNA的结构提供了线索。从冯·劳厄的研究出发，另一项进展是卡尔·曼恩·格奥尔格·西格巴恩（Karl Manne Georg Siegbahn，1886—1978）开创的X射线光谱学，它让人们更好地理解元素，并且通过检测加热时物质发射的电磁光谱，便可确定材料的成分。如果一种物质被加热，它就会发出一种恒定的、带有特征样式的光线，这对于识别元素非常有用，甚至可以用来确定恒星的组成。

伦琴因发现了X射线而频频获奖，其中包括1901年的诺贝尔物理学奖，这也是该奖的首次颁发。诺贝尔奖以阿尔弗雷德·贝恩哈德·诺贝尔（Alfred Bernhard Nobel，1833—1896）及其家族的名字命名，成为科学界最负盛名的奖项。诺贝尔是一位自学成才的科学家，尤其热衷于研究爆炸物的化学分支。诺贝尔的财富基础，来自1867年获得专利的黄色炸药，以及包括无烟火药在内的一系列炸药类产品。在那个大型工程上马的时代，运河开凿、铁路修筑和大规模采矿，都需要大量的工业炸药，但它们极其危险。诺贝尔的产品较为稳定，具有高度的可控性。随着欧洲军事力量在殖民帝国时代的迅速扩张，炸药的军事应用也与日俱增。

诺贝尔从炸药工业中获得了巨额财富，他将其大部分用于创立一系列科学、和平以及文学方面的奖项。他想奖励那些"为人类做出最伟大贡献"的人。人们曾猜测，他创立这些奖项是为了回应有关批评，即他的财富得自死亡和毁坏。诺贝尔物理学奖、化学奖、生理学或医学奖、和平奖及文学奖每年颁发一次，由专门委员会选出获奖者。瑞典文学院监管诺贝尔文学奖，而瑞典皇家科学院负责物理学、化学和生理学/医学方面的奖项。诺贝尔和平奖则由挪威议会下设的一个委员会选出[1]。由于颁奖系统需要几个学院和两个政府的协调，所以在诺贝尔去世后又过了几年才组织起来。

尽管有些人认为，诺贝尔奖并不总是颁发给最优秀的候选人，但科学奖通常授予的人选，其发现或研究成果都对该学科乃至整个科学领域产生了重大影响。它们也代表了公众接触科学的一种渠道，因为颁奖在过去和现在都是重大新闻事件。获得诺贝尔奖已成为关乎民族自豪感的事情。除了声望和一块金牌，获奖者还会得到一笔可观的奖金。奖金的数量因年而异，取决于诺贝尔基金会的收益。2001年，奖金被设定为1000万瑞典克朗（2021年约合117万美元）。2012—2019年有所下降，但2020年又恢复为1000万瑞典克朗。

解决波/粒困境

当X射线成为新闻，理解粒子和电磁波谱究竟是怎么回事的争论依然在持续。为了更好地理解阴极管中的奇怪粒子，赫兹通过制造一个阴极管，在两块带电的金属板之间发射一束射线，证明了阴极射线在穿过电场时不会偏离轨道。J. J. 汤姆森（J. J. Thomson，1856—1940）认为赫兹的结论肯定是错误的，并证明

1　尚不清楚诺贝尔为什么让挪威人来负责颁发和平奖，尽管他们曾经（现在也仍然如此）在国际和平与裁军运动中表现积极。经济学奖是1968年由瑞典银行设立的，并不属于诺贝尔的最初计划。

了射线在穿过电场时的确发生了偏转。他通过创建一个更好的真空，去除掉干扰阴极射线电荷的气体粒子，才做到这一点。这一发现产生了许多后果：它进一步质疑了射线的性质，也作为显像管（CRT）电视和电脑显示器的原理，奠定了现代消费性电子产品的技术基础。

尽管J. J. 汤姆森似乎已将赫兹的射线转变为一种粒子，但他发现这是一种奇怪的粒子。它的路径既可以被磁场也可以被电场偏转。与不受电场影响的X射线不同，偏转的路径表明粒子上带有一个负电荷。由于阴极射线的速度和路径可以由磁场和电场控制，而且这些场的强度是已知的，所以通过计算这种奇怪粒子的质量与电荷的比率，就可以估算出它的质量。电子的质量是氢离子的1/1836，或者用现代说法是9.1091×10^{-28}克。这种粒子看起来就是斯托尼的电子。

虽然知道了电子的质量是一个突破，但它无法自动确定粒子的电荷。1911年，罗伯特·安德鲁·密立根（Robert Andrew Millikan，1868—1953）的实验解决了这个问题，他将小油滴悬浮在两个带相反电荷的平板之间，从而测量电子的电荷。微小的油滴吸收了空气中的离子（他用X射线将大气电离），通过观察它们的运动，便可计算出电荷。他推断电荷只能有一种大小，那就是电子的单位电荷，这对于所有原子中的所有电子都是一样的。

即使质量和电荷都被计算了出来，仍然有一个棘手的问题：粒子到达阴极管末端之后又去了哪里呢？与阴极射线相关的荧光将这种粒子与光联系起来，但这只是让问题转了一个大圈。光究竟是粒子还是波？

关于电磁波谱的大多数发现，似乎都证实了宇宙的波动本质，但波动理论也存在问题。根据定义，波必须通过介质传播。正如真空中的鸣钟听不到声音一样，如果光是一种波，它就必须有传递的介质，否则就观察不到电磁波谱。电磁介质，或者以太，其特性必定非常特殊，对于一些科学家来说，电磁以太就像是复古回到笛卡尔的涡旋和充盈等概念。

如果唯能论的支持者是正确的，即所有“物质”只不过是波的表现形式，那么仍然存在一个问题：既然波具有互相穿透的特性，那么波如何呈现为固体？换句话说，如果一个人和墙都不是由物质而是由波组成，为什么一个人不能穿墙而过呢？出现了两条研究路线，不仅使波/粒难题得到了解决，而且具有讽刺意味的是，打破了牛顿力学体系的基础。第一条路线源于放射性的发现，而第二条路线来自一个逻辑难题，这个难题的出现，是因为牛顿的力学体系和波动理论不可能同时正确。

1895年，安托万·亨利·贝克勒尔（Antoine Henri Becquerel，1852—1908）开始对荧光和磷光进行仔细的研究，这是他曾长期感兴趣的领域，但是伦琴关于X射线的研究使它变得更加有趣。贝克勒尔想知道荧光材料是否能反过来产生X射线或阴极射线。他选择使用铀盐，因为人们知道它们会发出强烈的荧光。首先，他将晶体在烈日下曝晒，然后放到密封的照相底片上。当底片显影出来，放置晶体的地方会变暗，表明铀盐中的射线穿过了覆盖纸到达了底片。

1896年2月26日和27日，天色阴沉，贝克勒尔无法继续他的研究，于是他将晶体和照相底片放到一个不透光的抽屉里。出于好奇，他想看看晶体中的射线是否还有残留的径迹，于是将底片显影，结果发现上面的黑色图案与铀盐曝晒后形成的图像一样强烈。使底片变暗的东西来自样品本身，而不是它先吸收再释放出来的物质。对铀的进一步研究表明，辐射无法像普通的光那样被反射，但会影响其照射过的物体的电荷。

大约在同一时间，玛丽·斯克罗多夫斯卡·居里（Marie Sklodowska Curie，1867—1934）也开始了她的放射性研究。她使用的压电石英静电计，是丈夫皮埃尔·居里（Pierre Curie，1859—1906）及其兄弟雅克（Jacques，1856—1914）的发明。这个工具可以测量极低水平的电荷，她用来识别一些物质，这些物质展示出贝克勒尔所注意到的效应。只有铀和钍才会发出电离辐射，但当她检测一块沥青铀矿样品时，发现其电离能力比纯铀还要高。沥青铀矿之于居里夫妇，就如同煤焦油曾之于有机化学家一样。它主要由铀的氧化物U_3O_8组成，但也含有非常少量的其他成分。铀是一种稀有材料，主要用作玻璃制造的着色剂，通过它可以生产出漂亮的蓝色玻璃。经过几个月精炼原矿或沥青铀矿，居里夫妇分离出一种新的放射性元素，并以玛丽·居里的祖国波兰命名为钋（Polonium）。进一步的精炼工作又分离出第二种放射性元素——镭（Radium），他们于1898年12月宣布了这个成果。为了分离出1克镭化合物，他们处理了8吨沥青铀矿。长期接触放射性物质，可能导致了玛丽·居里1934年死于癌症。

因对放射性物质的研究，贝克勒尔和居里夫妇获得了诺贝尔物理学奖。1906年悲剧降临，皮埃尔死于一场交通事故，但玛丽·居里仍继续她的研究。作为少数几位获允进入男性主宰的科学世界的女性之一，她是第一位女性诺贝尔奖得主，也是索邦大学的第一位女性教授。1911年，她被提名参选法国科学院院士，但经过一番高度公开和刻薄的论战，她被拒之门外。许多人仍然认为，女性不适合从事科学研究，或者认为她搭乘了丈夫的便车。除了对女性的歧视，还有其他因素导致她被拒——反犹太主义、法国保守派和自由派之间的分裂，以及民族主义。虽然玛丽·居里是天主教徒，但她的名字表明了她的犹太血统，而且她还卷入了德雷福斯事件[1]所引发的敌意中。因为她是波兰人，她还成为激进民族主义者的靶子。而且，作为一名自由派，她被科学院内外的保守势力视为威胁。同年，当她在化学领域再度荣获诺贝尔奖时，她的反对者诽谤说这是一种政治操弄。玛丽·居里是那个时代唯一一位获得两项诺贝尔奖的人，直到1962年莱纳斯·鲍林（Linus Pauling，1901—1994）第二次获得诺贝尔奖（1954年化学奖，1962年和平奖）。

尽管有批评者，但玛丽·居里的工作不仅有助于理解放射性和发现新元素，而且还开启了对物质结构的理解。贝克勒尔等人认识到，电离辐射不是单一类型的。有些辐射只能穿透一层薄薄的金属箔，而有些则能穿透得更深。此外，放射性物质的一些辐射可以被电场偏转。这些不同的特征被确认为不同类型的射线，1900年前后标识出了α和β射线，而拥有更强穿透力的γ射线，也于1903年前后被辨别和命名。

解密原子

正当X射线、辐射和无线电波似乎成为物理学中最热门的话题时，还有一个默默无闻的实验项目正在研究着胶体，作为一种方法，用于证明原子和物质的物理实在。与其他发现相比，该方向的研究相形见绌，主要有两个原因。第一个原

1 阿尔弗雷德·德雷福斯（Alfred Dreyfus）是法军的一名军官，因被错误地指控为向德国人泄露机密情报，而被判处终身监禁。在小说家埃米尔·左拉（Émile Zola）的带领下，一场抗议活动导致案件重审，以及一篇对军方做法和判决的控诉。尽管德雷福斯接受了赦免以摆脱折磨，但该事件造成了法国社会和政治的深层分裂。

因，胶体从一开始就与一些完全日常的用品相联系，诸如胶水、油漆，以及许多工业和家用产品。第二个原因，胶体研究更接近于有机和生物学的研究，而不像物质基本性质的研究。

大约在1900年，关于动植物细胞物质的流行理论就是基于胶体化学。托马斯·格雷厄姆（Thomas Graham，1805—1869）定义了胶体，他是苏格兰化学家，伦敦化学学会的首任主席。他将一组不能穿过细胞膜扩散的材料归类为胶体（与晶体相反，晶体可以穿过细胞膜）。他认为这些物质——如乳香脂、脂肪、油漆，以及某些血液组分——具有某些独特的性质，如形成凝胶的能力。细胞化学基于这样一种信念，即这些胶体主要是尚未分化的团块，含有化学活性成分——如控制细胞活动的酶，嵌入或附着于胶块上。这被称作“载体理论”（träger theory）。

1903年，理查德·席格蒙迪（Richard Zsigmondy，1865—1929）及其助手西登托夫（H. Siedentopf，1872—1940）建造了第一台超显微镜，大大有助于胶体的研究。超显微镜是光学工程的奇迹，有效地达到了光学观察的极限。它可以检测小至直径5纳米的颗粒（尽管其一般操作范围为20—200纳米），方法是将物体置于黑暗的背景中，用侧面的光线照亮，就像人们在阳光中看到飘浮的尘埃微粒一样（见图8.6）。这样就可以对胶体材料进行定量计算。

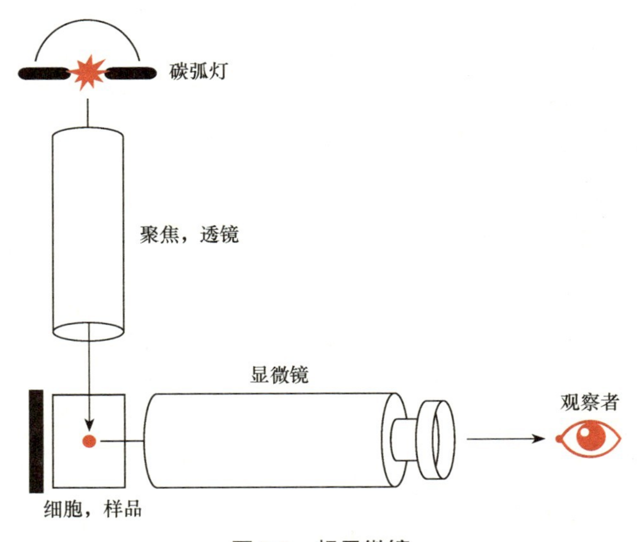

图8.6　超显微镜

更进一步，特奥多尔·斯韦德贝里（Theodor Svedberg，1884—1971）又发明了超速离心机。这种装置可以在流体介质中旋转粒子样本，最高可达10万倍重力，从而分离出使用其他方法难以分析的细微物质。斯韦德贝里用超速离心机研究了血红蛋白等有机胶体，做出了惊人的发现。他在血红蛋白（以及其他类似物质）的样本中发现，所有颗粒并非大小不一，而是尺寸相同。这表明细胞的化学成分是均匀的，而不是未经分化、随机堆砌的有机材料。人们起初难以接受这些发现，因为生物化学家难以置信，单个分子能像实验中显示的那样大。例如血红蛋白的分子量达6.8万。生物化学家曾预计细胞物质是由一些较小的成分组成，一开始认为单个功能分子的分子量最高不可能超过1.6万。在一些科学家看来，血红蛋白的数值简直荒唐透顶。而为了证实这个结论，斯韦德贝里又多次重复了上述实验。

赫尔曼·施陶丁格（Hermann Staudinger，1881—1965）也加入了这场争论。他颇具叛逆倾向，在第一次世界大战期间曾反对德国的化学战，并且经常挑战化学家同行，毫不顾忌对方的身份地位。因此，他义无反顾地抛弃公认的观点，而支持有机大分子的看法。1924年，他提出将有机化学中出现的越来越多的大分子聚合物命名为“高分子”。他曾因认为这些胶体化合物可能是单一的功能分子而遭到严厉的批评，一些化学家甚至暗示（是他）糟糕的实验室操作技能导致了这样的错误。1929年，随着胶体研究的不断深入，施陶丁格前往德国科学研究基金会，申请资金购买一台超速离心机。当请求被拒绝后，他转而采用其他方法来确定聚合物的分子量，即由更小的单元构成的长链分子。他发现黏度与分子量有关，而通过测量黏度，他就可以估算出分子链的重量和大小。用简单的工具，他预测了一些分子量，后被其他方法所证实。他还用化学方法改变了一个高分子，而保持其分子量不变。尽管这些算不上骤然改变化学的判决性实验，但它们确实打破了胶体理论，该理论将有机物质视为成分未定的团块。对于遗传学家来说，只有接受高分子概念，并能够研究它们的组成，细胞的终极控制系统的路径才变得更加清晰。只要人们认为有机分子的成分难以确定，甚至是随机的聚合体，就没有办法分类或系统研究酶、激素，以及最终的DNA等。

1895年，让-巴蒂斯特·佩兰（Jean-Baptiste Perrin，1870—1942）利用胶体研究，证明了阴极射线不是波，而是带电粒子。方法是展示出射线可以把一定数量的电荷转移到其他物体上。不顾当时流行的唯能论，他着手论证原子和分子的物理性质。1908年前后，他开始用超显微镜，设计并仔细观察了烧瓶中微小胶体粒子在水中移动的现象。这些微粒太小，无法沉淀到底部，而像空中飞舞的尘埃一样，似乎在跳跃和做折线运动。这种随机运动被称作布朗运动，因为是植物学家罗伯特·布朗（Robert Brown，1773—1858）于1827年首次注意到这种运动。佩兰主张，方向的改变是粒子与液体分子碰撞的结果。既然知道所加入的粒子质量，他便可以计算出水分子的质量和动能。由此，他可以计算出给定体积液体中的分子数量，从而为阿伏伽德罗的假说提供实验证明。根据这个假说，人们就有办法计算给定质量的某种粒子的确切数量。这个数被称作阿伏伽德罗常数，即每摩尔含有6.022×10^{23}个粒子。换言之，1摩尔的氢原子和1摩尔黄金原子，或1摩尔血红蛋白分子，数量都是相等的。通过阿伏伽德罗常数，人们就能算出给定质量的元素或化合物中存在多少原子。

1905年，爱因斯坦从理论上论证了原子和分子在物理上是存在的（见第九章），佩兰1909年发表的结论，则通过实验研究恰好证实了爱因斯坦的理论，但他自己显然没有意识到。

尽管佩兰和爱因斯坦的研究都支持原子和分子的真实存在，但原子的结构像什么，依然悬而未决。这一时期，一般的原子概念是“梅子布丁”（也称枣糕）或“葡萄干蛋糕”样式，将原子描绘成一团带正电荷的物质，负电荷（葡萄干）分布其内。这个模型使人想起了“载体理论”。该模型不是特别简洁，但能满足因原子的化学和物理性质而必然出现的许多要求，例如获得和失去电荷的能力，以及形成化学键的能力（见图8.7）。

放射性打乱了这幅结构图，因为放射性物质似乎在发射原子的碎片。1903年，欧内斯特·卢瑟福（Ernest Rutherford，1871—1937）和弗雷德里克·索迪（Frederick Soddy，1877—1956）发表了一篇文章，主张放射性物质实际上正在经历一系列转化，就像一座瓷像跌落层层台阶；剥离的碎片是α射线和β射线。这有时被称作“现代炼金术”，因为它是物质的真正嬗变，但与中世纪的炼金术不同，它是将稀有金属铀转化成了贱金属铅。

通过证明原子不是永恒的结构，卢瑟福和索迪打破了两大理论的确定性，一是从古希腊以来构成物质理论基础的微粒论，二是牛顿的微粒学说。事实上，阴

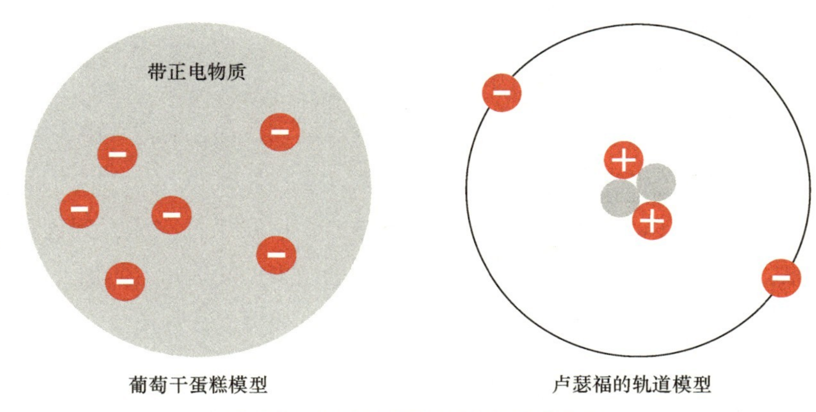

图8.7　从葡萄干蛋糕到卢瑟福原子

极射线、放射性和X射线的发现，都有其物质基础，表明原子具有子部分，并且子部分能够脱离整体而存在。为了证实这一点，卢瑟福将α射线向一个真空的双层玻璃容器照射，从中发现了缺少两个电子的氦原子。α射线不是真正的射线，而是粒子流。

为了研究α粒子的穿透力，卢瑟福将它们照向一块云母薄片，并注意到所产生的粒子束比初始的更模糊。1907年，他与汉斯·盖革（Hans Geiger，1882—1945）在曼彻斯特合作，发明了一种可以记录单个粒子通过的探测器。利用这项探测技术，他的学生欧内斯特·马斯登（Ernest Marsden，1889—1970）进行了一项实验。他向一片金箔照射一束α粒子，金箔厚度只有1/3000英寸（约8微米），大多数α粒子以直线的形式通过，有一些发生了偏转，而只有极小部分（约1/8000）直接反弹。这是一个惊人的结果。卢瑟福推断，这意味着α粒子撞击到了原子的固体内核，而原子的其余部分基本上是空的。这个固体内核，他称之为"原子核"，几乎占据了原子的全部质量。因此，原子就是一个周围环绕电子的原子核。

原子由单独的部分组成，这点与其他人的发现相一致，但它大部分是空的，在一些人看来难以置信。1912年，丹麦物理学家尼尔斯·玻尔（Niels Bohr，1885—1962）开始与卢瑟福共事，情况变得更加复杂。他证明了核模型无法遵循经典的物理规则；否则，原子中的电子就会失去能量，瞬间螺旋下坠而进入原子核。相反，电子轨道分为一系列的层级，电子在各轨道上的动量是"量化"的，或固定于特定的数值。只有当电子从一个轨道跃迁到另一个轨道时，原子才能释放出能量。此外，能量的大小（量子）是固定的——每次跃迁都需要一个“能量包”（见图8.8）。

在这里，我们看到原子结构的研究，与另一系列的热力学研究殊途同归。玻尔能够将这种见解应用于原子的结构，是因为马克斯·普朗克（Max Planck，1858—1947）已经从热力学研究中提出了量子理论。19世纪晚期热力学中的一个核心问题是关于热和辐射之间的关系。1859年，古斯塔夫·基尔霍夫（Gustav Kirchhoff，1824—1887）设计了一个思想实验，将这种关系形象化。他设想了一个“黑体”，它可以吸收落入其中的所有辐射，从红外线（热）经可见光，直到紫外线等更高的能量层级。这个理论物体也可以反方向发挥作用。如果它被加热，它应该以所有的频率产生辐射，发射所有光谱。假设一块砖，在50℃时摸起来有些烫，但在黑暗房间里人眼是看不见它的。在大约700℃时，它的温度足以发光，而在大约6000℃时，它会发出明亮的光，这大约是太阳表面的温度。

黑体将是一种有用的实验工具，但它只能在理论上存在。1895年，威廉·维恩（Wilhelm Wien，1864—1928）想出了一个巧妙的办法，绕过了真实黑体的难题。他推断，石墨炉上的一个孔洞，可以从实验角度尽可能地复制出一个黑体。石墨可以吸收约97%的照入辐射，这很优良，但还不够完美。通过在石墨上开一个洞，未被吸收的辐射也不会向外散失，而是四处反弹，直至被洞内的另一个表面吸收。有些辐射可能会从孔中逃脱，但大多数辐射会被吸收。同样地，这个系统也可以反向运行；随着炉子被加热，能量会从孔中辐射出来。

维恩发现，随着他升高温度，能量以一定的频率范围辐射，但有一个峰值，因此发出的大部分辐射都处于一个特定的频率。这与物理学家期望的结果相悖。他们预计，热物体是以相同的概率辐射出所有的频率，而且高频的概率大于低频，因此应该有更多的高频辐射（例如紫光和紫外线）。但事实却正好相反。低频辐射很多而高频辐射极少。

1900年，马克斯·普朗克解答了这个难题。他推断能量不是连续释放的，而是成包发出。他将这些能量包称为“量子”（*quanta*），即拉丁语中“多少”的意思。在这一理论中，频率高的紫光所需的量子大小，是频率低得多的红光的两倍。除非有足够的能量来构成大小合适的紫光包，否则紫光就不会发出，但是一

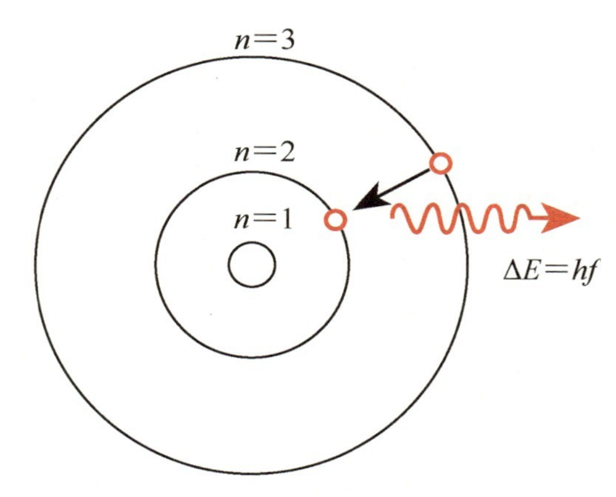

图8.8 卢瑟福–玻尔模型

氢原子模型。每个圆圈代表电子的可能轨道区域，称作原子壳层。
如果电子从一个轨道向另一个轨道移动，便会得到或失去一个单位的能量

些能量已经在红光所需的较小包中耗尽。因此，红光的出现远比紫光频繁，在低温下可能永远不会发射出紫光。普朗克从对黑体问题的研究中，发现了普朗克常数h，它是最小的作用单位，约为6.6×10^{-34}焦耳·秒。当他首次提出关于量子理论的想法时，并没有产生太大的反响，但随着其他科学家将其应用于越来越广泛的物理现象，包括玻尔的原子结构模型，它的重要性与日俱增。

量子理论最重要的应用之一是爱因斯坦对光电效应的解释。赫兹在1887年发现，光束照射在金属板上会激发出电子。1902年，菲利普·莱纳德（Philipp Lenard，1862—1947）发现这种效应有一个阈值频率。如果低于所需频率的光照射到金属板上，无论其强度如何，都不会激发出电子。爱因斯坦采用了能量包或能量粒子（打破金属中的电子键所需的最小能量）的概念，实际上他说光是一种粒子。这个光原子，或光子，推翻了百年来关于光的波动本质的理论。

关联阅读

科学家与帝国——来自殖民地的欧内斯特·卢瑟福

尊贵的英国功绩勋章获得者（OM）、皇家学会会员、纳尔逊的卢瑟福男

爵（the Lord Rutherford of Nelson）于1937年去世，他是世界上最著名、最有影响力的科学家之一。他于1908年获得了诺贝尔化学奖，1914年被封为爵士，并在随后的几年里获得了许多重要的奖章和荣誉。1925—1930年还担任过皇家学会主席，1931年获封男爵。尤其倍增光辉的是，卢瑟福来自殖民地。他出生在新西兰的小镇布赖特沃特（Brightwater，又译明水），在远离欧洲学术力量中心的加拿大，他完成了重要的早期工作。在卢瑟福那个时代，像他这样的背景，很难被英国的一流科学精英接纳。

卢瑟福在新西兰大学（University of New Zealand）获得了理学学士学位。他曾经开展磁学研究，发明了一种新型的无线电接收器。1895年，他获得了1851年万国博览会皇家委员会（the Royal Commission for the Exhibition of 1851）的奖学金，能够前往剑桥大学卡文迪什实验室，在J. J. 汤姆森的指导下开展博士后研究，尽管他的博士学位得自新西兰大学。他成为首批获准进入剑桥大学从事研究的"侨民"（指那些没有剑桥大学学位的人）之一。卢瑟福感受到实验室其他科学家的某些敌意，但是汤姆森对他予以鼓励，1900年还推荐他前往加拿大蒙特利尔的麦吉尔大学（McGill University）任职。

在当时相对孤立的殖民地加拿大的科学界，卢瑟福开始研究原子的结构。在蒙特利尔期间，他与弗雷德里克·索迪一起从事关于放射性的早期研究工作，创立了"原子衰变论"（Theory of Atomic Disintegration），主张放射性物质在发出辐射时，会从一种较重的物质转变为较轻的物质。直到那时，人们仍认为原子不可分割。他还命名了三种不同类型的辐射：α、β、γ射线。这项工作为他获得1908年诺贝尔奖奠定了基础。那时在麦吉尔大学的一个好处是，他可以自由地探索任何感兴趣的领域。而劣势是资源有限，几乎没有同事懂得前沿的物理学。

1907年，卢瑟福回到英国，担任曼彻斯特大学（University of Manchester）的物理学教授。曼彻斯特大学也是一所重要的大学，但地位不及剑桥大学。在曼彻斯特，卢瑟福与汉斯·盖革、欧内斯特·马斯登一起，完成了他的著名研究，从而建立了卢瑟福原子模型。他还成为有史以来将一种元素有意识地嬗变为另一种元素的第一人。1919年，他接替J. J. 汤姆森担任卡文迪什实验室主任，成为英国首屈一指的物理学家。在他的指导下，三个独立的团队后来获得诺贝尔奖：詹姆斯·查德威克（James Chadwick）发现了中子；约翰·考克饶夫（John Cockcroft）和欧内斯特·沃尔顿（Ernest Walton）在粒子加速器中劈开了原子；爱德华·阿普尔顿（Edward Appleton）证实了电离层的存在。

欧内斯特·卢瑟福成为20世纪中叶英国乃至整个科学界最有影响力的科学家之一。他的工作让人们对原子有了全新的认识，并且促使人们劈开了原子。若没有他的发现，核能与原子弹便不可能出现。他在剑桥指导了一代重要的科学家，死后被安葬于威斯敏斯特大教堂。对于一个来自新西兰南岛的男孩来说，此生也算无憾了。

本章小结

随着19世纪接近尾声，物理学的两大主线——物质研究和能量研究——正逐渐交织在一起。牛顿派学者的动力是综合自然万物，形成简单而普遍的定律。由于热力学、电学和辐射学都被纳入牛顿体系，所产生的问题经过一段时期的检验，似乎顺利过关。原子的结构虽然令人惊讶，但对大多数化学家来说，比起厘定原子的重量和通过电化学创造的实用工具，原子的内部结构不那么重要。尽管有一些存在问题的领域，比如有关量子的奇特概念，但是对新知识的有效应用，远远盖过了任何尚未解答的恼人问题。各个研究分支的许多科学家，都对科学成功地回答了重大问题而踌躇满志，一些物理学家甚至预言了物理学的终结，因为所有已知的现象都被充分地弄清了。

对许多人来说，19世纪末是一个激动人心、成就非凡的时期。新发明层出不穷，让人应接不暇。铁路横穿大陆，轮船主宰了海洋，电报线路连接起文明世界。照相机给我们影像、留声机记录下声音，似乎为我们提供了机会，超越旧有的空间、时间和阶级的壁垒。

正如新时代令人振奋，社会和科学的地平线上仍有几朵乌云，让人难安。克里米亚战争（1853—1856）和美国内战（1861—1865）向我们暗示了工业时代的战争面貌。工业国家的迅速城市化，造成了大量的贫民窟和触目惊心的社会问题。尽管历史学家曾认为，城市贫民比农村贫民生活得更好，尤其是从长远来看，“无产阶级”更有显示度，也更清楚自己的处境，部分原因就是那些改变了工业世界的发明创造。除此之外，对欧洲自然资源和非洲殖民领地的争抢，也为冲突埋下了伏笔。

在科学领域，也有诸多问题，比如，达尔文的宏大生物学体系如何在个体层面上表达？光在真空中传播的是什么？这些问题仍然需要深入的解答，但只有少数科学家能够认识到，这些答案不仅需要新的见解，而且需要改变科学知识的基础。让问题更为棘手的是，这些变化的发生，正值许多科学家被要求（或某些情况下被命令）将研究工作转向战争和制造大规模杀伤。尽管从亚里士多德到伽利略，思想家都曾被赞助人在战时请求帮助，但新事业的规模要远为庞大。它还将有助于引入一种新的科研模式，即所谓的“大科学”。在一间小屋或大学地下室里，绅士科学家与几位专门助手一起工作的场景，将被大型实验室、科学家团队和巨额预算所取代。虽然个别天才在科学界仍然享有崇高的地位，但将观念转化为研究，却需要一个更加庞大的流程。

论述题

1. 什么促使了欧内斯特·卢瑟福创立新的原子模型？
2. 解释一下气体的动力学理论是如何帮助解决了关于热本质的难题？
3. 什么实验证明了电和磁之间的联系？
4. 伦琴是如何发现X射线的？

第九章时间线

1851年	傅科－菲佐实验确立光速为30万千米/秒
约1856年	孟德尔开始豌豆植株的遗传研究
1879—1955年	阿尔伯特·爱因斯坦在世
约1880年	魏斯曼观察到细胞分裂
1886年	迈克尔逊和莫雷没有检测到以太
1900年	弗里斯、科伦斯和切尔马克重新发现孟德尔的工作
1901年	弗里斯出版《突变论》
1903年	沃尔特·萨顿出版《遗传中的染色体》
1903年	哈伯开始固定氮的研究
1905年	爱因斯坦的“奇迹年”：发表包括狭义相对论在内的五篇论文
1914—1918年	第一次世界大战
1915年	爱因斯坦提出广义相对论
1915年	伊普尔的第一次大规模化学武器攻击
1917年	俄国十月革命
1925年	斯科普斯审判

第 九 章

科学与战争

在许多方面，19世纪早期的物理学家和化学家类似于中世纪的学者，即使提出了全新的观点，也要将自己的工作纳入亚里士多德的框架。在19世纪，人们普遍接受了牛顿的模型。然而，与亚里士多德体系的崩溃不同，即使旧的观察、方法和哲学基础全都被摒弃，新的物理学也没有破除所有的牛顿主义或“经典物理学”，而是将其吸收到更宏大的体系之内。虽然从严格意义上来说，牛顿定律被证明是不完备的，但它在人类尺度上足堪运用，以至于我们实质上依然生活在一个牛顿式的世界里。只有在极小和极大的领域，牛顿的物理学和哲学之间的接缝才不能完全吻合。科学的问题在于，世界必须从无穷小一步步构建到无穷大，所以如果一些适用于中间尺度的规则，不能推广到尺度的两端，那么其中必有严重错误。

到20世纪中叶，科学已经令牛顿物理学的稳固、确定和舒适的世界分崩离析，因为它用概率取代了公理。绝对的时间和空间让位于基于观测者的相对位置和物理状态而做出的观察，人们抛弃了对牛顿式必然性的信念。在生物学中，对种群的统计学理解取代了个别的田野观察，成为主流的诠释性说明。科学不断打击着牛顿主义，与此同时，科学家也成为破坏欧洲社会的帮凶，有史以来第一次，科学被直接用于支撑大规模的战争。科学成为一项庞大的事业，投入了大量基础设施和劳动力。反过来，这种新型的应用科学的世界大战，也让许多科学家和哲学家放弃了乐观，开始寻求相对地而不是绝对地解决人类的难题。

未竟的光之事业

关于光本质的持久辩论，是推动科学变革的最重要源头之一。光究竟是波还是粒子？波动一方的支持者是少数几位积极挑战牛顿观点的科学家，他们在19世纪的工作提升了唯能论的地位，提出了世间万物都由波和力场组成的理论。原子论者的回应则是展示原子的物理实在性，甚至断定电子作为电的基本单位，也是一种粒子。要了解射线和粒子的实质，则需要更先进的工具。这就是对光速的测值。知道物体的速度意味着可以计算出一系列其他属性。自伽利略以来，许多自然哲学家研究过光的速度。1676年，丹麦天文学家奥劳斯·罗伊默（Olaus Roemer，1644—1710）曾通过仔细观测木星的卫星来进行计算，但他的成果未被广泛接受。阿尔芒·菲佐（Armand Fizeau，1819—1896）与让·伯纳·傅科（Jean Bernard Foucault，1819—1868）对光速进行了精细的测试，发现它在水中的前进速度比在空气中慢，并且测量了真空中的光速大约为每秒300000千米。

光波的本质和传播方法随之成为重要的研究主题。许多科学家认为肯定存在一种“光以太”（luminiferous ether），光可以通过它来传播。“以太”一词借用了亚里士多德的命名，指的是构成月上天球的特殊物质，尽管这种物质既不是亚里士多德的以太，也不是笛卡尔的充满物质的空间，而是类似于麦克斯韦等科学家解释电磁现象时使用的以太概念。事实上，问题在于确认其特性。波传播的速度取决于介质能够变形并恢复其原始状态的速度。例如，卵石击中池塘表面的点，涟漪（水中的波）的前进速度，就受到重力和水分子之间的引力的限制。无论卵石撞击水面时的速度有多快，波浪的速度都保持不变。换句话说，传播速度取决于媒介。如果光波遵循的规则与声波相同，那么以太也应该具有一些特定的性质，就像声波在不同介质中传播所显现的那样。

因为光速极快，故而以太的刚性也必须很高，因为材料刚性越大，其变形和恢复的速度就越快。这意味着以太的刚性必须高于钢的刚性。然而，有一个大问题。以太还必须近乎非物质，否则它会减缓行星运行的速度，令宇宙坍塌，就像牛顿宣称笛卡尔的太阳系涡旋模型也会坍塌一样。这似乎是对常识的打击。然而，以太的特性似乎是波动性质的必然结果，而光的波动性质已经通过19世纪物理学家的实验所确立。

1881年，阿尔伯特·迈克尔逊（Albert Michelson，1852—1931）制造了一台干涉仪来检验以太的特性。该装置使用精心布置的一组镜片、玻璃板和半镀银镜（一半光被反射而另一半穿过），先分割光束然后重新组合它。干涉仪可以用于准确地测定光的波长，但迈克尔逊有一个更大的目标：他要用它来测量“以太风”。

即使以太被认为处于绝对静止状态，地球穿过以太的运动，也会在绕行太阳前进的方向及其垂直方向上造成不同的“流”速。从数学的角度来看，说地球正在穿越一片静止的以太，完全等同于以太流过一个静止的地球。因此，沿一个方向行进的光束，会和与之垂直发出光束的速度有所不同，正如即使都是以相同的速度划船，船只横穿湍急河流的速度，不会与逆流而上的船只速度相同。因此，通过构建类似于船只实例的实验，迈克尔逊希望测量以太的“流动”速率。

1885年，迈克尔逊与化学家爱德华·威廉姆斯·莫雷（Edwards Williams Morely，1838—1923）合作，完善了干涉仪实验的各项条件（见图9.1）。他们推断，如果分叉的光束因为“以太风”而以不同的速度行进，那么当光重新组合时，它们的相位将出现差别，因此会产生明显的条纹图案或明暗区域。他们竭尽

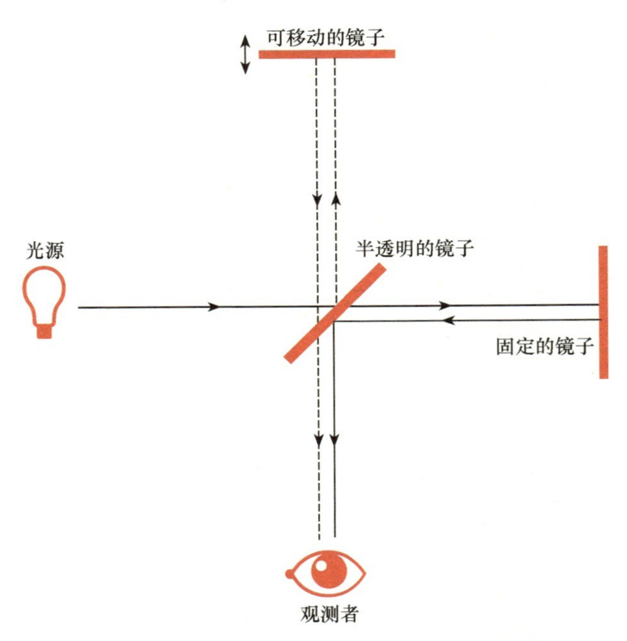

图9.1 迈克尔逊和莫雷实验中的以太漂移测量装置（1887）

全力消除所有误差来源，但经过连年累月的多次测试，他们发现光束的速度没有差别。他们的实验似乎失败了。亨德里克·洛伦兹（Hendrik Lorentz，1853—1928）提出洛伦兹-菲茨杰拉德（Lorentz-FitzGerald）收缩理论来解释这种失败，论证该装置实际上沿着运动方向发生了物理缩短，并且这种收缩刚好使光束恢复相位。虽然这是一个巧妙的解决方案，但它并不特别令人满意，因为它表明研究以太是不可能的。

爱因斯坦的相对论

直到1905年人们对光的机理提出了新的观点，以太的问题才得以解决。阿尔伯特·爱因斯坦（Albert Einstein，1879—1955）首次发表他的光学和相对论研究时，人们还很难相信物理学上一系列光辉的见解都出自他的手。他的早年生活因多次搬家而支离破碎。他在学校的表现尚好，但因为是犹太人，也有点外来者的身份，他最初并没有打算从事研究工作，而是希望成为一名学校教师。从苏黎世联邦理工学院（Eidgenössische Technische Hochschule in Zurich）毕业后，他被瑞士专利局聘为技术检验员；这使他有时间去思考自己感兴趣的物理学问题，因为他经常可以在午饭前完成当天的工作。爱因斯坦是一位非常优秀的数学家（关于他在学校数学不及格的故事是假的），他最大的优点是将问题概念化，从而能够创造出新的方法来解决它们。

1905年，爱因斯坦进入了“奇迹年”，就像牛顿的1666年。那一年他发表了5篇论文：两篇关于布朗运动，两篇关于狭义相对论，一篇关于光电效应的光量子。他的文章《论运动物体的电动力学》，着眼于迈克尔逊-莫雷实验所研究的光的运动问题。爱因斯坦问自己，如果一个人站在一束光上前进，他会看到什么。他对这种运动做了两条假设：第一，考察物体的运动，必须要相对于另外的点或物体运动。这个假设对于建立参照系是必要的，它是任意的，而不像在牛顿物理学中那样是绝对的。

第二，爱因斯坦假定，无论光源或观察者如何运动，真空中的光速都是相同的。想象你自己站在高速行进的列车前部，如果你向前投掷一块石头，这块石头的速度将是它（投掷速度）和火车的速度之和。但如果你从火车头部向前照射手电筒，那么光线的速度则等同于火车站某人打开手电筒的光线速度。关于这个假设的一个奇怪之处是，它本身并没有排除物体的速度超过真空中的光速（或用更现实的话讲，如果两束光向相反的方向发出，会出现什么结果），但它的解释是，我们无法感知到这样的物体，因此在我们的参照系中它们并不真正“存在”。

在这里，爱因斯坦扩展了伽利略所定义的观察，伽利略曾经描述过一种情况，在一艘行进的船上有人从桅杆顶端扔下一块石头。对船上的人来说，石头看上去垂直下落到桅杆的底部。而从岸上的观察者看来，这块石头似乎沿着抛物线掉落。哪个观察者看到的是石头的“真实”运动？答案是他们都看到了真实的运动，但由于他们的参照系不同，他们的所见并不相同，而都与各自的运动状态有关。相对性概念打破了牛顿的确定性，后者的基础曾经是以单一和真实的观点看待宇宙中的运动。它还动摇了以太理论，该理论规定以太对于所有参照系都是静止的；也就是说，以太在所有物体（例如地球）穿过时保持静止。

虽然爱因斯坦的工作具有激进的哲学含义，但他关于光的论点与观察相符。然而，这导致了一些关于质量和能量之间关系的奇怪结论，而不仅仅是有关参照系的问题。在关于相对论的第二篇论文《物体的惯性同它所含的能量有关吗》中，爱因斯坦探讨了运动对物体的影响。在牛顿体系中，$a=F/m$，其中F是力，m是质量，a是加速度，那么如果质量是恒定的（根据牛顿体系的定义它是不变的），并且作用力是恒定的，物体可以无限加速到任何速度。然而，如果光速是速度的极限，并且有一个恒定的力推动着物体，物体的加速度就会随着速度的增加而减小，直到最终物体以光速运动时加速度为零。而且，如果爱因斯坦是对的，那么通过改变牛顿方程来测定质量，$m=F/a$，结果随着加速度减小到零而力保持不变时，质量会增加，这就违背了牛顿物理学中假定的质量守恒定律。另一种说法是，随着一个物体运动得更快，它的质量会增加，但在牛顿体系中没有逻辑上的可能性。

关于质量增加或减少的问题，关键在于认识到质量并未随着物体运动速度的不同而生成或消失，质量和能量实际上是单一实体的不同方面。正如焦耳在热力学中所展示的那样，能量无法被创造或毁灭，但它可以从一种形式转换成另一种形式。质量和能量的等价性立刻得到了应用，因为它有助于解释放射性的问题，在那里能量似乎凭空而来。实际情况是质量转化成了其他形式的能量；经过仔细观察，人们发现放射性物质丢失了质量。爱因斯坦算出了能量与质量的关系，得到了有史以来最著名的方程：$E=mc^2$，其中E是能量，m是质量，c是真空中的光速。c的用法来源于拉丁语的“速度”（*celeritas*）。

如果打破牛顿的绝对运动和质量守恒的概念仍无法心满意足，爱因斯坦的相对论还打破了绝对时间。当一个物体相对于静止的观察者运动得更快时，物体与观察者所经历的时间各不相同。实际上，一艘以每秒26万千米的速度（接近每秒30万千米的光速）飞行的火箭或飞船的乘员所经历的时间，只有静止的观测者的一半。静止观测者的时钟走过一小时后，火箭上的时钟会显示只过了30分钟。

爱因斯坦1905年的工作被称为狭义相对论，因为他研究的是一种特殊情况或一类特殊关系，其中的物体都在做匀速运动。虽然宇宙中很多物体都可包容在内，但狭义相对论并没有涵盖所有的关系。爱因斯坦继续研究相对论，1915年提出了广义相对论，包括了加速系统，例如因重力产生的加速度。由于宇宙是由引力构成的，相对论就涵盖了最宏大的图景。其中，时空被看作一个不均匀的四维几何结构。凹凸和空洞，代表着连续体的引力扭曲。想象一下，一块四周拉紧的橡胶布，中间放上一个保龄球，从而将布坠成漏斗形状。如果你试着把弹珠从布的一边滚到另一边，弹珠就会绕着漏斗做曲线运动，有些弹珠落到保龄球处，而不是滚到远端。其他弹珠即使到达了远端，它们的运动轨迹也是曲线而不是直线。这并不是说保龄球吸引了弹珠，我们看到弹珠和保龄球因橡胶布的几何形状而产生联系。

广义相对论将能量、质量、时间、运动和引力都联系了起来。爱因斯坦的许多理论观点后来都在实验中得到了证明，比如时间的延长，当同步的原子钟以不同的速度移动时，它们就不再同步。其他实验表明，γ射线落入引力场时获得能量，而太阳的引力会令光线弯曲。爱因斯坦的工作推翻了许多牛顿的世界观，但不像伽利略和牛顿物理学对亚里士多德物理学的破坏，大部分牛顿学说的实用性仍保留不变。在地球的参照系中，世界基本上仍然遵循牛顿学说，但是牛顿主义成为一个更大体系中的特例。相对论真正破除的，是以太的必要性。

然而，相对论本身并不意味着经典物理学或牛顿物理学的彻底消亡。虽然爱因斯坦方程$E=mc^2$的简洁，掩盖了一个具有相对参照点而非绝对参照点的世界，但它也表明宇宙带有一定的确定性。虽然可能存在截然不同的参照系，钟表的运转不同步，以及其他奇怪的现象，但在给定的参照系中，你可以找到物理问题的明确答案。事实上，爱因斯坦强烈反对宇宙以不确定的方式运行的说法，他有一句名言："我无法相信上帝会选择拿着世界掷骰子。"

爱因斯坦的工作为他通向学术研究的最高殿堂打开了大门，他担任过许多职务，直到1914年，他被任命为柏林威廉皇帝物理研究所的所长，并成为洪堡大学的教授。1921年，爱因斯坦获得了诺贝尔物理学奖，讽刺的是，他得奖不是因为关于相对论的研究，而是因为对光电效应的研究。虽然爱因斯坦在物理学界很有名，但还没有像后来那样成为国际巨星。在世界大战的灾难性事件面前，这些事项都黯然失色。

孟德尔与演化的机制

当理论物理学家探讨观察的限度时，高度发展的化学和物理，其观念、技术和工具对另一个科学领域产生了重大影响。整个19世纪的生物学主要由野外观察、分类和解剖组成。随着实验室研究的引入，一些生物学家采用了一种更加偏向实验的方法，这也得益于新式工具。包括更好的显微镜和细胞染色技术（源于帕金的苯胺染料），X射线和晶体学的运用，以及其他有机化学的改进方法，使得人们有可能处理细胞中的敏感材料。交叉运用来自化学和物理学的工具和技术，开创了现代细胞生物学。借鉴来自数学的统计方法，生物学家创造了"新的综合"，即通过将微生物学和遗传化学纳入自然选择的宏观生物学，形成了一种更有说服力的新演化模型。

生物学家并未全心全意地支持达尔文的自然选择演化论，因为它缺乏一种遗传的机制——为了让变异被选择，这种变异必须传递给下一代，但做到这点的方式尚不清楚。达尔文自己提出了一种称作泛生论（pan-genesis）的学说：每个父母都为后代贡献了"芽体"（gemmules），而这些芽体以某种方式留在体内，当时机成熟便用于繁殖。甚至达尔文也觉得这个解释比较牵强，但过了一段时间才有人对此提出质疑，主要因为达尔文的理论更为吸引野外工作的博物学家，而不是实验室里的生物学家。直到实验研究和实验室活动成为生物学家的必备手段，科学家才开始在细胞水平上研究遗传问题。

孟德尔的植物育种实验

理解演化机制的工作越来越多地转向对细胞的研究。主要问题是如何将细胞活动与宏观的生物学结果联系起来。换句话说，生物学家如何才能将细胞内发生的事情与整个生物体的结构、发育和行为联系起来？对此的第一次尝试还在引入新的实验室技术之前，一位摩拉维亚（Moravia）的奥古斯丁修会会士从事着一项漫长而艰巨的植物育种实验。约翰·格雷戈尔·孟德尔（Johann Gregor Mendel，1822—1884）是西里西亚农民的儿子。他和许多贫穷但聪明的男孩一样，在修道院学校接受教育。后来，他进入布隆的奥古斯丁修道院，又被派往维也纳大学（Vienna University）学习。1856年前后他开始了关于植物遗传的辛勤工作。当他担任修道院院长后，他结束了这项研究，将其搁置起来，此时他已经培育和考察了超过2.8万株豌豆。他确定了七种性状，这些性状都有两种截然不同的形式，并代代纯育，它们是：

1	成熟种子的形态
2	种子胚乳的颜色
3	种皮的颜色
4	成熟豆荚的形态
5	未成熟豆荚的颜色
6	花的位置
7	茎的长度

他接着将不同形态的植株进行杂交，发现这些性状并没有混合，而是保持了分离。而且，他还发现连续几代的植株，在后代的性状外观方面遵循一个清晰的模式。有些性状是显性的，有些是隐性的。换句话说，如果一棵圆形种子（显性）的植株与一棵皱缩种子（隐性）的植株杂交，第一代的所有植株都会有圆形

种子。但是隐性性状并没有消失，它只是没有从植物外形上表现出来而已。再下一代用两棵杂交的植株再杂交而成，产生的种子混合有圆形和皱缩两种，因为一定比例的后代获得了显性性状，而少数后代只获得了隐性特征。显性和隐性外观的比例是3∶1，但从两种性状的分布来看，它实际代表着四类遗传组合：圆/圆、圆/皱、皱/圆、皱/皱。通过杂交具有不同性状的植株，孟德尔证明了遗传的代数学，来解释性状的转移。对于两种性状来说，它们的分布为9∶3∶3∶1（见图9.2）。

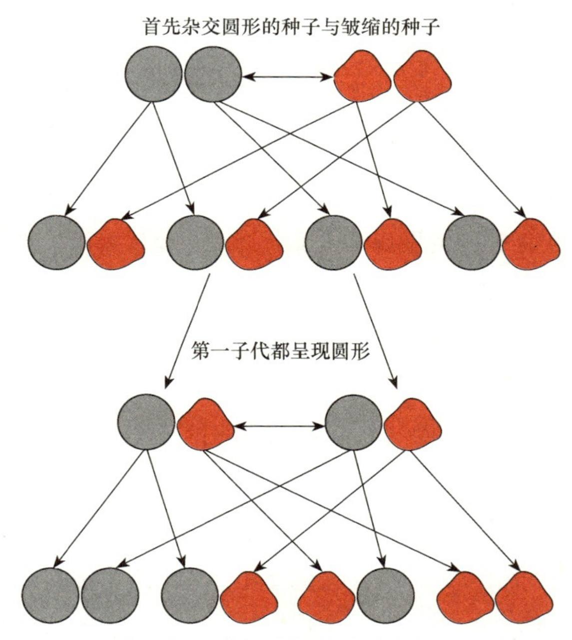

图9.2　孟德尔的种子代数学

孟德尔的工作确认了两个重要的概念，它们有时被称作分离定律（law of segregation）和自由组合定律（law of independent assortment）。分离定律确定了可遗传性状与有性繁殖之间的联系。分别来自父母双方的两个部分才能形成一种性状。这两个部分必定是相同类型的物质，但可能是不同的变体。在生殖过程中，父母双方正好各提供一半的物质，这意味着细胞中控制性状的无论任何东西，都必须在形成配子（精子或卵子）的阶段分离。由于导致性状的物质重新分配，自由组合定律表述为，不同的性状互相保持独立（如代数图所示），因此后代的性状也有固定的比例。孟德尔的工作解释了隔代遗传（返祖）现象，并且反驳了混同遗传的观点。它完全没有提到演化，实际上显得演化不可能发生，因为离散的遗传单位似乎不会变化。

1865年，孟德尔在布隆自然科学协会（Brünn Natural Scientific Society）的会议上宣读了描述该项研究的论文，并发表在协会的期刊上，但这篇论文对生物研究学界几乎没有产生影响。孟德尔个人将论文副本寄送达尔文，而达尔文没有阅读，它仍在达尔文的图书室里尚未启封。这种缺乏认可的原因并不难理解。孟德尔是一位远离主要科学活动中心的修道院僧侣，也因此不为生物界所知。生物学的热门话题是演化，但他的工作看起来像植物育种，属于园艺学的一个分支。此外，孟德尔的结论似乎难以应用于其他物种。孟德尔将研究结果寄给了德国当时最著名的植物学家卡尔·威廉·冯·纳吉里（Karl Wilhelm von Nägeli，1817—1891），他对孟德尔的发现提出了质疑，并建议孟德尔研究另一种植物水兰（hawkweed）。因为水兰不是纯育的，它显示不出豌豆植株所展现的模式，因此挑战了孟德尔结论的普遍性。而且，孟德尔的统计理论没有实际依据。这些遗传的单元是什么呢？

孟德尔的工作提供了一种方法，可以预测性状经过几代后如何在种群中分布。它还直接关注到从父母双方传承给子代的物质具有同等的重要性。虽然此前的几代人已经认识到，生殖是理解后代相似性状的关键，但人们对于有性生殖中两性贡献的比例仍充满困惑，有人认为女性仅仅是男性创造性物质的容器，有人认为男性的性状只传递给男性，女性的性状只传递给女性。孟德尔的研究表明，在有性繁殖中，父母双方各提供了一半创造新生命所必需的物质和信息。

在19世纪80年代，奥古斯特·魏斯曼（August Weismann，1834—1915）试图反驳达尔文的泛生论，他使用显微镜观察细胞的分裂，用实验室的手段论证生殖过程。魏斯曼主张细胞是不死的（因为单细胞生物通过分裂而无限繁殖），并且亲本向子代传递遗传性状信息时，细胞核发挥了主要作用。他观察到细胞核在有丝分裂（细胞分裂成相同的一对）中的纵向分裂，这表明种质（他如此称呼遗传的物质实体）存在于细胞核中。由于有性繁殖导致来自双方亲本的种质组合，所以通过染色体的多种可能的结合，就会产生变异。这些发现的逻辑结论是，遗传完全基于内部的生物因素（硬遗传），而不受任何环境或是获得性性状遗传的影响。

尽管有这些研究，或者说可能因为这些研究，显微镜层面的细胞行为与宏观层面的演化证据之间，始终找不到清晰的联系，这种状况一直持续到1900年孟德尔的工作被重新发现。三位研究者，雨果·德·弗里斯（Hugo de Vries，1848—1935）、科伦斯（C. E. Correns，1864—1935）、冯·切尔马克（E. von Tschermak，1871—1962），都在研究植物种群的变异率，他们发现了孟德尔的工作，并认识到了它的重要性。德·弗里斯标注了遗传的性状单元“泛生子”（pangens），很快被缩简为“基因”（gene）。他同样认识到，尽管孟德尔的体系允许出现代际变异，但如果要发生演化，则需要重大的转变。他在1901年出版的《突变论》（*Die Mutationstheorie*）一书中，将这种突然的转变称为“突变”（mutation），并认为这可能是理解新性状产生的一种方式。1903年，沃尔特·萨顿（Walter Sutton，1877—1916）的著作《遗传中的染色体》（*The Chromosomes Theory of Heredity*），缩小了遗传活动的目标区域。他主张，基因是由染色体携带的，每个卵子或精子只含有一半的染色体对。实际上，德·弗里斯和萨顿发现了孟德尔的研究所预测的细胞系统。

染色体的真正发现，与其说是灵光一闪，不如说是被19世纪许多从事细胞生物学的人员共同观察得到。马提亚·雅各布·施莱登（Matthias Jakob Schleiden，1804—1881）、鲁道夫·魏尔啸（Rudolf Virchow，1821—1902），以及奥托·比奇利（Otto Bütschli，1848—1920）都注意到，通过更好的显微镜，再借助人工染料的细胞染色，便可以观察到这种细胞的内在结构。沃尔特·弗莱明（Walther Flemming，1843—1905）观察到细胞核在细胞分裂过程中一分为二，提出了细胞核代际传承的理论，声称“一切细胞核来自细胞核”。弗莱明没有观察到染色体的分裂，染色体在遗传中发挥着重要作用，但这个关键点被他遗漏了。染色体由海因里希·威廉·冯·沃德耶尔-哈茨（Heinrich Wilhelm von Waldeyer-Hartz，1836—1912）命名，结合了希腊语中的颜色（*chroma*）和物体（*soma*）两词而来，因为染色体极易吸收染料。

两位科学家，德国的特奥多尔·博韦里（Theodor Boveri，1862—1915）和美国的沃尔特·萨顿，各自独立证明了遗传的染色体学说。随着埃德蒙·比彻·威尔逊（Edmund Beecher Wilson，1856—1939）出版《发育和遗传中的细胞》（*The Cell in Development and Heredity*，1902），宣扬了博韦里-萨顿的理论，染色体成为争相研究的目标。1923年，西奥菲勒斯·佩因特（Theophilus Painter，1889—1969）发表了观察报告，称人类有48条染色体。1956年，借助更好的仪器，蒋有兴（Joe Hin Tjio，1919—2001）与阿尔伯特·莱文（Albert Levan，1905—1998）做出更仔细的观测，将人类染色体的数量减少到46条。这反过来又导致基因的发现，它们是染色体中的特定片段。1910年托马斯·亨特·摩尔根（Thomas Hunt Morgan，1866—1945）首次证明了这一点，并且形成染色体的“图谱”，将生物体的物理性状与染色体上的特定位置联系起来。

尽管染色体被确定为代际传递遗传信息的细胞器，但要破解基因工作的化学基础，还需要大约40年的时间。

科学与战争

1884—1885年，列强在柏林的西非会议上共同分赃，达成的协议埋下了未来战争的导火索。西方主要国家聚集起来，讨论贸易与航海事宜，准备瓜分尚无归属的非洲土地，从许多角度看，此次会议标志着殖民主义的顶点（见图9.3）。对于德国来说，这是对其作为正在崛起的经济和政治超级大国地位的一次考验。虽然1871年才成为统一的国家，但德国已经在挑战英国的工业实力，并力图根据其欧洲大国地位，确立相称的殖民地份额。德国加入殖民竞赛姗姗来迟，因此极为重视。国际地位、资源获取、军事优势、政治利益都可以从殖民地份额中获取。然而，会议并没有得到奥托·冯·俾斯麦首相所期望的收益。虽然德国确实吞并了坦噶尼喀（Tanganyika）和桑给巴尔（Zanzibar），但这些领地的价值远低于小国攫取的部分，例如比属刚果或葡属安哥拉殖民地。

作为欧洲大国，德国面临一种艰难的局面。它的东边接壤被称作“睡熊”的俄罗斯，拥有广阔的领土、无尽的自然资源，以及不断发展的工业基地。西边相邻法国，虽然工业化程度低于德国，但拥有更好的自然资源，可以畅通无阻地进入两大洋，并占据大量的殖民地。德法两国之间宿怨极深，尤其是普法战争中法

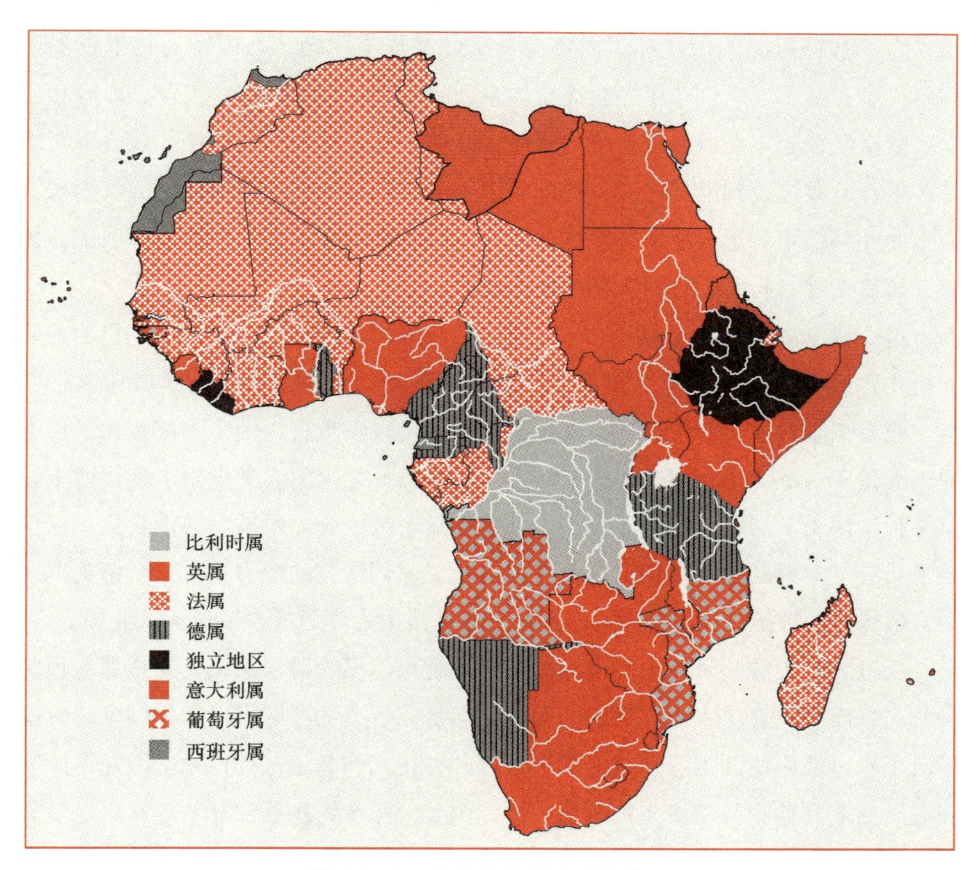

图9.3　1885年柏林会议后的非洲

国惨败，德意志诸邦也借此于1871年完成统一。法国被迫将资源富饶的阿尔萨斯（Alsace）和洛林（Lorraine）的一部分割让给德国。高度工业化的英国则控制着海洋，控制着最广袤的殖民帝国。尽管长期与法国关系紧张，但英国却成为德国的主要对手。为了对抗英国的海上力量，德国开始了大规模的海军军备建设，从而导致了第一次现代军备竞赛，德英双方都建造了更多更大的军舰。

为了成功推行其帝国主义政策，从田间农夫到无畏舰舰桥上的舰长，德国社会的方方面面都被动员起来了。国家利益和企业利益往往难分难解，例如俾斯麦提出欧洲第一个福利计划，并不是因为他有社会主义倾向，而是为了保护德国工业的劳动力，尽可能维护其生产积极性。

为了弥补资源的短缺和国内资源开采的高成本问题，德国转而越来越多地利用科学和技术。它创建了一套综合体系，将专业学校、大学、工业、政府和科学家紧密联系起来。以教育系统为基础，开辟了科学研究的新途径。政府不断地鼓励教育的改进，到世纪之交，德国的识字率已领衔欧洲。高等技工学校和大学为工商业部门培养了大量掌握技能的人才，同时鼓励许多大学发展更高层次的教育，导致受过专业训练的科学家人数大幅增长。

这个科学的结构体系联结了三方实体：政府（包括军方）、工商业和学术研究机构。政府资助教育，并建立了一系列精英的研究中心，特别是威廉皇帝学会。教育系统旨在将学生分流，选拔最优秀的理科学生进入大学。那些大学生中的出类拔萃者继续进行深造，为了便于学生深造，德国的大学推出了现代博士学位（哲学博士）制度，1810年洪堡大学成立后不久便开始颁发。博士学位不仅仅要求具有某学科的高深知识，还要展现出开展原创研究的能力。在这个精英群体中，最优秀的被招募到研究中心，而第二梯队成为大学教授，或进入工业界。

反过来，大学和研究中心也为国家排忧解难。尽管科学家，尤其是那些顶尖科学家，没有被要求去研究特定的问题，但是关于哪些课题可以帮助国家，哪些科研工作可能应用到工业领域，都进行过各种正式和非正式的讨论。因此，国家利益、商业利益和科学研究被融为一体。例如，像亥姆霍兹和赫兹等从事电学研究的人员位居理论物理学的前沿，但是这些原理很快被工程师们转化为满足工业生产需要的材料。反之，经验丰富的工程师和受过科学训练的技术人员，也被德国蒸蒸日上的企业争相聘用。

这些正式和非正式的联系也通过一些专业化的科学社团得到维护。英国科学促进会和美国科学促进会（AAAS，1848）曾试图成为志同道合的科学界人士的伞状组织，但科学家越来越依靠诸如德国物理学会（German Physical Society，1845）、美国化学学会（American Chemical Society，1876）等团体，开展专业和共同体活动。与更古老的英国皇家学会和巴黎科学院不同，这些新社团由单一学科的活跃科学家组成。它们不仅通过会议和期刊，为科学研究提供交流渠道，而且成为一种关键的资源，在个体层面上，通过帮助人们寻找工作，有利于职业发展，而在共同体层面上，它们建言政府、游说标准和法规的制定，并促进学科的发展。

化学家的战争

弗里茨·哈伯（Fritz Haber，1868—1934）和卡尔·博世（Carl Bosch，1874—1940）两位科学家的经历，典型代表了国家利益、工业和学术研究的交织。由于德国人口的增加，农业的压力越来越大，但密集型农业又加剧了土壤的枯竭。德国没有可靠的途径获取用作化肥的天然硝酸盐资源——主要来自鸟粪。世纪之交，该项资源主要产自智利，那里1913年生产的硝酸盐占世界供应量的56%。对德国而言更糟糕的是，英国公司控制了智利大部分的硝酸盐产量。1903年，哈伯开始研究“固定”大气中氮的方法，通过将其转化为氨来实现，不仅可以用于肥料，还能为其他氮产品提供有用的原料。基本的工艺是创建反应$N_2+3H_2=2NH_3$，但是当时的生产方法需要大量的电力，这使得它在经济上不可行。到1909年，哈伯和罗伯特·勒·罗西诺尔（Robert Le Rossignol）研制出一种生产氨的连续流动法——它需要一个能够承受200个大气压并加热到500℃的反应釜。哈伯说服了巴斯夫化工公司（BASF），使其相信该工艺在商业上是可行的，但要投入实际生产，巴斯夫还须求助于钢铁企业克虏伯（Krupp）来制造反应釜。克虏伯转而求助于它的科学家和工程师，开创一种锻造钢铁的新方法，以制造出能够承受高温高压的反应釜。

万事俱备，这套哈伯-博世系统（Haber-Bosch system）生产出大量廉价的氨气。合成氨使哈伯获得了1918年的诺贝尔化学奖，并促成了奥堡和洛伊纳合成氨工厂（Oppau and Leuna Ammonia Works）的建设，这是第一个不需要大规模电力供应便能运转的硝酸盐产品的工业生产商。到1934年，几乎64%的固定氮都是合成产品，主要产地是德国，而智利在全球产量中的份额降至7%。

虽然最初着眼于创造一种安全的国内生产人造肥料的原料，并满足工业对氨的需求，但随着战争的爆发，自然资源的供应被英国及其盟国切断，合成氨工厂便开始提供炸药所需的硝酸盐，如硝酸纤维素。如果没有合成氨，德国的作战就维持不了几个月。

德国投入第一次世界大战，希望能够重演普法战争，迅速击败法国及其盟国。但事实并非如此。法国的抵抗超出了预期，英国压制了德国海军并封锁了其港口，与俄罗斯的战争则分散了德国兵力。双方都试图挫败对方，战线越拉越长，最后西线从阿尔卑斯山一直延伸到英吉利海峡，东线从黑海一直延伸到波罗的海（见图9.4）。以欧洲第二大工业经济体为后盾，德国建立了一支训练有素、能读会写的军队。但它无法承受消耗战，尤其是英法两国可以源源不断地从殖民地和美国进口物资。

弗里茨·哈伯说服德军最高司令部尝试使用化学攻击。哈伯安排将168吨装在气罐里的氯气运送到前线，然后等待合适的风向。1915年4月22日，在比利时伊普尔（Ypres）附近的兰格马克（Langemarck），德军沿着6.5千米的前线释放了毒气。黄绿色的毒云飘过无人地带，进入协约国阵地。协约国的前线溃不成军，德军顺着毒云穿过了防线上的突破口。但前线纵深的抵抗，加上发动攻击的后备力量不足，使得德军不得不停下脚步。当毒气散尽，协约国已经有5000名士兵死亡，15000名士兵受伤，证明了毒气的有效性，哈伯被任命为毒气战的指挥官。

氯气是化学武器的优良选择。由于化学和纺织工业中都用到氯气，所以可以大量获取。并且它比空气稍重，因此可以沉积到坑洼和战壕里。它与眼睛、鼻子和肺部的水分结合形成盐酸，从而对人体造成伤害。尽管这不是首次在战场上使用化学武器（战争初期，法国人就使用过催泪瓦斯；而德国人也向俄国人使用过填充化学物的炮弹，但效果不佳），但伊普尔战役是第一次成功的毒气攻击，它改变了战争的行为方式，也有助于改变科学的进程。

战争双方都争先恐后地研制用于投放战场的新式化学制剂，发明抵御敌人攻击的防护设备。曾经的重炮、机枪和堑壕战之间的争夺，如今变成了科学实力的较量。英国、法国、加拿大、美国和意大利都创建了国家研究理事会，这些组织旨在协调研究力量、工业生产和军事需要。简而言之，协约国试图效仿德国所开创的整合性研究。数以百计的化学家、化学工程师、生物学家、医生、工程师、生理学家等被征用。应急计划设立了实验室，科学家甚至在施工队完工之前就开始了工作。1915年9月25日，协约国在卢斯（Loos，位于比利时）发动了毒气攻击，但收效不大。虽然德军的部分防线后撤，但一些毒气又被吹回到英法军队的阵地上。攻占的领土几天之内就又丢掉了。

氯气相对容易识别和防御，所以哈伯及其化学家同事如果想要保持优势，就不得不引入更强效的化学制剂。他们转而使用光气（碳酰氯），一种透明的无色无味气体。它比氯气作用得更慢但更不易察觉，能在接触数小时甚至数天后造成

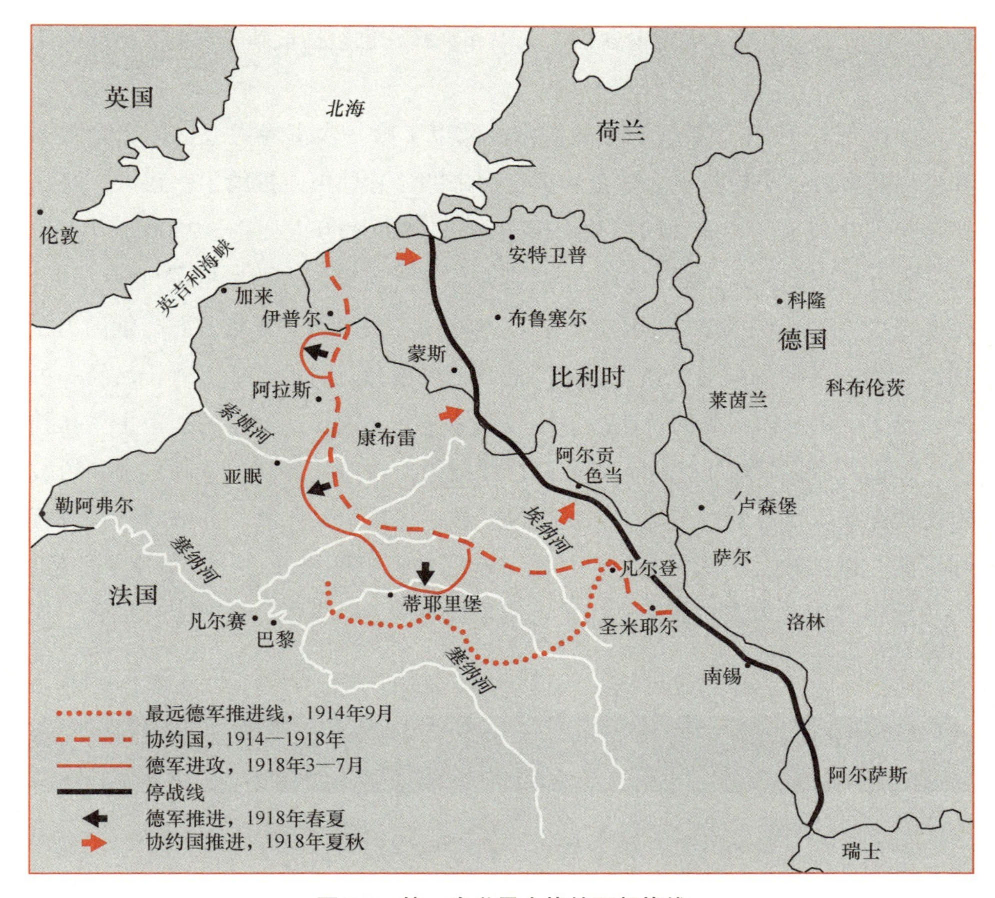

图9.4　第一次世界大战的西部战线

伤害或死亡，进一步提高了毒气战的恐怖程度。接下来是其他一些化学制剂，包括氯化苦（三氯硝基甲烷）、芥子气和二苯胺氯胂。到1916年春天，双方都已将化学制剂作为常备武器。对于未经训练或毫无防护的敌人而言，毒气是致命的。它在德国人对付俄国人和意大利人时发挥了重要作用。然而，对于训练有素和有备而来的军队来说，它并不能改变堑壕中的僵局，尽管它确实对士兵和平民造成了深远的心理影响。化学武器的出现和远程飞行器的发展，使得远离前线的城市和手无寸铁的平民成为潜在的攻击目标。这也让政府和广大民众认清了科学和科学家的力量及其重要性。

除了化学战，科学家们还应征参与了几乎全方位的战争研究，涵盖新型炸药、空中作战、声呐、无线电通信、气象和医疗，也包括最新发现的X射线的使用等。

1918年11月11日签署的停战协定，结束了第一次世界大战，标志着欧洲和世界历史的一个转折点。战争和随之而来的流感肆虐，摧毁了一代人。这一代年轻人在几乎徒劳无功的奋战中惨遭屠杀。800多万人死亡，2000多万人受伤。雪上加霜的是，1918—1920年蔓延全球的大流感，大约造成了5000万至1亿人死亡，欧洲各国的人口因病减少了3%左右。欧洲经济千疮百孔，俄国仍在1917年爆发革命的阵痛中挣扎。陈旧的政治制度和过时的生活方式，已经一去不复返了。法国因在先前普法战争中战败蒙羞，又因长达四年的战争主要在其领土上进行而损失惨重，故而力主惩罚德国人。1919年签订的《凡尔赛和约》，迫使德国放弃所有的殖民地，支付巨额赔款，实施贸易限制，并解散部分政府和军队。德国社会陷入混乱，经济萧条和恶性通货膨胀又进一步加剧了危机。1923年，德国无力支付赔款，法军入侵了鲁尔区，以军事占领的方式接管了煤田和工业设施。

关联阅读

化学战——科学与国家

第一次世界大战改变了科学的意识形态和科学的组织方式。科学从被看作启蒙运动改革计划的知识基础之一，变身为一种道德中立和无私利的事业。尽管科学可以用于行善或作恶，但科学本身并没有道德价值取向。战争也导致了“大科学”的创立——科学家组成研究团队，在大型实验室中操作仪器设备，得到国家或公司的资助，其规模在战前闻所未闻。

1915年以前，大多数科学家认为科学超越了政治争端和意识形态。许多科学家接受了启蒙运动的科学理念，认为它是通向真理和理性的道路，因此也是为每个人创造一个更美好世界的积极工具。个别科学家可能属于某个党派，但科学显然不可能如此。这就好比说引力是英国人的，或成酸理论属于法国人。科学家认为，科学的参与权对所有人开放，知识不受法规的限制；

某个科学家发现的任何东西都可以被其他科学家发现，因为人人都可以对自然开展研究。

这种科学观于1915年4月22日在比利时的伊普尔开始崩溃，当时德军释放了168吨氯气，这些氯气横扫协约国前线，造成至少5000人死亡，15000余人受伤。哈伯认为，在战争期间，他有责任为德国工作。他希望化学武器的攻击能够打破堑壕战的僵局，进而结束战争。他的行为动机不是为了杀伤成千上万的人，而是为了尽快结束战争并制止杀戮。这套论据几乎适用于所有新式战争武器；它已被运用于机关枪和无畏舰，并将再次老调重弹，为空中轰炸和原子弹辩护。

化学战的运用，是科学首次在战争中扮演主要角色。毒气攻击引发了一场军备竞赛，但它也引发了一场脑力竞赛，因为每个参战国都在想方设法组织其科学家投入战争。在战争之前，只有法国和德国的政府向科学投入巨资。由于战争，英国、美国、加拿大、澳大利亚和意大利均建立了国家研究理事会，开始资助科学研究。科学家成为一种战略资源，同时科学转而寻求大规模的破坏性。科学研究的现有结构，就是诞生于战争的舞台。

科学的意识形态也发生了变化。科学不再与理性、民主和人权等启蒙理念联系在一起。相反，科学家开始主张科学在道德上是中立的——它既不善也不恶。科学可以被用于行善或作恶，但没有与生俱来的道德属性。哈伯表达了这一观点，他说科学家应该在和平时期为人类服务，而在战争时期为祖国服务。世界各地的科学家都在进行一种浮士德式的交易：为了换取远远超过19世纪水平的对科学研究的支持，大多数科学家放弃了科学在道德上崇高的观点。此外，他们心照不宣地赞同，他们可以响应政治或军事需要的征召，而不是造福全体民众。

国家利益面前的科学

这场战争，已将科学的功用带到了最前线，同时展示了其黑暗和危险的一面。几代哲学家和科学家曾主张，科学将造福社会，协助国家繁荣发展；而现在，“化学家战争”已经生动展现了它的力量和功用。即使胜利者试图重新回到战前的生活方式，这个工业化世界也不会忽视科学体系，它可以使一个国家挑战并几乎击败拥有更多更好资源供给的国家联盟。在第一次世界大战后的几年里，科学家致力于确立自己在本国的地位，重建他们的国际联络网。科学家几乎无视各地出现的政治分歧，在国际通行期刊上发表文章，与整个欧洲和美国的实验室开展竞争和合作。大型实验室和大型项目曾在战时研究中发挥了重要作用，这一经验让科学家去寻找可能适合该模式的项目。20世纪二三十年代，随着物理学成为卓越的学科，其他领域的科学家转而使用来自物理学的方法、理论和模型，如在分子水平上研究演化和遗传，考察细胞结构和DNA。与此同时，物理学家自己也在深入钻研亚原子领域，最终带来原子时代的爆炸性成果。战争之前，特别是在英国和美国，科学作为一种职业，地位曾低于其他的学术领域，除了卡文迪什实验室或康奈尔大学等少数研究中心外，大多数学生都曾去过德国寻求深造。当战争关闭了这条求学之路，本土的计划必须填补这一空白。而且，随着战争的进行，政府和教育工作者开始明白，科学教育是一种宝贵的国家资源。这一变化有助于美国提升其科学实力。

在德国，国家利益，再加上科学和技术能够改善德国处境的观念，使得科学研究成为德国战后普遍惨淡状况下的一处桃花源。也许因为实验室和设备受限于资金短缺，大学和研究中心的许多思想敏锐之人有了用武之地，从事高深的理论研究。马克斯·普朗克、维尔纳·海森伯（Werner Heisenberg，1901—1976）、埃尔温·薛定谔（Erwin Schrodinger，1887—1961）、阿尔伯特·爱因斯坦、利奥·齐拉（Leo Szilard，1898—1964）、奥托·哈恩（Otto Hahn，1879—1968）、莉泽·迈特纳（Lise Meitner，1878—1968）等等，都是战后在德国从事开创性研究的代表。国际联系迅速重建起来。冲突双方的科学家都认为，战争期间有义务为自己的国家工作，但他们同样感到，对科学共同体也肩负着责任。许多人进一步主张，科学及其体现的理性将为世界带来和平，这可谓英国皇家学会在17世纪寻求“第三条道路”的袅袅余音。

本章小结

科学曾助力创造了维多利亚时代的奇迹，发明新设施，为许多人带来了比以往任何时代都更加舒适的生活，如今又显示出黑暗和危险的一面。牛顿世界观中确定性的崩塌，同时欧洲社会被一场残酷的战争撕裂，这并非巧合。能够让卢瑟福、居里夫妇、马克斯·普朗克和爱因斯坦等人开展深奥研究的基础设施，也造成了化学战、高爆炸药和空中轰炸等现代战争的新面貌。

尽管各国政府在第一次世界大战后削减了对科学的资助，但科学研究在战争方面大显身手，使其不可能回归绅士科学家彬彬有礼的维多利亚时代。两次世界大战之间的这些年中，科学家自身一直在不遗余力地推动大规模的研究计划，并随时准备响应号召，一旦战争来临立刻武装起来。科学已经引起公众的注意。科学的社会地位有所提高，科学教育，尤其是高层次科学教育的增加，就是其体现。各国政府开始关注科学研究的力量，在此后的岁月中，经常试图让科学服务于商业、工业或军事的目标。

论述题

1. 迈克尔逊-莫雷实验本来是要证明什么？
2. 爱因斯坦的相对论如何挑战了牛顿体系？
3. 请解释孟德尔的育种代数学如何支持了演化论。
4. 为什么第一次世界大战又被称作“化学家的战争”？

第十章时间线

1905年 威廉·贝特森描述了遗传中的混合性状
1905年 克拉伦斯·麦克朗发现XX（女性）和XY（男性）染色体
1910年 托马斯·亨特·摩尔根发现伴性性状
1916年 摩尔根论证自然选择的遗传理论
1926年 埃尔温·薛定谔将电子描述为驻波
1927年 维尔纳·海森伯描述不确定性原理
1927年 李森科鼓吹“春化处理”
1928年 弗雷德·格里菲斯证明了细菌性状的转化
1933年 利奥·齐拉构想出链式反应
1935年 “薛定谔的猫”的思想实验
1939—1945年 第二次世界大战
1939年 莉泽·迈特纳描述“裂变”
1941—1945年 曼哈顿计划
1941年 齐拉说服爱因斯坦，就原子武器问题上书罗斯福总统
1942年 恩里科·费米演示核链式反应
1944年 艾弗里等人分别对DNA展开研究
1945年 三一试爆；广岛与长崎核爆
1949年 苏联试验首枚核弹
1950年 埃尔文·查加夫确定DNA碱基的比例
1951年 罗莎琳德·富兰克林拍出DNA的X射线衍射照片
1952年 美国试验首枚氢弹（聚变弹）
1953年 弗朗西斯·克里克和詹姆斯·沃森提出DNA结构

第 十 章

确定性的消亡

伴随着第一次世界大战，存在已久的社会、政治和经济的标准遭到挑战并被推翻。政治方面，君主的权力式微，诸如现代自由主义、工业资本主义、民主社会主义以及共产主义等新思潮收获了大量拥护者。许多西方国家将投票权扩展到了女性：加拿大于1917年，英国和德国于1918年，荷兰于1919年，美国于1920年。法国和意大利则稍晚，女性分别要等到1944年和1946年才获得投票权。俄国十月革命则改变了世界的外交版图。

艺术方面，由画家克劳德·莫奈（Claude Monet）和埃德加·德加（Edgar Degas）等引领的印象主义运动，曾震惊了19世纪七八十年代的文化领域，让位于更为激进的表现主义艺术和"反艺术"的达达主义艺术，前者艺术家包括瓦西里·康定斯基（Wassily Kandinsky）和弗朗茨·马克（Franz Marc），后者则以马塞尔·杜尚（Marcel Duchamp）和汉纳·霍希（Hannah Hoch）为代表。建筑方面，现代主义运动应用尖端技术，抛弃装饰物，以开创工业时代的建筑作品。查尔斯·艾都阿德·吉纳瑞特（Charles Edouard Jeanneret），也就是我们熟知的勒·柯布西耶（Le Corbusier）说过："房屋就是用于居住的机器。"同样地，20世纪上半叶的视觉艺术、舞蹈、戏剧、电影和文学也都经历了一段试验性的时期。如果要说这些不同的艺术门类有什么共同之处，那就是以下两点：对旧形态的抨击，以及看透事物表面的渴望。

"一战"后的几年，对有些人来说是一段颓废期，因为他们要尽力忘掉战争的恐怖；那也是一段民不聊生的岁月，特别是1929年国际金融体系崩溃，开始进入了大萧条。一切似乎并非巧合：当政府和金融的稳定性因技术的快速革新、战争和经济萧条而动摇的时候，许多艺术家也纷纷抛弃了旧式观念。在科学的世界里，爱因斯坦1915年提出了广义相对论，正值战争如火如荼，而1930年冥王星被发现时，大萧条已是水深火热。虽然科学家似乎很难放眼外面的世界，但科学上的变局同样对旧有的世界观形成了挑战。特别是以下两个领域迫使人们重新思考自然的运行方式：其一是核物理学的持续发展，尤其是不确定性的问题；其二是遗传学的发现，以及演化论和生物化学的综合。核物理学将打开核能和核武器的大门，而演化论和遗传学则对社会和宗教的许多思想提出了挑战。

新物理学：不确定性

尽管第一次世界大战被冠以“化学家之战”，物理学还是取代了化学，成为首要的研究领域。19世纪初，化学和物理学还没有分成两个学科，但到了20世纪初年，二者的区别已经日益体制化，各自的领域划分也更加清晰。化学越来越聚焦于原子和分子层面，而物理学则着眼于观察的两个极端：一端是亚原子领域，另一端是宇宙的结构。这些研究推翻了所谓的“经典”物理学，经典物理学的特质，并不在于其研究题材甚至其实验方法论，而是它假定自然的绝对条件，以及它的定律导致的确定性。在相对论和量子论之前，自然定律被认为是简单的、普遍的、不变的。事件发生的地点，观察者所处的位置，都不会造成影响。新物理学抛弃了旧有物理学中令人舒适的确定性，代之以一种更加精确但具或然性的体系。在观察物质世界而得到的结论中，观察者所处的条件变得关键起来。

在最基础的层面，不确定性比较容易理解。举例来说，制定星表看上去是一件重要但世俗的任务。星表通过一套坐标体系来识别每颗星星，从而让天文学家观测到天空中同一个星体。这种星表至少从托勒密时代便开始存在。但是这里有一个问题。每个望远镜都是不同的，即使使用同样的望远镜，天文学家也知道温度和大气状况（比如空气密度和水汽含量）会让每一次观测出现细微的差异。因此天文学家会对某颗恒星进行多次观测，运用统计学方法综合这些观测结果，制定每颗星星的坐标。尽管任何天文学家使用星表都肯定能找到所需要的目标，但是星星真的在那些坐标上吗？答案是我们不知道，而问题是我们也无法知道。任何物理仪器都是不完美的，也没有什么仪器能够置身宇宙之外来观察宇宙，从而一定会以某种方式和被观察的物体发生相互作用。对于天文学家来说，实际上对于任何原子层面以上的物体，这种不确定性并没有什么实际影响。而在亚原子层面，不确定性则造成了严重的科学难题。

正如燃素说的推翻过程一样，既有的物理学家并未皈依新的观点，而是新一代的物理学家提出并信奉量子物理学的新思想。由于量子物理学提出了波动力学，鸿沟进一步加深。玻尔关于原子的量子图景，能够很好地解释单个原子，但对稍微复杂的结构，比如双原子分子（例如空气中的氧气）这种最简单的模式，便束手无策。法国的路易·德布罗意（Louis de Broglie，1892—1987），德国的埃尔温·薛定谔和维尔纳·海森伯，以及英国的保罗·狄拉克（Paul Dirac，1902—1984）都曾着手解决过这一问题。德布罗意主张波和粒子是单一实体的两个方面，因此从一方面来看，电子和光子可以呈现粒子的特性，而从另一方面来看则又具有波的特性。这种波-粒二象性悍然打破了300年来关于光是粒子还是波的争论，理论运用起来整洁优美而又异乎寻常，因为所有运动的物体都可以被数学描述为一种波。

1926年，薛定谔主张，电子可以被描述为一种驻波，其振动模式类似于小提琴琴弦的振动。虽然这可以更好地对电子运动进行数学描述，但是没有被广泛采用，原因是海森伯和狄拉克各提出了一种模型，由于都是严格的数学推导，所以具有“更纯粹的”意义。与波动模型相关的是，必须把电子和其他粒子看作一系列的或然性，而非完全可知的对象。这点具有深远的哲学意义，最重要的是它抛弃了爱因斯坦和薛定谔的量子理论的某些方面——他们都认为宇宙肯定存在某种终极的实在，而不仅仅是杂七杂八的可能的事实。他们也都担忧，人类本可以彻底认清宇宙的真正结构和功能，却受到观测限度的制约。

海森伯1927年正式提出了这一问题，根据他的推理，一个原子的电子在绕核运动时，人们无法同时知道电子的确切位置和动量。任何可以用来确定电子位置的方法都必须和电子相互作用，从而改变了动量。类似地，任何能够记录动量的手段也都会干扰电子的运动，改变其位置。这便是不确定性原理。海森伯用数学公式予以表示为：$\Delta p \times \Delta x \sim h$，$\Delta p$表示动量的不确定性，$\Delta x$表示位置的不确定性，$h$表示普朗克常数[1]。普朗克常数是量子能的大小，或者说是最小的能量“包”。另

1　更为现代的表述是：$DE \times Dt \sim h/4p$。

一种思考路径是，如果一个电子的Δp完全已知，那么Δx就会完全不可知，但是整个系统仍会得到一个值，大于该系统的最小能量“包”。

不确定性原理也被称作“测不准原理”，尽管这不是一个准确的标签。虽然可能无法确定单个电子的位置和动量，但电子的行为是一致的。换句话说，电子的行为在随机意义上并不是测不准的，但我们无法确定它的某件事，因为我们也是同一物理世界的组成部分。而且，既然电子作为一类物体，我们可以完全确定其性质，那么就有可能同样确定现实世界中能够加以考察的任何事物，不确定性原理不会使物理学（或更广泛的科学）失效或不可靠。事实上，恰恰相反。物理学的概率性方法比经典物理学更加精确，因为它描述了一个可以处于多种状态的系统。换句话说，比起牛顿或经典物理学所假设的理想世界，它能更好地模拟真实世界。

不确定性令人不安，因为它似乎将物理学导向一种奇怪的形而上学。我们可以这样来理解不确定性，即所有的可能情况都同时存在。1935年，薛定谔在一篇描述量子力学若干概念问题的文章中，试图阐明将不确定性代入其逻辑结论的难度。在这篇文章中，他提出了一个思想实验，以“薛定谔的猫”著称：

> 人们甚至可以创建非常荒谬的案例。一只猫被关进一个钢盒，里面还装有下列残忍的装置（必须确保不被猫直接干扰）：在盖革计数器中放一丁点放射性物质，量极其微小，可能一小时只有一个原子衰变，但也有相同的概率都不衰变；如果发生了衰变，计数管就会放电并通过继电器释放一个锤子，锤子则砸碎一小瓶氢氰酸。如果有人将整个系统放置一小时，就可以说，如果这期间没有原子衰变，猫就还活着。而第一次原子衰变就会毒杀这只猫。整个系统的Ψ函数表述，就要将活猫和死猫的状态叠加起来，或抹平这两种状态的差别。

换句话说，因为在看到之前我们无法知道猫的状态，所以猫同时存在生死两种均等的状态，因为两种情况的概率是50∶50。只有打开这个邪恶装置，宇宙才会显现为一种状态或另一种状态。

观察行为会改变被观察的事物，这个简单的观点得到了普遍接受，因为所有的观察工具都具有质量等物理特性，并在操作中使用到波或粒子，从而与被观察对象发生相互作用。从哲学上讲，观察者参与被观察事物，完全客观性的终结，这些观念具有深远的意义，促进了人们提出文化相对主义，而改变了20世纪的社会科学。文学、人类学和历史学都开始考虑到，读者、人类学家和档案管理员都是系统的一部分，而不是置身事外毫无偏见的观察者。人类学家法兰兹·鲍亚士（Franz Boas，1858—1942）在转向人类文化研究之前，获得过物理学博士学位，他拒绝接受对文明划分等级的观点，并强烈反对高尔顿等人的科学种族主义。鲍亚士主张，没有高等或低等的种族或文化，所有人都通过自己文化的视角看待世界。文化没有“客观”的衡量标准，只有偶然的观察。在一个社会中被视为道德的活动可能在另一个社会中被认为是不道德的，所以必须在具体文化背景下理解。这后来被称为“文化相对主义”。

不过，即使不确定性阻碍了我们知晓特定的状态，许多科学家还是认为下述论断有些荒谬：事物并不处于某种特定的存在状态，除非它们被观察到。这点有一个以人类为中心的推论：宇宙的存在，仅仅是因为我们（或某个实体）在观察它。虽然这样的想法可以用来论证上帝的存在（他一直在观察整个宇宙，从而使其持续存在），但是对于所有人（除了最膨胀的自我主义者）而言，这种想法在人类层面上似乎还是太离谱了。深层量子物理学的哲学陷阱看起来如此严重，以至于薛定谔后来说，他希望自己从未见过这只猫。不确定性的另一种解读方式，是暗示存在无数个宇宙，因为每个量子跃迁态都应该存在。那么盒子里的猫便可以在一个宇宙中活着而在另一个宇宙中死亡。

虽然科学家思辨过有关不确定性和量子物理学的各种哲学问题，但他们非常清楚，量子效应在亚原子领域之上是不明显的。而这并没有阻止寡廉鲜耻（或欺骗）之徒制造各种奇异的噱头，贩卖从狗皮膏药到太空旅行等基于“量子物理”的产品。

演化、细胞生物学和新的综合

第一次世界大战前的若干年，生物学家的研究就已揭示了基因和染色体的存在，认为先前孟德尔的观察包含了演化变迁的可能机制。然而，其他的研究表明遗传系统更为复杂。1905年，威廉·贝特森（William Bateson，1861—1926）证明了一些性状是混合的，而不是分离的，尽管在同一年，克拉伦斯·麦克朗（Clarence McClung，1870—1946）表明，雌性哺乳动物有两条X染色体，而雄性各有一条X和Y染色体。这导致托马斯·亨特·摩尔根于1910年提出了伴性性状的概念。借鉴物理实验室的新工具，生物学家得以操控自然，从野外观察迈出决定性的一步，进入种群研究的概率王国。

对基因和遗传的研究，改变了后续讨论演化论的基础。孟德尔派学者主张，种群不会发生连续的变异，只有通过突变才能导致演化，而不需要通过任何自然选择的途径。生物统计学家（那些更密切追随达尔文的人）则宣称，种群的变化围绕着一个平均值，而平均值可以随着时间改变。为了论证新性状不会被湮灭，演化可能发生，生物学家需要从种群的角度进行思考，这需要采用统计学的方法——它从物理科学中借鉴了数学技术。人们提出两种这样的方法，第一种是通过种群研究，特别是果蝇，第二种是通过纯粹的数学分析。结果就是重新阐述了演化论，被称作新的综合。

摩尔根完美地例证了通过种群方法来理解演化。他用果蝇（*drosophila*）开展研究。这些小苍蝇是一种完美的实验对象，因为它们繁殖很快，可以较为容易地追溯到很多代。此外，它们只需要少许给养，个头也足够大，无须特殊设备便可研究。通过使用加热、化学物质和X射线诱导突变，摩尔根追踪了遗传性状的分布。起初，他对孟德尔的遗传定律持怀疑态度，但他的繁育计划倾向于证实孟德尔的观点，尽管也以多种方式丰富了这个体系。一个变化是发现了伴性性状；"白眼"突变几乎完全限于雄性，因此证明染色体上的某些变化是限定在X或Y染色体上。他进一步与阿尔弗雷德·斯特蒂文特（Alfred H. Sturtevant，1891—1970）合作，于1911年绘制了第一个染色体图谱，定位了5个性连锁基因。到1916年，摩尔根已在利用他的发现来论证自然选择的遗传理论：有害的突变被天然地阻止传播（因为具有这些有害突变的个体都灭绝了），而有益的突变则逐渐接管了种群。

摩尔根的学生赫尔曼·约瑟夫·穆勒（Hermann Joseph Muller，1890—1967）继续研究果蝇，探讨演化的变迁。穆勒和斯特蒂文特曾协助哥伦比亚大学成立了一个生物俱乐部，他对基因改变这个概念非常着迷。他仔细研究了果蝇的突变率，得出的结论是：尽管基因中有一定的自发突变率，但这种突变鲜少能够存活或遗传，并且在大多数情况下是致命的。为了证明基因突变的物理化学基础，他用加热来提高突变率（加热提高了随机化学相互作用的机会）。1926年，他转而使用X射线，大大提高了基因的突变率。此外，他还证明了一些突变是遗传性的。

这本来可以被誉为达尔文演化论和遗传的基因模型之间的关键联系，但是穆勒的成就因人们对其政治倾向的攻击而黯然失色。穆勒是一位充满激情的社会主义者，甚至帮助出版一份共产主义报纸。由于对美国大萧条时期政治压制的担忧（联邦调查局曾监视过他），他于1932年前往欧洲。应列宁农业科学院院长、全苏植物育种研究所所长尼古拉·伊万诺维奇·瓦维洛夫（Nikolai Ivanovitch Vavilov，1887—1943）的邀请，他成为苏联科学院遗传学研究所的高级遗传学家（先后在列宁格勒和莫斯科工作）。在莫斯科，穆勒支持由谢尔盖·切特维里科夫（Sergei Chetverikov，1880—1959）和狄奥多西·杜布赞斯基（Theodosius Dobzhansky，1900—1975）引领的俄罗斯果蝇研究学派。这些生物学家将博物学家的工作与摩尔根实验室的遗传学相结合。他们将研究的果蝇种群置于自然环境，而非人工创造的环境；他们还提出了基因库的概念，将其作为基因可能组合的储备。他们与哥伦比亚的研究小组保持着密切联系，杜布赞斯基曾于1927年前往美国，到摩尔根实验室工作了一段时间。

穆勒在苏联时间不长。他离开仅仅三年后，1937年瓦维洛夫失势，遗传学作为一个研究领域遭到攻击。瓦维洛夫最凌厉的反对者便是特罗菲姆·邓尼索维奇·李森科（Trofin Denisovich Lysenko，1898—1976）。李森科是一位农学家，因其1927年提出了一套冬季播种系统而获得声名，即先种一茬豌豆，再种一茬棉花。他被描绘成一个农民科学家，一个没有时间钻研模糊理论或从事深奥实验的务实之人。他的兴趣在于控制种子的催熟进程，旨在获得更大的植株、更高的产量和更短的生长期。他称此方法为“春化处理”，包括浸泡和冷冻种子等，以促进其快速萌发。他声称，按照这套新拉马克主义的演化模式，自己可以通过这种环境操控，改变植物物种的性质。李森科将他的方法加以推广，用来解决全苏联的粮食问题。

李森科主义经常被援引为一个经典的案例，将政治私利凌驾于端正的科学之上，但这个故事要复杂得多。科学，特别是达尔文主义，一直都吸引着共产主义者，他们主张科学让社会主义的兴起成为科学上的必然。苏联仍是一个农业社会，对生物学有着浓厚的兴趣，但其农业系统在十月革命后陷入困境。战争造成的破坏、自然灾害、管理不善，以及某些情况下蓄意的压迫政策，导致了饥荒。苏联领导层求助于顶尖科学家，如瓦维洛夫，他表示遗传学将会派上用场，但需要时间和大量的工作。而李森科的方法可以立即投入使用，并且对于怀疑知识分子的领导层来说，更容易得到宽厚对待。这个故事的曲折之处在于，“春化处理”对于豌豆和玉米等少数作物确实有些作用，但从整体系统来看，增产的幅度并不显著。而且它对小麦等其他作物完全没有效用，事实上，在许多情况下帮了倒忙，影响了作物产量，耗费了有限资源。它同样对苏联科学造成了长期的损害，对李森科的政治支持意味着打压竞争的研究项目，尤其是遗传学，被贬为颓废的和西化的学科。瓦维洛夫也因此丢掉了公职，并在1940年被逮捕，并被控以叛国罪和蓄意破坏罪。尽管西方科学界尽力营救（1942年他当选皇家学会会员，以提高其国际声誉），但他很快销声匿迹，名字从苏联的各种文件中被抹掉。他被送往古拉格（西伯利亚劳改营），1943年去世。

由于李森科的自吹自擂，以及政治领导人的积极支持（利用李森科的工作来提高政绩），原本只是农业研究中微不足道的一点成果，被演变成一项国家政策。虽然在一个高度集权的国家，政治催生了李森科主义，其严重的错误造成了苏联农业的巨大损失，但并不能就此得出，对不良科学的带有政治动机的鼓吹只限于集权国家，正如我们随后会看到的冷聚变和导弹防御研究的例子。

新的综合

这次新的综合，集成了三个人的研究：剑桥大学数学家费希尔（R. A. Fisher，1890—1962），牛津生化学家霍尔丹（J. B. S. Haldane，1892—1964）和美国生物学家休厄尔·莱特（Sewall Wright，1889—1988）。这些人将达尔文主义、孟德尔学说和生物统计学结合在一起，用微积分式的术语，重新定义了连续和不连续的变异，从而使跃变（不连续变异）问题成为更大的达尔文连续体的组成部分。他们考察了基因在统计学上的生存率，并证明大型种群维持着变异性，从而有利的基因能够得到选择。着眼于种群而不是个体来思考，新的综合，将田野博物学家关注的地理和物种要素，与抽象数学化的种群遗传学融为一体。到1940年，科学家从微观和宏观两个层面，对演化进程有了清晰的认识，从而开启了关于基因漂变、间断平衡、基因结构，乃至遗传物质本身的新一轮争论。

种群基因学的研究，为宏观生物学上的遗传研究提供了大量的信息。染色体研究已经缩小了基因活动的场所，甚至绘制出控制中心或基因的物理位置。现在的问题是：基因是如何发挥作用的？这取决于对关键部位进行分子水平上的考察，这是一项艰巨的任务。对细胞内液体的化学分析表明，每个细胞都含有一定量的各种分子，包括蛋白质、酶、糖类和磷酸盐等。分离这些物质也是一项困难而复杂的任务，而酶的发现使这一任务得以开展。从某种意义上说，酶已经长期用于发酵和制作面包等活动，但是将这些有机催化剂划分为专门的化学物质，是由威廉·弗雷德里希·屈内（Wilhelm Friedrich Kuhne, 1837—1900）首次提出的。他分离出胰蛋白酶，这种化学物质发现于胰液，有助于消化。他称这些化学物质为酶，取自希腊语的“发酵”（*enzymos*）一词。到1900年，人们已经确认了几十种酶，也清楚它们是大多数细胞活动的化学引擎。但它们是如何形成的，又是如何在分子水平上工作的，尚有待研究。

对演化论的反应：社会达尔文主义和优生学

先前的物理学和化学革命，因包含大量数学，加之过于深奥，公众很少评头论足，但对演化论的反应就迥然不同了。生物学，特别是人类生物学，所有人都认为自己能够理解，这是关于人类的科学，而不是某些无生命的物体，比如试管中的液体或遥远的行星。大多数宗教领袖都反对这种理论，认为是唯物主义，因而也是无神论的。

早期公众对演化论的反应，主要聚焦于赫伯特·斯宾塞的“社会达尔文主义”，而非达尔文的实际科学。自然选择的观点融合了基于种族的社会等级制，该等级制将欧洲人（白种人）置于其他人种之上，从而催生了优生学的观念。优生学认为，某些人或某些族群拥有一些品质，使他们优于或低于社会的标准，通过控制生育，让优良的品质得到保留和加强，而淘汰不良的品质。关于人类繁衍的思考，见于柏拉图的《理想国》，以及许多古代文化中存在的如何处理畸形儿童的规则，在一个主要基于农业的世界中，人类繁衍如同牲畜繁殖，也是不言而喻的。演化论被一些人用来支持这种观点。优生学家和社会达尔文主义者一样，几乎都把演化看作创世的阶梯，“原始”的种类位于底部，而“高级”的种类位于顶层。19世纪末优生学受到殖民主义的推动，当时欧洲白种人已经统治了全世界许多有色人种，尤其是英国，还面临爱尔兰问题。在达尔文的时代，爱尔兰人是被殖民的族群，许多人移民到英格兰工作，以免成为大饥荒下的饿殍。尽管相对于大多数同时代的人，达尔文的种族思想较为温和，但也对种族深信不疑，忧虑人口的控制。他在《人类的由来》（1871）中提出，一个国家如果一开始有同样数量的苏格兰人和爱尔兰人，那么经过十余代后，爱尔兰人就会占到人口的5/6，但5/6的财富却属于苏格兰人。

现代优生学的奠基人之一是弗朗西斯·高尔顿，他于1883年提出的这个词结合了希腊语词根“好”和“形成”。他率先运用了社会统计学和生物统计学（细致测量人体）。使用这些工具，他提出人们可以分辨不同人乃至不同种族之间身体和智力上的差异。例如，他主张，英国高等法院法官（社会重要职务，要求良好的教育和智力）的儿子有可能也成为法官或掌握其他权力。他断定存在着某些内在的、生物学上的原因，才让其世世代代显赫无比。这种观点吸引了很多人，尤其是上流阶层人士，他们由此便可宣称自己的成功源于天命，而非某个先祖浪得虚名。

1907年，西比尔·戈托（Sybil Gotto）和高尔顿创建了优生教育学会，学会自1909年开始出版《优生学评论》（*The Eugenics Review*）。戈托是一名扶贫活动家，提倡性教育。她希望消除贫困的部分办法，是通过减少贫穷家庭生育儿童的数量，以及防止弱智群体生育自身难以抚养的孩子。在那个工业城市日益扩张而贫穷遍地的时代，这些思想赢得了广泛支持，学会吸引了许多英国社会的头面人物，包括一些教士和贵族。20世纪初全世界许多国家制定了优生法律，许多法律包含强制绝育的条款。

优生学总是具有两个侧面，有时被称为积极的优生学和消极的优生学。积极的优生学鼓励“优良”的人群生育更多的孩子，而通过教育或自愿的节育，设法防止那些次等人群生儿育女。消极的优生学则采取强制节育（往往是绝育），有时甚至杀害的方式，阻止那些被认为不适合的人生育孩子。从历史上看，这种区分毫无意义。纳粹优生学计划的暴行所依据的思想，与优生教育学会提出的观念并无二致。所有这些都同样有缺陷。尽管我们直觉认为人类可以通过生育来加强某种特性，但生物学要远为复杂。高尔顿也注意到，最简单的问题，就是向平庸的回归。例如，特别高的父母生育的孩子，更有可能接近种群的平均身高，而不大可能比父母更高。至于真正复杂的诸如智力问题，尚没有关于聪明的遗传配方，而产前产后的营养和家庭财富等因素，却对认知发育影响很大。而且，正在兴起的表观遗传学研究（在不改变DNA序列的情况下研究遗传变化）已经表明，你的DNA并不主宰你的命运。

对演化论的反应：达尔文主义、教育与宗教

有些讽刺的是，20世纪早期关于演化论最著名的公开争论，即所谓的斯科普斯猴子审判（Scopes Monkey Trial）发生时，许多生物学家自己都还拿不准达尔文的理论。这起1925年发生在田纳西州代顿市（Dayton，Tennessee）的审判，不可脱离其背景，即美国尤其是经济萧条的南方社会动荡，以及战争和战后岁月造成的破坏。许多人把科学与外来者或外国人联系在一起，对科学家的观感往往深受反犹太主义的影响，或害怕与科学的唯物主义相关的无神论。

田纳西州众议院第185号法案，明确禁止在任何接受该州公费的学校里讲授演化论。地质学家兼矿主乔治·拉帕耶（George Rappalyea）请求美国公民自由联盟（American Civil Liberties Union，简称ACLU）出资发起法庭挑战；当获得同意后，他询问朋友约翰·斯科普斯（John Scopes），一位年轻的科学兼体育老师，是否愿意因为这个试验性的审判而被捕。这场审判引起了媒体的轰动，两位著名的律师交锋——克拉伦斯·达娄（Clarence Darrow）担任辩方律师，威廉·詹宁斯·布莱恩（William Jennings Bryan）担任控方律师。来自全美和世界各地的记

者抵达代顿，希望看到一场重大冲突。虽然审判就像一场闹剧（例如，达娄和布莱恩都被授予田纳西州国民卫队的荣誉上校），但这并不完全是一些人所期待的科学和宗教之战。法官裁定演化论的证据不能被承认，从而阻止了辩方援引科学家的专业证词。但出现了法律史上最奇怪的一幕转折，达娄要求布莱恩作为创世论的专家证人出庭做证。最终斯科普斯被判有罪并处以100美元的罚款，这实际上是美国公民自由联盟所希望的结果，因为他们要将案件提交到更高一级的法院，如果罪名成立，就将推翻该立法。不幸的是，两年后，由于技术上和细节上的原因，这一裁决在上诉过程中被推翻，使得最高法院无从做出裁决，让原初的立法安然无恙。其他一些州也颁布了类似的法律，禁止讲授演化论。直到1968年，最高法院才裁定所有这些专门反演化论的法规都是违宪的，因为它们违反了第一修正案中关于政教分离的（不立）国教条款。这一判决在2005年奇兹米勒（Kitzmiller）诉多佛学区案中经受了考验。学区教育委员会更改了生物课程，加入了“智慧设计论”（认为生物的精妙只能来自智慧的设计者，而非演化）。法庭判决学区败诉，声称智慧设计论是宗教而不是科学的观点。

关于演化论和教育的斗争持续到今天。许多国家公立学校的生物学课程中限制讲授演化论，或者包含宗教内容。只有很少国家要求私立学校，特别是宗教性私立学校，在课程中加入演化论（甚至是笼统的科学）。

科学与国家：原子弹

在德国和意大利，利用遗传学和演化论，法西斯分子将他们的种族主义思想强加于人。纳粹下令净化“雅利安人的血液”。在经济萧条、贫困和愤怒之中，希特勒和墨索里尼为其激进的政治理念找到了很多心甘情愿的支持者。尤其是德国科学家，发现自己处境艰难，为了继续开展研究，他们不得不接受强加的政治控制，甚至加入了纳粹党。有些人甘愿这样做，许多人则是迫不得已。而其他人，尤其是1933年希特勒掌权后，选择离开德国、意大利和奥地利，以躲避法西斯主义。还有一些人，如1932年离开德国的阿尔伯特·爱因斯坦，他们没有太多选择，因为他们是犹太人，或者加入的团体被新统治者排斥或宣布为非法。他们可以留下来，放弃他们的科学事业甚至生命，否则他们就要离开。

在逃脱的科学家中，有些物理学家心怀担忧：他们的德国同事可能在研发一种超级武器。他们认识到，居里夫妇和卢瑟福等人的放射性研究如何取得了进展，而爱因斯坦阐述质量和能量之间关系的理论见解，则表明铀等材料具有制造超级炸弹的潜在威力。

第一次世界大战后，放射性的秘密仍在逐步揭开，由于多种原因，这一过程实际上相当困难。其中最现实的是缺乏可供研究的材料，因为放射性元素非常稀有且难以精炼。第二是污染。辐射会影响实验室设备（以及物理学家自身的健康），即使材料不多且很珍贵，它们也会在实验室各处散落、沾染和耗散，直到实验室污染严重，研究人员不得不关闭它们，搬到新址。最后，放射性物质不易用于研究，因为它们不会保持稳定。随着放射，它们实际上变成了新的物质。

其中最有成效的研究项目之一，是用中子轰击放射性物质。沿着弗雷德里克和伊莱娜·约里奥-居里夫妇的工作，恩里科·费米（Enrico Fermi，1901—1954）证明，中子轰击可以产生许多元素的放射性同位素。接下来，莉泽·迈特纳与她的研究伙伴奥托·哈恩（他自1907年以来一直致力于研究放射性问题），于1936年左右转而研究轰击铀后的产物。迈特纳是一位杰出的科学家，是奥地利的大学向女性开放后，第一批从中毕业的女性。她前往柏林，不顾许多人的劝告，研究前沿物理，于1906年获得博士学位。她于1926年成为德国第一位女性物理学教授，而作为威廉皇帝学会的研究员，她也是第一位从那里领取工资的女性（见图10.1）。

1933年希特勒掌权时，迈特纳受到了保护，因为她是奥地利人，但1938年德国吞并了奥地利，迈特纳便须遵守德国的法律。由于有犹太血统，她面临危险，于是逃往瑞典。哈恩则继续与弗里茨·施特拉斯曼（Fritz Strassmann，1902—1980）合作，研究放射性同位素的生成问题，并定期与迈特纳通信。他和施特拉斯曼进行了一系列实验，用中子轰击铀，却意外地产生了钡，这是一种轻得多的元素。哈恩将这些奇怪的结果寄给了迈特纳，她根据尼尔斯·玻尔提出的原子核“液滴”模型，判定铀核一定是被劈开了，从而解释了较轻元素钡的形成。在玻尔模型中，中子撞击重元素的核，可能会出现三种情况：陷进里面，原子核增加一个中子的重量；它可能蹭掉一块原子核，释放出一些质子和中子；或者它

图10.1 莉泽·迈特纳

可能导致原子核碎裂，并将少量物质转化为能量。迈特纳将这种分裂称作裂变（fission）（见图10.2）。她在1939年初将结论寄给了《自然》杂志。

玻尔刚获悉迈特纳的发现，就前往美国出席会议了。他匆忙将这个发现告诉其他物理学家，引起了轰动。多人回到他们的实验室重复这一发现，证实了迈特纳、哈恩和施特拉斯曼的工作。然而，对于利奥·齐拉来说，这一发现开启了通往核弹的恐怖可能性。齐拉是匈牙利人，为了避免遭受迫害，于1933年离开德国。那一年，当他在伦敦散步时，构思出中子链式反应的想法。这个想法非常简单。由于一个中子可能撞击到原子核，使其释放一个或多个中子，而这些释放的中子又可能引发源源不断的反应，从而释放出令人敬畏的能量（见图10.3）。

齐拉认为，这个可能的过程会非常危险，于是他在1936年获得该想法的专利后，将其转让给了英国海军部，这是既能注册专利又可保密的唯一途径。当他得知了铀的裂变，他认识到现在已经具备了中子链式反应的现实途径，而结果可能

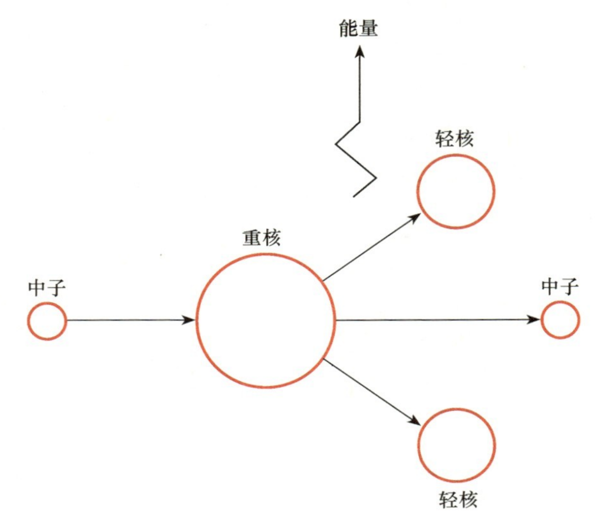

图 10.2　裂变

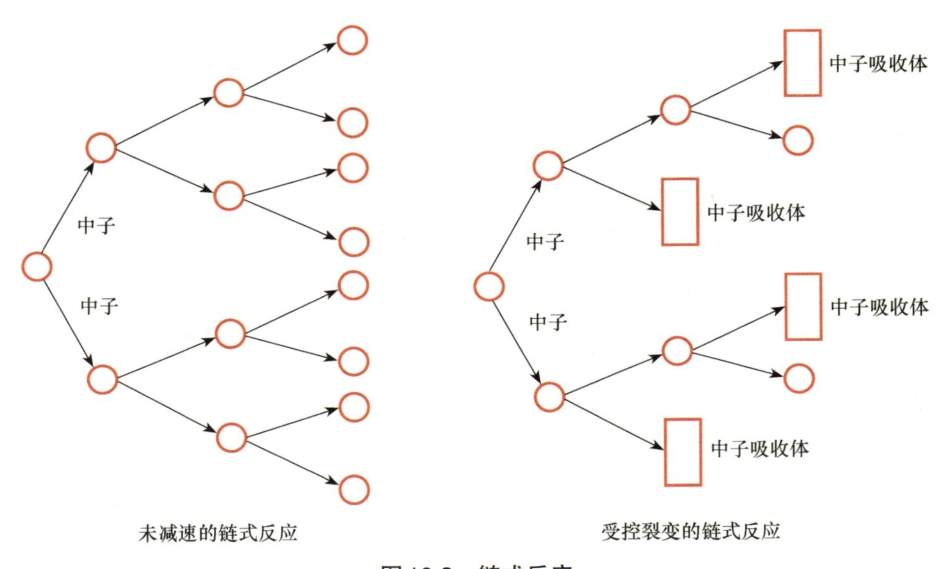

图 10.3　链式反应

是毁灭性的。

第二次世界大战的欧洲战场始于1939年，德国、意大利等轴心国对抗英国、法国和比利时的盟军。德国闪电战的威力势不可当，比利时于1940年投降，将比利时属地刚果，当时最著名的铀产地，拱手交给了德国人。1940年初，维尔纳·海森伯向德国陆军武器局递交了一份秘密文件，题为“论从铀分裂获取技术能源的可能性”。德国原子弹的威胁似乎近在眼前。突然间，超级武器的各种要素都握在了希特勒的手中。德国当然拥有制造这种武器的工业能力，而且，即使一些最优秀和最聪明的物理学家逃离了德国，但仍然有像哈恩和施特拉斯曼这样的强大头脑可以参与这一计划。

齐拉先前致力于勾起美国政府对原子弹的兴趣，但收效甚微，于是1941年，他说服爱因斯坦（当时在美国）直接上书富兰克林·罗斯福总统。尽管这封信在决策开启核计划时发挥了重要作用，但军方下决心制造原子弹时，也就原子能和原子武器的可能性问题，咨询了如恩里科·费米、尼尔斯·玻尔和约翰·冯·诺伊曼等其他科学家。

为罗斯福总统提供科学政策建议的关键人物之一是范内瓦·布什（Vannevar Bush，1890—1974）。他说服罗斯福成立了联邦研究机构——科学研究与发展局（OSRD），并与哈佛大学校长詹姆斯·科南特（James Conant，1893—1978）一起主持该局。科学研究与发展局的主要兴趣之一是核能。布什是一名电气工程师，在第一次世界大战期间有过军事研究经验，他也是麻省理工学院（MIT）的副院长和卡内基研究院的院长。他计划利用大学体系从事研究，而不是扩大或建立新的联邦实验室。各个大学乐于承担这项工作，因为提供的资金规模之大，是化学战时代以来从未见过的。在这个联邦系统下，资金直接拨给私人研究人员，美国建立了许多最重要的研究中心，包括加州理工学院的喷气推进实验室，加州大学和麻省理工学院共同主办的放射实验室，以及芝加哥大学冶金实验室等。联邦政府的研究经费（不包括曼哈顿计划）从1940年的7400万美元猛增到战争结束时的15.9亿美元。

曼哈顿计划

1941年10月，罗斯福获悉了制造核武器的可能性。1941年12月6日，也就是日本偷袭珍珠港的前一天，他批准了这项研究。这项绝密计划在陆军的最初总部被称为曼哈顿工程区，以掩盖其真实的性质（和地点）。它汇集了科学界一些最能干的人才，同德国展开了一场研制超级炸弹的竞赛。它更广为人知的名称是曼哈顿计划，该计划改变了世界历史的进程。

研制核武器的第一步，是要确认裂变发生持续链式反应的可能性，并评估关于生产必要材料的技术问题。裂变问题的承担者，是以意大利移民物理学家恩里科·费米为首的一个小组。费米凭借其放射性元素方面的研究已经获得了诺贝尔奖。1938年，当他前往瑞典领奖时，意大利方面批评他没有穿法西斯制服，也没有行法西斯礼。他和家人抓住这次出国旅行的机会逃亡，再也没有回到意大利。费米在芝加哥大学参与曼哈顿计划。他在斯塔格球场西看台下，以前的一处壁球场内，建造了一座小型反应堆，称作原子堆（atomic pile）。它由一块块的石墨（一种能吸收中子的碳）、铀和氧化铀构成。镉制成的控制棒，被设计用来限制裂变的速度，插入堆中的小孔。1942年12月2日下午3点25分，费米的团队慢慢地取出控制棒，开启了一次受控的自持式裂变反应（见图10.3）。这是“原子时代”的正式登场。

阿瑟·康普顿（Arthur Compton，1882—1962）是调研制造核弹可能性的委员会成员之一，来到了反应堆试验现场。他打电话给哈佛大学的詹姆斯·科南特，用暗语告诉其成功的消息，如今已成为一次著名的通话：

> “意大利航海家已经登陆新世界。”康普顿说道。
>
> “当地人怎么样？”科南特问。
>
> “非常友好。”[1]

费米的原子堆解答了许多理论问题，接下来就是制造一次不受控的链式反应。就花费、规模和原创性而言，这是一个大计划。莱斯利·格罗夫斯（Leslie Groves，1896—1970）准将被选为该计划的军方负责人。作为一名工程师，他有组织大型建筑工程的经验，包括五角大楼。他选择罗伯特·奥本海默（Robert Oppenheimer，1904—1967）为科学主管。最终，他们将领导数百名科学家和数千

---

1 Arthur Compton, *Atomic Quest*, New York: Oxford University Press, 1956, p. 144.

名来自军方和平民的工人来实施这一计划。

有两大障碍必须克服。首先是铀本身。战争开始的时候，世界上的精炼铀数量可以用克来计算，但曼哈顿计划需要成吨的铀矿石。由于欧洲和比利时属刚果的著名铀矿都被德国控制，因此需要开采新矿。大规模的探矿工作开始进行。矿源必须得到保证，而且要位于友好国家。幸运的是，加拿大北部发现了大型的矿藏，成为主要的原料矿石供应地之一。多年后，曾经开采过放射性物质的本地工人报告说，慢性病和癌症出现了令人不安的增长趋势。

第二个难题是关于需要何种材料的棘手技术问题。尼尔斯·玻尔指出，同位素铀235（U_{235}）远比铀238（U_{238}）更能支持裂变。虽然两者都是天然形成的，但只有约0.7%的铀原子是铀235。分离这两种物质是一项艰巨的工作，因为它们的化学性质相同，质量上也仅相差1%左右。试验了三种分离方法：电磁分离法、气体扩散法和气体离心分离法。电磁分离看起来很有希望。四氯化铀以气体的形式穿过一个强磁场。较重的铀238偏转较少，因此与所需的铀235分离。这个系统的发明者是欧内斯特·劳伦斯（Ernest Lawrence，1901—1958），他在加州大学伯克利分校工作，也是回旋加速器的发明者之一。但投资数百万美元建成的工厂，却无法生产出足够数量的产品。气体离心分离法在实验室中效果良好，却无法扩大形成工业能力。剩下的是气体扩散法。当六氟化铀气体通过多孔的黏土过滤器时，较轻的铀235更容易通过；经过反复的筛选，才可得到所需纯度的铀。田纳西州庞大的橡树岭工厂用这种方法生产出铀弹所需的大部分材料。

随着铀供应的问题解决，又出现了新材料的问题。格伦·西博格（Glenn Seaborg，1912—1999）提出，钚的裂变性能比铀235还要好。最近发现的该元素的最好同位素钚239（Pu_{239}），是将铀238放在反应堆中让它吸收中子而产生的。铀转化为钚，通过增加中子而变成裂变材料，然后将钚进行浓缩。这种反应堆被称为“增殖反应堆”。因此，钚被添加到生产系统中，西博格负责为该计划生产钚。

科学家团队被召集到新墨西哥州的洛斯阿拉莫斯（Los Alamos）以解决涉及实现爆炸反应所面临的科学和工程难题。核心问题在于，要在特定的时刻，让位于装置中心的材料块，从非持续的裂变状态转换为持续裂变状态。他们用传统炸药制造了一种内爆，挤压了裂变材料，开启不受控的链式反应，从而实现了上述目标。他们花了几年的时间，才将所需的各种要素组合到一起，而最终的“三一试爆”（the Trinity Test），即一颗被称为“小玩意”（Gadget）的原子弹试爆，将于1945年7月16日在新墨西哥州的阿拉莫戈多（Alamogordo）进行。原子弹于5点30分爆炸。目击者恩里科·费米估算，威力相当于1万吨TNT炸药。奥本海默引用了《薄伽梵歌》（*Bhagavad-Gita*），说道：“……这一刻，我成为死神，诸世界的毁灭者……”

这次爆炸所代表的，既是科学上的胜利，也是道德上的困境。德国已于1945年5月8日投降。与德国人的竞赛也就烟消云散了。在许多科学家，特别是因法西斯而流离失所的欧洲科学家看来，德国战败意味着不再需要某种超级炸弹。但很少有人知道，早在1943年，格罗夫斯就已经开始考虑在太平洋战区使用这种武器。武器的建造和运输计划正在加紧进行。最终制造出三枚原子弹：“小男孩”（Little Boy）、“胖子”（Fat Man）和“四号弹”（Bomb #4）。

利奥·齐拉对这个计划仍在持续而惶恐不已，于是再次找到阿尔伯特·爱因斯坦，请他致信罗斯福引荐。齐拉想说服总统不要使用这些武器。他的担心既包括原子弹造成的破坏力，也包括由此引发的军备竞赛可能毁灭地球。但在安排会面之前，罗斯福于1945年4月12日去世。哈里·杜鲁门（Harry S. Truman）继任总统，在其就职简报中，他了解到曼哈顿计划。齐拉无法面见杜鲁门，只能同国务卿詹姆斯·伯恩斯（James Byrnes）会面。然而伯恩斯早已建议杜鲁门尽快使用核弹，拒绝考虑齐拉的忧虑。

杜鲁门的顾问团队与军方意见一致，都认为应该使用原子弹，也无须事先警告日本。而且，投弹目标还要精心选取，以便研究爆炸所产生的效果。杜鲁门面临一个艰难的抉择。尽管日本人正在遭受惨败，但他们仍负隅顽抗，公然宣称要奋战到底。军方参谋认为，如果进攻日本本土，可能会造成多达100万人的伤亡，而若使用原子弹，便会大大减少伤亡。珍珠港被偷袭的余怒尚未平息，德国战败后苏联军队掉转枪口投入对日作战令局势更为复杂。杜鲁门试图避免日本被分裂，如果苏联军队加入这场战争，则日本必然会步德国分裂的后尘。

因此，1945年7月21日，杜鲁门授权使用原子弹。7月26日，盟军发布波茨坦公告（Potsdam Declaration），敦促日本无条件投降，否则将面临“立刻的和彻底的毁灭”。两天后，日本政府拒绝投降。投弹的准备工作也随之开始。由于掌握着绝对的制空权，8月6日，伊诺拉·盖伊号（Enola Gay）顺利飞到广岛上空，投下了“小男孩”。8月9日，“胖子”将长崎夷为平地。8月14日，日本宣布无条件投降。在两次核爆中，有20多万人丧生，其中绝大多数是平民。受伤的人更多，许多人遭到辐射。

制造这些核弹的成本约为18亿美元，与之相比较，美国在坦克上花费了54亿美元，为其他所有炸药用掉了26亿美元。尽管制造核弹并不完全是一种交易，但就其效果而言，许多人认为这是一项合理的花费。然而，究竟是否有必要进行这场制造核弹的竞赛，仍是人们争论的焦点。欧洲战争结束时，几乎没有证据表明德国在研发核武器，尽管一些最近解密的文件显示，德国几位关键的科学家可能本来有能力制造出这种武器。这些文件产生于战后的阿尔索斯行动（Operation “Alsos”）期间，在这次行动中，盟军审讯了10位德国顶尖科学家，包括奥托·哈恩和维尔纳·海森伯在内。他们关于广岛和长崎原子弹爆炸的讨论可以表明，他们已经了解到原子弹背后的技术细节和基本原理。因此问题就要从“德国人是否在研制原子弹”变成“德国人为何不制造原子弹”。

关联阅读

科学与法西斯主义

1933年4月7日，德国政府通过一部名为《重设公职人员法》（*Gesetz zur Wiederherstellung des Berufsbeamtentums*）的法律。该法律针对“非雅利安”公务员，并迫使他们离职，其中包括那些在德国大学和研究中心（如威廉皇帝学会）工作的科学家。尽管马克斯·普朗克发出个人请愿，恳求阿道夫·希特勒撤销这一决定，但犹太科学家还是被迫离职，流亡国外。随着墨索里尼掌权，以及1938年德奥合并后，又有大批科学家逃离了意大利和奥地利。

法西斯的意识形态是建立在种族主义基础上的，然而它也攻击科学的普遍性观念。希特勒明确抨击他所谓“犹太科学”，包括相对论、量子力学、不确定性理论等。他将犹太科学与爵士乐、现代艺术划为一类，都属于文化的堕落形式。这一政策让全人类蒙受了可怕的损失，也使现代物理学的研究中心从德国转移到了美国和英国。

在通过上述法律之前，阿尔伯特·爱因斯坦已于1932年前往英国，有力地披露了法西斯政策导致科学家流离失所，陷入困境。经济学家威廉·贝弗里奇（William Beveridge）在英国成立了学术援助委员会（Academic Assistance Council），旨在拯救犹太人和遭受政治胁迫的学者。这个组织很快得到许多著名学者的支持，略提几位，如J. B. S. 霍尔丹、约翰·梅纳德·凯恩斯（John Maynard Keynes）、欧内斯特·卢瑟福、特里维廉（G. M. Trevelyan）、豪斯曼（A. E. Housman）等。最终，该组织帮助1500多名学者逃离了德国和奥地利，前往英国和其他国家继续工作。

这份逃离欧洲大陆的物理学家、数学家、化学家及其他科学家的名单上众星云集。物理学家鲁道夫·派尔斯（Rudolf Peierls，1907—1995）继续同英国团队合作研究，后与曼哈顿计划相联系。核物理学家汉斯·贝特（Hans Bethe，1906—2005）被图宾根大学解聘，1933年与派尔斯会合。利奥·齐拉和马克斯·玻恩（Max Born，1882—1970）都是1933年逃往英国。玻恩后来写了一本科学畅销书，名为《永不停息的宇宙》（*The Restless Universe*）。莉泽·迈特纳1938年先逃亡至荷兰，接着去了瑞典。恩里科·费米也是1938年借着前往斯德哥尔摩领取诺贝尔物理学奖的机会，逃离法西斯意大利，再也没有回去。许多科学家到了美国，为曼哈顿计划做出贡献。斯坦福大学经济学家佩特拉·莫泽（Petra Moser）估计，在那些逃离纳粹德国到美国的犹太科学家较多的领域，美国专利的数量增加了31%。在战前或者战争初期前往英国的科学家中，许多人随后获得了诺贝尔奖，或者被授予爵位，超过100人成为英国皇家学会或英国国家学术院（British Academy）的成员。

历史学家们推断，德国的种族政策，不但其本身不人道，陷自身于不义，还耗费了大量的资源，削弱了本国的科学研究。流亡科学家帮助盟国取得了相对于纳粹的科学和技术优势，并为西方世界建立大科学做出了贡献。

国家安全与科技政策

在某种意义上，三位一体核试验释放了瓶子里的核精灵，正如齐拉所预见，轰炸日本之后，一场军备竞赛接踵而至，危及地球上所有生命的安全。和科学家卷入化学战相比，它引起了更大的争论：科学家在军事活动中应该扮演什么角色？科学家是否要为原子弹负责，或者这个责任应由政治家和军事领袖承担？科学政策应在多大程度上由国家安全决定？

战后年代，对许多人来说都有一个简单的答案。只要涉及核武器和国家安全，科学家都会被期待为国效力。从零开始制造核武器需要三样东西：铀的获取，制造武器部件的工业基础设施，以及足以运营前两者的智力资源。“二战”结束之际，有四个国家具备制造核武器的能力：美国、加拿大、英国和苏联。美国已经拥有了原子弹，力量相对薄弱的加拿大则无意于实施独立的核计划，更愿意裁减军备而不是浪费钱财。战后不久苏联便开始研制核武器，1949年8月29日，在哈萨克斯坦的塞米巴拉金斯克引爆了他们的第一枚原子弹“乔1号”（Joe 1），爆炸当量为1万—2万吨。英国科学家，有些参加过曼哈顿计划，也被要求投入核研究。尽管英国饱受战争摧残，还是出台了自己的核计划，并于1952年进行了第一次核试验。

甚至在战争结束之前，西方国家与苏联之间的同盟关系就已紧张化。各自阵营都将对方视为接下来的敌人。乔治·巴顿将军甚至私下表示过，打败德国人之后便率领“小伙子们”攻入莫斯科。因此不足为奇的是，“二战”中的科学家团队并没有被解散以回归学术界，就像“一战”之后那样。相反，在这种剑拔弩张的氛围，即后来众所周知的冷战时期，破坏性武器的研制更进了一步。早在1938年，汉斯·贝特就研究过有关轻核元素的热核反应，以理解太阳（和所有恒星）是如何发光发热的。他得出结论，在适当的条件下，氢会发生聚变。在恒星内部极高的温度和重力压力下，氢原子被挤压到一起（或融合）形成氦。当这一切发生时，一小部分质量转化成了能量。基本原理看起来很简单：${}_1^2H+{}_1^2H\rightarrow{}_2^4He$（见图10.4）。

恒星的能量来自嬗变造成的质量损失，遵循爱因斯坦$E=mc^2$的关系式。初始原子的质量损失了0.63%，转化为能量。虽然这个数值看似微小，但与裂变产生的能量相比已算巨大，铀原子的裂变只有0.056%的质量转化为能量释放。也就是说，单位核聚变释放的能量超过核裂变的10倍之多。这就是太阳的能量，每秒有6.5亿吨的氢转变为氦。

20世纪40年代早期，爱德华·泰勒（Edward Teller，1908—2003）也在思考聚变的力量。裂变弹发明之后，他找到一个方法，为聚变弹创造了条件。关于首枚聚变弹（或称作氢弹）的创制仍有许多争议。斯坦尼斯劳·乌拉姆（Stanislaw M. Ulam，1909—1984）和泰勒的优先权之争，也和围绕核军备竞赛的机密一样，掩盖了确切的历史，但很可能的是，理论工作由泰勒等人在洛斯阿拉莫斯完成，年轻的物理学家理查德·加温（Richard Garwin）到此地研究访问，做出了该装置的最初设计。氢弹的基本结构，是由重氢组件包裹或紧邻着一颗裂变弹。裂变弹以特定的方式爆炸，以达到聚变反应的燃点。泰勒支持氢弹的研发，1952年造出首枚试验弹。它高达两层楼，引爆后令太平洋的伊鲁吉拉伯岛（Elugelab）烟消云散。它的威力相当于1040万吨高爆炸药，约为投放广岛的原子弹的700倍。

与裂变弹不同，氢弹的破坏力没有理论上的极限。科学家构想出的武器威力足以在大气层中炸开大洞，将整个国家夷为平地，或者制造巨大的海啸。破坏力的测量系统，数量级从千吨级跳跃至百万吨级。聚变弹除了基本的破坏力以外，还有巨大的辐射危险。较大的核武器会释放出更多的放射性物质（如锶90和铯137），它们随爆炸进入高空，然后降落到广袤的区域。

许多科学家反对研制这种超级炸弹。罗伯特·奥本海默就因反对发展威力更大的武器，被剥夺了安全许可，实际上无法再为军方开展研究工作。从1947年开始，《原子科学家公报》（*Bulletin of Atomic Scientists*）的封面印上了世界末日钟。第一个钟的时间定格在23点53分。1953年，美国和苏联都试验了聚变武器之后，这个时间被调整为23点58分。1955年，伯特兰·罗素和阿尔伯特·爱因斯坦发表宣言，号召各国政府寻求和平方式来解决冲突，并放弃核军备。宣言的签署者有马克斯·玻恩、珀西·布里奇曼（Percy Bridgman）、利奥波德·英费尔德（Leopold Infeld）、弗雷德里克·约里奥-居里（Frederic Joliot-Curie）、赫尔曼·穆勒、莱纳斯·鲍林、塞西尔·鲍威尔（Cecil Powell）、约瑟夫·罗特布拉特（Joseph Rotblat）和汤川秀树（Hideki Yukawa）。尽管战争迫使科学家将国家利益凌驾于国际科学共同体之上，但这些科学家的举动表达了一种对抗措施，即

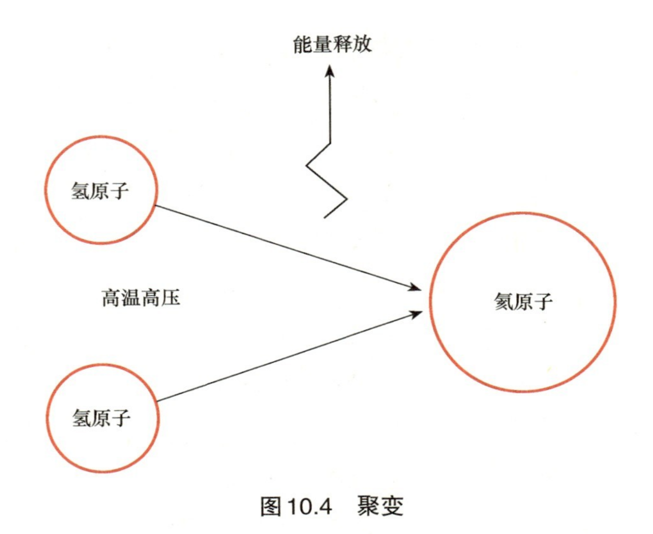

图 10.4 聚变

重建国际的科学共和国。第二次世界大战结束后，这两种相反的忠诚彼此斗争，一方面是民族自豪感和安全感（以及资金来源），一方面是对科学理解的普遍性本质深信不疑。爱因斯坦说："我不知道第三次世界大战将用到什么武器战斗，但第四次世界大战会用棍棒和石头。"

发现DNA

上述宣言的签署者之一，遗传学家赫尔曼·穆勒研究基因的突变，在生物学研究工作中，他特别清楚辐射的危险。现代科学具有讽刺意味的一点便是，制造毁灭的科学与生命科学取材于同一来源。X射线和放射性示踪剂发挥了重要作用，将遗传学家的研究推进到细胞核层面。公众和政客都在关注物理学，没有注意到对遗传控制机制的探究也在不声不响地持续开展。运用许多来自物理实验室的资源和技术，遗传学和细胞生物学在第二次世界大战后发展迅猛。

研究的领域，从追踪种群遗传模式，转向了理解遗传物质自身的结构。物理学方法可以从原子和亚原子水平上理解自然，这也影响到生物学家。他们逐渐寻求在染色体和分子水平上阐释遗传学。第一步是确定细胞内含有遗传信息的物质。

大约和孟德尔研究豌豆植株同一时期，瑞士科学家弗雷德里希·米舍（Friedrich Miescher）正在分析医院废弃绷带上的脓液，希望能找到一种方法治愈包扎伤口经常发生的感染。他检测了分离出来的物质，发现有些并非蛋白质。这成为一个谜：这种混杂在大量蛋白质中的物质有什么功能呢？他把这种物质称作核素（后来称作核酸），发现它的含磷量很高，并断定它是细胞核的组成部分，充当磷的储存室，而磷是身体需要的微量元素。19世纪80年代，奥古斯特·魏斯曼研究染色体时发现，这种核酸也存在于其中。到哥伦比亚大学摩尔根实验室开始果蝇实验后，大家公认遗传信息是通过染色体中的某种物质来传递的，可能是蛋白质或者核酸。

1928年，英国卫生官员弗雷德·格里菲斯（Fred Griffith，1881—1941）在研究某种流行性肺炎的致病细菌时，发现肺炎球菌以两种形式出现。一种是S型，菌株光滑且感染力强；另一种是R型，菌株粗糙但无害。因为两者都在病人身上发现，他想知道两者之间可能有什么关系。格里菲斯向小鼠体内注射了无害的活体R型细胞和加热灭活的S型细胞，结果老鼠死亡，它们的体内发现了两种类型的活细胞。他得出结论，一些来自S型细胞的物质被转移到了R型细胞内，并将其转化为致病的S型细胞。如果将这种物质分离出来，便会得到控制物。

1944年，纽约洛克菲勒医学研究所的奥斯瓦尔德·西奥多·艾弗里（Oswald Theodore Avery，1877—1955）、科林·麦克劳德（Colin MacLeod，1909—1972）、麦克林·麦卡蒂（Maclyn McCarty，1911—2005）小组报告，他们已经分离出格里菲斯所称的转化物质，它是一种特殊的核酸，更明确地说是脱氧核糖核酸，或称作DNA。虽然不是每个人都确信，但这个大分子受到越来越多的研究。如噬菌体学派（以他们研究的噬菌体病毒命名）在噬菌体感染中使用放射性示踪剂跟踪分子事件；1952年，赫尔希（A. D. Hershey, 1908—1997）和玛莎·蔡斯（Martha Chase，1930—2003）发现噬菌体脱掉蛋白质外壳，而用它们的DNA感染细菌细胞。至于究竟是艾弗里/麦克劳德还是赫尔希/蔡斯的实验最终认定DNA为遗传物质，还有不少争论。在很大程度上，答案取决于哪个专业分支学科（分子生物学或细菌学）更重要，而不是哪个提供了更明确的答案。然而，若将两个发现结合起来，不难看出所有对DNA分子结构感兴趣的遗传学家都把它作为理解遗传的关键。

由于DNA的化学成分已经确定，赫尔希和蔡斯的工作比艾弗里和麦克劳德的直接影响更大。1950年，埃尔文·查加夫（Erwin Chargaff，1929—1992）在揭示DNA的复杂性方面取得重大进展。他证实了这种分子内有四种类型的含氮碱基，其中腺嘌呤和胸腺嘧啶、鸟嘌呤和胞嘧啶都以一一对应的比例存在。该比例适用于来自众多生物体的所有不同取样。这些碱基可以在多核苷酸链上以任意顺序成对排列，所以存在一种可能性，即碱基的顺序以某种方式影响着遗传。这一发现是创建DNA模型所需的关键要素之一。

发现DNA结构的竞赛仍在进行。它已成为科学史上标志性的案例研究之一，提出了若干问题：科学家是如何实际工作的、奖励以何种方式授予，以及哪些文化上的预期——无论是来自科学共同体还是更广阔的社会——影响了科学的实践。历史学家之所以能够就这些事件提出问题，是因为许多参与者都发表了研究经历。尤其值得注意的是詹姆斯·沃森（James Watson）撰写的《双螺旋》，对自己的工作进行了坦诚的描述，以及安妮·塞尔（Anne Sayre）的著作《罗莎琳德·富兰克林和DNA》，呈现出另一种观点。

许多实验室都在从事DNA的研究工作。美国的莱纳斯·鲍林将注意力转向了结构，而伦敦大学的罗莎琳德·富兰克林（Rosalind Franklin，1920—1958）协同莫里斯·威尔金斯（Maurice Wilkins，1916—2004）使用X射线晶体学来分析DNA。富兰克林是在剑桥的纽纳姆学院接受科研训练，1947年获得物理化学硕士学位。在法国国家科研中心等机构辗转从事研究工作数年后，她获得了伦敦国王学院的研究员职位。1951年富兰克林拍摄到极为清晰的B型DNA的X射线衍射照片，但她没有立即看出结构，因为那只是大量不同的图像之一。她在伦敦的处境并不乐观，威尔金斯把她当作一名技术员而不是同事，大学和实验室清一色男性的世界把她排除在日常交际网络之外，而从这种重要的网络可以获得支持和联络，对科研工作大有裨益。

在这种情况下，弗朗西斯·克里克（Francis Crick，1916—2004）和詹姆斯·沃森登场了。克里克曾作为物理学家参与战时工作，当下正在剑桥大学攻读生物物理学博士学位，读过薛定谔的《生命是什么？——活细胞的物理学观》并深受影响。他遇到的美国人詹姆斯·沃森，已于22岁获得博士学位，并作为噬菌体遗传学家从事研究工作。他们决定试着发现DNA的结构，虽然两人都该从事其他项目的研究——克里克忙于学位论文，而沃森研究病毒，但他们决定设法弄清DNA的结构。他们开始着手构建一套模型，既符合X射线的衍射数据，又能解释自催化（DNA一分为二）和杂催化（比如复制期间传递信息，以创造蛋白质和其他细胞）。

沃森和克里克很清楚，这种分子是一种直径恒定的长链聚合物。他们也获得了碱基和糖类的基本化学成分，并且知道DNA分子中核苷酸无论以何种方式排列，都必须能够解释分子结构的规则性和化学稳定性。它还必须能够解释分子如何准确地自我复制。三个因素影响了他们的思考。首先，不同的碱基似乎彼此吸引。其次，查加夫已经证明，碱基的比例是1∶1。最后，鲍林引入了螺旋的概念，他的建模思路启发了他们。尽管早期的尝试遭到严重的挫折，上级也提醒他们专注于本职工作，但沃森和克里克坚持不懈。威尔金斯在富兰克林不知情也未允许的情况下，向沃森和克里克展示了对方的DNA晶体学照片，事情随之峰回路转。图像揭示了DNA分子只能是双螺旋结构，沃森和克里克构建了一个看似扭曲梯子的模型，两根龙骨，碱基对（腺嘌呤、胸腺嘧啶、鸟嘌呤和胞嘧啶）排列成横梁（见图10.5）。该模型解释了遗传、生化和结构的特征，并说明了自催化和杂催化的机理。同样，它还预测了遗传信息在碱基对序列中存储的机制。1953年4月2日，沃森和克里克在《自然》杂志上发表了他们的模型。那篇只有一页的简短论文引起了轰动。随后他们的模型被证实，细胞控制系统也被揭开。因这项工作，他们与威尔金斯分享了1962年的诺贝尔生理学或医学奖。而富兰克林的职业生涯都在做X光片，且已于1958年死于癌症，因此没有机会分享这一殊荣。

毫无疑问，沃森和克里克做出了一个杰出的发现，但他们采用的手段似乎与我们的良好科学作风背道而驰。他们没有进行大量的研究，而更多的是从别人那里搜罗资料，反过来却没有他们的工作。他们获取并利用了富兰克林的成果，不够光明磊落，也令人质疑，而且他们在最初发表的论文中并没有承认富兰克林的贡献。一方面，人们过去（很大程度上现在也是）期望科学的研究和结论既能在晚餐或喝啤酒时无拘无束地谈论，也能在会议和出版物上正式地发表，就此而言，科学知识被视为公有的。大家也公认，别人可以使用这些资料，无论来源是正式的还是非正式的。另一方面，专业人员的成功，部分地基于其成果的优先权和公认的重要性。如果科学家用到了别人的成果，他们理应致谢。沃森和克里克

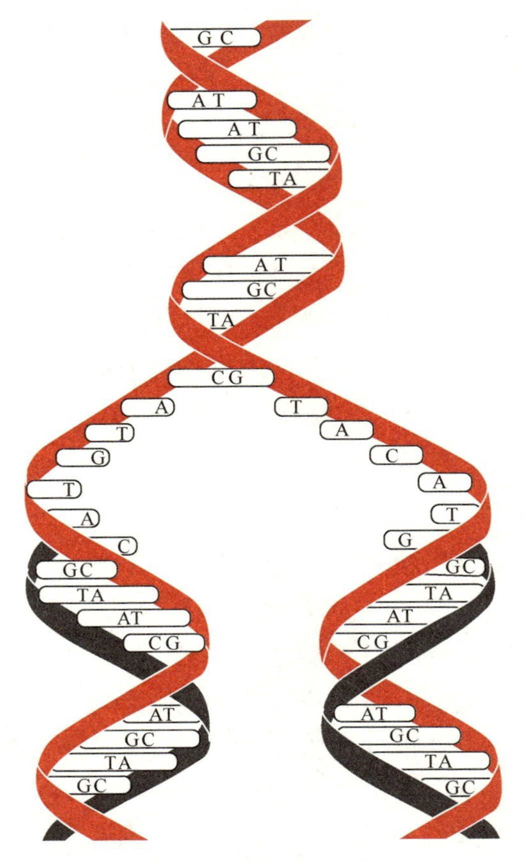

图 10.5 DNA 双螺旋模型

抛弃了溯源至科学革命的科学意识形态所蕴含的部分绅士行为准则。发现DNA结构的竞赛表明，在科学中“怎么都行”[如哲学家保罗·费耶阿本德（Paul Feyerabend）所宣称]，它的意识形态已经变得更像达尔文式的生存斗争，而不再是罗伯特·波义耳所信奉的绅士风度的见证。科学研究应该遵礼守规，还是为追求真知而破除桎梏？

本章小结

战后的岁月中，各国政府越来越认识到科学的功用和威力，科学的组织也因此而发生改变。随着冷战开启，各国政府非但没有像“一战”结束后那样解散科学家团队，反而选择支持科学研究，使其转向由政治决定的目标。所有的工业国家乃至许多技术上欠发达的国家都认识到，拥有和发展科学知识，并将国家利益和研究兴趣结合起来的必要性。“二战”后，几乎所有重要的科学突破都来自科研团队，而不是单个的科学家。各大研究机构或联邦政府通过拨款和合同形式，给予这些科研团队越来越多的资助。虽然大科学在“化学家之战”（“一战”）中就已初露端倪，但巩固大型实验室的势力，建立其所需的庞大基础设施支撑的实际上是“物理之战”（“二战”）。

学科地位方面，物理学取代了化学而荣登首要的学科，成为公众、政府、教育和工业日益关注的焦点。从资助的角度看，生物学因其与物理学的联系而获益，但仍相差甚远。当一些世界强国的军队仍对科学和科学家存有疑虑时，德国闪电战首次展示了科学支持军事行动的效力，更为淋漓尽致的体现是原子弹的初次实战运用。原子弹造出后，科学显示出强大的功用，以至于科学家难以获允重回他们安静的大学实验室，就像“一战”结束时那样。从事科学的新路径已经铺就。

“大科学”成为未来之路，它拥有大量资金、大型实验室，越来越多的科学家团队为各国政府制订的研究计划工作。美国和苏联隔着意识形态的鸿沟互相凝视，召集起各自的科学力量。这种科学的集结，产生了新一轮的军备竞赛，并必然地导向太空竞赛。科学的地位和研究的实践就这样被永久地改变了。

论述题

1. 什么是生物学中的“新合成”？
2. 需要哪两种观念，才使得原子弹成为可能?
3. DNA结构的发现，是否突破了传统的科学研究方法?
4. 不确定性为什么是现代物理学必需的?

第十一章时间线

1915年 魏格纳出版《大陆和海洋的起源》
1919年 罗伯特·戈达德发表《到达超高空的方法》
1927年 乔治·勒梅特提出宇宙起源的“宇宙蛋”模型
1929年 亚瑟·霍尔姆斯提出大陆漂移的“布丁”模型
1931年 卡尔·央斯基发现射电天文学
约1933年 电视原型机出现
1937年 乔治六世国王的加冕典礼在电视上播出；格罗特·雷伯建造射电望远镜
1942年 韦纳·冯·布劳恩等人发射了A-4火箭（后来称作V-2火箭）
1944—1968年 绿色革命
1945年 亚瑟·克拉克提出地球同步卫星设想
1946年 焦德雷尔班克射电望远镜建成
1949年 弗雷德·霍伊尔发明“大爆炸”一词，但他反对该理论，而支持稳态模型
1956年 苏伊士运河危机
1957—1958年 国际地球物理年
1957年 伴侣1号和伴侣2号人造卫星发射
1958年 美国发射的探索者号卫星发现范·艾伦辐射带；NASA成立
1959年 苏联卫星月球3号抵达月球
1961年 尤里·加加林成为进入太空第一人
1961年 约翰·肯尼迪宣称美国将把人送往月球
1961年 猪湾事件
1962—1965年 国际地球物理年的信息证实了大陆漂移
1962年 古巴导弹危机
1962年 电星1号卫星跨大西洋转播电视
1969年 阿波罗11号登陆月球
1970年 诺曼·布劳格荣获诺贝尔和平奖
1972年 斯瓦米纳坦被任命为印度研究理事会总干事

第 十 一 章

1957：地球成为行星之年

1957年10月4日，莫斯科广播电台宣布，苏联发射了伴侣号（Sputnik，也译斯普特尼克）人造地球卫星，向遥远的星空又迈进了一步。

太空飞行的梦想可以追溯到几个世纪前，但是只有在第二次世界大战后，随着大科学的胜利，科学组织和技术发展等必要因素出现，将物体发射到太空才成为可能。尽管个人的成就仍然很重要，尤其是诺贝尔奖越来越被吹捧为国家科学实力的标杆，但科学家在作坊式实验室里埋头单干的时代已基本走到了尽头。要解决的问题越大，创建的科学家团队也就越大。

而且，科学现在是一种公共商品。“Sputnik”的意思是“旅伴”，在900千米的高空环绕地球运行，以每小时29000千米的速度掠过天空。它是夜空中的灯塔，骄傲地宣告着苏联科技的领先成就。比起17世纪自然哲学家在其赞助人的宫廷中做出发现，现在的科学成就与宣传、声望和民族自豪感的联系更加公开。出现了一些关于间谍窃取秘密配方，或研究人员偷渡到国外的电影和小说，人们对科学的兴趣在流行文化中掀起了涟漪。内维尔·舒特（Nevil Shute）的《海滩上》（*On the Beach*，1957）一书，描述了原子大屠杀导致的世界末日，1959年被改编为同名电影。诺贝尔奖在战前的大多时候都是次要的新闻题目，而现在已上了世界各地报纸的头条。

人造地球卫星的发射，不仅具有政治和军事意义，而且产生了心理影响。有史以来，人类双手创造的东西飞离了地球。虽然地球作为一颗行星的概念早已牢固确立，但1957年前它实际上一直都是人类经验的藩篱。随着太空时代的到来，人们才有可能重新构想太阳系和银河系，而不仅仅是通过望远镜看到的图像。曾经属于空想和科幻的领域变成了现实，极大地拓展了人类活动的潜在领域。这也加速了一种观念的扩散，即地球作为一个单一的生物物理单元——同一个世界，而不是几块大陆或政治上分割的若干区域，可以无视地球其他部分的状况而运行下去。

发射人造地球卫星的1957年，被宣布为国际地球物理年（IGY）。由各国科协组成的联盟——国际科学联合会理事会（ICSU），发起了一项大规模的研究计划，研究地球及其与宇宙的相互作用。国际地球物理年从1957年7月一直持续到1958年12月，其中若干项目持续的时间更长。国际地球物理年和人造卫星也体现了现代世界中科学和科学共同体所面临的意识形态张力。国际地球物理年的科学应该是合作的、国际性的、创造性的、无党派的和开放的。许多科学家认为这才是科学的真正特征，他们努力让各国政府和国际社会庆祝这一愿景。另外，太空领域的竞赛，则以保密、民族主义和党派性为特征；而且它的军事基础是致力于毁灭。世界各国的军事领导人意识到，要在军事上竞争，就必须在科学上竞争，因此他们很容易找到科学家投入他们的计划，而且一般都会得到科学界的支持。因此，太空竞赛、军备竞赛以及国际地球物理年，代表着科学对国家的不同功用。尽管国际地球物理年和人造卫星有着明显不同的特点，但它们的同时存在并不奇怪，因为它们都为该项目的资助者提供了回报。

只有考虑到动荡不安的世界背景，才能进一步显现国际地球物理年和人造卫星的意义。1952年美国试验了一枚不可运载的聚变弹。1953年苏联试验了首枚包含部分聚变材料的“乔4号”（Joe 4）原子弹。同年，朝鲜战争陷入僵局。1955年对抗北大西洋公约组织（NATO）的东方阵营“华沙条约组织”成立，加剧了人们对另一场欧洲战争的担忧。1956年的国际局势尤为紧张。与东方阵营国家建立联系的埃及人，计划将苏伊士运河国有化，从而切断了向东方的运输和欧洲的石油供应。为了阻止这一切，英国、法国和以色列策划了一次大胆的进攻。以色列占领了苏伊士运河，然后把它交给英国人和法国人。但美国政府未能支持他们，而苏联威胁要进行干预，侵略军被迫撤离。英法两国看起来力不从心，一副败象。同年，匈牙利对苏联统治的反抗被残酷镇压，美国军方则在比基尼环礁爆炸了有史以来最大的氢弹（见图11.1）。

1957年11月3日发射的伴侣2号人造卫星，证实了苏联火箭计划的能力，表明了其军事威胁。伴侣2号不仅比伴侣1号大得多，而且还载有一条西伯利亚犬莱卡（Laika）。它在轨道上生活了8天直到供氧耗尽。伴侣2号重达508千克，足

图 11.1　比基尼环礁氢弹试验

够换成一件核武器。第一次世界大战的战场范围不过战壕前后几千米，第二次世界大战将其扩展到重型轰炸机和V-2火箭的航（射）程，而人造卫星的发射实际上彻底消除了“前线”的概念。

然而，第一颗人造卫星的发射令世人心驰神往。全球各地的人都在收听人造卫星广播的哔哔声，站在夜空下仰望，希望看到卫星掠过。特别是科幻小说的作家和书迷们，将人造卫星的发射看作人类童年的终结，这一里程碑标志着人类发展新时代的开始，我们将离开地球的摇篮，迈向星空。

国际地球物理年（IGY）

劳埃德·伯克纳（Lloyd V. Berkner，1905—1967）和西德尼·查普曼

（Sydney Chapman，1888—1970）于1950年提出了国际地球物理年的想法。伯克纳是一名受过正规训练的电气工程师，但对电子学、核开发、雷达和无线电、火箭技术和大气科学有着广泛的兴趣。1950年，他在华盛顿卡内基学院的地磁系研究电离层物理。1951—1960年，他担任联合大学公司（Associated Universities, Inc.）的负责人，该公司为原子能委员会（AEC）运行着布鲁克海文实验室（Brookhaven Laboratories）。查普曼拥有工程学、物理学和数学学位，长期以来对大气科学感兴趣，1930年提出了臭氧的产生和消耗理论。同一年他与文森特·费拉罗（Vincent Ferraro）合作，推定磁暴是由于从太阳喷射出的等离子体包围地球造成的。

因为伯克纳在第二次国际极地年期间（1932—1933，第一次为1882—1883年）服务于海军上将伯德（Admiral Byrd）的南极探险队，他便将极地年作为样板推行更大的新计划。由国际科学联合会理事会（ICSU，联合国创建的促进国际科学合作的分支机构）在1952年提出国际地球物理年的倡议。为指导实际工作，理事会成立了国际地球物理年特别委员会，任命查普曼为主席，伯克纳为副主席。最终有大约67个国家和地区参与。除了收集信息之外，理事会还设立了世界数据中心（World Data Center），对产生的信息进行存档和分发。世界数据中心至今仍在运行。

选择1957年为国际地球物理年，是因为它恰逢太阳黑子活动11年周期的预期峰值。其他领域的研究包括极光和空气辉光、宇宙射线、地磁学、冰川学、重力、电离层物理学、经纬度测定、气象学、海洋学、火箭学和地震学等。这项巨大事业的成就是对地球及其邻星的结构和运行做了最完整的记录。

地质学和海洋学的工作，提供了这颗行星的第一张全球结构地图。虽然各国政府，尤其是英国，已经做了大量工作来绘制全球地图和进行地质调查，但是这些材料较为散乱。因此，国际地球物理年的任务之一就是整合以前收集的大量数据。

通过汇编已有数据和新数据，伯克纳和地质学家们希望提出一个具有重大意义的话题——海洋和大陆的成因问题。虽然该问题研究的具体方法主要来自19世纪地质学，特别是莱伊尔及其《地质学原理》，但地震仪等新的工具正在改变地质学家和地球物理学家研究地球的方式。

大陆漂移

正如从牛顿到爱因斯坦的宇宙观转变一样，1912年阿尔弗雷德·洛塔尔·魏格纳（Alfred Lothar Wegener，1880—1930）提出关于大陆漂移的观点，地质的稳定性受到了质疑。魏格纳受过天文学训练，主要从事气象方面的工作。他注意到某些地质区域的明显“契合”，如南美洲和非洲西海岸，也注意到动物和化石的分布有一定的相似性；他将这些与古代气候的证据结合起来。他并不是第一个注意到这些关系的人。爱德华·修斯（Eduard Suess，1831—1914）在1883—1909年出版的五卷本地质学巨著《地球的面貌》（*Das Antlitz der Erde*）中，提出了冈瓦纳和劳亚两个超大陆的存在。修斯解释说，史前时代连接各大洲的大陆桥已经消失、被侵蚀或者坍塌到海洋里了。与此相反，魏格纳主张地球在初始阶段是熔融的，随着冷却过程而收缩，使得较轻的大陆物质浮在更为致密的玄武岩地壳之上，形成了一个超级大陆，他称之为盘古大陆（Pangaea）。这片大陆后来分崩离析，代表当前大陆的板块“漂散”开来。1915年，魏格纳在《大陆和海洋的起源》一书中发表了详细和扩充的理论。尽管这个理论很受欢迎（魏格纳的书被翻译成好几种语言并重印了五次以上），但它几乎被地质学界完全否定。即使部分排斥是出于门户之见——气象学家懂什么地质学呢？——但对该理论的质疑还是有充分理由的。魏格纳没有对大陆为什么移动提供合理的解释，此外，他似乎认为，只要各条山脉都出现于超大陆成形期间，那么它们的年龄应该是一样的。可所有的地质学家都清楚，世界上的山脉年龄千差万别。

1929年，亚瑟·霍尔姆斯（Arthur Holmes，1890—1965）试图通过假定地幔中的热对流，来复兴魏格纳的理论。热物质的密度比冷物质的密度小，所以它会上升。当它冷却之后，会再次下沉，就像锅里的布丁一样。这种加热和冷却的循环可能会让大陆移动。霍尔姆斯的观点几乎没有受到认真的关注，尽管他仍坚持地质学方面的研究，不断揭示关于这颗行星结构的更多有价值的信息，却没有排除这种可能性。大陆和海洋构造问题仍然有待解决。

在国际地球物理年期间，海洋学家努力绘制海底地图。制图过程不仅揭示了一系列大洋中脊，而且还揭示了它们附近海底的年龄并不一致。越靠近大洋中脊，沉积物越少，岩石越年轻。这与预期截然相反。如果海洋非常古老，那么海底就应该落满了千百年来的沉积物。更令人惊讶的发现是地磁反转。科学家利用开发出来探测海底的设备，绘制了构成海底岩脉的磁性定向图。他们吃惊地发现，磁铁矿物的磁性方向在所有海洋都发生了变化。当岩石处于液态时，其中的粒子随机地指向地球磁场，一旦岩石开始凝固，这些粒子就会沿着磁力线排列，就像数以百万计的小罗盘。一旦岩石变成固体，定向就会冻结，指着一个方向，而不再受磁场变化的影响。海底岩石带清晰地表明，磁场曾经移动，甚至面目全非，磁场的南北极发生过逆转。这些逆转变化很快，导致不同岩石带中的磁极方向千差万别，从海沟到大陆的分布看上去或多或少有些对称（见图11.2）。

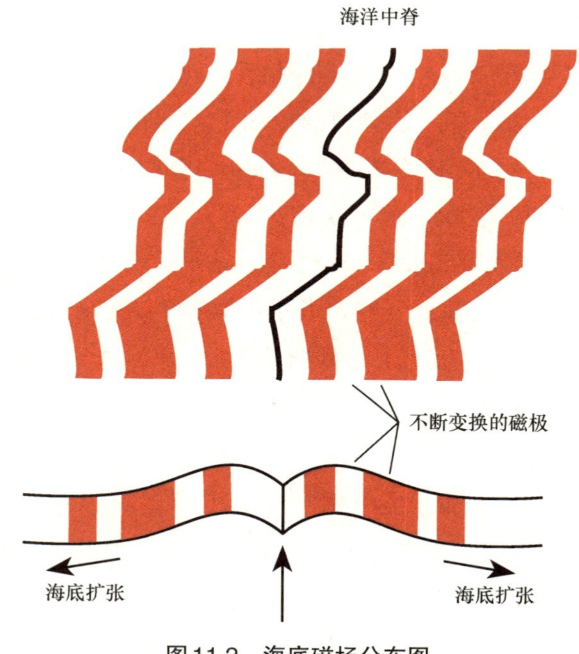

图11.2　海底磁场分布图

有了这些新的信息，霍尔姆斯的观点就得到了更多的关注，但在20世纪50年代，“漂移派”很大程度上仍然是科学界的旁门左道，很难在科学期刊上发表论文，职业晋升也往往受阻。约翰·图佐·威尔逊（John Tuzo Wilson，1908—1993）是一位有影响力的地质学家，国际地球物理年委员会的成员，国际大地测量学和地球物理学联盟主席（1957—1960），起初并不支持大陆漂移理论。然而，到了1962年，哈利·赫斯（Harry Hess，1906—1960）等人发表的关于国际地球物理年研究的新信息，为海底扩张说提供了科学证据，从而令他信服。对海底的进一步了解，以及诸如对大洋中脊、平行于大洋中脊的地磁异常，以及岛弧与大陆边缘附近海沟的关联等特征的发现，都表明对流可能确实在起作用。威尔逊在1965年发表的论文《一类新的断层及其对大陆漂移的影响》帮助改变了地质学的方向。尽管“大陆漂移”一词最终被“板块构造”一词所取代，因为它包含了一个更广泛的地质系统，但在许多方面，魏格纳的观点是正确的。

大陆漂移的另一个证据来自太空。对国际地球物理年卫星的轨道变化进行仔细探察显示出重力异常现象，表明地球内部存在对流。这个发现是国际地球物理年研究在另外领域的一个副产品。火箭，及其运载的仪器，对于外层大气和太空状况的研究至关重要。许多科学家希望把它们用作和平的工具，而不是大规模破坏性的武器。詹姆斯·范·艾伦（James van Allen，1914—2006）是卡内基学院地磁系的毕业生，他曾在“二战”结束时研究缴获的德国V-2火箭，特别热衷于将科学卫星送入轨道。范·艾伦的工作使美国人首次成功地抗衡了苏联的人造卫星计划。

绿色革命：科学与全球农业

冷战时期，科学在全球性问题上的最重要应用之一是绿色革命。尽管这项科研工作从20世纪40年代以来就一直在开展，但“绿色革命”一词是1968年美国国际开发署署长威廉·高德（William Gaud，1907—1977）首次使用的。这个术语指的是利用科学原理和技术来增加农业产量，特别是在发展中国家。这是一种信念的部分体现，即现代世界遇到的所有问题都能够通过科学和技术来解决。这场农业革命的领军人物是微生物学家诺曼·布劳格（Norman Borlaug，1914—2009）。1944年，布劳格在洛克菲勒基金会的国际玉米和小麦改良中心找到了一份工作，前往墨西哥去提高小麦产量。当时，墨西哥种植的小麦无法养活其人口，这对相对贫穷的国家来说是一个重要问题。

布劳格面对的问题说来容易，却难以解决。要想增加作物产量，麦田就必须施氮肥。施过肥的小麦结出了更多的麦粒，但麦穗的重量让麦株倒伏死亡，从而造成减产。布劳格的解决办法是用高产的美洲小麦与茎秆粗壮的日本矮种小麦杂交。到1963年，墨西哥95%的麦种是布劳格的杂交小麦，墨西哥也成为谷物的净出口国。

由于在墨西哥的成功，印度农业部邀请布劳格为增加他们的粮食产量提供建议。洛克菲勒基金会和墨西哥政府派遣布劳格和来自加拿大农业部的小麦专家罗伯特·格伦·安德森（Robert Glenn Anderson，1924—1991），与印度官员会面并讨论增产的方法。印度和该地区的其他国家虽然正在经历轻度的饥荒，但对新技术较为抵制。1965年，布劳格和安德森计划向印度和巴基斯坦运送近500吨的杂交小麦种子，但两国之间爆发的战争延缓了这一计划。为了防止饥荒（并且鼓励印度与美国建立更紧密的联系），美国政府在1966年将其20%的小麦产量出口到印度。讽刺的是，战争引起的饥荒克服了当地居民对新农业技术的抵制。经过被誉为印度绿色革命之父的蒙康布·桑巴希万·斯瓦米纳坦（Monkombu Sambasivan Swaminathan，1925— ）等科学家的努力，初级的杂交品种适应了当地的条件。斯瓦米纳坦是印度培养的遗传学家，1952—1954年在美国威斯康星大学担任博士后研究员。返回印度农业研究所之前，他参与过墨西哥的项目，在那里卓有成效地培育了适合南亚地区的小麦和水稻品种。到1968年，印度、巴基斯坦、土耳其、墨西哥，以及几个南美国家都采用了布劳格的农业系统。小麦产量几乎翻了一番，印度在1974年实现了粮食自给。

1970年，布劳格由于该领域的工作荣获诺贝尔和平奖。他和同行者的共同努力，已经拯救了数百万人的生命。布劳格对自己的工作感到自豪，但他也意识到，如果使用不当，他也可能会制造出一种马尔萨斯陷阱。在诺贝尔奖获奖感言中，他说：

> 确实，在过去三年中，与饥饿做斗争的势头已有所改善。但潮涨总会伴随潮落。现在我们可能正处于潮头，但如果我们变得自满并放松努力，潮水可能很快就会落去。因为我们面临着两种对立的力量，即食品生产的科学力量和人类繁殖的生物力量……人类已经掌握了降低出生率的办法，高效且人道。人类正在使用这些力量去提高食品生产的速度和数量。但人类还没有充

分地发挥潜能去降低出生率。结果就是在某些地区人口增长率超过了食品生产的增长率。

像国际地球物理年一样，绿色革命也是科学家为了全人类的利益而应用科学的国际事业。尽管农业变革的某些方面，被冷战中的西方阵营用来换取拥趸，但长远看来，布劳格及其支持者们更关注民众，而非政治。现代批评家认为，绿色革命对美国农业公司的贡献比对实施国更大，而且单一作物的种植会造成恶劣的环境后果，包括原野的消失和生物多样性的下降。另外，这场革命使许多发展中国家，尤其是亚洲国家实现了粮食安全与稳定。

描绘宇宙：稳定状态与大爆炸

当国际地球物理年项目聚焦于地球和太阳时，一些天文学家正在创建一种令人吃惊的宇宙新图景。随着人造卫星的发射，人们对那些科幻作家渴望探访的星球已有了更多的了解。

天文学家发现宇宙在运动。虽然这不是一个新想法，但以前无法观察到太阳系之外的物体运动，因为计算恒星的距离很困难。1838年，天文学家弗雷德里希·威廉·贝塞尔（Friedrich Willelm Bessel，1784—1846）第一个利用恒星视差来测量邻近恒星的距离。通过在地球轨道两侧进行观察，对比角度的微小变化（贝塞尔观测到0.314角秒的变化），他计算出天鹅座-61距离地球约10光年。尽管这种方法可以计算出近距离的恒星，但它不适用于较远的目标，因为观测不到它们光线的角度差。

到20世纪初，已有超过50万颗恒星被绘入星图。1917年，乔治·埃勒里·海耳（George Ellery Hale，1868—1938）督造安装了位于威尔逊山天文台的2.5米口径折射式望远镜，并以他的名字命名。这是有史以来建造的最大望远镜，直到1948年帕洛马尔山建成5米口径的折射式望远镜。1926年，布鲁斯自行巡天项目（Bruce Proper Motion Survey）开始通过对比25年前在同一空域拍摄的照相底片来追踪恒星的运动。基于这些恒星运动和相对论，比利时天文学家乔治·勒梅特

（Georges Lemaître，1894—1966）在1927年提出，宇宙是由一场由物质和能量（他称之为“宇宙蛋”）的爆炸创造的。

利用威尔逊山天文台的数据，1929年埃德温·鲍威尔·哈勃（Edwin Powell Hubble，1889—1953）运用基于多普勒效应或光红移的新理论，计算出仙女座星云的距离是93万光年。他还发现大多数星系正在远离地球，远离彼此。这种现象符合勒梅特的观点，因为通过反向追踪星云的运动，将一切星系在某个远古时刻聚拢起来，似乎就有可能回溯宇宙的历史。

弗雷德·霍伊尔（Fred Hoyle，1915—2001）是当代最伟大的天文学家之一，他反对宇宙蛋理论，与赫尔曼·邦迪（Hermann Bondi，1919—2005）和托马斯·戈尔德（Thomas Gold，1920—2004）一起主张宇宙处于一种稳定状态。这种在1948年提出的稳态模型将宇宙描绘成均衡的存在，没有开始或结束，在每一处空间（大尺度下）和每一段时间看起来都大致相同。针对宇宙的明显膨胀，霍伊尔、邦迪和戈尔德辩称物质是在不断地被创造出来。有些人认为从虚空中创造物质是一个荒谬的想法，但所需的总量非常小（大约每年每立方光年只有几个原子），而且宇宙蛋的起源问题在哲学上比它更加令人不安。具有讽刺意味的是，正是霍伊尔发明了“大爆炸”一词，作为贬损竞争理论的标签。

稳态理论和大爆炸理论的支持者之间争论非常激烈甚至尖刻。有利于大爆炸论点的证据（尽管今天仍有少数稳态理论的支持者）来自一个意想不到的来源——太空中的无线电波。1931年，卡尔·央斯基（Karl Jansky，1905—1950）在为贝尔电话实验室研究无线电干扰时发现了三种自然存在的干扰：当地雷暴、远方雷暴和一种未知但恒定的来源，他最初认为可能来自太阳。这是一个合理的观点，因为早在1894年奥利弗·洛奇爵士（Sir Oliver Lodge）就曾宣称太阳可以发射无线电波，虽然他一直无法探测到。然而，经过一年的研究，央斯基断定，未知来源实际上是银河系。我们的母星系正在发射无线电波！当央斯基完成探测后，贝尔指派他进行另外的研究。他从此再未跟进这一发现。他于44岁死于心脏病，但为了纪念他，能量通量，或“射电亮度”的单位被命名为央斯基（Jy）。

央斯基的发现被大多数人忽视，但无线电工程师格罗特·雷伯（Grote Reber，1911—2002）受到太空无线电波观点的启发，于1937年建造了一个9.4米口径的抛物面天线来捕捉这些无线电波。他着手绘制了一幅宇宙间的无线电波图谱。央斯基的偶然性发现及雷伯的工作，开创了射电天文学领域。人们较为热衷于运用物理方法观察极端事件（如恒星内部情况），以及广义相对论和宇宙结构之间的关系，因此第二次世界大战之后，用于射电天文学的资金开始到位，大量的过剩电子设备（通常作为廉价的军工富余产品）也得到供应。1946年，第一座大型射电望远镜装置——66米口径的抛物面天线——在英国的焦德雷尔班克（Jodrell Bank）建成。马丁·赖尔（Martin Ryle，1918—1984）发明了第一台无线电干涉仪，使射电天文学向前迈进了一大步。它本质上是由连接在一起的两个接收器构成的系统，提供了无线电波来源的更为清晰的图像和更为详细的信息。简单的干涉仪和许多射电望远镜的阵列连接在一起，使得射电天文学在光源解析方面变得和光学望远镜一样出色。雷伯、赖尔等人开始测绘宇宙，绘制出一幅复杂得多的图景，只有通过无线电探测才能感知的物质被添加到多个世纪以来的光学观测结果中。

太空竞赛

技术进步不仅使射电天文学成为可能，而且也让进入太空（特别是近地轨道）越来越引人注目。然而，太空竞赛不仅仅是一场智力上的赛跑，也是科研方式的高下之争。人们很容易把探索最有成效的研究方式，同所谓西方民主国家和苏联极权政体之间的政治斗争混为一谈，但即使不考虑政府结构，科学研究和政府需求之间的关系也依然非常复杂。科学的成功并不依赖于自由民众，但在极权政府下，将科研发现转化为广大群众需要的产品通常较为迟缓。然而，无论是民主还是极权的政府，那些被认为符合国家利益的科研都是由政府机构开发和控制的，这些政府机构甚至可能不了解所涉及的科学，用实现的具体目标而不是做出的科学发现来衡量成功或失败，并以此确保支配研究进程的资金投入。

导致伴侣号人造卫星诞生的火箭技术，是一个关于统治者和梦想家、技术官僚、技术人员、政治家和研究人员的故事。虽然这场太空竞赛并没有创造出完整的科学研究体系，但它是这种整合力量的最好例证。核武器的发展，在很多方面更为复杂地整合了科研和对“有用的”最终产品的需求，但它被隐藏在秘密之中，表现得极为先进和深奥，似乎只有天才人物才能触及。与此相反，火箭竞赛是科学实力的彻底公开展示，它能带来科学地位的改变，特别是在工业化世界中科学教育地位的改变。

最早的火箭出现于1150年左右，那时中国人就使用火药来推动火箭[1]。后来发展为“飞火枪”，金国都城汴京1232年被蒙古兵包围时曾用其抵抗，蒙古人不久也掌握了火箭技术，并向阿拉伯地区和欧洲传播。火箭首次在欧洲出现是在1380年热那亚人和威尼斯人之间的基奥加战役中。尽管小型火箭继续用于烟花和军事目的，但它们在很大程度上被大炮和炮兵所掩盖。特殊情况发生在俄国。

1881年，尼古拉·基巴尔切奇（Nikolai Kibalchich，约1853—1881）炸死了沙皇亚历山大二世，炸弹是他在圣彼得堡理工学院的化学实验室里制造的。该学院由亚历山大的父亲创建，旨在帮助推动俄国进入科学和工业时代。基巴尔切奇被捕后，直到行刑前一直在设计火箭，包括一种火箭飞机和客运火箭。基巴尔切奇并非行为异常之人，俄国人对火箭技术的兴趣由来已久，一百年前便创立了火箭企业（Raketnoe Zavedenie）设计和制造火箭。俄军第一支火箭部队成立于1827年，1867年工程师康斯坦丁·康斯坦丁诺夫（Konstantin Konstantinov）在圣彼得堡开办了一家火箭制造厂。

亚历山大二世遇刺的同一年，康斯坦丁·齐奥尔科夫斯基（Konstantin Tsiolkovsky，1857—1935），一名自学成才的物理学家，向圣彼得堡的俄国物理和化学学会递交了一篇论文，讨论气体的动力学理论和生命有机体的结构问题。尽管被告知这些想法在科学家看来已是老生常谈，但他并没有气馁，而是继续钻研自己的爱好。他最大的心愿是克服地心引力。整个19世纪80年代他都在设想零重力下的生命会是什么样子。1903年，他发表了关于轨道力学和火箭推进原理的数学论文《利用喷气工具研究宇宙空间》。他还描绘了一种以液氧和液氢为燃料的液体推进剂火箭（见图11.3）。

齐奥尔科夫斯基并不是该时期唯一致力于研究火箭技术先进思想的人。美国人罗伯特·戈达德（Robert H. Goddard，1882—1945）在1909年还是克拉克大学的一名学生时，就开始了正式的实验研究。在史密森学会的资助下，他最终发表了博士论文《到达超高空的方法》。戈达德是一名矢志不移的天才发明家，但同

---

1 1161年南宋与金战争中使用的“霹雳炮”，即是一种火箭弹。该技术很快被金掌握，用于对蒙古人作战。1232年蒙古兵包围金都汴京，原文误作“北京”。——译者注

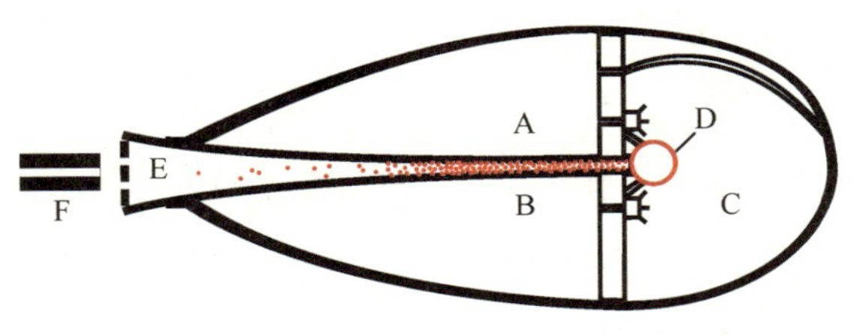

A. 液氧箱　　D. 燃烧室
B. 液氢箱　　E. 排气喷嘴
C. 储物室或机组人员室　　F. 操纵面（导航）

图 11.3　液体燃料火箭

本图基于康斯坦丁·齐奥尔科夫斯基1903年的液体燃料火箭草图绘制

时较为内敛和孤僻。1926年，为了摆脱记者和其他火箭爱好者的烦扰，开展液体燃料火箭的基础研究，他搬到了新墨西哥州罗斯威尔市附近的一个农场。尽管他获得了两百多项专利，但其工作在那时仍鲜为人知。

德国和苏联的火箭科学

20世纪二三十年代，普通公众开始对火箭技术产生兴趣。1930年，著名的科幻杂志编辑雨果·根斯巴克（Hugo Gernsback，1884—1967）和大卫·拉瑟（David Lasser，1902—1986）创建了美国星际协会（American Interplanetary Society，AIS）。星际协会资助本国的液体燃料火箭研究，同时与法国首席火箭工程师罗伯特·埃斯诺-佩尔特里（Robert Esnault-Pelterie，1881—1957），以及德国火箭业余爱好者组成的太空旅行协会（Verein Für Raumschiffahrt，VFR）的成员保持通信。然而，除了这类公众关注，大部分机构和政府很少关注火箭。在某种程度上，对火箭兴趣寥寥的原因是动力航空的兴起，它能够提供载人飞行，因而更加便捷和人性化，也显得飞向太空的梦想既荒唐又无意义。只有两个国家没有随波逐流：希特勒统治下的德国和斯大林统治下的苏联。

德国的故事广为人知，却最终未获全面成功。在20世纪20年代，重整后的德国军方为备战而研发战略武器。他们选择了一种机械化、高度灵活的方法，将飞机用作远程火炮的一种形式。但重型火炮和轰炸机之间存在战术上的空白：重型火炮的最大射程约为100千米（但有效射程远小于此），轰炸机虽然可以飞行几百千米打击目标，但造价高昂，并且需要大量的后勤组织。军事计划制订者们开始考虑火箭，《凡尔赛和约》中没有禁止使用火箭的条款，德军武器局弹道处受命研发一种液体燃料火箭，来填补火炮和空军力量之间的空白。实际工作交给了瓦尔特·多恩贝格尔（Walter Dornberger，1895—1950）。他在夏洛腾堡工学院学习过弹道学。

1929年，多恩贝格尔参观了太空旅行协会火箭专家们使用过的“火箭发射台”，并遇见了韦纳·冯·布劳恩（Wernher von Braun，1912—1977）。他鼓励冯·布劳恩到柏林工业大学工程专业学习。冯·布劳恩一边攻读理学学士学位（1932年完成），一边与当时的顶尖火箭科学家赫尔曼·奥伯特（Hermann Oberth，1894—1989）一起，研究液体燃料火箭发动机的制造。奥伯特在20世纪20年代曾写过有关太空飞行的物理学论文，他是冯·布劳恩的启蒙导师。1934年，冯·布劳恩获得了柏林大学物理学博士学位。

那时候，多恩贝格尔领导着库默斯多夫（Kummersdorf）的一座研究基地。但德国对火箭的兴趣正在消退，因为在既有工业生产的材料支持下，其他类型的军事技术成了主角。1937年，多恩贝格尔和冯·布劳恩一起在佩内明德（Peenemünde）建造了试验设施，并于1939年投入使用。尽管受限于拮据的预算，他们还是于1942年发射了首枚A-4火箭。

由于德国战局开始恶化，元首希特勒急于寻找能够从技术上弥补军事失利问题的武器。V-1火箭是一种装有喷气式发动机的有翼炸弹，但飞行速度太慢，很容易被战斗机打下来。但A-4火箭是一种难以拦截的弹道武器。它的最大射程约400千米，有效载荷为1000千克，正是希特勒想要的超级武器。它后来被作为V-2火箭（意为“复仇武器”）大量投产，破坏力不容小觑。尽管到1945年，诺德豪森附近米特尔维克工厂的苦役每个月能组装大约300枚V-2火箭，但它们在战略或战术上对战争的结局几乎没有影响。火箭设计者对A-4火箭的成功很满意，但他们仍在规划更大的型号：A-9将是二级火箭，能作洲际飞行；而A-11将是三级火箭，能将一名飞行员送入太空。

随着东西方合击下德国军事的溃败，冯·布劳恩及其火箭团队开始思考战后出路。如果留在佩内明德和诺德豪森，这里将会是苏联占领区，所以他们决定向美军投降。1945年2月，冯·布劳恩等来自火箭项目的500余人带着如山的文件，开始向南穿越破败的德国。5月初，他们在巴伐利亚遇到美军并向其投降。当美军司令部认识到手中战利品的价值后，他们组织了一次特别行动，席卷了米特尔维克工厂所有能用的物品，将那里的器材、未发射的V-2火箭，以及许多德国科学家和工程师，送往新墨西哥州的白沙试验场。

从正在推进的苏联军队眼皮底下，美国人挖走了德国火箭项目的主体部分。只有一名德国重要科学家海尔穆特·格勒特洛普（Helmut Gröttrup，1916—1981）和一小部分工作人员投降了苏联。但格勒特洛普的工作并没有对下一步的火箭发展做出直接贡献。当苏联专家抵达佩内明德和诺德豪森时，他们推断德国在制造工艺方面领先苏联，理论水平却不比他们更完善。失去那些德国火箭专家，看起来并没有对苏联造成很大威胁。直到1945年8月6日，第一颗原子弹在广岛爆炸，美国突然加快发展火箭事业的举动，改变了美苏技术竞赛的格局。

火箭事业在苏联的发展，使得科学和国家的关系问题完全凸显出来。正如先前的沙皇曾希望通过遴选并吸引一些实业家，创建科学社团等措施，让沙俄跨进工业时代一样，苏联政府则希望利用火箭技术和太空航行，来推动苏联社会取得科学技术的领先地位。推翻沙俄君主制的革命意识形态与火箭技术的发展相得益彰。亚历山大·波格丹诺夫（Alexander Bogdanov，1873—1928）的流行小说《红星》（1908，再版于1917年），将社会主义意识形态和太空航行，与火星人建立的工人乐园联系起来。列宁本人也曾主张促进科学技术，政治上宽容对待伟大的科学家，因为他意识到了"一战"的教训：拥有最先进技术的一方会获胜。

苏联政府创建了一些新的研究机构，对火箭研究有着浓厚的兴趣，尽管许多机构存在时间不长。1924年成立的中央火箭问题研究局（TSBIRP），职能是协调火箭技术的研究工作，并聚焦于军事开发。同年，民间的全苏星际通讯研究协会（OIMS）也成立了，它与美国星际协会和德国太空旅行协会三足鼎立。1927年，中央火箭问题研究局与全苏星际通讯研究协会在莫斯科共同主办了苏联国际火箭技术展览会。

斯大林执政后，他断不会容忍独立研究，清洗了许多科学家和工程师，将他们投入监狱，流放到劳改营甚至处死。同时，他也准备支持科学技术在特定领域的发展。科学院的规模扩大了，预算从1927年的300万卢布增加到1940年的1.75亿卢布。技工学校的招生人数也急剧增长。斯大林还建立了狱内设计处（sharashkas）系统，以利用在押科学家和工程师的聪明才智。谢尔盖·科罗廖夫（Sergei P. Korolev，1906—1966）就是这样一位科学家，他毕业于基辅理工学院，但被判入狱，并被送往科雷马（Kolyma）的金矿劳动，那里是条件最糟糕的劳改营之一。伟大的航空设计师谢尔盖·图波列夫拯救了科罗廖夫。图波列夫自己也是一名囚犯，在他的安排下，科罗廖夫被转移到TSKB-39狱内设计处，里面挤满了航空专家，即使在极端恶劣的条件下，他们依然在继续工作。苏德战争爆发使得大部分工作陷于停顿。然而，集中营的一名囚犯格奥尔基·朗格马克（Georgy Langemak，1889—1938）创造了一种用于军事的喀秋莎火箭炮，由车载的多组发射滑轨发射。

苏联将火箭技术从梦想转变为现实，这项事业在“二战”结束后又取得了一些进展，但直到1953年斯大林去世后才得到加速推进。1954年，苏联科学院院长涅斯梅亚诺夫（A. N. Nesmeianov, 1899—1969）宣布，人类有望向月亮发射火箭，或将卫星送入轨道。科学院组建了高层级的星际通信委员会，重点支持卫星发射计划，以及洲际弹道导弹（ICBMs）的基础科学研究。科罗廖夫的科研条件已经改善，正在为政府研制远程导弹，1953年他又受命研究洲际弹道导弹，同年当选苏联科学院通讯院士。到1955年，新型测试设施在秋拉塔姆（Tyuratam）安装完成，火箭的发射试验次第进行。计划的关键在于科罗廖夫的R-7型，这是一种短粗而巨大的火箭，使用煤油和液氧作为推进燃料。它将20个火箭发动机成簇捆绑起来，可以产生50万千克以上的推动力。

虽然第一次发射试验失败了，但1957年8月23日发射的第二枚火箭，从发射场飞行到堪察加半岛附近的太平洋海域。10月4日，伴侣号人造卫星也被送入轨道。苏联部长会议主席赫鲁晓夫向团队表示祝贺，基于他们的成功，随后开展了一场政治宣传运动。

美国进入太空竞赛

第一颗人造卫星的发射并不完全出乎西方国家的意料。事实上，莫斯科早已宣布成功发射了洲际弹道导弹，甚至在10月1日公布了人造卫星将要播出的频率。然而，西方国家的很多人，特别是美国的各个火箭项目组，都深感震惊。苏联的成功，和美国在该项目上的各自为政状态，都凸显了美国科研的一个基本问题。

战争期间，科学研究与发展局（OSRD）协调民用研究工作，充当联邦资助的渠道，该职能在战后终止。科学研究与发展局曾监管一系列战时项目的关键工作，却面临被关闭的危险。

作为科学研究与发展局的主要负责人之一，范内瓦·布什先前曾极力说服罗斯福总统动员美国平民科学家参与战时工作，他想在战后以某种形式延续这一组织。尽管和平时期版的科学研究与发展局看似值得继续存在，但这样做被认为违宪，因为它未经民选代表的许可便能获得联邦政府的资金。为此，大量提议成立研究组织的议案都失败了。

军方的推荐促成了国家安全研究委员会的创建。但委员会没有获得广泛认可。平民科学家担心它太容易受到来自军方和承包商的干涉，而许多政客和官僚感觉该组织权力过大，不能没有总统或国会监督。该组织于1946年终止。虽然几乎所有相关方（包括行政部门、国会、科学家及大学，以及军方），都希望研究能够持续进行，但他们无法决定战后科研的组织形式。科学家希望较少附带条件甚至无条件地获得联邦政府的资金，而政府出于对资金的依法控制和自身偏好，则希望加强监督。这就让研究人员缺乏国家的组织，大笔的研究资金投入了军事。到1950年，用于研究的联邦资金60%以上来自军方。

美国的火箭项目——更确切地说是若干项目——在研究政策尚未明朗的时期进展缓慢。1947年国会重组了军队，创建了单一的国防部，主要的导弹研究便分别划归陆军和空军。陆军负责战术导弹，拥有冯·布劳恩等科研人员，而空军则从事战略导弹项目。但是，空军主要由飞行员组成，自然更热衷于飞机而不是导弹，因此专注研发远程轰炸机和战斗机。

1952年，德怀特·艾森豪威尔（Dwight Eisenhower）当选总统，他试图遏制联邦预算的日益上涨，让美国从“局部军事作战”中抽身，如在前法国殖民统治区越南的战斗。超过57%的联邦预算都用于军事，并且对更大更强武器的军事需求持续攀升。在冷战期间很难限制军队开销。因为美国不能也不会组建像苏联那样规模庞大的地面部队，它的总体方针是利用空军力量和技术优势来对抗苏联军队的数量优势。这就意味着不仅要有载运核武器的轰炸机，还要有导弹。随着中程弹道导弹（IRBMs）和洲际弹道导弹的研发日益受到重视，军方多个部门之间你追我赶，以至于出现了一系列不同类型的导弹，每种导弹都有不同的功能，并得到各自机构的拥护。陆军的“红石”导弹（V-2的直接升级版）和木星火箭，以及空军的“阿特拉斯”（擎天神）、“泰坦”（大力神）和“雷神”火箭都如雨后春笋般研发出来。尽管这些火箭也用于太空竞赛，但实际上它们是为了替代“民兵”和“北极星”导弹而设计。

“平民”太空项目“先锋计划”（实际工作由海军研究实验室承担）代表美国太空竞赛的公众形象。该计划进展不太顺利，因为很多科学家和工程师都被借调到其他项目，特别是核武器和弹道导弹研发。它被军方视为二流项目、烧钱大户，而且技术问题层出不穷。1956年，当它要求的资金从2000万美元飙升到6300万美元时，该项目已几乎处于失控状态。

尽管存在这些问题，当R-7火箭将伴侣1号人造卫星送入轨道时，美国在该领域的发展并没有明显落后于苏联，而且在制导、微型化和武器制造方面处于领先地位。喷气推进实验室（JPL）和陆军弹道导弹局的一项紧急措施，在84天内建造了探险者1号，于1958年1月31日发射升空。紧随其后的先锋1号于1958年3月17日发射。尽管他们的成就按照分工被限定于特定的目标上，但军事导弹计划依然是成功的。然而这一切都无济于事。伴侣号人造卫星的发射意味着美国的科研落了下风，这是许多如《生活》（*Life*）杂志这样的主流媒体所采取的观点。接着全国的抗议铺天盖地而起，公众认定这是美国科学的失败，对其进行了深入和广泛的声讨。艾森豪威尔总统被迫面对这场政治困境。美国是否应像苏联一样将科学研究集体化，并且在军事上投入更多的联邦资源以在显而易见的领域超越苏联？苏联是怎样在如此短暂的时间取得如此巨大的成就的？美国的教育存在问题吗？

这些问题引发了很多深刻的反思。尽管自第一次世界大战以来，科学与工程的人才培养已经显著改善，但很多人，例如《生活》杂志的主编和范内瓦·布什，都希望看到大幅提高教育投入。这个问题有点政治敏感，因为教育是州政府的职责，超出了联邦政府的管辖权限。艾森豪威尔既不愿承担巨额的开支，也不愿意背上侵犯州政府权力的恶名。有人不希望联邦政府为教育出资，有人则希望教育投入大幅增加，作为妥协，1958年国会通过了《国防教育法案》。法案批准了四年共计约10亿美元的开支。它创建了一个2.95亿美元的贷款基金，解决学生的财务困难，并指定2.8亿美元的联邦拨款用于购买科学、数学和语言教学的设备。此外还有6000万美元资助设立了5500个国防相关学科的大学生奖学金。

当1958年1月31日詹姆斯·范·艾伦及其团队成功发射探索者号时，他们展示出美国的实力并非远落后于苏联。范·艾伦的卫星计划可追溯到1955年，当时是作为国际地球物理年项目辐射研究的一部分。尽管美国的卫星仅有14千克重，远远小于伴侣1号和2号，但它确立了美国将卫星送入轨道的能力。作为一个用于科学研究而非国家安全的工具，它的仪器盒中装载了一个辐射探测器，以证明地球上空存在一些辐射带。以发现者命名的"范·艾伦辐射带"位于地球上空650千米到6.5万千米处，沿着地球磁场成环状分布（见图11.4）。探索者号不仅是科学上的成功，也是政治上的宣示，但它错失了成为首颗卫星的机会。

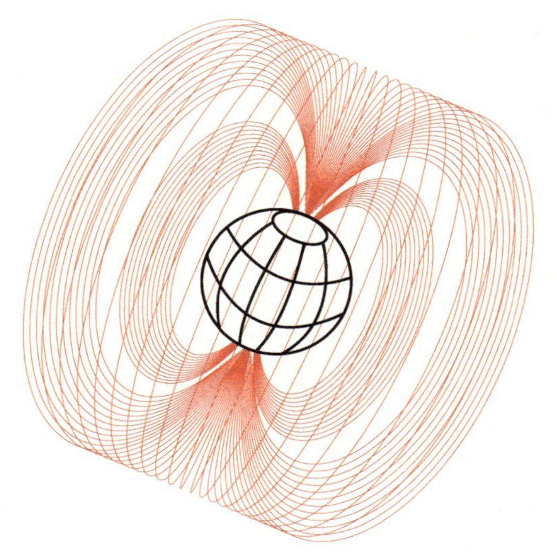

图11.4 范·艾伦带

范·艾伦带形成了围绕地球的保护性电磁场

尽管有"探索者"号进入太空，以及1958年"阿特拉斯"导弹的成功发射，许多美国人仍担心在发展洲际弹道导弹方面美国与苏联存在巨大差距。导弹淘汰了远程轰炸机，因而美国所赖的空中优势如今荡然无存。火上浇油的是，记者约瑟夫·艾尔索普（Joseph Alsop）发表文章声称，到1963年苏联将有2000枚可作战的洲际导弹，而相比之下美国军方仅仅计划装备130枚。由于多种原因，美国中情局也预测到1963年洲际导弹的数量会出现巨大差距，尽管缺乏证据（事实上，到1961年苏联仅部署了35枚洲际弹道导弹）。艾森豪威尔被迫提高开支，包括向高级研究计划署（ARPA）提供1.86亿美元，以在中情局的指导下研制间谍卫星。

关联阅读

作为大科学的美国国家航空航天局（NASA）

1957年，苏联发射了伴侣1号和2号，先于美国进入太空。这挑战了广泛接受的信念，即美国技术，乃至范围更大的西方世界技术，要远远超过苏联所使用的技术。实际上，西方技术仍比苏联领先，但是民主制度，加之美国科研的散漫特征，意味着它无法像国家主导的苏联体系那样集中力量。在美国，各种火箭由许多不同的团队研发，包括空军、海军和陆军，以及美国航空咨询委员会和众多的大学。在很多方面，他们忘记了美国毒气部队和曼哈顿计划的教训，在太空探索项目上采取某种自由放任的政策。随着伴侣号人造卫星的发射，太空探索成为一个关乎国家荣誉和安全的问题，因此艾森豪威尔总统听取国家科学基金会和美国科学院的建议，于1958年创建了国家航空航天局（NASA），将所有主要的火箭项目都纳入一个民事管理机构。

统一的伞状组织，国家的巨额资助（200亿美元，约相当于今天的2100亿美元），旨在将美国人送往月球的阿波罗计划得以制订。这是英雄冒险般的大科学，无疑使美国的太空探索超越了苏联。航空航天局进而发射了包括哈勃望远镜在内的卫星，向其他行星发射探测器，并参与了多个太空探测计划。

如果航空航天局的目标仅仅是从月球捡回几块石头，插上一面国旗，公众就会不得不对其巨额预算加以斟酌。然而，航空航天局在通过科学发展高技术经济方面扮演着极为重要的角色，因为只有通过这种大规模和资金充足的团队才能实现。除了一些基于太空的技术——直接为太空竞赛而研发的诸如GPS卫星、飞行导航和雷达系统等，航空航天局还研发或参与研发了种类繁多的产品进入消费领域。它们包括红外耳温计、高级子午线轮胎、记忆海绵、太阳能电池，以及冻干食品等。仅仅有关飞行器的技术列表就长达50页。对现代科学技术世界同样重要的是，因为航空航天局是公共资助的机构，它负有公开其发现的使命。在这个科学越来越成为专属物品的时代，航空航天局作为最好的公益大科学独树一帜。仅2014年，航空航天局就向公众免费发布了超过1500种软件（包括项目规划工具和声音建模）。

航空航天局是为了促进发明和探究而创立的机构。它是人类历史上科学家和工程师组成的最大单一组织。2015年，有超过1万名人员在航空航天局的各个部门工作，形成了一个庞大的人才库。它培养了能够承接大型工程的人员，那些技能将滋养社会其他领域。尽管有人会说，对遥远的星星知道再多也价值不大，但没有人会认为科学家和工程师的人数不足1万，这个世界会更好。比起英国皇家学会或美国哲学学会，航空航天局创造的有用知识要更多。它履行了自己的愿景声明："达到新高度，揭示未知，以让我们的行动和知识造福全人类。"

冷战升温：通信卫星与电视

尽管艾森豪威尔自信美国的军事实力最终会超过苏联，但秘密的导弹项目不足以平息公众的担忧。美国需要的是一个超过苏联实力的重大工程。这个工程必须满足三个要求：它必须让美国在太空中取得领先地位；必须确立美国科学及其组织的优势；还必须能够让公众感到振奋。这不仅仅是一场科技竞赛，而是关乎国际声望的对决。

首先，艾森豪威尔于1958年10月1日创建了美国国家航空航天局。它整合了国家航空咨询委员会（当时拥有8000名雇员和1亿美元预算）、兰利（Langley）航空实验室、埃姆斯（Ames）航空实验室、刘易斯飞行推进器实验室（Lewis Flight Propulsion Laboratory），并进一步吸收了海军研究实验室（"先锋"号火箭计划承担者）的空间科学团队、加州理工学院为军方服务的喷气推进实验室（JPL）以及陆军弹道导弹局，韦纳·冯·布劳恩的团队即在该中心工作。航空航天局的首任局长是基斯·格伦南（T. Keith Glennan，1905—1995）。他所学的专业是电气工程，曾经在哥伦比亚大学的军事研究部工作，“二战”期间到了美国海军水声研究所。他被选定为局长后，便辞去了凯斯理工学院（Case Institute of Technology）的校长职务。任局长期间，他几乎将所有非军事的太空研发机构都整合到航空航天局的羽翼下。

美国全民对“伴侣”号人造卫星的强烈反响，使得军事研究和非军事研究在航空航天局罕见地达成了联手。这样做的理由之一是可以开展具有军事价值的研究而不必受任何军事部门的管控。为了适应这种情况，国会设立了两个常务委员会：参议院的航空航天科学委员会，以及众议院的科学与航空委员会。这些委员会致力于解决各类复杂问题，包括民用与军用研究的关系及目标，与其他国家空间项目开展合作的程度与方式，以及最重要的资金问题。

1959年苏联又一次提高筹码，宣布开展系列月球探测器实验。尽管向月球发射火箭的几次初期尝试都失败了，科罗廖夫及其团队最终成功地研制出了推力足以摆脱地球引力的火箭。“月球”1号（Luna 1）的目标是月球，却擦肩而过，最终进入环绕太阳的轨道。在报喜不报忧的宣传下，苏联新闻界欢呼首颗人造行星的发射取得了圆满成功，并将其重新命名为“梦想”（Mechta）。“月球”2号于9月14日到达月球，而“月球”3号则绕到了月球背面，首次拍摄了月球背面的照片，由于月球自转与绕地球轨道的公转同步，人们从未看到过月球背面。

美国做出的回应便是冯·布劳恩的“先驱者”4号，于1959年7月6日发射。这次尝试只能算部分的成功。火箭确实升空并且获得了逃离地球的足够速度，但导航的问题使它偏离了轨道，错过月球达6万千米！尽管按天文尺度这不算是很大的误差，但让冯·布劳恩及其团队脸上无光。

1960年约翰·肯尼迪击败理查德·尼克松成为总统。43岁的肯尼迪是有史以来当选的最年轻的总统，并首次利用电视的力量赢得选战。1961年5月25日，他在面向国会的演讲中宣称，现在“是美国开创伟大新事业的时候了——这个国家的太空成就要取得明确的领先地位，它将从各个方面决定着我们在世界上的未来命运”。这项事业就是把一个人送往月球并安全地返回。它将耗费巨资。登月计划初步估计花费70亿美元。当1973年阿波罗计划结束时，它已经花掉了近200亿美元，而对航空航天局的总投入达到了566亿美元。

为了这项宏大的事业，肯尼迪总统需要得到民众的支持。事实上，登月竞赛的重点就在于其能赢得民众的关注和认可。肯尼迪在1961年发表的讲话，不仅仅是面向国会，更是面向全国民众。他的讲话内容被录音并全国播放。与20世纪初期明显不同的是，20世纪下半叶的国内和国际政治都被宣传广播给大量听众。通过希特勒的集会演说、丘吉尔的战时播报，以及肯尼迪关于美国意志的宣示，无线电广播已经成为政府活动的重要组成部分。20世纪40年代到50年代初，无线电通信技术经历了重大改进，但直到解决了远距离传输的问题，肯尼迪的群众民主才有可能实现。随着火箭技术的发展，人类可以发射通信卫星，为解决这个问题提供了一个诱人的方案。早在1945年，亚瑟·克拉克（Arthur Clarke，1917—2008）就提出了地球同步通信卫星的概念。他在《无线电世界》上发表论文《地球外中继站》，主张使用一颗位于地球表面上空约3.57万千米的卫星，其轨道可以让卫星与地面保持相对静止，从而成为用途极广的通信渠道。

早在1950年就有人提出发射军用侦察卫星，但成本太高，而且卫星在别国上空飞行的国际合法性问题也引起了重重顾虑。随着冷战期间情报需求的不断增长，美国研制了U-2侦察机，并从1956年6月开始侵入苏联领空。1957年，一架U-2侦察机拍摄了秋拉塔姆火箭发射装置的照片并返回，使得利用卫星进行通信和监测的理论骤然成为现实。

当广播电台充斥着世界各国领导人和肥皂制造商的言论时，当代许多重大事件已经通过电视播出，并且经常从世界各地进行实况转播。伴随着冷战和太空竞赛，战后进入了电视时代，这是科研对象转变为日常用品的绝佳例证之一。每台电视都是现代科学的缩影，代表着科学研究带给我们的一种意想不到的产品。像早期的印刷术、后来增加的电报和报纸等发明一样，电视也被用来介绍现代科学的各种产品。

电视不是某个人的独自发明，而是来自数以百计的贡献者。随着电报的发明，用电子信号传送图像的想法也应运而生，早在1875年便设计出了工作原理。保罗·尼普科（Paul Nipkow，1860—1940）基于1884年提出的一个想法，1905年展示了第一台实用的图像传输机。图像传输机内是一个旋转盘，上有呈螺旋排列的小孔。光通过这些小孔照到图像上，然后转换成电信号，在接收端这些信号就会控制匹配旋转盘后灯的亮度。实际上就是第一个多孔圆盘扫描图像，第二个多孔圆盘同步这些光脉冲，并将其重新转换为图像。1907年，使用圆盘系统，实现了首张静止图像的无线电传输。到1924年可以传输运动图像，但是图像尺寸很小，只有约2.5厘米见方。

1906年，李·德福雷斯特（Lee de Forest，1873—1961）发明了真空三极管放大器，众多电子设备以它为元件。三极管用来增强阴极射线管或真空管中的电信号。基于电子管技术的多项进步，1927年菲洛·泰勒·法恩斯沃思（Philo Taylor Farnsworth，1906—1971）终于研发出一种电子显像管；同年，贝尔电话实验室在华盛顿特区和纽约之间实现了图像播送。1923年，弗拉基米尔·兹沃里金（Vladimir Zworykin，1889—1982）发明了“光电摄像管”，这种摄像管结合了透镜组，并使用光电拼接技术来捕捉图像，从而大大提高了摄像机技术。光电摄像管的原型机于1929年演示，由美国无线电公司（RCA）在1933年制造出来。到1935年，电视已经在英国、德国和法国播放；1936年柏林奥运会实现了电视转播。1937年播出了乔治六世国王的加冕典礼。1939年，富兰克林·罗斯福成为首位发表电视讲话的总统。尽管播放仅限于本地，但是到1939年底，英国已经售出2万多台电视机。

战争消减了对电视的需求，因为生产电视所需的人力和物力都转而用于了战争。随着战争结束以及统一技术标准的建立，电视的需求量越来越大。美国和欧洲分别在1954年前后和1967年开始引入彩色广播技术，愈加刺激了对电视的需求——正好赶上播出航空航天局实施的阿波罗计划。航天员的一举一动几乎都呈现在电视摄像机前。即使公众不能完全理解播出的内容，电视也改变了科学家在社会中的地位，当然也吸引了年轻人从事这个行业。

通过太空计划，人们有能力将大型物体送入轨道，使得通信卫星的发射成为现实。1960年，美国发射了第一颗无源通信卫星回声1号（Echo 1），它只不过是一个银气球。随后于1962年发射的电星1号（Telstar）首次进行了跨大西洋电视转播。

电星1号发射后，商业活动不再需要使用回声1号的设备。贝尔允许阿尔诺·彭齐亚斯（Arno Penzias）和罗伯特·威尔逊（Robert Wilson）使用微波探测器（称作“号角式天线”，因为它看起来像一只公羊的角）用于射电天文学研究。在研究微波区域的辐射时，他们发现一种持续的嘶嘶声，有点像调到空频率的FM收音机。尽管这没有干扰通信，但对天文工作来说是个问题。消除了潜在的本地干扰源（如接收器中的鸽子）后，噪声仍然存在。它不是设备的原因。辐射不来自核试验的残留物，甚至不来自太阳。即使在天空的空白处，他们也能够探测到微弱的辐射。

彭齐亚斯和威尔逊既沮丧又好奇，他们要为持续存在的背景噪声寻找理论解释。他们联系了罗伯特·迪克（Robert Dicke，1916—1997），此人在普林斯顿大学从事有关宇宙大爆炸的理论研究。他提出，原初爆炸会以低水平背景辐射形式，遗留某种残余的“噪声”。彭齐亚斯和威尔逊掌握了这一证据。宇宙像温度约为3K的黑体一样（参见第八章基尔霍夫和普朗克的研究）发出辐射。宇宙背景辐射在各个方向上是均匀的，这意味着宇宙是均匀膨胀的（符合哈勃和勒梅特的理论），进一步讲，宇宙产生时的初始温度处处相同。对此，尽管稳态宇宙模型的支持者提出了其他解释，但大爆炸最终成为宇宙学的标准模型，这个证据是部分原因。1978年，彭齐亚斯和威尔逊获得了诺贝尔物理学奖，与彼得·卡皮查（Pyotr Kapitsa，1894—1984）分享。

当物理学家和天文学家关注宇宙图景时，航空航天局仍在钻研邻近星球的问题。登月之旅首先必须回答的问题是人类是否能够在太空中生活。一些技术方面的问题很好理解，例如空气缺乏，以及发射带来的各种生理影响，但其他诸如失重和暴露于辐射等的影响，尚不清楚。这些问题需要载人飞行来回答。苏联和美国的太空计划都进行了动物实验，接着争先恐后地将人类送入太空。苏联人赢了。第一个进入太空的人是尤里·加加林（Yuri Gagarin，1934—1968），他于1961年4月12日绕地球运行。同年5月5日，航空航天局将艾伦·谢泼德（Alan Shepard，1923—1998）送入太空进行了一段亚轨道飞行。

尽管现在似乎有可能实现太空旅行，但人类生存的延续性被打上了问号。1961年，美国支持的一场对古巴的入侵失败了。猪湾事件的惨败让美国颜面尽失，与苏联的关系也更加紧张。一年后便发生了举世震惊的古巴导弹危机。美国间谍飞机发现了古巴境内可用于发射核武器的导弹设施。由于古巴距美国海岸不到150千米，所以无须使用洲际弹道导弹便可以投送武器。当赫鲁晓夫继续向古巴运送军事物资时，肯尼迪总统下令海军封锁古巴。紧张的对峙随之而来。我们现在知道，这场危机的特点是信息缺乏、军事失误和局面混乱，双方军队都严阵以待，世界处于战争的边缘。幸运的是，秘密谈判结束了僵局。苏联同意将其武器撤出古巴，而美国则悄悄地将其导弹撤出土耳其。正当世界开始复苏的时候，肯尼迪总统在1963年遇刺身亡了。

经历了风风雨雨，美国拭目以待好消息的来临。肯尼迪承诺的登月得到了继任政府的认可，并成为他的遗产之一。肯尼迪航天中心以他的名字命名。航空航天局和阿波罗计划成为美国有史以来最大的非军事项目。在鼎盛时期，它直接雇用了近3万人，还通过承包商雇用了数千人，大约花费了联邦预算的5%。

阿波罗计划的主要成就之一是制造了土星号系列火箭。这些液体燃料火箭，特别是土星5号，是太空计划的主力军。该计划在1967年被推迟，当时阿波罗1号的一场火灾导致发射台上的航天员死亡，但到1968年，阿波罗8号实现绕月飞行，基本上解决了除着陆之外的所有往返的技术问题。1969年7月20日，阿波罗11号降落到月球表面，这是国家的荣耀，也是国际意义的成就。虽然苏联向太空发射过更多物件，却没有到达月球表面。这场飞行和冒险的大戏直接进入了数以百万家庭的客厅，通过广播和电视在全世界进行了直播。第一次，人们把地球看作一个星球，一个地球村，像一块遥远的蓝绿色鹅卵石，在陌生的景色中冉冉升起。

本章小结

医学研究人员克劳德·伯纳德有一句哲学名言："艺术出自个人，科学源于集体。"这点在太空竞赛中表现得最为明显。航空航天局不仅在全体直接雇员的数量和获得面向公私组织的拨款方面，而且在研究和开发的范围方面，都堪称全球最大的科学研究支持机构。从营养学家、家政学家，到理论物理学家，从电气工程师到图书管理员，从化学家到计算机程序员，所有这些人都会聚到航空航天局。这是首屈一指的大科学。即使在1999年，航空航天局的人力比鼎盛期削减了近一半，仍有5971名拥有高等学位（博士和硕士）和7255名拥有学士学位的员工，他们几乎都是理工科出身。

航空航天局的这些计划还有助于改变科学的形象，尤其是在美国。科学较少被军备竞赛的破坏性印象所玷污，而且更加美国化。当人们还在用外国口音讲话时，电视新闻播音员沃尔特·克朗凯特（Walter Cronkite），以及来自美国采煤小镇和草原牧场的许多志在成为太空英雄的男孩，展示出航空航天局的声音和形象。太空计划使科学变得冒险和迷人，而不是枯燥和深奥。科学的实用价值，无论是最好、最坏还是最不择手段的运用，如今都已经成为日常生活的一部分。

论述题

1. 什么发现导致了大爆炸理论的形成？
2. 人造卫星如何促进了现代科学的发展？
3. 阿波罗计划的投入值得吗？为什么值得或者为什么不值得？
4. 大陆漂移理论是如何被确证的？

第十二章时间线

1821年　查尔斯・巴贝奇构想出差分机
1834年　巴贝奇研制分析机
1842年　奥古斯塔・阿达・拜伦描述编程
约1850年　维克多・阿梅迪・曼海姆研制现代计算尺
1912年　发明三极管，揭幕电子时代
1912年　查尔斯・威尔逊发明云室
1932年　卡尔・安德森发现正电子，保罗・狄拉克曾预言过该粒子
1937年　艾伦・图灵发表《论数字计算在决断难题中的应用》
1943年　建造“巨人”计算机
1945年　约翰・冯・诺伊曼发表“EDVAC报告初稿”
1946年　珀西・斯本塞发现磁控管的微波可以加热食物；电子数字积分计算机建成；第一台同步加速器建成
1947年　约翰・巴丁和沃尔特・布拉顿发明固态晶体管
1950年　图灵发表《计算机器与智能》
1952年　伦敦大雾霾
1959年　发明集成电路
1960年　发明口服避孕药
1961年　默里・盖尔曼和尤瓦尔・尼曼创建亚原子例子模型
1962年　“水手”2号到达金星
1962年　蕾切尔・卡逊出版《寂静的春天》
1965年　戈登・摩尔预测计算能力的增长
1967年　“金星”4号进入金星大气层
1970年　美国环保署（EPA）成立；罗杰・彭罗斯和斯蒂芬・霍金扩充大爆炸理论；第一个地球日
1971年　英特尔公司开发微处理器
1972年　“阿波罗”17号最后一次登陆月球
1973年　太空实验室发射
1973年　DNA重组技术
1976年　“维京”1号和2号登陆火星
1977年　DNA测序
1979年　“先锋”11号到达土星
1980年　美国最高法院裁决基因材料可以申请专利
1988年　人类基因组组织成立，人类基因组计划启动
1990年　发射哈勃望远镜
2001年　完整人类基因组的“工作草图”

第 十 二 章

人类登上月球，微波炉进入厨房

当人类1972年最后一次漫步月球，在这个科学助力造就的工业化世界，科学与现代社会的一举一动紧密交织，已经成为不可或缺的组成部分。多数重大科学项目是团队工作或多个团队协作开展。生产的信息量是如此庞大，不仅单凭个人无法通晓科学的总体发展，而且许多科学家也很难洞悉所在学科的进展。全世界有超过2万种科学杂志。学科被划分为许多分支学科，而这些分支学科又常常被划分为更专业的领域。仅化学一门，化学家的种类就增加了5倍多，而美国化学学会的学科分支从1908年的5个增长到1974年的28个。

这种巨大的增长意味着科学不再是某位哲学精英或者若干研究者兼廷臣的专属领域。它是一种职业，是指导顾问建议的一种就业选择，是报纸上招聘版面的一个专栏。渐渐地，有许多人根据其教育和专业协会可以被归类为科学家，但他们不从事研究，而是负责许多不同类型的工作，这些工作需要精确操作科学仪器，掌握专业系统的知识。还有人在向下一代传授这些技能。

国际科学理事会（ICSU）

纵观整个20世纪，科学越来越成为一项国际化的事业，尽管国家资助和军备工作似乎让科学背道而驰。为达成科学的国际合作，最显著的标志之一就是创立各类国际科学联合会。尽管这类新组织可以溯源到像皇家学会这样的老式多学科组织，但这些新的团体专注于某一学科，充当一个可以让各国科学团体的代表集会并分享信息的论坛。国际联合会经常承接或协调一些项目，例如国际地球物理年，就有包括国际天文学联合会、国际大地测量与地球物理学联合会和国际地质学联合会等参与其中。这些联合会在“二战”后和冷战期间大量涌现，表明即使政治和意识形态的斗争加剧，科学家们也希望学术交流的渠道保持畅通（见表12.1）。

表12.1　一些国际科学联合会（按成立时间排序）

成立年份	名称	学科
1922	国际天文学联合会	天文学
1922	国际数学联合会	数学
1922	国际大地测量与地球物理学联合会	测地学与地球物理学
1922	国际地质学联合会	地质学
1922	国际科学史与科学哲学联合会	科学史与科学哲学
1922	国际纯粹与应用化学联合会	化学
1922	国际纯粹与应用物理联合会	物理
1922	国际无线电科学联合会	无线电科学
1923	国际地理学联合会	地理学
1925	国际生物学联合会	生物学
1947	国际晶体学联合会	晶体学
1947	国际理论与应用力学联合会	力学
1955	国际生物化学和分子生物学联合会	生物化学和分子生物学
1955	国际生理学联合会	生理学
1966	国际生物物理学联合会	生物物理学
1968	国际营养科学联合会	营养学
1972	国际基础与临床药物学联合会	药物学
1976	国际免疫学会联合会	免疫学
1982	国际微生物学会联合会	微生物学
1982	国际心理科学联合会	心理学
1990	国际制图学会联合会	制图学
1993	国际脑研究组织	神经科学
1993	国际人类学与民族学联合会	人类学与民族学
1993	国际土壤科学联合会	土壤科学
1996	国际食品科学技术联合会	食品科学与食品技术
1996	国际毒理学联合会	毒理学
1999	国际医学物理与医学工程联合会	医疗物理学

续表

成立年份	名称	学科
2002	国际摄影测量与遥感学会	摄影测量与遥感
2005	国际第四纪研究联合会	第四纪
2005	国际森林研究组织联合会	森林学
2005	国际材料研究学会联合会	材料科学
2011	国际社会学协会	社会学与社会科学

作为各类国际联合会的联盟组织，国际科学联合会理事会（ICSU）于1931年成立。该理事会的前身是两个更早的国际主义组织，即国际研究理事会（International Research Council，1919—1931）和国际研究院协会（International Association of Academies，1899—1914）。尽管各科学联合会没有直接隶属于联合国，但它们经常承担联合国的项目，特别是和联合国教科文组织（UNESCO）、世界卫生组织（WHO）联系密切。除了在国际舞台上代表科学，国际科学联合会理事会还致力于保护科学的普遍价值，捍卫学术自由。1998年，该理事会更名为国际科学理事会（International Council for Science），但依然使用原来的首字母缩写。

科学界的女性

在20世纪70年代，大量的女性开始从事科学职业。自近代早期以来，科学家的妻子、姐妹和女儿，就经常为她们的丈夫、兄弟和父亲的科学工作做出重要且独立的贡献。尽管如此，到19世纪末，很少有妇女可以选择一个独立的科学职业。关于妇女难以获取科学职位的风险，也许最生动的例子就是1911年法国科学院决定拒绝玛丽·居里成为院士。从19世纪末开始，女性齐心协力打破男性对科学的专享。这成为更为宏大的政治和社会领域女权运动的一部分，与争取选举权相关联，当然对于很多女权主义者来说，并不能认为她们把投票权视作首要目标。教育权是她们平等诉求的重要组成部分，为获得更多的教育，所采取的一个策略就是促进正确的教育，把女性培养成更优秀的母亲。科学教育是其关键，因为科学能够提升理性并且有实际用途。经过女性的努力，许多女子学院得以建立，来推进这项有益的科学议题。在美国像“七姊妹”这样的院校（瓦萨学院，建于1865年；史密斯学院，1871年；韦尔斯利学院，1870年；布林莫尔学院和巴尔的摩学院，1885年；蒙特霍利约克学院，1888年；巴纳德学院，1889年），女性讲授和学习科学。支持这些学院的女慈善家又开始逐步争取，让女性获允进入常规大学，特别是读取理学博士学位。

女性推动了一些科学分支的发展，这些分支似乎格外适合她们，特别是天文学、心理学、人类学和家政学。早在19世纪女性就受雇进行天文学计算，这些为准确确定恒星位置所必需的枯燥数学计算，女性做起来更为得心应手，而且工资低于男性。女性对他者所表现的同情心，使得心理学（尤其是儿童心理学）和人类学成为适宜她们的研究领域。家政学研究家庭内的科学，也被想当然地认为适合女性。不幸的是，这些选择的结果并不令人愉快。当更加强大的天文仪器和计算机取代了冗长的计算，就越来越不需要女性的服务了，而其他学科比起物理、化学、生物，总是沦为二流地位。

第二次世界大战期间，许多男性科学家转而服务战备工作，更多的女性进入科学领域，填补空缺职位，包括大学的科学教职。然而，多数新职位都不是永久的，因为很多大学在战争期间冻结了终身聘任，战后这些女性大部分被期待离职，给退役的男性腾出空间。许多院校为了提升名望，更加坚持要求教职员必须拥有博士学位，而拿到博士学位的女性少得多。大学还开始建立严格的反裙带规定，使教职员的妻子无法凭借自身力量得到工作。

伴侣号人造卫星发射后，一些指定用于提升美国科学的联邦资金的确给予了女性，但许多人流露出担忧，认为给女性的国家奖学金就是白白浪费钱，因为女孩们会结婚，浪费国家对她们的培养。苏联的女性科学家则多得多，部分由于当局有意识地鼓励科学作为一种女性的职业。美国人还取笑这些女性科学家，看成苏联的软弱证据。

直到20世纪60年代末和70年代的第二波女权运动，疾呼抗议科学界对待女性的不公，情况才开始有所变化。例如，1972年的《平等薪酬》法案，强制大学和科研中心向女性支付和男性相同的工资。反裙带关系的规定也逐渐地被宣布为有悖宪法。女性主义的科学哲学家批判了科学意识形态本身，并且慢慢地开展一些计划，鼓励女性去从事科学职业。到20世纪末，一些科学领域的女性开始赢得与男性平等的地位（主要是在生物学和医学领域），而即便进入21世纪，物理学和计算机科学依然由男性主导。

科学制造的消费品

战后年代，在女性科学家努力争取被认真对待的同时，家政学这门对家庭进行科学研究的学科却被其他学科所取代，实验室、家庭和学术界之间的关系持续改变。人们希望科学研究不仅能够为高技术工业，也能为普通大众制造适用的产品。这些产品往往是其他研究的意外收获，例如微波炉的研发。使用微波去加热物体，是磁控管研究的副产品，而后者是"二战"期间研发的雷达监测设备的核心元件。1946年，珀西·斯本塞（Percy Spencer，1894—1970）在雷神公司（Raytheon）研究改善磁控管的制造工艺时，发现它可以加热物体。试验中，他将食物放在启动的磁控管附近，结果玉米炸成爆米花，鸡蛋爆裂。他为这种微波厨具申请了专利（他获得的120个专利之一），1947年生产出第一台"雷达炉"（Radarange）。它约有一个冰箱的大小和重量，并且需要管道冷却系统。然而，到1965年家用厨房样式定型，微波炉如今已经成为工业世界的标准厨房器具。

研究中的进展是如何转而促进消费品的制造，另一个例子出现在电气工业领域。20世纪初，托马斯·爱迪生（Thomas Edison，1847—1931）和尼古拉·特斯拉（Nikola Tesla，1856—1943）等一大批科学家和发明家弥合了理论科学、实验科学及其应用之间的鸿沟。他们的发明、创建的团队，以及秉承他们事业的公司，为工业和家庭带来了电气化。电气工业，包括电信部门，需要的是兼具工程师、科学家和技术人员才能的工作者。这些人懂得利用基本的电工原理工作，但他们通常会问"我能让它做什么"，而不是"宇宙如何运作才可能这样"。这有时被称作"应用科学"，但无论是在历史上还是在制度上，应用科学和纯科学之间都没有明确的界限，特别是当应用科学的产品以新仪器的形式用于基础研究时。

尤其是两个紧密相连的发现，改变了科学实践。它们是计算机的发展和固态晶体管的发明。独立地看，它们都是重要的创新，但两者的结合改变了工业社会。随着大科学协调越来越大的团队工作，计算机技术不仅为大科学提供了设备，还解决了它产生的海量信息的处理问题。

计 算

计算的起源类似于数学的发展。骨筹的使用可以追溯到公元前10万年，而第一个成功的机械计算装置是算盘。一些历史学家认为，早在公元前3000年，巴比伦就有一种算表，其工作原理与更常见的框架式算盘相同。巴比伦人是杰出的数学家，早在公元前2300年，他们制作的黏土板上绘出了重要数字信息的表格。大约公元前400年，地中海周边的人使用过一种古算盘。不管是通过独立开发还是贸易接触，600年左右，中国出现了杆（有时是线）上穿珠的现代形式算盘。

算盘用于有关基本运算的速算，直到20世纪，它一直是世界大多数地区的主要计算工具。然而，对于17世纪自然哲学家和数学家所探讨的各种问题，它便力不能及。三角学中涉及正弦和正切的问题，更易于借助诸如平方根之类复杂计算的问题，使用算盘都无法解决，或极为耗时。约翰·纳皮尔（John Napier，1550—1617）1594年把注意力转向了计算理论。他研究计算的方法。1614年出版了《对数法述奇》（*Mirifici logarithmorum canonis descriptio*），其中包括他的对数表、它们的使用规则（特别是用于三角学），以及对数的构造原则。这些表花了他20年的时间才完成，但是它们相当完善，此后100年内都没有大的修订。

纳皮尔的工作得到其他数学家的发扬，他们试图将对数表转换成机械形式。埃德蒙·甘特（Edmund Gunter，1581—1626）和威廉·奥特雷德（William Oughtred，1574—1660）都使用对数制作了各种计算尺，维克多·阿梅迪·曼海姆（Victor Amédée Mannheim，1831—1906）则在1850年左右研制了现代计算尺。

通常基于一些齿轮系统的机械计算器也有很长的历史。有关描述可以追溯到古代，机械计算工具和其他机器（如时钟和星盘）之间存在技术上的重叠。近代早期，天文学家和制图师威廉·希卡德（Wilhelm Schickard，1592—1632）在1623年的一封信中向开普勒描述过一种机械计算器，但直到1642年，帕斯卡才向开普勒展示了一种实用的机械计算器。

制造计算器的一个限制因素是零件加工所必需的精度。在19世纪，精密制造达到了新的质量水平，所以查尔斯·巴贝奇（Charles Babbage，1792—1871）在1821年构想出差分机（Difference Engine）后，便可以运用那些技术建造他的装置。差分机的设计是运用多项式函数，计算和打印数学表格，全程无须人力干预（见图12.1）。大部分资金由英国政府提供，其中支付给巴贝奇的一笔巨款达17500英镑。政府希望差分机可以在诸如导航、天文、历法等方面发挥作用。起初这项投资似乎带来一些回报。巴贝奇完成了机器的主要部分，1827年即可用于计算对数表。但差分机的制造还没有完成，他又改进了设计，要求拆掉一些部

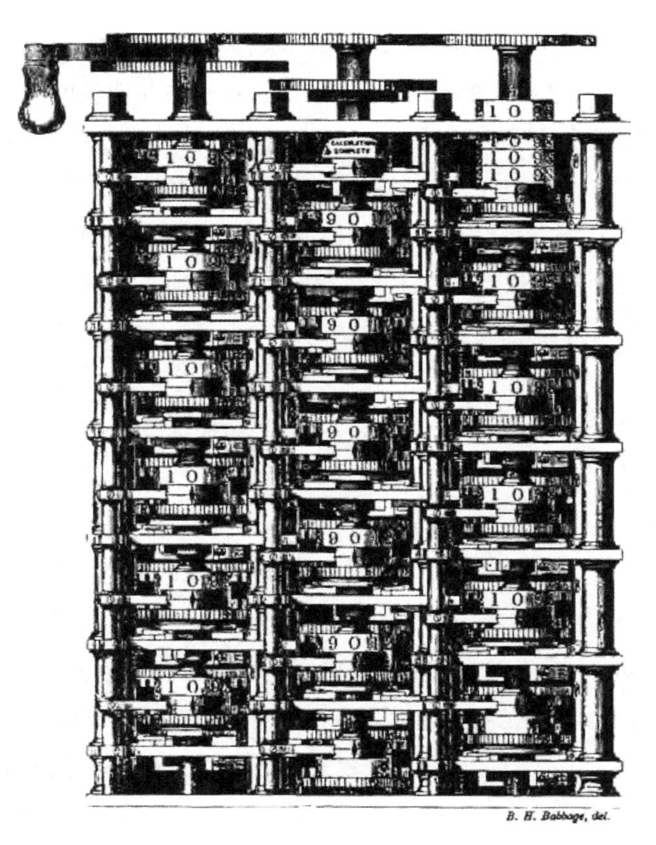

图12.1　巴贝奇的差分机

巴贝奇在自传《一个哲学家生涯的片段》中展示的差分机1号局部

件，从而无法按时完工。1834年他突然完全放弃了这个工程，转而开始研究一种新型的计算装置，他称之为分析机。这台新装置可以用打孔卡片编程，所以它是一台通用机器，而不仅仅是一种机械加法机。英国政府的早期投入没有收到任何回报，因此拒绝资助这台新机器，不管巴贝奇如何鼓吹其惊人的潜力。得不到资助，这台分析机也就化为泡影了。

计算器的功能可以根据需要进行变更或编程，这个思想是发明计算机的关键一步。巴贝奇设想的分析机，存储结果部分（仓库）独立于进行运算的部分（工场）。用打孔卡片控制机器的想法来自纺织业，该行业的约瑟夫-玛丽·雅卡尔（Joseph-Marie Jacquard，1752—1834）引入了一套打孔卡片系统，来控制织机的编织图案。对分析机原理的最好阐明不是来自巴贝奇，而是来自奥古斯塔·阿达·拜伦，即勒芙蕾丝伯爵夫人（Augusta Ada Byron，Countess of Lovelace，1815—1852）。作为诗人拜伦勋爵的女儿，阿达在1833年遇见巴贝奇，向他请教数学。1842年巴贝奇让阿达翻译一本关于分析机技术要点的法语说明书，但她的评注比原文还要长。1843年，她撰写了一种特殊类型的微积分函数，这是关于编程的最早描述之一。历史学家对阿达的数学能力及其在巴贝奇工作中的角色尚有争议。但她时而被称作首位“计算机程序员”，这有点不符合历史。在她参与该项目之前，巴贝奇和帮助他开发分析机的儿子，都已熟悉机器运行的理论和实践。尽管如此，在一个女性被不断劝阻从事这种智力活动的时代，阿达的贡献可谓显著。为了纪念她的工作，1979年，一种为美国国防部开发的程序语言被命名为Ada。

尽管巴贝奇从未完成分析机的制造，但半途而废的差分机2号于1991年在伦敦科学博物馆建成。它重2.5吨，包含超过4000个移动部件，正如巴贝奇所说的那样工作。

虽然有为数不多的差分机被制造出来，包括1876年在费城由乔治·格兰特（George Grant）展出的机动化版本，但因为它们几乎没有市场，并没有得到广泛使用。大体上，它们对于商业应用来说太贵，而对于数学或科学工作来说又不够通用。直到真空管的发明提供了高速开关，加之第二次世界大战的技术需求，电子计算装置的发展才在理论复杂性方面超越了巴贝奇的机械设计。超越计划（Ultra）让英国人破解了德国密码，但是花的时间太长。1943年，汤米·弗劳尔斯（Tommy Flowers，1905—1998）被派往英国密码破译团队的秘密驻地布莱切利园（Bletchley Park），建造一台电子密码破译机。成果就是“巨人”（Colossus），这让盟军在攻入欧洲大陆期间获得了对德国军队的巨大优势。尽管作用很大，但巨人计划没有留下多少资料。原始的机器在1964年被销毁，甚至它们的存在也一直保密到1970年。

在大西洋对岸，约翰·莫克利（John Mauchly，1907—1980）和普雷斯伯·埃克特（Presper Eckert，1919—1995）建造了电子数字积分计算机（ENIAC）。1942年前后，有人提出可以研制一台全电子计算器（输入和输出元件除外）。制造这种装置的主要动机之一是远程火炮的复杂性日益增加，它的射击目标远在视线之外。编制弹道表和射击解算非常复杂和耗时，最复杂的可能需要数小时手工计算。因此，美国陆军军械部资助ENIAC的研发，在该项目上投入了近50万美元。莫克利和埃克特研究并监督这台巨型机器的建造。它重达30多吨，包含1.9万个真空管，每小时消耗近200千瓦的电力来运行电子设备，以及防止其烧坏的冷却系统。

1946年ENIAC在宾夕法尼亚大学摩尔电气工程学院建成。测试之后，它被拆开并运送到阿伯丁试验场，1947年在那里投入全面运行。虽然ENIAC在战争期间没有派上用场，但它被用于许多其他项目，包括天气预报、卫星轨道计算，以及核武器计划。“巨人”是第一台电子计算机，但计算机工业是从ENIAC发展壮大的。

计算理论：图灵和冯·诺伊曼

当计算机在某种层面上是一个工程问题的时候，计算机理论受到了两个人的极大影响：约翰·冯·诺伊曼（John von Neumann，1903—1957）和艾伦·图灵（Alan Turing，1912—1954）。冯·诺伊曼是一位数学奇才，从博弈论到亚原子物理学，涉猎广泛。1930年，他从匈牙利来到美国，1933年担任普林斯顿高等研究院教授，他是最早被任命的成员之一。“二战”期间，冯·诺伊曼担任曼哈顿计划和军械部的顾问，使他与ENIAC团队有了接触。图灵也是一个奇才，对数学和科学很感兴趣。他战时在布莱切利园工作，致力于破译德国恩尼格玛密码（Enigma code）的超越计划。和冯·诺伊曼一样，他的工作也让他接触到实际的计算设备。

1935年，图灵开始探索计算的理论可行性。在1937年的论文《论数字计算在决断难题中的应用》中，他构想了一种机器，可以基于一个有限的运算表进行计算，并读取或删除纸带上的一系列指令。这个理论装置，后来被称为“图灵机”，提供了许多支撑现代计算机的理论思想。图灵在战后应邀加入国家物理实验室，受命制作一台计算机。然而，他的自动计算机的计划从未实现，他前往曼彻斯特大学，研制曼彻斯特自动数字计算机。1950年，他在《心智》（*Mind*）杂志上发表了《计算机器与智能》。该文章概述了计算中的许多重要问题，思索计算机和人类思维之间的关系，以及“图灵测试”——主张机器智能可以通过观察计算机和人之间的互动来评估。如果一个人向隐藏的应答者提问，却无法分辨应答者是计算机或另一个人，那么计算机便很可能已达到与人类智力相当的智能水平。

同样，冯·诺伊曼在计算机方面的经验也让他认为计算机是一种强大的工具。在“EDVAC报告初稿”（1945）中，他描述了一种通用的存储程序的计算机。他的许多想法都被转化为实际的计算机构件，而且，作为美国国际商业机器公司（IBM）的顾问，他在20世纪50年代协助开发了商业计算机。1953年，第一款产品模型IBM701上市，售出了19台，主要卖给航天承包商及政府。事实上，它的主要用途之一是研发核武器。在计算与核武器这两个领域，冯·诺伊曼都有着深远的影响，他曾经试图说服美国政府对苏联采取军事行动。冯·诺伊曼鼓吹在苏联能够制造自己的核武器之前，就要对其使用原子弹。这部分是基于他的反共政治观点，部分是基于他在创建经济学/数学领域的博弈论时所形成的思想。

冯·诺伊曼和图灵都英年早逝。当图灵因为同性恋行为被捕时（当时是非法的），英国政府取消了他的安全许可，实际上是出于冷战妄想，他被排斥出政府工作。他于1954年自杀。冯·诺伊曼三年后死于癌症。尽管许多人都在研制计算机，但这二人在理论和概念方面领袖群伦，使电子计算机成为人类创造的用途最广泛的设备。

固态晶体管

计算机这种巨型怪物主要由大量性能不可靠的真空管构成，必须由一群技术人员进行维护。要让它变得更易操作，价格更容易接受，就需要引进一项新技术。当ENIAC开始为美国军方计算弹道表的同时，一种新技术——固态晶体管出现了。

固态晶体管起源于电气通信领域中一个基本问题的解决方案。电子脉冲（信号，无论是点和划、声音或后来其他类型的信息）随着传输距离的增加而逐步减弱。这对于长途电话来说是一个严重的问题，因此很多人致力于解决如何放大信号强度又不让信号失真。1912年发明的三极管及其多种衍生元件，部分地解决了这个问题。由于电话公司的用户数量增加，三极管的方法也显露出自身技术问题，如放大器体积庞大，耗电量高，而且可能会因长时间使用而烧毁，致使服务中断。

1936年，物理学家威廉·肖克莱（William Shockley，1910—1989）受雇于贝尔实验室，他精通量子力学，任务是设法创造某种可靠的固态元件，以取代旧有系统。他的初期尝试还没有成功，战争就打断了他的工作。当他1945年返回贝尔实验室时，他又回到了固态元件问题，但另一个设计又失败了。这个项目后来转交给了肖克莱实验室的另两名科学家约翰·巴丁（John Bardeen，1908—1991）和沃尔特·布拉顿（Walter Brattain，1902—1987）。他们提出了新的方法。用一小片锗、一点金箔和一个作为弹性元件的回形针，他们就能把一个电信号放大到接近原来强度的100倍（见图12.2）。

1947年12月23日，巴丁和布拉顿向贝尔的高管们演示了他们的发明。这是一个重大突破，尽管除了应用于电话信号放大之外，没有人真正知道它对于电气工业的意义。而且，肖克莱既对他研究小组的成功感到高兴，又因为自己经过多年努力却没有成为发明者而感到懊恼。他继而研发出一种不同形式的晶体管，放弃了巴丁和布拉顿设计方案中用于穿过半导体材料输送信号的金属细线（称为“点接触”），代之以基于“整流结”或半导体材料本身边界面的更为稳健的系统。

起初晶体管的用途有限。1952年，首先使用这种新技术的商业产品是一种助听器。像通用电气、菲尔科和美国无线电等大型电气公司在电子管技术上投入太

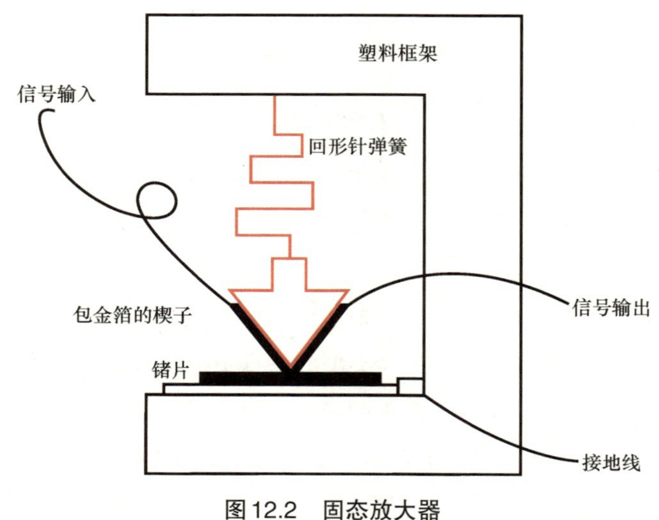

图 12.2 固态放大器

多，无法轻易地改用新的晶体管。第一次大规模的市场推广是1954年得州仪器公司为便携式收音机制造的面结型晶体管。1958年，得州仪器公司的杰克·基尔比（Jack Kilby，1923—2005）把不同的电子元件放在了同一块半导体上，而1959年仙童半导体公司的罗伯特·诺伊斯（Robert Noyce，1927—1990）找到了连接这些元件的方法。这两人发明了集成电路。得州仪器公司退出了无线电市场，一家日本小公司索尼却不期而入。晶体管收音机价格相对便宜，轻便到可以装在衬衣口袋里，投放市场时，正值战后经济繁荣和婴儿潮使得电子娱乐业需求旺盛。到19世纪60年代中期，索尼使用晶体管技术制造了电视机，自此日本开始主导消费电子行业。

晶体管的应用影响到计算机技术的各个方面，1964年，康科公司（Comcor Company）生产的CI5000是第一台完全使用晶体管的通用计算机。集成电路之后最大的突破是1971年英特尔公司的泰德·霍夫（Ted Hoff，1937— ）开发的微处理器，它把计算所需的逻辑元件都放在一块芯片上。微处理器控制状态（开关情况），使得编程和计算成为可能，同时处理信号的输入和输出。从此之后，电子技术日新月异。微处理器不仅用于电脑，还被用于几乎所有用电的东西，从儿童玩具到电梯、汽车和起搏器。最初的信号强度问题，变成了现代工业社会的支柱，它控制着信息流，监测着环境，存储着所有计算机控制系统运转所必需的海量信息。

仙童半导体公司研究主管戈登·摩尔（Gordon E. Moore）早在1965年就预见了微芯片革命。他发现自1959年以来，集成电路的复杂性大约每年都翻一番；根据这个基本速率，他预测到1975年上市的芯片将会集成65000个晶体管。尽管实际花的时间要长一些——直到1981年芯片集成的晶体管才达到65000个的纪录——但他观察到的增长率被称为“摩尔定律”，从那以后一直是微处理器的经验法则。虽然达到材料和工艺体系极限的超级芯片已经处于规划和研发阶段，但最终使计算机发挥作用的不仅仅是硬件，还有软件。

计算机的使用，无论是大型机还是小型机，都改变了几乎所有学科的科学实践。任何需要大量数学计算或者大数据集的领域，例如天文学和亚原子物理学，都能用计算机更快和更准确地处理。然而，计算机也能够用来控制设备，所以从显微镜到电泳仪的一切都变成机械化的了。计算能力的用途极为重要，世界各地的科学家也在研究连接计算机的系统，以远程获取计算机的力量，从而产生了计算机网络，最终形成了互联网。

避孕药：科学与性别关系

借助晶体管技术，收音机、电视、电子游戏机和家用电脑不再昂贵，深受大众欢迎，进而刺激了对更多消费产品的需求。与此同时，科学的另一分支将改变性别关系。这种改变发生在工业世界的卧室里。在争取性别平等的过程中，科学既被用来作为支持女性权利的理由，也被用来作为反对女性权利的借口。许多争论围绕着生殖问题。长久以来，许多人（无论男女）都主张，既然生育是女性的最高目标，那么任何使女性远离这一目标的事情（例如教育、科学研究或外出工作）都不仅是一个坏主意，而且违反了自然规律。一些女权倡导者曾致力于控制生育，认为它是女性独立以及令所有人过得更好的关键。让问题更复杂的是，一些鼓吹节育的人与20世纪早期的优生学运动有关，优生学运动为“适合”和“不适合”的人群设定了差异化的生育率。起初，节育依赖于阻断方法，如避孕套和宫颈遮蔽物，或依赖不太可靠的排卵计时法，如安全期避孕法。1951年，卡尔·翟若适（Carl Djerassi，1923—2015）在与墨西哥大学的一个团队进行生殖激素控制的研究时，发现可以通过口服黄体酮激素来控制排卵，从而改变了一切。口服避孕药成为可能。

为寻求一种可靠的激素类避孕药，伍斯特实验生物学基金会的格雷戈里·平克斯（Gregory Pincus，1903—1967）和张民觉（Min Chueh Chang，1908—1991）继续进行研究。玛格丽特·桑格（Margaret Sanger，1897—1966）是一位早期的节育倡导者，她把继承了万国收割机公司的凯瑟琳·德克斯特·麦考密克（Katherine Dexter McCormick，1875—1967）介绍给了研究人员，麦考密克同意资助他们的工作。她总共为口服避孕药的研究捐献了300万美元。1956年，约翰·洛克（John Rock，1890—1984）开展了大规模的人体试验，1960年，美国食品药品监督管理局批准了口服避孕药的销售。虽然最初的药品存在一些问题（人们发现它含有的激素超过了避孕所需的十多倍），而且一些地区减缓了这种新避孕药的合法化，但它在西方社会已产生了深远的影响。由于这项发明，两性关系发生了剧烈的变化，使得20世纪60年代的性革命成为可能。

沿着另一条研究路线，1961年杰克·利普斯（Jack Lippes）又推出了利普斯节育环（Lippesloop，一种宫内节育器）。它是一种插入子宫以防止受精的惰性小物件（通常由塑料制成），尽管其确切的工作原理仍不完全清楚。各种类型的宫内节育器可能自古以来就存在，但它们的现代版始于1909年恩斯特·格拉夫伯格（Ernst Grafenberg，1881—1957）的工作。节育器最初被认为是一种安全、低成本的节育方法，也在妇女的控制之下。宫内节育器曾经很受欢迎，但自从罗宾斯公司（A. H. Robins Company）因达尔康盾（Dalkon Shield）的问题而遭到起诉后，它们在北美的使用率便大幅下降。达尔康盾是20世纪60年代末由约翰斯·霍普金斯医学院的一名医生休·戴维斯（Hugh Davis）研发的，其设计缺陷导致了盆腔炎、子宫损伤、不育，甚至一些死亡案例。面对近40万美元的索赔，该公司1974年停止了在美国销售达尔康盾，几年后才在世界其他地区停止销售。由于宫内节育器不是药物，对它们的开发、测试或营销几乎没有控制。这起法律案件凸显了在法律事务中使用科学证据的困难性，因为双方都请来了科学专家为他们的案件辩护。根据一些人的说法，达尔康盾是安全的，但另一些人拿出的证据表明它是危险的。达尔康盾问题影响了人们对宫内节育器的看法，特别是在工业化世界中，其使用量急剧下降。

探索太空

20世纪60年代末到70年代的水瓶座时代、伍德斯托克（Woodstock）一代，以及性革命，都是现代避孕用品的产物。科学以一种非常现实的方式塑造了这个新时代，但它也引发了恐惧和觉醒。特别是在美国，对核战末日、越南战争的担忧，考虑到科学家与军方千丝万缕的联系，都加剧了社会对科学技术的不安。就连美国科技的象征——阿波罗计划，也于1972年结束，阿波罗17号成为最后一次载人登月任务。1973年，太空实验室（Skylab）发射，但它在很大程度上未能抓住公众的想象力。许多科学家也质疑太空实验室任务的实用性，尽管它们确实有助于提供关于零重力环境对人体长期影响的信息。

对太空的探索交给了探测器，它在技术上、经济上和科学上都更有意义，但缺乏人类探险家哥伦布或尼尔·阿姆斯特朗那样的传奇色彩。1962年水手2号到达金星，1967年金星4号进入金星大气层，1975年金星9号从金星表面传回了电视画面。金星曾经被认为是一颗有水的星球，结果却是一个表面温度较高、大气主要由二氧化碳构成、易降酸雨的地狱。

地球的另一个近邻火星，也是许多探测器的目标。1971年，两艘苏联和一艘美国的宇宙飞船进入火星轨道。一开始，它们传回来的图像令人失望，很难辨认关于这个星球表面的信息，但结果证明这是由于一场覆盖整个星球的沙尘暴造成的。随着时间的推移，绕火星的人造卫星发回了大量的信息。人们多次尝试将探测器着陆到火星表面，但直到1974年维京1号和2号才着陆并保持运行。虽然老科幻小说中关于火星人文明的想法早已打消，但人们仍希望找到微生物形式的生命，不过探测器对此一无所获。到目前为止，尚未发现火星上有生命的迹象，但仍有理论认为极地区域存在生命迹象，那里的湿度更大，最近似乎发现了流动的水——2015年，火星探测器流浪者号（Rovers）传回了有水存在的证据。

同样是在1974年，水手10号到达水星附近，发现它是一块烤焦的岩石，有像月球表面一样的环形山。对外层行星的探测始于1973年飞越木星的先锋10号（Pioneer 10），它发回了这颗巨行星的磁场和卫星信息，然后飞向太阳系最远行星轨道之外的外层空间。先锋11号1979年到达土星，随后是1980年和1981年的旅行者1号和2号。它们传回了土星环的壮观图像，并发现了之前未被探测到的卫星。

虽然旅行者1号飞向了外太空，但旅行者2号继续前往天王星，于1986年掠过。

物理学：粒子之内的粒子

当天文学家们迅速获得了大量关于外层空间的知识时，物理学家们则开始研究微观世界。自卢瑟福时代以来，物理学家们一直在研究原子粒子的结构，如光子、电子和中子。虽然他们已经能够通过多种方式来研究粒子的性质，但查尔斯·威尔逊1912年发明的“云室”，在一个封闭的小空间内，使用水蒸气（后来是酒精）显示粒子的径迹，能够探测到多种粒子。粒子进入云室，其经过的路线会因水蒸气凝结成雾而显示出来。由于不同粒子的性质，它们的径迹会弯曲或盘旋，科学家便能够计算其能量、电荷和寿命。

1932年，卡尔·安德森（Carl Anderson，1905—1991）利用云室研究宇宙射线，试图判定它们是粒子还是波。他发现射线可以被强磁场偏转，这显示出粒子的性质。与此同时，他注意到另一种粒子的径迹与电子的径迹相同，但弯曲方向相反，这表明它带有相反的电荷。这个粒子是一个“反电子”或正电子。早在数年前，理论物理学家保罗·狄拉克曾预言过该粒子的存在，他提出每个亚原子粒子都有一个对应的反粒子。

其他种类的粒子是在宇宙线研究中发现的，例如1936年安德森发现的两个μ介子。这些粒子都有正负两种电荷，质量比电子大得多，但比质子轻。随后在1947年和1952年分别发现了三种形式（正、负和中性）的π介子和λ粒子，它们本身并不带电荷，但能蜕变为质子或负π介子。

构成原子的粒子在理论上和实际上都能继续分解，但该方向的研究面临技术挑战。为了研究这些粒子，必须加速它们，让它们撞向靶子（其他粒子），然后寻找有什么碎片。毫不意外地，能够做到这一点的机器便是加速器，即1928年约翰·考克饶夫和欧内斯特·沃尔顿的发明。这类直线加速器将粒子通过长而直的管道加速并发射出去。虽然好用，但也有局限性，1931年，欧内斯特·劳伦斯（Ernest Lawrence，1901—1958）研发了第一台能运转的回旋加速器，它使用一组环形磁铁来加速粒子。回旋加速器证实了爱因斯坦的相对论，当电子加速到接近光速时，它们的质量变得更大。显而易见，随着粒子速度的提高，为了约束电子围绕加速器旋转的磁场也必须大大增强。但是要破碎原子粒子，以尝试寻找理论学家预言范围内的各种粒子，就需要极高的能量，最终科学家建造了一类新型的加速器，随着粒子的环绕同步增加所需的磁场强度。它被称作“同步加速器”；1946年建成了第一台。经过进一步改良，实验者将不同加速器连接起来，这就是1983年费米实验室制造的加速器，使用了一台直线加速器、两台直径分别为500英尺（152米）和4英里（6.4公里）的同步加速器。

除了这些新型加速器之外，还出现了一种更为灵敏的记录粒子径迹的方法。20世纪50年代初，唐纳德·格拉泽（Donald Glaser，1926—2013）建造了“气泡室”，工作原理和云室相同，但使用略微低于沸点的液氢，而不是水或酒精蒸气。当带电粒子穿过，它们带来的能量使液氢沸腾留下气泡。通过计量粒子路径和产生的气泡数，就可以确定它的质量和速度。

运用这些新装备，人们发现了大量亚原子粒子。除了原来的质子和电子，还有μ介子、K介子、胶子、σ介子、ξ粒子、λ粒子等，以及多种中微子。1961年，默里·盖尔曼（Murray Gell-Mann，1929—2019）和尤瓦尔·尼曼（Yuval Ne’eman，1925—2006）分别独立创建了一个理论模型，将各种粒子分门别类，有点像门捷列夫的元素周期表的工作。当然关于现有数量众多的亚原子粒子，仍存在很多未解之谜。有一类被称作“强子”的粒子似乎有无穷多种，人们试图找到比原子组分更为基本和初级的奇异发现。1964年，盖尔曼和乔治·茨威格（George Zweig，1937—　）提出理论，认为强子可以类比于分子。显而易见，有种类繁多的分子，而基本原子却数量有限。他们预言了真正基本粒子的存在，盖尔曼称之为“夸克”（quarks），借用自詹姆斯·乔伊斯（James Joyce）小说《芬尼根守灵夜》（*Finnegans Wake*）中的一个词。在这个模型中，所有的质子和中子都是由三个夸克加一个黏合这些夸克的胶子组成。

物理学：其大无外

对最宏观宇宙和最微观粒子的研究不得不相互交织，因为所有这些粒子的创生必然来自某些源头。按照大爆炸理论，宇宙开始之前，所有的能量和物质都汇聚在一个体积无限小的奇点上。它极为炽热，宇宙能量极高，所以没有任何粒子存在，所有的力在本质上都统一并完全对称。当宇宙诞生，它开始冷却，各部分逐步分化。这种分化，或者说对称破缺，导致了物质的产生，从亚原子粒子不断发展，以各种形式聚合在一起，最终形成我们今天所能看到的宇宙。这就是弗里德曼提出的大爆炸理论，1970年罗杰·彭罗斯（Roger Penrose）和斯蒂芬·霍金（Stephen Hawking，1942—2018）又对该理论进行了扩充。

关于宇宙起源的细节，尽管还有许多争议之处，但亚原子物理学和天体物理学倾向于认同大爆炸模型。最宏观（天文学）和最微观（亚原子物理）的研究在理论方向上也殊途同归，致力创建"大统一理论"，试图为所有的四种力（电磁力、万有引力、弱核力和强核力）提供数学模型，实质上把粒子复原到大爆炸最初的对称状态。实验结果表明，电磁力和弱核力（解释核衰变，与解释凝聚核素的强核力相对）在极高能量水平下其区别消失了，因此这两种力有可能归结为一种力。

20世纪70年代，人们设想出一种新仪器，既能为宇宙早期状态和演化寻找证据，也能拓展光学天文学。欧洲航天局（ESA）和美国国家航空航天局最先提出了一项基于太空望远镜的联合计划。1990年4月25日，哈勃太空望远镜（纪念首次观察到宇宙膨胀的埃德温·哈勃）搭载"发现"号航天飞机进入轨道。它提供的图像不再受到大气的扭曲，尽管其因光学系统的缺陷不得不于1993年进行太空维护。哈勃太空望远镜提供了巨量的数据，每天约达14G字节。著名的天鹰星云照片就是哈勃太空望远镜拍摄的。

生态学与环境

尽管通过卡尔·萨根（Carl Sagan）和他的电视节目《宇宙》，以及斯蒂芬·霍金的畅销书《时间简史》(1988)，许多公众关注亚原子粒子和宇宙起源等问题，但到20世纪70—80年代，公众的兴趣无疑还是回到了作为家园的地球。转向的重要原因之一是生态运动的兴起。我们今天所看到的环保主义并非新事物，而是可以追溯到19世纪，当时即有人致力于保护原野区域，限制水和空气的污染。甚至更早，从古埃及以来的多个社会制定过关于水利、垃圾收集、废物处理的法律，只要有城市中心出现，这些法律就会以各种方式存在。当然对生态学进行科学研究相对较晚。生物学一般首先研究生物个体，然后是遗传学，而非生物和环境的关系。同样地，化学家只关注化工产品的受控使用，而漠视它们在不受控状态下造成的影响。医生对寻找特定的病原体得心应手，却不关心人与环境之间的相互作用。

1962年，随着蕾切尔·卡逊（Rachel Carson，1907—1964）出版《寂静的春天》，人和环境之间不可分割的联系被有力地呈现在公众面前。面向普通读者，她的书介绍了许多关于环境污染的问题，特别是杀虫剂滥用的问题。卡逊描绘的自然是一个环环相扣的系统，而不是一堆可以单独打发的零散部件。一个农场主向农作物喷洒DDT以防治害虫，并不仅仅让农作物接触到化学物质——这些化学物质落到土壤中，被所要保护的农作物吸收到体内，喷洒很久以后还会被其他农作物吸收。土壤残留可以累积，持续很多年。

但杀虫剂的耐久性并非要害。这些化学物质无孔不入地进入食物链，在顶层食肉动物圈中累积的水平越来越高。植物毒害了昆虫，接着昆虫被鸣禽吃掉。毒性化学物质可以在鸣禽体内聚集，达到致死或使其丧失繁殖能力的程度。卡逊正是从它们的死亡受到启发，为书命名。她认为，如果不采取行动，春天确实会变得一片死寂。鸣禽的死亡只是杀虫剂导致的各种危险后果之一，卡逊又讲述了多个故事，包括化学药剂的完全滥用，无论政府还是制造商对杀虫剂的长期影响都缺乏科学研究，以及无意或有意地掩盖对化学药剂的管理不善。例如，密歇根州政府在底特律部分地区喷洒了艾氏杀虫剂（Aldrin），以控制日本金龟子。喷洒药物的飞机没有预先警示便起飞作业，担忧的市民将市政和联邦航空局的电话几乎打爆。市民被告知喷洒的药物是完全无害的，然而美国公共卫生署（PHS）以及鱼类和野生动物管理局（FWS）都发表过关于艾氏杀虫剂毒性的报告。大量鸟类死亡，接触到药剂的动物和人也患上了疾病。

随着公众越来越警惕科学带来的改变，越来越担忧科学的威力，卡逊的研究引起了共鸣。到1969年，在美国的环保问题上，公众充分支持政府采取措施，通过了《国家环境保护法》；1970年，美国环保署（EPA）成立，以执行该法案和

《清洁空气法》等法律。环保署开始运行的同年，人们庆祝了首个“地球日”。借助反越战运动的宣讲集会，污染问题也大白于公众。这种公众关注也有助于立法机构在1972年禁止了DDT杀虫剂的生产。

1978年发生的爱渠（Love Canal）事件进一步让公众认识到化学污染物的危害。爱渠是纽约州尼亚加拉大瀑布的一处住宅项目，该区域和附近区域在1920—1953年曾是胡克化学公司（Hooker Chemical Campany）的废物填埋场。1976年，居民开始抱怨空气气味刺鼻，有黑褐色淤泥渗出。到1978年，围绕社区安全问题的大规模抗争上演。该地发现了包括强致癌物二噁英在内的许多有毒化学物质，但危害程度仍饱受争议，因为支持两方的专家都不乏其人。后来联邦政府介入，吉米·卡特（Jimmy Carter）总统宣布该地为联邦应急管理区，居民被重新安置。关于健康风险的索赔和反索赔至今仍在延续，一些环保主义者和科学家宣称危害的程度很高，将这种环境破坏同癌症、流产和精子数下降等联系起来，不仅仅限于爱渠，而是推广到全世界。其他科学家则反驳，尚无可靠证据表明健康问题的加剧。当科学家似乎是造成危险的罪魁祸首时，这类争议容易让公众对“客观”的科学解答不抱希望。

关联阅读

地球日和环保主义的兴起

尽管已有数代科学家和政治家关注到清洁空气和水的问题，欧洲自19世纪开始也通过了多项防滋扰和反污染的法规，但直到20世纪60年代民众的行动才让政府和企业严肃地对待这些问题。广泛呼吁的举措之一是设立地球日，以让公众倡导实现更清洁更可持续的环境。地球日的想法有两个来源：1969年在旧金山召开的联合国教科文组织会议上，和平与环保活动家约翰·麦康奈尔（John McConnell）提议设立一个庆祝和平与环保的纪念日；一个月后，目睹圣巴巴拉市海岸石油泄漏造成的破坏，美国参议员盖洛德·纳尔逊（Gaylord Nelson，1916—2005）在一场环保宣讲会上提到了地球日的概念。早期的地球日大多由丹尼斯·海耶斯（Denis Hayes）担任组织工作，首次地球日于1970年4月22日举行，全美国两千所高校和一万所中小学的成千上万人参与了庆祝。

地球日反映了世界越来越担忧人类造成的环境破坏。该时期环保活动家最关注的问题是雾霾（smog）。该词把烟尘（smoky）和雾气（fog）缩略在一起，世界各大城市都被它遮天蔽日。在英国，人们发明了“杀人雾”或“黄色浓雾”等词语，指自然雾气混合煤炭燃烧产生的有毒二氧化硫和烟灰形成的浓重雾霾，不仅能见度极低，实际上也会致人死亡，特别是那些年迈或有呼吸障碍的人士。1925年的伦敦大雾霾让超过10万人致病，可能有1.2万人死亡。这场危机直接导致了《英国清洁空气法案》的制定，限制英国城市的家用燃煤。

蕾切尔·卡逊则引起公众关注另一方面的环境恶化问题。她出版了《寂静的春天》一书，让人们知悉了杀虫剂特别是DDT造成的环境破坏，公众呼吁政府立法保护人类和自然。美国公众对空气污染、水污染和杀虫剂的关注，导致政府1969年通过了《国家环境保护法》，以及1970年设立了环保署。环保署被授权执行已制定的一系列环保法律和新法规。

保罗·爱尔里克（Paul Ehrlich）的《人口炸弹》（*The Population Bomb*，1968）和罗马俱乐部的报告《增长的极限》（*The Limits to Growth*，1972）则强调，环境问题不仅仅是某个国家的而是全球性的，它们都对全球人口增长和环境崩溃可能造成的灾难做出耸人听闻的预言。1971年绿色和平组织成立，最初是抗议核试验和放射性尘降，但很快转而关注更广泛的环境问题。1972年联合国成立环境规划署，旨在协调国际社会共同努力。一些环保活动取得了成功：DDT被禁止，大多数工业国家开始减少烟雾排放，捕鲸业被视为非法，破坏臭氧层的化学物质也被列入违禁。

在这些环保运动中，科学家曾发挥过重要作用。但只有依靠全世界民众的支持和参与，科学家才能取得这些进展。挑战在于唤起民众，并让他们想办法为改善立法和监管而奋斗。

DNA和人类基因组计划

通过基因研究，战后时期人类对环境的控制变得更加直接。DNA结构的发现，便有可能对细胞活动的控制机理进行直接干预。因此我们就能够改变甚至最终创造新型的生命形式。转基因的农作物和食品具备商业潜力，而通过直接的人工干预，有可能唤回现代优生学的阴魂。

自从沃森和克里克揭示了DNA的结构，人们投入了巨大的力量研究其功能，找到了多种操控它的方法，从而让生物具备新的性状。从很多方面看，发现DNA的结构就如同一辆豪车配上了用户说明书，而它是用密码写成的。虽然某些事情显而易见，但DNA运作的细节仍需要考量。解密工作的核心是碱基对，即构成双螺旋阶梯的A-T组合与C-G组合。通过某种方式，碱基对的顺序决定着细胞的功能。1961年西德尼·布伦纳、弗朗西斯·克里克及其团队提出，碱基能够以三个为一组进行解读（如T-T-G或互补的A-A-C），他们称之为“密码子”。密码子通过RNA（核糖核酸，一种分子机器人）控制实际的蛋白质生产。他们将这种分子称为“转移RNA”，或tRNA。

同年，布伦纳、弗朗索瓦·雅各布（François Jacob，1920—2013）和马修·梅塞尔森（Matthew Meselson）发现了信使RNA（mRNA），携带部分DNA的信息到核糖体——细胞内合成蛋白质的地方。通过这种从DNA向蛋白质产物的信息转移系统，细胞的运作方式被揭示出来了（见图12.3）。

这个发现开启了与DNA进行互动研究的可能性，首先是识别巨型分子中的哪个片段决定哪种酶或蛋白链，然后就可以利用DNA实现各种目的。人们分离出能够剪切DNA特定部位的限制性内切酶，意味着DNA的一些片段可以区分对待。1970年汉密尔顿·史密斯（Hamilton Smith）和肯特·威尔考克斯（Kent Wilcox）确认了首个分子刀，而1971年人们从λ噬菌体入手，首次试图写出或测序碱基对。因为病毒的生存只需要较少的信息指令，所以早期测序工作顺理成章地选择它们。

到1972年，关于细胞控制的技术，科学家已经充分理解并开始能够操控它们。斯丹利·科恩（Stanley Cohen，1922—2020）、赫伯特·伯耶（Herbert Boyer）和罗伯特·海林（Robert Helling，1936—2006）将一段外源DNA植入宿主机体

（该例使用大肠杆菌），随后它开始自我复制。这就是DNA重组技术，也奠定了DNA克隆的基础。1978年，生长抑素成为首个通过DNA重组技术制造的人类激素。

当1977年弗雷德·桑格尔（Fred Sanger，1918—2013）提出了用于DNA测序的链终止反应法，绘制人类基因图谱的宏大计划已经具备了所有的理论基础。自发现DNA结构起便一直存在这个想法，但这项事业的庞大规模让人望而却步，也尚未找到准确记录或绘制碱基的工具。随着解码的兴趣日益浓厚，人们开发了新的工具和方法，到1983年便有许多实验室开始解码各种生物的染色体。大约这个时期，美国能源部正在思考让麾下的生物学家们做点什么。这些科学家大多在健康和环境研究办公室（OHER），过去研究核武器与核能项目的健康和环境问

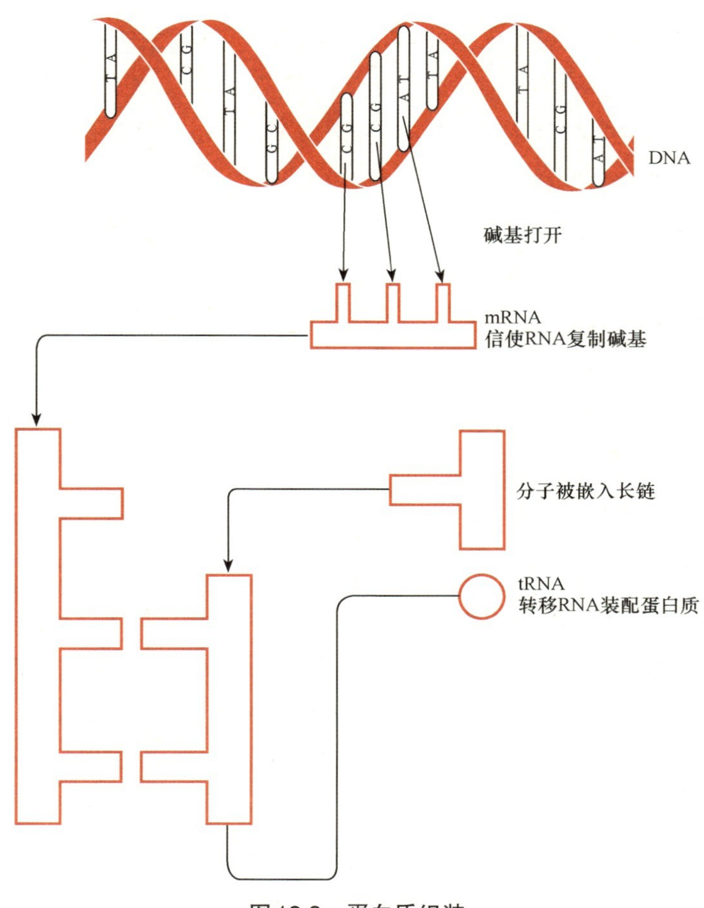

图12.3　蛋白质组装

题，着眼于放射性对生物造成的影响，同时做一些细胞生物学方面的基础研究。到1983年这些问题已经不再像先前那样紧迫，于是能源部打算从其他项目寻找聘用他们的途径。

1985年，加州大学圣克鲁兹分校校长罗伯特·辛西默（Robert Sinsheimer）召开了一次会议，讨论了绘制人类染色体中全部DNA碱基对的可能性。人类基因组的测序将是一项浩大的工程，因为大约有30亿个碱基对，平均每个测序需花费10美元。然而潜在的效益是巨大的，从治疗疾病到益寿延年。由于坚信技术和设备还会改进，从而降低测序的花费，与会者都对计划的前景满腔热忱。这一年，健康和环境研究办公室在新墨西哥州圣达菲召开会议，探讨人类基因组测序动议的可行性，同时詹姆斯·沃森在冷泉港研究中心也召开了类似会议。他们的结论是，绘制全部人类基因组不仅是可能的，而且是可取的。它堪称生物学领域的曼哈顿计划，涉及庞大的团队、巨量的资金、领军科学家，以及可能在世界范围内交换的成果。至少生物学家可以在金钱和声望方面与物理学家相抗衡了。

第二年，能源部拨款530万美元开展试点研究。然而，美国国立卫生研究院（NIH）也开始资助基因研究。考虑到该研究的医学和生物性质，一些官员认为由能源部主持此事多少有些奇怪，而让国立卫生研究院领衔则有不少优势。它曾主持过多个跨实验室的大型研究项目，具备开展大科学计划的基础管理团队。它还拥有大量的资金和政治势力。两方的冲突问题得到了妥善的解决，1988年能源部和国立卫生研究院签署协议，共同推进这个计划。进而国际性的人类基因组组织（HUGO，1989）成立，协调国际上的研究。

1988年是人类基因组计划（HGP）的真正启动之年，DNA结构的发现者之一詹姆斯·沃森领衔直到1992年。在他的领导下，该计划取得了巨大进展。更先进的计算机技术（包括硬件和软件）被开发出来，计算机自动化设备也应用到研究中。该计划不只专注于找出编码，它还设法解决伦理和法律问题，拿出3%的拨款用于资助基因计划的社会意义研究。1990年，能源部向国会递交了提案，题为"理解我们的基因遗传：（美国）人类基因组计划"，作为整个15年计划的第一阶段，提案编制了为期5年、每年2亿美元的预算。

因为相当一部分预算专门用于技术的研究和开发，所以测序工作的进行速度提升显著。每对碱基分析的花费从10美元降低到10美分。人类基因组计划仅用

4年便实现了5年目标，到1995年便得到了第16和19条染色体的高解析度图谱，第3、11、12和22条也各完成了大部分。次年，人类基因组计划召开了一次大型国际会议，赞助方是英国的维康信托基金会（Wellcome Trust），世界上医学研究领域最大的私人基金会之一，对该计划表现出强烈的兴趣。人类基因组计划可能带来的伦理问题引起了全球担忧，1997年联合国教科文组织发布了《关于人类基因组和人类权益的全体宣言》，试图在合乎伦理地使用基因信息方面达成国际协议。

1999年，人类基因组计划得到了超过10亿对碱基数据，凭借新改进的自动测序设备，2001年2月12日人类基因组计划宣布，已经绘出了完整人类基因组的"工作草图"。基因组测序完成于2003年，高效地结束了计划的绘制部分，但分析与研究工作仍需要多年时间。它只不过是基于某个人的常规图谱，而不是全人类的基因蓝图。当然这份图谱的意义重大，为开展这项国际计划而开创的工艺和技术，将成为人类基因组计划的永久遗产。

与某些科学家的期望相比，真正控制细胞活动的DNA功能片段并没有那么多，但它们解码了人类机体的用户手册。随着重组技术和克隆技术的发明，科学家还可以将细菌和更高等的有机体变为生物工厂，生产药物或其他有用的制品。然而，要理解为什么基因重组的研发不能仅仅看作一项科学上的重要进展，就要借鉴两个影响深远的法律判决来审视实验室的工作：戴蒙德诉查克拉巴蒂案（Diamond v. Chakrabarty）和约翰·摩尔诉加州大学董事会案（John Moore v. The Regents of the University of California）。并非只有这两个案件涉及基因材料，但它们说明了为什么会出现此类基因淘金热。

1980年6月16日，美国最高法院做出了有利于戴蒙德诉查克拉巴蒂案被告方的决议。判决认为，专利与商标局［USPTO，其代表为戴蒙德委员（S. A. Diamond）］拒绝授予阿南达·查克拉巴蒂（通用电器公司微生物学家）专利权的做法是错误的。令此案意义非凡的是，查克拉巴蒂要申请的专利是一种经过转基因的细菌，他能将部分原油分解为无害的副产品，从而清理泄漏的原油。实际上，最高法院的裁决是，这种细菌不是自然物品，而是一种有用的新"合成物"。此为终审判决，以五票对四票的结果支持授予专利。尽管法院仅仅为生命有机体获取专利开了一个小口子，但它还是承认了现代基因专利的合法性，基因的商业竞争开始上演。该判决推翻了专利商标局长期以来否认生物类专利的政策[1]。因为专利商标局事实上也是专利登记的部门，所以美国专利法规的政策改变深刻影响到所有人。国际专利协定认可，从某一国家获得授权的专利保护，适用于所有的签字国。

专利商标局此后仍不愿授予生物体专利，直到1987年发布正式的政策声明，允许非人类的多细胞生命有机体获得专利。它部分是对查克拉巴蒂案和其他案件的回应，但这一变革也促进了基因研究。许多研究人员、大学和私营公司认为，若没有专利保护，他们从事基因研究的动机就会削弱，其他国家就可能在该领域取得有利地位。

最早获得专利权的高等有机体之一是哈佛鼠，也被称作肿瘤鼠。这种转基因后的老鼠更容易患上癌症，它们被作为癌症研究的工具出售。制造者1988年获得了美国专利[2]。

第二个重要案例是约翰·摩尔诉加州大学董事会案。约翰·摩尔患有某种特型的白血病，1980年到加州大学洛杉矶分校的医疗中心接受治疗，切除了脾脏。他还被要求七次返回医院，接受检测或采集其他组织样本。摩尔的医生感到他的组织或细胞株可能极有研究价值，于是他们将其脾脏和其他采样培养为研究材料。1981年，他们将该细胞株申请专利并获得通过，遂用于商业销售。三年后，摩尔发现自己的细胞被申请专利和销售，而自己尚不知情或同意，也未得到资金补偿，因此他起诉了该大学。1990年，加利福尼亚州最高法院对该案做出判决，实际上驳回了诉讼。

该判决表明，在加利福尼亚，细胞一旦离开某人的身体，它们便不再属于提供者，而获取它们的任何人都可以主张其为自己的财产。对很多人来说，这个判决在很多层面上都显得荒谬。首先，如果有人在某次严重事故中失去了一只手（一堆细胞），其他人过来拿走这只手，那显然是盗窃行为；然而，在摩尔案中，法院却判决拿走细胞的研究人员没有违反任何法律。其次，加州大学洛杉矶分校的律师辩称，允许研究人员采集和使用基因材料，符合公众的利益，而如果要

---

1 专利商标局的政策不乏例外，如路易·巴斯德1873年就曾获得过一种提纯酵母的专利。
2 2002年加拿大最高法院拒绝了关于“哈佛鼠”的一项专利，辩称高等生命不能被看作新发明。

求那些研究人员必须与材料提供者保持联系，并予以经济补偿，则会损害公众利益。这些增加的花费和工作将妨碍研究。因此，按照他们的观点，大学和私营公司从基因研究中牟利，就能造福民众，而公众（基因材料的提供者）从基因研究中拿钱，便会祸国殃民。

1998年冰岛政府决定向私营公司出售，或更准确地说出租全体冰岛人的遗传基因，引发了人们对遗传学的重重担忧。一名遗传学研究者卡利·斯特凡松（Kari Stefansson）成立了冰岛基因库公司（deCODE），并提议创建冰岛健康数据库（Iceland Health Sector Database），部分资金来自罗氏制药公司（Roche）的2亿美元。该数据库将包括上溯数百年的基因谱系记录，和自1915年以来的公众健康记录，还有几乎所有冰岛人的基因信息。冰岛作为优良的研究对象有多种原因。人口相对较少，大约27.5万人，种族相对单一。尽管是个小国，但属于发达国家，全民识字，具有较高的普通教育和医疗保健水平，以及世界上最长的议会制传统。远迄挪威移民时代的全面宗谱记录，让研究人员可以历史地辨别基因族群，并将其与当前人口的基因信息联系起来。

该计划的支持者辩称，冰岛受益于基因库公司的活动，包括获得了资金、高技术的研究设施、基因信息，而且可以自由地使用根据健康数据库的信息研发的任何药物和治疗。批评者则主张，收集基因信息，说明政府已经跨越雷池并侵犯了人权（实际上也禁止了个体公民私下售卖基因信息），而且为过去保护病人隐私的保密系统带来许多问题，因为DNA显然也是一种完美的身份识别手段。政府自许了收集和使用基因信息的权利，就像驾照、户口和报税单一样。

尽管斯特凡松胸怀宏图大志，却没有清晰的商业模式。从未盈利的冰岛基因库公司2012年陷入财务困境，被总部位于加利福尼亚的安进生物制药公司（Amgen）收购。2013年，基因库公司的基因系统和数据库部分又卖给了中国无锡药明康德公司。冰岛基因库公司仍然作为子公司留在安进，继续寻找疾病的遗传标识。

广义而言，一些舆论界人士已经指出，冰岛健康数据库所提供的已经不仅仅是一个疾病探测的工具，而是一个“标准”人类的基线。健康、金发、蓝眼的冰岛人被某些评论家奉为人类外表的应有模板。这种恐惧，屡见于许多科幻作品中的恐怖情节，如电影《变种异煞》（*Gattaca*，1997），反过来又让基因研究的支持者不屑一顾，因为不仅从技术观点看不太可能，而且从社会角度看令人反感。基因学的社会意义，无论转基因油菜或转基因人类，对一些人来说都是令人恐惧的未来图景，对另一些人来说则是通过征服自然才可能实现的乌托邦。

本章小结

无论是计算机的威力还是基因革命的潜能，到20世纪末人们已经通过最直接的方式认识到科学的功用。科学与社会如今盘根错节，难解难分。公众开始期待科学将会为这个日益富足的社会制造梦寐以求的消费品，而那些物品的发明，如晶体管和计算机，又开创了许多新工具和研究方法。对自然世界的科学探察，启发环保主义者将地球作为一个封闭生态系统进行思考，主张更好地监管环境。另外，科学又发展出新的观念和技术，干预这个我们应该维护的世界。无论福祸，在我们生活的世界，科学的视角优先于大多数其他认识世界的方式。科学已经以一种实实在在的方式，创造了我们生活的世界，并将永远变革下去。

论述题

1. 阿达·拜伦（勒芙蕾丝伯爵夫人）是第一位计算机程序员吗？
2. 固态物理学如何改变了现代消费性电子产品？
3. 为什么一些生物学家认为人类基因组计划堪称生物领域的曼哈顿计划？
4. 为什么蕾切尔·卡逊的《寂静的春天》一书被视为现代生态学的奠基之作？

第十三章时间线

- 1895年　康斯坦丁·齐奥尔科夫斯基提出伸向太空的缆绳——首次构想太空电梯
- 1956年　人类生长激素被分离出来
- 1966年　关于太空电梯的首次科学讨论
- 1972年　DNA重组
- 1981年　扫描隧道显微镜——能够操纵单个原子
- 1983年　亨廷顿病被确认为一种基因异常
- 1985年　发现巴克敏斯特富勒烯
- 1989年　“冷聚变”争议
- 1990—1991年　基因修复T细胞被用于治疗腺苷酸脱氨酶缺乏症
- 1997年　应对气候变化的《京都议定书》签署
- 1998年　南希·奥利维里与药物去铁酮争议
- 1998年　安德鲁·韦克菲尔德发布反疫苗声明
- 2007年　政府间气候变化专门委员会（IPCC）获诺贝尔和平奖

第 十 三 章

科学与新的前沿——新千年的潜力和危险

1995年的美国总统竞选，自然法党（Natural Law Party）推出了候选人约翰·哈格林（John Hagelin），此人拥有哈佛大学的物理学博士学位，却是一名超在禅定（Transcendental Meditation）的信徒。竞选期间该党提出，要用一场科学表演以展示超在禅定的功力，为动乱的世界带来和平。超过5000名信徒云集华盛顿特区静坐冥想，为这个臭名昭著的暴力城市祈求和平。一年后，该党发布了一项研究成果，称已经“科学地”证明，由于冥想者发射出来的爱与和谐之波，华盛顿特区的确变得更加祥和。当有人揭穿，表演期间该市的犯罪率实际上大大高于正常时期后，该党则辩称，若没有这些冥想者，城市的犯罪率还要高得多。

瑜伽和平波的案例凸显了21世纪初年科学的威力和问题。因为我们已经接受甚至期盼科学带来的奇妙事物，所以更容易编造异想天开甚至欺世盗名的发现——只要将其包装上科学术语，或得到某位声称具有科学资质人士的支持即可。如果一位物理学博士说某件事经过了科学证实，普通民众难道不应该相信这件事的真实性吗？归根结底，还有什么比一个物理学博士的科学专业水平更高呢？

什么是科学，它与社会如何相互作用，我们的理解已经发生了根本的变化。对古希腊人来说，对自然的研究是一种出类拔萃极难涉足的活动，只有少数具有哲学和宗教追求的知识分子精英能够从事。而对生活在21世纪的人而言，科学是一种威力极其巨大的工具，变革了政治、经济和社会。科学取得了如此伟大的成功，人们试图把自己同科学关联在一起，即使他们很少甚至压根儿没有用到科学。当自然法党，或化妆品制造商都披上了科学的外衣，他们希望这种关联能够为他们兜售的东西带上点真实和可靠的气息。这种“狐假虎威”的做法蒙蔽了公众对科学的理解，甚至“科学”一词沦为“新鲜”“健康”之类的广告标签用语。

这种改变是如何出现的？逐渐地，国家领导者——君主和政府——开始寻求科学和科学家的功用，以提升他们作为文化和学术领袖的地位，或增强他们的军事和经济实力，让生活更美好。16世纪的自然哲学家，彰显了欧洲宫廷的尊贵，贡献了精彩的表演，堪称现今政府和军方资助的曼哈顿计划及大科学的直系先祖。科学家自身也为这种改变推波助澜，宣扬他们的研究如何实用，哪怕言过其实。在这点上，值得深思的是，英国皇家学会早期宣言中的说辞和现代经费申请书中的豪言没什么两样。出资机构付出了金钱和人脉，它们想知道从这种关系中能够收获什么。随着科学家的权力进一步增强，与科学相结合也就越来越重要。

然而，正是科学的成功引起了强烈的抵制。尽管总是有一些人基于宗教原因而拒绝科学，但今天越来越多的人由于政治或更广泛的意识形态原因而排斥科学。有些科学否认者不接受个别科学观点，如吸烟是致癌之因，或气候变化，而另一些人不接受科学知识的基本前提。例如，地平观念或反疫苗运动的支持者，即排斥客观知识的概念。在他们看来，个人感觉凌驾于任何历经检验的数据之上。除了拒绝接受真实的世界，他们还夹杂着一套阴谋论，医生、科学家、政府，以及“主流”媒体都达成了某种秘密协议，让公众一无所知。科学的这种转变，其结果具有两面性。一方面，21世纪的科学能够以我们难以想象的方式，改变我们的生活，以及我们对宇宙的理解。现今科学家可以动用庞大的资源，运用各种工具，加之社会普遍相信科学造福人类，都有助于未来产出精彩和重大的科学成果。另一方面，科学的广泛亮相，会造成人们对其力量的恐惧和轻信，使得一些打着科学旗号的骗子贩卖私货且逍遥法外。这两种立场皆有来由。20世纪的科学显露出骇人的残酷面目，而且在许多致力于和平、平等和环保事业的人看来，我们面临的许多严重问题都难以通过科学来解决。同样地，科学变得极为复杂，让外行人无法理解，于是那些自称的科学发现或突破，获得媒体的正面报道，未经严格审查就被大众广泛接受。

科学的威力，对其滥用的合理担忧，以及对科学原理的迷惑性曲解，都是科学革命以来科学的伟大胜利所带来的后果。当前的挑战是要拓展我们对科学观念的理解，运用我们明智的判断力来改善这个世界并维护其安全。

何为21世纪的科学？

科学变得越来越错综复杂，我们在谈论科学时，便可以觉察科学在社会中的转变。“科学”一词已经脱胎换骨。尽管从未有过一个普遍接受的定义，它过去一般被认为只涉及对物质世界的研究，以及开展这些研究的工具和方法，而今这个词已经成为通用的标志，以宣示任何深奥或专业的知识。某个短语加上“科学”一词，常常是要让所缀短语看上去更加确信、深刻、真实，或有用。一些短语诸如“护发科学”“企业管理科学”“政治科学”，或“顶级科学家开创”等，试图将某种产品与科学的观念联系起来，只要稍加详查，它们在实际上或历史上都与科学没有丝毫的联系。

英国皇家学会的会员和巴黎科学院的院士最早提出了科学功用的概念，用以表明其组织存在的正当性，其实在此之前，科学的功用就已经成为科学研究风气的一部分。赞助人聘任自然哲学家，不只是寻求哲学的洞见，而且，就像科西莫大公，我们已经开始期待科学不仅仅提供深奥知识。过去的400年中，对科学的成功开发利用已经得到有力的展示，任何国家忽视科学都将承担风险。它改变了战争的进程，助力各国经济，革新了两性关系。科学与国家的成败紧密相关，因此在所有工业化国家和许多其他国家，科学都成为教育的必修科目。每个孩子都必须学习科学，以获得高效的就业，成为一名合格的公民。科学教育的融合程度，是区分发达国家和发展中国家的指标之一。

科学已经如此广泛地渗透进工业社会，我们很难辨别什么是科学，甚至谁是“科学家”。尽管我们愿意承认诺贝尔奖获得者算作科学家，但那些拥有高等学位而不从事原创性研究的人士能不能称为科学家，比如在华尔街工作的纯度控制专业的化学家和物理学家？医师都受到过大量的科学训练，那么科学家包括广义的从业者，还是仅仅特指医学研究者？心理分析师、顺势医疗者、计算机程序员，以及社会学家，都曾经宣称科学家身份。研究原始人类的古生物学家和人类学家可能在同一所大学的某个系工作，但他们都是科学家吗？显然，存在一个连续的职业群，从“十足科学的”直至“无须科学的”，但那些要求获得科学家身份的人士显著地增多了。

“科学家所做的就是科学”这种功能性定义，在现代世界已经开始瓦解，未来更会分崩离析，因为趋势不会改变，即主张科学家身份的人士的范围会越来越广。这将让关于科学问题的明智抉择变得更加棘手。在人类历史上拥有最多科学家和最广泛科学教学的时代，恰恰科学知识的定义莫衷一是。声称能够提出科学洞见的人士为数众多，在很多关乎社会利益的议题上经常会出现冲突的“专家”意见。无论是谋杀案审判现场，还是全球变暖的争论，都有具有同等资质的科学专家提出截然相反的观点。由于科学对社会的直接影响越来越大，声称从事科学的人越来越多，我们看到更多对科学理念的误解和歪曲。而且，披着科学外衣的公开欺诈也更易得手。

关联阅读

土著人的世界观：宗教与科学

几千年来，世界各地的土著民族已经发展出对周围世界丰富而复杂的认识。随着西方科学取得权威和力量，西方思想家把这些世界观划入心灵的而非科学的范畴。但这并未阻碍西方研究者将土著民族的自然知识据为己有，用以帮助殖民扩张，增益科学知识。无论是这种简单化的分类，还是知识的窃取，都导致我们完全误解了土著民族世界观的复杂性。在这些世界观中，从精神上领悟世界，和对世界自然功能的认识，两者之间存在着一种根本的、丰富的，以及必不可少的互动。同样，对土著民族的知识弃之不顾，则忽略了这样的事实：这些知识能够与西方科学知识相得益彰，产生对自然世界的新理解。

许多北美土著民族的宗教和心灵方面的活动，是基于一种对连续且正在进行的创世行为的理解，认为人类在创世的循环中发挥了作用。这种创世不是一锤定音，而是在同一时刻关乎宇宙万物的某种力量、行为或能量。这种理解意味着世界永远处于一种不断生成的状态，而这种理解宇宙的方式与西方宇宙论中关于早期宇宙创生的一些现代观点不无相似之处。

同样，土著民族的一些关于自然和创世的观念往往因地制宜；个别人在个别场合才能获得知识和领悟，这些场合因而成为创世循环中的神圣和强大之地。相反，现代西方宗教及其相关的自然观念，却试图将自然还原为普遍的真理，超脱特定的时空而永存。这种自然观，以及人类在自然中的参与，对解释自然及其法则具有决定性的意义。

许多土著民族对自然世界进行深入和密切的经久观察。这种观察的独特性对他们而言是头等重要的，然而西方科学家却试图寻求普遍性。只有通过这两种认识方式之间的对话，人们才能理解真实的经历，例如生态变迁。当土著民族观察鱼类生物学，会发现它们从水源顺流而下，习性也随之不断变化，原因就在于这是一些物种在特定地方的长期和细致的经历。现代科学家试图通过建模和统计来解决这类问题，但现在也开始承认实地观察的重要性。蜻蜓点水式的田野调查显然不如本土人士的研究，他们将自己与所研究的事物连为一体。

如加拿大和澳大利亚等一些移民社群的政府，试图摸索与土著人群的和解之道，而不同的世界观、认知方式及知识本身，都需要更多地促进对话。如果我们将其看作一种开辟的知识“交易区”，双方都成为平等的伙伴，开展真正的交流而不是掠夺或蔑视，就不仅能够更好地领略不同的认知方式，而且有助于推动自然知识的扩充。

科学必须创造奇迹：基因检测和纳米技术

政府、企业和普通民众，都认为科学应该做一些妙趣之事。有些堪称奇迹，例如发现治疗糖尿病的胰岛素，挽救了数百万的生命，而有些突破影响较小，不为一般公众所知，如发现新种的鱼龙化石，类似于鳄鱼和海豚的过渡。有两个领域可望做出直接影响人类生活的重大发现：基因检测及治疗，纳米技术的材料革命。虽然每项都蕴含着巨大的收益，但它们的应用也都会带来一些担忧，特别是改变人类环境造成的伦理问题。

从某些方面讲，基因检测实际上是其他形式疾病检测的延续。无论是通过培养血液来发现致病微生物，还是观察组织采样以寻找癌症迹象，基因检测的初期阶段也是基于寻找某些问题的指征。例如，1983年詹姆斯·古塞拉（James Gusella）及其团队确认了亨廷顿病是由于4号染色体上的基因异常。随着图谱绘制的进展，能够被确认的问题位置的数量大幅增加。目前已有数百种检测方法，用于囊性纤维化、泰-萨克斯病（黑蒙性痴呆）、唐氏综合征等许多疾病。现在的检测非常精准，治疗也颇具针对性，从而开启了一种新的医疗形式，称作“个性医疗”或“精准医疗”。通过检测结果和基因信息，就可以制订针对病人的独特治疗方案。与早期抗生素的“包治百病”不同，针对个别病人的定制医疗和基因修补正在实现和应用。

检测不仅能够显示当前的状况，还能预测易患的疾病。这意味着，一个人可能具有较高的风险，患上诸如某种特别的癌症，尽管并不必然。这就带来了伦理难题，因为基因检测可以被用来制定公共健康政策，或在更为个人的层面上，基于某人罹患某些基因相关疾病的概率，医疗保险公司用它来判定保险范围的成本。

关于检测结果的所有权，也存在伦理问题。因为基因可以申请专利，那么对特定基因系的检测也就成了私人财产。专利持有者已经强迫一些实验室（包括医学检测实验室和研究实验室）为某些检测付费，否则就不准做，不是因为使用了他们的设备或技术没有补偿，而是因为特殊基因材料的所有权。究竟谁拥有地球上的基因材料引起了激烈争论，特别是从一些土著民族那里收集的基因材料，可能都没告诉他们这些材料将被如何利用。

大量人口的基因检测也已经可以实现，引发了私人利益和社会利益之争，以及谁有知情权的问题。卫生保健的提供者如果拥有了全部人口的基因信息，便可能制订更为理性的服务计划，但这种广泛的检测也可以被用来拒绝一些人的保险申请，因为他们易产生某种费钱的健康问题。要不要允许雇主们检测职员以察看他们是否容易生病？准父母要不要经过筛查才能生育他们的孩子？同样地，许多研究者已经宣称，某些行为和基因有联系，那么基因检测就可以被用来辨别哪些人更容易出现上瘾或犯罪的行为。尽管听上去像一个拙劣科学小说的故事，我们的确拥有这种技术，为整个国家的人口创建大型的基因数据库，正如冰岛做过的那样（参见第十二章），只不过需要大一点的计算机存储设备罢了。

检测能够找到问题所在，而人们最感兴趣的是运用基因学修复这些问题的能力。美国国立卫生研究院的团队首次在治疗中使用了DNA重组技术。1990年和1991年，他们使用逆转录酶病毒修复了取自两名女孩的T细胞（属于免疫系统），这两名女孩患有一种罕见的基因失调，称作腺苷酸脱氨酶缺乏症。当T细胞重新注入病人身体后，病人再生的部分比例的T细胞能够免除基因缺陷。她们的健康状况有所改观，与传统治疗方式相比，服药量减半。尽管没有痊愈，但对于病人而言还是效果明显。

到2014年，国立卫生研究院已经制定了2000余份基因治疗的条款。许多关于基因治疗的伦理考虑都是如何限制其使用。尽管治疗某些基因性疾病似乎天经地义，但在什么程度上，这种治疗不再是抗击疾病，而是随心所欲地改变人体？基因治疗是否可以用来改善脱发，或让人长得更高大？

身高问题是一个很有趣的案例，因为它跨越了非基因治疗和基因治疗两个时代。1956年，李卓浩（1913—1987）及其团队分离出了人体生长激素（HGH）。尽管该激素不是影响身高的唯一控制途径，但在20世纪60年代用于儿童侏儒症的治疗。久而久之，有人开始请求医生对其使用人体生长激素治疗，实际上他们并非儿童侏儒症患者，而只是比平均值稍矮，甚至不低于平均值。运用该疗法提升人体指标，而不是减轻病痛，这就引起了伦理上的质疑。

基因治疗和一些难题（例如人体生长激素的非临床使用）之间的不确定联系，促使国立卫生研究院设立了一个小组对此予以评估。人体生长激素的历史表明，伦理问题并非空穴来风。尽管小组在1995年报告中主张基因治疗有许多潜在利益，未来的工作一片光明，但也告诫了对此抱有太多热情的人们：

> 研究人员及其赞助者，无论是来自科研机构、政府部门还是企业，过分吹嘘实验室和临床研究的成果，已造成了广为流传的错误看法，而实际的基因治疗远没有那么先进和成功。这种不准确的描述，让人们怀疑该领域的诚信，并将最终妨碍基因治疗成功应用于人类疾病。[1]

1985年，美国食品与药品监督管理局批准了转基因细菌生产的人体生长激

1 Stuart H. Orkin and Arno G. Motulsky, *Report and Recommendations of the Panel to Assess the NIH Investment in Research on Gene Therapy* (Bethesda, MD: December 7, 1995).

素上市，这是继胰岛素之后的第二种基因工程药物。虽然研制该药物的遗传学家和医师一心为了治病救人，但推销商把人体生长激素吹捧为神药，能够增大肌肉块，降低体脂，让人返老还童，甚至滋阴壮阳。尽管这些说法多数都是无稽之谈，顶多尚待证实，但推销商已经使用人体生长激素研究中的一些科学根据来论证他们的胡说八道，还向数百万人发送垃圾邮件宣传其产品。促销手段，加之民众害怕在基因上落后于邻家，就会制造出医疗的需求，从而给这些江湖骗子足够的机会，兜售其所谓的灵丹妙药。

基因操控已不再只是理论设想。2018年，生物物理学家贺建奎宣布，两名双胞胎女孩降生，她们的胚胎经过了CRISPR基因编辑以增强对艾滋病病毒的抵抗力。这一消息引起了媒体的轩然大波，人们对贺建奎的研究在伦理和科学的可靠性方面深感忧虑。2019年，第三名经过基因编辑的婴儿出生。贺建奎与南方科技大学的一个小团队合作，其成果一开始被当成突破来宣扬，但很快发现存在问题。南方科技大学声明他的研究工作是在校外开展的，这项计划也遭到许多杰出科学家的谴责，包括诺贝尔奖获得者戴维·巴尔的摩（David Baltimore）等人。2019年中国一个法庭宣判贺建奎及其两名助手有罪，违背伦理道德，误导医生参与移植基因编辑的胚胎。尽管贺建奎宣称实验成功，但后续对儿童的检测引起了人们的质疑，细胞变化的程度表明基因编辑很少甚至没有形成保护。还有人担心这种改变可能会以始料未及的方式影响到儿童的大脑。

随着我们对细胞功能的认识加深，基因疗法也有所改进。主要目标之一是癌细胞，最终要将癌变细胞真正恢复到正常状态。不管怎样，出现了解决细胞问题的另一种途径，即按需创造一些细胞，而不再打算修修补补。基因改造，现已应用于多种粮食作物、哈佛鼠的生产和制药用细菌，也会应用于人类。杰里米·里夫金（Jeremy Rifkin）等一些观察家已经设想过，未来的父母可能会自助选择孩子的各种基因。从眼睛和头发的颜色，抗病、胸围、身高、自然寿限、智力，甚至音乐才能，都可以被改换。在许多电影里，人类的基因改造都被刻画为一种制造超级种族（常见形式是冷酷杀人的机械士兵）的邪恶阴谋。但在现实中，人类胎儿基因的改变，主要取决于父母为其子女提供最完美命运的心愿。当富人可以改头换面，而穷人一筹莫展，这个世界会变成什么样子呢？

材料革命

1959年，物理学家理查德·费曼（Richard Feynman，1918—1988）作了题为“物质底层大有空间”（There’s Plenty of Room in the Bottom）的讲座，讨论以直接操控原子的方式来进行化学合成的可能性。这次演讲被看作纳米技术在理论与实践层面的开端，因为费曼在讲话的结尾提出了两个挑战：（1）造出可以装入1/64英寸（约0.39毫米）见方空间的工作电动机；（2）把正常大小的一页文本缩小2.5万倍。1960年威廉·麦克莱伦（William McLellan，1924—2011）实现了第一个挑战，但直到1985年汤姆·纽曼（Tom Newman）才用电子束把《双城记》的第一页刻在针尖上。按照这个尺寸，整部《不列颠百科全书》都可以被刻在一根针上。

纳米技术聚焦的主要材料曾经是碳。将碳用作结构材料，真正开始于20世纪60年代早期近藤昭男（Akio Shindo）发明的碳化聚丙烯腈。通过黏合碳纤维，纺线织布，便可用来代替更重的材料。抗拉强度与钢相同而重量只有钢的几分之一，碳纤维正日益成为设计师和施工者偏爱的材料。尽管一些早期碳纤维部件存在脱层及脆断等问题，但到20世纪90年代，使用更好的高分子材料，碳纤维被广泛应用于从网球拍到飞机机翼等一切物品。

尽管碳纤维属于纳米技术，但另一种形态的碳引发了新的碳革命，并首次被称为纳米技术。1985年，萨塞克斯大学的哈罗德·克罗托（Harold Kroto）正在惊奇于太空中的碳链。证据显示某些恒星如红矮星会产生一种烟灰。如果证据属实，这些碳链将成为最古老的疑似分子之一，或许构成了众多天体的基础，并且也为构造宇宙中的有机物质提供了原料。为了检验这个假设，克罗托请求理查德·斯莫利（Richard Smalley，1943—2005）及其休斯敦莱斯大学的团队模拟存在于红矮星表面的某些条件。通过向碳块发射激光并收集气化的分子簇，他们发现某些分子包含着固定数量的碳原子，数目为60或70。形成的分子看起来像理查德·巴克敏斯特·富勒（Richard Buckminster Fuller，1895—1983）设计的网格球形穹顶，故而被正式命名为巴克敏斯特富勒烯（Buckminsterfullerene）。富勒烯或者更简便地说巴基球，有一些令人感兴趣的性质。它们可以导电、非常坚硬，并且因其形状可以捕获其他原子。

关于这种碳纤维的用途，最大胆的设想也许是制造一条长达99820千米的缆绳，从赤道延伸至某个太空站。建造这套系统的想法最初来自康斯坦丁·齐奥尔科夫斯基（俄国的火箭名人）的想象，1895年当他看到埃菲尔铁塔，便设想出一条缆绳从塔上延伸至太空。率先检验太空电梯可能性的团队之一是约翰·伊萨克斯（John D. Isaacs，1913—1980）、艾伦·瓦因（Allyn C. Vine，1914—1994），以及乔治·巴克斯（Geoge E. Bachus），1966年他们在《科学》杂志上发表了《卫星延伸为真正的"天钩"》（Satellite Elongation into a True "Sky Hook"）的文章。太空电梯不仅可以便宜地运送物资，还可以用作发射平台，像一个利用地球转动的巨大弹弓一样，以每小时2.5万千米的速度将物体抛向太空。

尽管纳米纤维很重要，但建造纳米设备才是终极目的。向亚显微工程迈出的第一步，是1981年格尔德·宾宁（Gerd Binnig）与海因里希·罗雷尔（Heinrich Rohrer，1933—2013）在IBM的苏黎世研究实验室发明了扫描隧道显微镜（STM）。尽管被称作显微镜，但它可以检测任何光学系统的探测范围所达不到的材料。它不是观察微小的物体，而是像留声机唱针碰触黑胶唱片的凹槽轮廓一样触摸物体。随着电流穿过一个极为尖细的针头，显微镜可以描绘小到百分之一纳米（百万分之一毫米）的物体轮廓，随后高性能计算机把这些数据转化为可视图像。

然而这个显微镜还暗藏玄机。除了感知微小物体，它还可以拾起并四处移动它们。1989年IBM位于加利福尼亚州阿尔马登（Almaden）的另一个团队使用扫描隧道显微镜操纵35个氙原子拼写出"IBM"字样。这一壮举于1996年又被苏黎世的科学家超越，他们制作了一个微型算盘，由11排（每排10个）C^{60}富勒烯分子组成，用显微镜的针头前后拨动它们来计算。尽管需要用显微镜来拨动的算盘看起来有点像科学噱头，但它其实有一个严肃的目的。假如纳米材料被创造了出来，就应该有某种途径去制造初始的纳米机器。从某种意义上说，显微镜使生产母机的机器工厂成为可能。其他研究者研制出了微型泵和电机，因此制造这样的微型机器似乎是完全可能的。一些科学家预见到，纳米工厂可以用大量的化学原料制取有用的材料，从分子级别装配的碳纤维材料，到椅子、电脑和飞机等完整物体，都可以用几大罐基本原料制造出来。

随着增材制造，或者叫3D打印的发明，这种机器的宏观版本已经出现了。1981年日本名古屋市工业研究院的小玉秀男（Hideo Kodama）发明了一种制作三维物体的方法，即使用一种经紫外线照射会变硬的液体塑料。自此又出现了很多打印方法，包括烧结（通过加热将粉末变成固体，通常使用金属）、液态膜以及热塑性塑料。尽管大多增材制造仍用于制造原型机或者专门部件，但民用立体打印机正逐渐变得可行。这项技术有应用于纳米尺度制造的潜力，以商业上更容易负担的制造方法来取代极其昂贵的扫描隧道显微镜方法。

好科学变坏：冷聚变

在科学与法律界都有一句格言，不寻常的主张需要不寻常的证据。在冷核聚变这个案例中，一些主张非常离奇而证据却难以匹配。将实验室中的想法投向市场，这种压力让科学家有机会走捷径，以维护优先权，并将其发现商业化。最臭名昭著的案例之一便是冷聚变，凸显了规避公认的科学程序而带来的风险。

鉴于我们普遍期待科学会创造奇迹，1989年一种新能源的发现似乎并非完全是无稽之谈。当犹他大学校长蔡斯·彼得森（Chase Peterson）宣布，斯坦利·彭斯（Stanley Pons）和马丁·弗莱施曼（Martin Fleischman，1927—2012）两位科学家发现了室温下的核聚变，引起了轩然大波。他们制作了一个电解“槽”，里面是装有重水（氧化氘）的玻璃烧瓶，并通入电流。在某一时刻，他们注意到尽管使用的能量大小没有变化，但是温度却急剧升高。如果科学家使其在核聚变槽中产生的能量比输入的能量哪怕多出一点点，他们的成就也足以变革能量的生产，改写物理学并且大发横财。他们将其发现称为“冷聚变”，与我们在恒星或氢弹中看到的“热聚变”相对。

声明发表后的几天，人们尚不清楚彭斯与弗莱施曼实际做了什么，甚至不知道他们使用的确切实验装备，因此某些物理学的新特性已经被发现，这种念头仍可能成立。其他一些实验室匆忙搭建的实验也似乎确认，或者至少没有明确否认这个声明。假如冷核聚变是真的，物理学的某些部分就必须修订，但这样的事情并非没有先例。例如，加热黑色碳块这样一个简单的实验，其意外结果曾有助于开创量子物理学。尽管此类科学争议大部分出现在科学共同体内部，但彭斯与弗莱施曼的研究过程受到媒体全方位的关注，并且拥有雄厚的科研资金支持。部分争议来自其他科学家，尤其是那些声称冷核聚变不可能实现的物理学家，从而化学家（彭斯与弗莱施曼）和物理学家［如约翰·罗伯特·休伊曾加（John Robert Huizenga，1921—2014）］之间起了争端，这为媒体提供了喜闻乐见的冲突。

科学发现的赌注很高：不光是资金、设备以及投入的研究时间，人们的声望也面临风险。因此公开展示他们在这项革命性科学发现中的优先权，对于彭斯与弗莱施曼来说意义重大，即便这项成果尚未通过同行评议耗费时日的检验和权衡程序。另外，那些以政府、慈善组织或者私人公司等形式出现的赞助者，必须做出决断，要资助哪些类型的研究，以及支持该领域内哪些科学家。那些赞助者热衷于宣扬、展示他们的资助在创造具有应用前景的新知识方面富有成效。鉴于可用资金的总额是固定的，尽管资助不完全是一场零和游戏，但也相去不远，因此支持了错误的研究项目或者错误的人选，会损害未来科学资助的潜力。尽管很难计算冷聚变的痴心妄想浪费了多少金钱和时间，但是这数千万美元，以及数千实验室工时，本可以用来进行其他的研究。

冷聚变的主张后来被证明完全是无稽之谈，而我们对于物理学的理解也未受到挑战，但是这次事件凸显了科学在新千年的一些问题。故事里的两个主人公彭斯与弗莱施曼都是受人尊敬的科学家，拥有学位、专业协会的会员身份和重点大学的任职资格。他们有足够的资格成为科学发现的可靠来源，因而假定他们的成果值得深究，实为顺理成章。其他科学家反对他们的结论，就其本身而言，并不能否认这项工作。历史上并不鲜见资深科学家反对新发现的故事，从普里斯特利反对拉瓦锡的氧化理论，到关于爱因斯坦相对论的争议，或者地理学界指责魏格纳的大陆漂移说。然而，由于热衷于确立潜在革命性观点的优先权，彭斯与弗莱施曼认为在这些观点经受其他人的严格检验之前，他们需要将其作为已被证明的观点提出来。这显示了一种体系的风险，即重金奖励那些快速产出重大成果的科学家，导致科学研究越来越商业化。

作为冷聚变故事的尾声，尽管遭受了超过25年的失败，一小撮私人和公共团体仍在资助冷聚变的研究。一些支持者经常提起此事，以论证原创的思想有其科学根据。但这种资助实际上是一种边际投资。换句话说，赞助者资助少数看起来无甚希望的项目作为长期的赌注，尤其是在允许他们报销研究经费的税收管辖区。

企业界的科学

许多评论家把冷聚变的“发现”归结于一厢情愿的思想与拙劣的实验程序而非玩忽职守。科学确实有自我管理的方法，旨在从科学家认为正当和重要的选题范围之内淘汰掉那些不可靠的科学。科学家们借助杂志的同行评审系统（彭斯和弗莱施曼没有使用，而是求助大众媒体），以及重复实验，作为剔除坏科学的内部途径。然而，这一点面临的难题超乎想象，因为复制大型实验变得很困难，实际上也鲜有实验被重复过。由于科学家的生计靠的是科学发现，因此较少支持去重复那些做过的工作。同样，由于大规模实验的花销，例如超级对撞机实验，会高达数百万美元，重复这样的实验从经济角度而言几乎不可行，即便这样做有一些价值。因此，科学家往往依赖于实验结果的一致性，而不是反复的实验。换句话说，即使没有独立的检验，只要结果符合预期的标准，与既有的理论相符合，实验按照公认的程序来进行，那么实验结果便被认为是确凿的。

研究中保密的运用，是自我管理的第二个问题，也是日益突出的问题。虽然具有军事价值的研究长期以来就是保密的，但很多非军事的研究也被列入机密。这样做的根据是信息所有权的观念，不仅包括企业资助的研究，而且涉及越来越多的公众研究，因为大学及政府都指望从科研中拆分出盈利的生意。如果缺少评估的依据，有关科学发现的声明就无法检验，也很难对科研或生产及时做出决策。保密不仅会影响科学发现，经常逃避公众的审查，而且影响到研究的应用，也要暗中进行。有些产品应用到科学研究，关于它们可靠性的诉讼和解书中，经常包括保密协议或“封口令”，以避免将该部分发现的问题泄露给其他人。这样的限制被应用于从香烟到化妆品等很多产品中。假如科学成果不能被其他科学家检验，自我管理则会失效。

雪上加霜的是，利益集团为保护其投资而干预科学研究。表现形式包括开展片面的研究，或者竭力阻止那些可能揭示某种产品或程序有问题的研究。最广为流传的案例来自制药企业，这个行业有一大批研究者篡改结论来为药物背书。反过来，其他一些研究者则因为发表了负面结论，或暗示药物有问题，而被辞退，并被威胁将遭受法律制裁、诉讼或撤销资助。这便是南希·奥利维里医生（Dr. Nancy Olivieri）所面临的境遇，1998年她在《新英格兰医学杂志》（*New England*

Journal of Medicine）上发表了一篇关于药物去铁酮的负面报告后，被以法律制裁相威胁，并且把她从多伦多儿童医院解职。尽管后来她职位恢复，但这种事例远非个别。

在1998年开始的反疫苗丑闻中，外科医生兼药物研究者安德鲁·韦克菲尔德（Andrew Wakefield）在一次新闻发布会上声称发现了麻腮风三联疫苗（MMR）与自闭症之间的联系。他的研究发表在《柳叶刀》（*Lancet*）上，但是随后被揭发该文粗制滥造，并被谎报用来保住自己的职位，致使杂志将其论文撤销。后来又进一步披露他暗中存在财务利益，从针对三联疫苗的诉讼案律师手中拿钱，并且与两个制药企业勾结，其中之一正打算研发替代的疫苗。

片面研究的问题已变得非常迫切，国际医学期刊编辑委员会于2001年发出警告，一些研究者受制于限制学术自由的协议，他们将不会再发表这些人的药物试验报告。换句话说，要么和盘托出，要么禁止发言。

由于新药将花费数百美元投入生产，并能带来数十亿美元的利润，因而迫切需要发表正面的研究成果。如今越来越多的科学期刊要求公开财务利益，科学家提交论文时要注明资助渠道或企业薪酬。

尽管利益集团可能企图避免发表负面的结论，但科学杂志也并不总是中立者，因此同行评议的自我管理机制也非完全可靠。近年来，即使最具声望的期刊如《科学》和《自然》等也受到指责，为了抢先首发尖端成果而匆忙把一些结论变成白纸黑字。由于出版的重要性，科学家与期刊之间存在着某种反馈循环。期刊通过出版激动人心及有突破性的成果获得声望。科学家也为了自己成名，而志在将成果发表在权威的期刊上。这种利益的交汇并不必然成为问题，尽管它会使得双方都走些捷径。同样，出版物依靠"盲审"或者匿名评审也不总是公正的。在一些领域人人皆知对方的工作，这种同行评议的调控机制就可能失效。由于只有相同领域的科学家可以理解和评价成果，当他们做审稿人时，可能不愿批评同一个小圈子内的其他成员。如果科学期刊的编辑所依据的同行评议是存在偏见和片面的，他们就很难排除低劣的论文。这样一来，代价高昂。数百万美元的研究经费、学术带头人的职位、国际声望以及终极奖项——诺贝尔奖，可能都要依赖于发表作品的层次。

在一个复杂且自我管理的行业，验证环节的各类问题是一种自然产生的副产物，但它会使科学家与普罗大众的交流变得困难。外行人对那些冲突乃至经常自相矛盾的科学主张困惑不已，因此难怪有些人拒斥整个科学事业，以怀疑的态度看待所有的新发现。无论我们喜欢与否，科学正在持续改变着我们的生活，忽视科学就好比把头埋进沙子。未来的日子里，我们作为个人，以及社会，将面临科学带给我们的越来越多的选择。研究经费该花到哪里？我们如何评估五花八门的资金需求的重要性，是用来建造可以窥探亚原子粒子内部的巨型同步加速器，还是空间站，抑或寻找治疗癌症的方案？面对一个饿殍遍地、瘟疫横行的世界，我们该如何权衡转基因食物的危害与潜在益处呢？我们该如何评价全球变暖的论据？至于那些极其个性的选择，例如可能改造子孙后代乃至于自己的基因，我们又该怎么做？

否认主义

科学的威力，加之对资助机构和工业界干预的担忧，导致的后果之一便是越来越多的人否认科学研究的结论。否认主义根据的观念是，只有科学家100%都赞同的科学提议才值得采取社会行动。普罗大众经常持有两种混合的观点。第一种观点认为，某场争论中双方的观点都应该得到表达并给予公平报道；第二种观点是，过去有些少数派的科学观点曾被证明是对的。否认主义者经常把自己打扮成反抗罗马天主教廷的伽利略或者挑战地质学家权威的魏格纳。问题在于，这些人经常将科学细节上的争论混淆于悖逆支配性理论。另外，否认主义者运用科学属于更大社会环境的理念，暗示所有特定的观点都是偶然的，因此不能相信。这方面的一个典型例子就是地平社团。尽管有形形色色的原因使这些人相信大地是平面而非球体，但坚持这一信念意味着他们对任何与此信念相冲突的证据都无动于衷。从许多方面看，现代的地平信奉者类似于托马斯·库恩所描述的“前科学”阶段的人物。没有主体的经过检验的知识（没有尺度精确的地图，也没有测量太阳的距离），每个信奉者都有自己的一套信念（比如有人认为我们生活在一个空中穿行的圆盘之上，还有人则认为我们生活在静止的无穷平地上），同时感觉存在着某种巨大的秘密，或者是天下共谋隐瞒真相，或者自然另以一套不同的法则运行。尽管地平观念本身似乎无害，但加以其他形式的反科学，就会造成相当一批人嘀咕世界超出他们的理解范围——过于复杂，变化多端，充满不确定性。他们希望简明和确定。他们希望自己的感觉能够真正评判现实，而不是像某些物理教科书，充斥着神秘和缥缈的粒子与各种力，甚至匪夷所思的量子物理领域。

气候变化

在全球层面上，我们可以把气候变化看作一场最大型的演示，在广阔社会中挑战科学的地位。对气候变化的否认类似于挑战吸烟与癌症的联系，或质疑酸雨的存在。在这些案例中，大型商业利益集团都遭到主流科学共同体的攻击，作为回应，他们资助或者雇用一些科学家去反击或者单纯否认科学的证据。当这些都失败后，他们通过强调需要做更多的研究，来淡化公众接受的证据，或者千方百计将争议持续下去，以拖延行动。这些少数派科学家经常把自己标榜为追求真理的十字军战士，但是与伽利略、爱因斯坦或者魏格纳不同，他们没有做出任何发现，而是仅仅攻击他人的发现。有人说大部分肺癌是由吸烟引起的，有人说酸雨是由空气污染物中的二氧化硫和氮氧化物造成的，对这些观点进行检验是完全合理的。然而，没有提出切实的科学证据，经常是一个信号，相反的意见正在滑向否认主义而非真正的科学争论。

2005年，卡特里娜飓风袭击了美国海岸，造成1800多人死亡和数十亿美元的损失。这场飓风仅仅是百年一遇，还是全球气候变化的一部分呢？创纪录的气温、消融的冰川，以及洋流变化的问题，都被看作全球气候剧变的一部分。气候变化的科学较为复杂，多年来，它已经成为各种利益集团的战场，其中一方主张气候变化是人类造成的，可能引发重大灾难，尤其是如果我们不尽快采取有效措施来限制温室气体的排放。另一方则称，人类活动无法与自然的力量相比，并不能真正影响气候，而且激进的行动将遏制经济，白白浪费时间和金钱。双方都声称其立场得到了科学的支持。到2015年，科学共同体已经达成了一个基本共识，超过99%的气候研究人员都赞同，影响气候变化的主要因素是人为的。尽管该观点仍遭到强烈的反对，但是否认气候变化的人士已经很难找到愿意支持他们立场的可信科学家了。另外，事实证明，如何应对气候变化，正像说服政府与工业界相信气候变化的存在一样，困难重重。

政府间气候变化专门委员会（IPCC）明确阐述了主流科学观点。这个专门委员会由世界气象组织和联合国环境规划署于1988年设立，1990—2007年发布了一系列评估报告。这些评估成为《联合国气候变化框架公约》的基础，1997年签约方会议制定了《京都议定书》，这是一个减少温室气体排放的计划。2007年，该委员会与美国前总统戈尔共同荣获诺贝尔和平奖。有趣的地方在于，它不是一个开展科学研究的机构。准确地说，它收集了先前开展的所有科学研究，并通过民主程序判断科学知识的现状。鉴于该委员会委员资格的基础是全体联合国成员的平权代表，而不是该领域的世界顶尖科学家，所以其成果是取得共识的科学。

到2010年，有199个国家和地区签署了《京都议定书》，尽管日本和俄罗斯已表示他们不会设立新的目标，加拿大于2012年正式退出该协议。2015年巴黎举行的联合国气候变化会议（COP21）达成了一项新的协议，采取更强有力的措施来减少温室气体的排放，旨在让全球变暖的幅度不超过2℃。尽管采取了这些行动，地球的平均温度仍在继续升高，各国和工业界又掉转矛头，令科学和政府背负重担。这一冲突的历史揭示出，将科学应用于带有政治和经济内涵的难题，是何等地困难。发展中国家不想停止他们的经济活动增长，并且指出按人均计算，他们的污染远远低于发达国家。工业国家则抵制那些只运用于发达国家工业的法规，指出发展中国家的工业常常缺乏监管，使用的技术老旧。从科学的角度看，造成污染的是谁也许不重要，但从政治的角度看，它的确攸关利害。有许多国家拒绝签署协议，包括土耳其、伊朗、伊拉克、利比亚和也门。对全球协议的重大打击是2017年美国拒绝协议的条款，并于2020年正式退出。这表明，随着我们工作的推进，科学家和社会科学家需要与公众共同努力，争取政府的支持，改变社会的态度和做法，正如利用技术来改进工业那样。

新型冠状病毒感染（COVID-19），政治和科学的问题

当2019年世界获悉出现了一种新型的冠状病毒，科学的重要性猛然显现。这种病毒被命名为新型冠状病毒感染（COVID-19）[CO代表冠状（corona），VI代表病毒（virus），D代表疾病（disease），19代表确认于2019年，简称新冠]，几个月之内引发了席卷全球的传染病。尽管仍需要数年才能准确计算出死亡率，但多数工业国家的死亡率在2%—4%之间。该病造成了一场劫难，边境关闭，商业停摆，人们被规劝或强制留在家中。

传染病屡见不鲜——历史上著名的传染病包括黑死病（1347），有些地方的死亡率高达66%；以及1918年的大流感，当时世界上损失了3%—5%的人口。新冠的不同之处在于科学共同体的能力今非昔比，他们被动员起来，分析病毒，提供防止病毒进一步传染的建议。病毒被发现几个星期之内，就得到了关于病毒的海量信息，从电镜照片到基因材料图谱。本书写作期间，十余种疫苗已投入实验，各类治疗方案有效地降低了死亡率。

尽管科学家和医学研究者仍在不遗余力地防范新冠的传播，治疗也在争分夺秒，但传染病造成的影响却因你生活的国家而截然不同。在一些医疗体系健全，政府对流行病学家和科学家的意见从善如流的国家，疾病造成的影响要轻微一些，而那些医疗体系缺乏，政府拒绝听从专家建议的国家，情况要更为严重。因此，截至2020年10月，由于对新冠应对不力，各行其是，美国每百万人中有25453例感染，已造成224027人死亡。而新西兰严格防控，每百万人仅384例感染，总计只有25人死亡。虽然一个小岛国比美国具有天然的优势，但另一个岛国英国，却有每百万人11627例感染，已造成45712人死亡。[1]英国有健全且优质的医疗体系，但政府的反应迟钝，政客经常与自己的专家意见相左。比起政客忽视或低估专家建议的国家，听取科学建议的类似国家会做得更好。人们不禁想知道，这个事实是否能够让政客和公众在未来更加关注科学。

1 Coronavirus Dashboard (Live), “COVID-19 Real-Time Data,” https://covidly.com/.

伪科学

冷聚变的案例展示了商业压力的危害，毒品的丑闻表现了科学滥用的问题，与此同时，企图利用披着科学外衣的观点来蒙骗民众，在我们的科学时代也呈上升趋势，但实际上都是错误的甚至具有欺诈性质。“伪科学”一词意指那些缺乏实际科学证据却被宣称为科学的事物。伪科学的主要问题在于，使用或应用这些观点或成果，会耗费资源甚至危及民众。在某些情况下，伪科学信念的历史基础具有一些正当性，比如李森科使用的春化处理法，或者颅相学中头骨的形状可以决定性格的观点。在这些案例中，起初的合理假设被证明是错误的，这种情节在科学中屡见不鲜。它们之所以成为伪科学，是因为有相当多的人仍然信奉它们，哪怕实际证据与其相反。

西方历史上最臭名昭著的伪科学就是顺势疗法。顺势疗法由塞缪尔·哈内曼（Samuel Hahnemann，1755—1843）于1796年创立，当时疾病的细菌理论尚未发现，放血仍是医生们的常见疗法。哈内曼的念头是好的——不造成伤害——但他仅靠凭空想象便创建了一个体系。顺势疗法理论的核心是“以毒攻毒”，例如，如果你发烧了，那么你应该吃一些能让你感觉热的东西，比如辣椒。

除了“以毒攻毒”的格言之外，还有一种更为异想天开的观念，即治疗药物的剂量越低，其疗效就越强。每次将药物稀释100倍（称为1C），然后连续操作即可实现。哈内曼常用30C的稀释度（1分子的有效成分对10^{60}分子的溶剂）。从分子的角度看，一种13C的顺势疗法药物已经不含有初始物质的任何分子。而稀释到200C的溶液仍被用于现代顺势疗法的材料。要理解这一比例，200C即$1:10^{400}$，然而可观测宇宙中原子的估算量只有10^{80}。换句话说，大多数顺势疗法的药物只不过是少量的溶剂，通常是蒸馏水，初始的材料并没有医疗效用。

免疫学家雅克·邦弗尼斯特（Jacques Benveniste，1935—2004）试图拯救顺势疗法，宣称水有记忆，所以稀释到没有初始材料也是无关紧要的。像彭斯和弗莱施曼一样，因为邦弗尼斯特是一位受人尊敬的科学家，他的理论被科学地检验，尽管它们违背了科学的基本原则甚至逻辑。（比如为什么水会记住顺势疗法的物质而不是它接触过的所有物质？）1997年，邦弗尼斯特更进一步，提出记忆可以通过电话线传输，后来又说可以通过互联网传输。极少数人声称已经重复了邦弗尼斯特的工作，但是在有第三方观察时，他们无论如何都不能重复这项工作。

顺势疗法的苟延残喘，依赖于名人的支持，以及许多人对医疗系统问题的恐惧。尽管科学家有充分的理由研究顺势疗法，但同样有充分的理由判断这种疗法是无效的。然而，它们确实威胁到那些找不到真正医疗救助的人，而使用顺势疗法的“疫苗接种”，则让一些不难控制复发的传染病死灰复燃，增加了其他人的风险。

本章小结

由于科学形塑社会的作用越来越大，它所造成的变革总会受到一些抵制。在某个层面上，谨慎对待复杂系统中引入的新产品是明智的。正如技术批评家尼尔·波兹曼（Neil Postman，1931—2003）所指出的那样，一种新“事物”的出现——不管是设备、操作还是意识形态——都会改变社会。它不是“社会加电脑”，而是一个新社会。科学在社会中的难解之谜是，科学的生产者也许不是判断其成果将造成影响的最佳人选；然而，由于这项工作的技术性很强，那些缺乏训练的人可能无法对其充分了解以做出明智的选择。失误、存在缺陷的工作，以及其他问题都难以避免，DDT、反应停和优生学的例子应该被看作一种警告：科学的错误可以产生危险的后果。然而，可能会出现问题这个事实并不意味着科学应该被拒斥。相反，这意味着我们必须努力去理解利用科学进展的潜在好处和问题。

科学研究体现了社会需求、技术限制、个人兴趣和能力之间复杂的相互作用。它不仅仅由观念推动，但也不能按订单生产。科学对自然的结构提出一些深刻见解的同时，也给我们带来了不少关于如何使用这些知识的难题。具有讽刺意味的是，知道得越多，我们的选择就越困难而不是相反。通晓科学史，为思考这些难题开辟了新的场域，因为它能够向我们展示那些昔日选择的力量和危险，并且解释我们是如何到达了我们生活的这个世界。例如，科学被宣称为马克思主义和现代民主的基础。

让事情更为复杂的是，科学如今更多地面向公众。在过去，一般民众会阅读关于诺贝尔奖的成果或关于可能治愈癌症的报道。而现在几乎所有重要的科学事件都辟有网址。当欧洲核子研究中心（CERN）的物理学家2013年宣布可能发现了希格斯玻色子，并在2017年证实了这项工作，公众可以前往该中心的主页找到该事件的进展。任何拥有电脑的人都能协助许多项目做点研究，包括蛋白质折叠和寻找地外生命等。虽然公众的参与一般而言都是有益的，但也会导致信息过载或一些不切实际的期望产生。

科学史也可以致用，因为它揭示了科学更为广阔的背景，而不只盯着科学的成果。科学不专属于任何人。如果我们希望做出明智的选择，我们必须牢牢记住，科学的存在是因为人们创造了它，它也不能脱离共同体而存在。在所有专利、奖项和专业学位的背后，科学的理念——我们为了解自然所做的长期努力——以及从这些求索中迸发出来的知识，都构成了我们共享的人类遗产。

论述题

1. 冷聚变案例揭示了哪些科学问题？
2. 关于转基因食品的争论，对我们认识现代世界中的科学地位有何启示？
3. 为什么气候变化的否认者违背了科学的共识？
4. 企业化的科学研究如何威胁到公有知识的理念？

尾声　通向全球科学史之路

虽然我们追溯了纷繁芜杂和情形各异的现代科学史，但我们仍然还剩下一个扎根欧洲传统的起源故事。尽管我们愿意看到科学的成果能够得到普遍运用，但其历史依旧非常欧洲中心论。讲述现代科学发展的历史学家经常抹杀不同人群和不同知识体系之间的复杂互动，而追溯一种必然发生的、按其内在逻辑发展的科学。我们也许记得阿莱克西·吉尼亚尔·德·圣普里斯特（Alexis Guignard de Saint-Priest）的格言："历史或许是正确的，但请我们不要忘记，它是胜利者书写的。"[1]本书开始挑战这种解释，发现不同的知识体系通过跨越时空的对话和冲突而相互关联。现代科学是不同知识体系的交汇，而不是欧洲模式凌驾于世界的胜利。这是一场持续的对话。

和科学一样，历史也随着新的信息、新的声音，以及新的对话而推动学科的发展。我们提议后续写作科学史的历史学家重视这些对话，一种国际主义视角的科学史将把这些不同文化传统多年间形成的丰富关联置于故事的核心。如果我们设想一种知识共同体之间不分等级的互动，尤其是通过与传统知识体系的对话，就会拓宽我们对整个世界科学发展，以及目前科学状况的理解。

1 Alexis Guignard de Saint-Priest, "…l'histoire est juste peut-être, mais qu'on ne l'oublie pas, elle a été écrite par les vainqueurs," *Histoire de la royauté considérée dans ses origines, jusqu'à la formation des principales monarchies de l'Europe*, vol. 2 (Paris: H. I. Delloye, 1842), 42.

附录　拓展阅读材料

第一章　自然哲学的起源

Aristotle. *Meteorologica*. Trans. H.D.P. Lee. Cambridge, MA: Harvard University Press, 1952.

Aristotle. *Physics*. Trans. Hippocrates G. Apostle. Grinnell, IA: Peripatetic Press, 1980.

Aristotle. *Posterior Analytics*. Trans. Jonathan Barnes. Oxford: Clarendon Press, 1975.

Bernal, Martin. *Black Athena: The Afroasiatic Roots of Classical Civilization*. New Brunswick, NJ: Rutgers University Press, 1987.

Byrne, Patrick Hugh. *Analysis and Science in Aristotle*. Albany, NY: State University of New York Press, 1997.

Clagett, Marshall. *Greek Science in Antiquity*. Freeport, NY: Books for Libraries Press, 1971.

Irby-Massie, Georgia L., and Paul T. Keyser, eds. *Greek Science of the Hellenistic Era: A Sourcebook*. London: Routledge, 2002.

Lloyd, G.E.R. *Early Greek Science: Thales to Aristotle*. London: Chatto and Windus, 1970.

Lloyd, G.E.R. *Greek Science after Aristotle*. London: Chatto and Windus, 1973.

Lloyd, G.E.R. *Magic, Reason and Experience: Studies in the Origin and Development of Greek Science*. Cambridge: Cambridge University Press, 1979.

Lloyd, G.E.R., and Nathan Sivin. *The Way and the Word: Science and Medicine in Early China and Greece*. New Haven, CT: Yale University Press, 2002.

Plato. *The Republic*. Trans. G.M.A. Grube. Indianapolis, IN: Hackett Publishing, 1992.

Plato. *Timaeus*. Trans. Francis M. Cornford. Indianapolis, IN: Bobbs-Merrill, 1959.

Rihll, T.E. *Greek Science*. Oxford: Oxford University Press, 1999.

Tuplin, C.J., and T.E. Rihll, eds. *Science and Mathematics in Ancient Greek Culture*. Oxford: Oxford University Press, 2002.

Zhmud, Leonid. *Pythagoras and the Early Pythagoreans*. Trans. Kevin Windle and Rosh Ireland. Oxford: Oxford University Press, 2012.

第二章 罗马时代与伊斯兰的崛起

Baker, Osman. *The History and Philosophy of Islamic Science*. Cambridge: Islamic Texts Society, 1999.

Beagon, Mary. *Roman Nature: The Thought of Pliny the Elder*. Oxford: Oxford University Press, 1992.

Bricker, Harvey M., and Victoria R. Bricker. *Astronomy in the Maya Codices*. Philadelphia: American Philosophical Society, 2011.

Dallal, Ahmad S. *Islam, Science, and the Challenge of History*. New Haven, CT: Yale University Press, 2010.

French, Roger, and Frank Greenaway, eds. *Science in the Early Roman Empire: Pliny the Elder, His Sources and His Influence*. London: Croom Helm, 1986.

Glasner, Ruth. *Averroes' Physics: A Turning Point in Medieval Natural Philosophy*. Oxford: Oxford University Press, 2009.

Harley, J.B., and David Woodward. *History of Cartography, Volume II, Book I. Cartography in the Traditional Islamic and South Asian Societies*. Chicago: University of Chicago Press, 1992.

Hogendijk, J.P. *The Enterprise of Science in Islam: New Perspectives*. Cambridge, MA; London: MIT Press, 2003.

Huff, Toby E. *The Rise of Early Modern Science: Islam, China, and the West*. Cambridge: Cambridge University Press, 1993.

Lehoux, Daryn. *What Did the Romans Know? An Inquiry into Science and Worldmaking*. Chicago: University of Chicago Press, 2012.

Masood, Ehsan. *Science & Islam: A History*. London: Icon, 2009.

Principe, Lawrence M. *The Secrets of Alchemy*. Chicago: University of Chicago Press, 2013.

Qadir, C.A. *Philosophy and Science in the Islamic World*. London: Routledge, 1990.

第三章 西欧自然哲学的复兴

Brotton, Jerry. *The Renaissance Bazaar: From the Silk Road to Michelangelo*. Oxford: Oxford University Press, 2002.

Grant, Edward. *The Foundation of Modern Science in the Middle Ages, Their Religious, Institutional and Intellectual Contexts*. Cambridge: Cambridge University Press, 1996.

Grant, Edward. *Planets, Stars and Orbs: The Medieval Cosmos 1200–1687*. Cambridge: Cambridge University Press, 1994.

Grant, Edward, ed. *A Source Book in Medieval Science*. Cambridge, MA: Harvard University Press, 1974.

Kibre, Pearl. *Studies in Medieval Science: Alchemy, Astrology, Mathematics and Medicine*. London: Hambledon, 1984.

Lindberg, David C. *The Beginnings of Western Science: The European Scientific Tradition in Philosophical, Religious, and Institutional Context, 600 B.C. to A.D. 1450*. Chicago: University of Chicago Press, 1992.

第四章　文艺复兴时期的科学：宫廷哲学家

Biagioli, Mario. *Galileo, Courtier: The Practice of Science in the Culture of Absolutism*. Chicago: University of Chicago Press, 1994.

Biagioli, Mario. *Galileo's Instruments of Credit: Telescopes, Images, Secrecy*. Chicago: University of Chicago Press, 2006.

Blair, Ann. *The Theater of Nature: Jean Bodin and Renaissance Science*. Princeton, NJ: Princeton University Press, 1997.

Bono, James J. *The Word of God and the Languages of Man: Interpreting Nature in Early Modern Science and Medicine*. Madison: University of Wisconsin Press, 1995.

Cormack, Lesley B. *Charting an Empire: Geography at the English Universities, 1580–1620*. Chicago: University of Chicago Press, 1997.

Daston, Lorraine. *Wonders and the Order of Nature, 1150–1750*. New York: Zone Books, 1998.

Drake, Stillman. *Galileo: Pioneer Scientist*. Toronto: University of Toronto Press, 1990.

Finocchiaro, Maurice A. *Defending Copernicus and Galileo: Critical Reasoning in the Two Affairs*. New York: Springer, 2010.

Galilei, Galileo. *Dialogue Concerning the Two Chief World Systems—Ptolemaic and Copernican*. Trans. Stillman Drake. Foreword by Albert Einstein. Berkeley: University of California Press, 1967.

Galilei, Galileo. *Two New Sciences, Including Centers of Gravity and Force of Percussion*. Trans. Stillman Drake. Madison: University of Wisconsin Press, 1974.

Gingerich, Owen. *The Book Nobody Read: Chasing the Revolutions of Nicolaus Copernicus*. New York: Penguin Books, 2004.

Grafton, Anthony, with April Shelfor and Nancy Siraisi. *New World, Ancient Texts: The Power of Tradition and the Shock of Discovery*. Cambridge, MA: Belknap Press of Harvard University Press, 1992.

Magnus, Albertus. *The Book of Secrets of Albertus Magnus of the Virtues of Herbs, Stones and Certain Beasts,* also *A Book of the Marvels of the World*. Ed. Michael R. Best and Frank H. Brightman. Oxford: Clarendon Press, 1973.

Moran, Bruce T., ed. *Patronage and Institutions: Science, Technology, and Medicine at the European Court, 1500–1750*. Rochester, NY: Boydell Press, 1991.

Newman, William Royall, and Anthony Grafton, eds. *Secrets of Nature: Astrology and Alchemy in Early Modern Europe*. Cambridge, MA: MIT Press, 2001.

Saliba, George. *Islamic Science and the Making of the European Renaissance*. Cambridge, MA: MIT Press, 2007.

Swerdlow, Noel, and Otto Neugebauer. *Mathematical Astronomy in Copernicus's De Revolutionibus Part 1–2. Studies in the History of Mathematics and Physical Sciences 10*. New York: Springer-Verlag, 1984.

Westman, Robert. *The Copernican Question: Prognostication, Skepticism, and the Celestial Order*. Berkeley: University of California Press, 2011.

Vollmann, William T. *Uncentering the Earth: Copernicus and On the Revolutions of the Heavenly Spheres*. New York: Norton, 2006.

第五章　科学革命：有争议的领域

Bala, Arun, ed. *Asia, Europe and the Emergence of Modern Science: Knowledge Crossing Boundaries*. New York: Palgrave, 2012.

Dear, Peter Robert. *Revolutionizing the Sciences: European Knowledge and Its Ambitions, 1500–1700*. Princeton, NJ: Princeton University Press, 2001.

Harkness, Deborah. *The Jewel House: Elizabethan London and the Scientific Revolution*. New Haven, CT: Yale University Press, 2007.

Hunter, Lynette, and Sarah Hutton, eds. *Women, Science and Medicine 1500–1700: Mothers and Sisters of the Royal Society*. Stroud, UK: Sutton, 1997.

Jardine, Lisa. *Ingenious Pursuits: Building the Scientific Revolution*. New York: Nan A. Talese,

1999.

Lindberg, David C., and Robert S. Westman, eds. *Reappraisals of the Scientific Revolution*. Cambridge: Cambridge University Press, 1990.

Long, Pamela O. *Artisans/Practitioners and the Rise of the New Sciences, 1400–1600*. Corvallis: Oregon State University Press, 2011.

Newman, William Royall. *Atoms and Alchemy: Chymistry and the Experimental Origins of the Scientific Revolution*. Chicago: University of Chicago Press, 2006.

Newton, Isaac. *Opticks*. New York: Prometheus, 2003.

Newton, Isaac. *The Principia*. Trans. Andrew Motte. New York: Prometheus, 1995.

Osler, Margaret J. *Reconfiguring the World: Nature, God, and Human Understanding from the Middle Ages to Early Modern Europe*. Baltimore, MD: Johns Hopkins University Press, 2010.

Osler, Margaret J. *Rethinking the Scientific Revolution*. Cambridge: Cambridge University Press, 2000.

Park, Katherine, and Lorraine Daston, eds. *Early Modern Science. The Cambridge History of Science, vol. 3*. Cambridge: Cambridge University Press, 2003.

Schiebinger, Londa L. *The Mind Has No Sex?: Women in the Origins of Modern Science*. Cambridge, MA: Harvard University Press, 1989.

Shapin, Steven. *The Scientific Revolution*. Chicago: University of Chicago Press, 1996.

Smith, Pamela H. *The Body of the Artisan: Art and Experience in the Scientific Revolution*. Chicago: University of Chicago Press, 2004.

Westfall, Richard S. *Never at Rest: A Biography of Isaac Newton*. Cambridge: Cambridge University Press, 1980.

第六章　启蒙运动与科学事业

Bell, Madison Smartt. *Lavoisier in the Year One: The Birth of a New Science in an Age of Revolution*. New York: W.W. Norton, 2006.

Binnema, Ted. *Enlightened Zeal: The Hudson's Bay Company and Scientific Networks, 1670–1870*. Toronto: University of Toronto Press, 2014.

Diderot, Denis. *Encyclopédie ou dictionnaire raisonné des sciences des arts et desmétiers*. Stuttgart-Bad Cannstatt: F. Frommann Verlag (G. Holzboog), 1966.

Fox, Christopher, Roy Porter, and Robert Wokler, eds. *Inventing Human Science: Eighteenth-*

Century Domains. Berkeley: University of California Press, 1995.

Gascoigne, John. *Encountering the Pacific in the Age of Enlightenment*. Cambridge: Cambridge University Press, 2014.

Holmes, Frederic Lawrence. *Lavoisier and the Chemistry of Life*. Madison: University of Wisconsin Press, 1985.

Lavoisier, Antoine. *Elements of Chemistry*. Trans. Robert Kerr. New York: Dover, 1965.

Lynn, Michael R. *Popular Science and Public Opinion in Eighteenth-Century France*. Manchester: Manchester University Press, 2006.

Poirier, Jean-Pierre. *Lavoisier, Chemist, Biologist, Economist*. Trans. Rebecca Balinski. Philadelphia: University of Pennsylvania Press, 1996.

Porter, Roy, ed. *Eighteenth-Century Science. The Cambridge History of Science,* vol. 4. Cambridge: Cambridge University Press, 2003.

Schiebinger, Londa L. Colonial Botany: *Science, Commerce, and Politics in the Early Modern World*. Philadelphia: University of Pennsylvania Press, 2005.

第七章　科学与帝国

Bartholomew, James. *The Formation of Science in Japan: Building a Research Tradition*. New Haven, CT: Yale University Press, 1989.

Bowler, Peter J. *Evolution: The History of an Idea*. Berkeley: University of California Press, 1984.

Bowler, Peter J. *Life's Splendid Drama: Evolutionary Biology and the Reconstruction of Life's Ancestry, 1860–1940*. Chicago: University of Chicago Press, 1996.

Darwin, Charles. *The Origin of Species by Means of Natural Selection, or, The Preservation of Favoured Races in the Struggle for Life*. London: J. Murray, 1860.

Garfield, Simon. *Mauve: How One Man Invented a Color That Changed the World*. New York: Norton, 2001.

Geison, Gerald L. *The Private Science of Louis Pasteur*. Princeton, NJ: Princeton University Press, 1995.

Greene, Mott T. *Geology in the Nineteenth Century: Changing Views of a Changing World*. Ithaca, NY: Cornell University Press, 1982.

Lyell, Charles. *Principles of Geology*. Chicago: University of Chicago Press, 1990.

Nye, Mary Jo. *Before Big Science: The Pursuit of Modern Chemistry and Physics, 1800–1940*.

New York: Twayne Publishers, 1996.

Paul, Harry W. *From Knowledge to Power: The Rise of the Science Empire in France, 1860–1939*. Cambridge: Cambridge University Press, 1985.

Strathern, Paul. *Mendeleyev's Dream: The Quest for the Elements*. New York: St. Martin's Press, 2000.

第八章 走进原子时代

Dry, Sarah. *Curie*. London: Haus Publishers, 2003.

Ede, Andrew. *The Rise and Decline of Colloid Science in North America, 1900–1935: The Neglected Dimension*. Aldershot, UK: Ashgate, 2007.

Hunt, Bruce J. *Pursuing Power and Light: Technology and Physics from James Watt to Albert Einstein*. Baltimore, MD: Johns Hopkins University Press, 2010.

Knight, David. *The Making of Modern Science: Science, Technology, Medicine and Modernity, 1789–1914*. Cambridge: Polity Press, 2009.

Levinovitz, Agneta Wallin. *The Nobel Prize: The First 100 Years*. London: Imperial College Press, 2001.

Navarro, James. *A History of the Electron: J.J. and G.P. Thomson*. Cambridge: Cambridge University Press, 2012.

Nye, Mary Jo, ed. *The Modern Physical and Mathematical Sciences. The Cambridge History of Science,* vol. 5. Cambridge: Cambridge University Press, 2003.

Pasachoff, Naomi E. *Marie Curie and the Science of Radioactivity.* New York: Oxford University Press, 1997.

Reeves, Richard. *A Force of Nature: The Frontier Genius of Ernest Rutherford.* New York: W.W. Norton, 2008.

Wilson, David. *Rutherford, Simple Genius*. Cambridge, MA: MIT Press, 1983.

第九章 科学与战争

van Dongen, Jeroen. *Einstein's Unification*. Cambridge: Cambridge University Press, 2010.

Freemantle, Michael. *The Chemists' War, 1914–1918*. Cambridge: Royal Society of Chemistry, 2015.

Henig, Robin Marantz. *The Monk in the Garden: The Lost and Found Genius of Gregor Mendel, the Father of Genetics*. Boston: Mariner Books, 2001.

Isaacson, Walter. *Einstein: His Life and Universe*. New York: Simon & Schuster, 2008.

Mawer, Simon. *Gregor Mendel: Planting the Seeds of Genetics*. New York: Abrams, in association with the Field Museum, Chicago, 2006.

Russell, Edmund. *War and Nature: Fighting Humans and Insects with Chemicals from World War I to Silent Spring*. Cambridge: Cambridge University Press, 2001.

Shapiro, Adam R. *Trying Biology: The Scopes Trial, Textbooks, and the Antievolution Movement in American Schools*. London: Pickering and Chatto, 2013.

Stachel, John, ed. *Einstein's Miraculous Year: Five Papers That Changed the Face of Physics*. Princeton, NJ: Princeton University Press, 1998.

第十章 确定性的消亡

Brennan, Richard P. *Heisenberg Probably Slept Here: The Lives, Times, and Ideas of the Great Physicists of the 20th Century*. New York: Wiley, 1997.

Cassidy, David Charles. *Uncertainty: The Life and Science of Werner Heisenberg*. New York: W.H. Freeman, 1992.

Galison, Peter. *How Experiments End*. Chicago: University of Chicago Press, 1987.

Galison, Peter, and Bruce Hevly, eds. *Big Science: The Growth of Large-Scale Research*. Stanford, CA: Stanford University Press, 1992.

Gimbel, Steven. *Einstein's Jewish Science: Physics at the Intersection of Politics and Religion*. Baltimore, MD: Johns Hopkins University Press, 2012.

Hughes, Jeff. *The Manhattan Project: Big Science and the Atom Bomb*. Cambridge: Icon Books, 2002.

Kohler, Robert E. *Partners in Science: Foundations and Natural Scientists*. Chicago: University of Chicago Press, 1991.

Lindee, M. Susan. *Suffering Made Real: American Science and the Survivors at Hiroshima*. Chicago: University of Chicago Press, 1994.

Maddox, Robert James. *Weapons for Victory: The Hiroshima Decision Fifty Years Later*. Columbia, MO: University of Missouri Press, 1995.

Olby, Robert C. *The Path to the Double Helix: The Discovery of DNA*. Foreword by Francis Crick. New York: Dover Publications, 1994.

Sime, Ruth Lewin. *Lise Meitner: A Life in Physics*. Berkeley: University of California Press, 1996.

Watson, James D. *The Double Helix: A Personal Account of the Discovery of the Structure of DNA*. London: Weidenfeld and Nicolson, 1997.

第十一章　1957：地球成为行星之年

Anderson, Frank Walter. *Orders of Magnitude: A History of NACA and NASA, 1915–1980*. Washington, DC: National Aeronautics and Space Administration, Scientific and Technical Information Office, 1981.

Brzezinski, Matthew. *Red Moon Rising: Sputnik and the Hidden Rivalries That Ignited the Space Age*. New York: Times Books, 2007.

Dickson, Paul. *Sputnik: The Launch of the Space Race*. Toronto: Macfarlane, Walter and Ross, 2001.

Killian, James Rhyne. *Sputnik, Scientists, and Eisenhower: A Memoir of the First Special Assistant to the President for Science and Technology*. Cambridge, MA: MIT Press, 1977.

Marvin, Ursula B. *Continental Drift: The Evolution of a Concept*. Washington, DC: Smithsonian Institution Press, 1973.

NASA. *Space Flight: The First 30 Years*. Washington, DC: National Aeronautics and Space Administration, Office of Space Flight, 1991.

Oreskes, Naomi. *The Rejection of Continental Drift: Theory and Method in American Earth Science*. New York: Oxford University Press, 1999.

Stine, G. Harry. *ICBM: The Making of the Weapon That Changed the World*. New York: Orion Books, 1991.

Verschuur, Gerrit L. *The Invisible Universe Revealed: The Story of Radio Astronomy*. New York: Springer-Verlag, 1987.

Wang, Zuoyue. *In Sputnik's Shadow: The President's Science Advisory Committee and Cold War America*. New Brunswick, NJ: Rutgers University Press, 2008.

Wegener, Alfred. *The Origin of Continents and Oceans*. Trans. John Biram. London: Methuen, 1966.

Wilson, J. Tuzo. *IGY: The Year of the New Moons*. London: Michael Joseph, 1961.

第十二章　人类登上月球，微波炉进入厨房

Agar, Jon. *Turing and the Universal Machine: The Making of the Modern Computer*. Cambridge: Icon, 2001.

Aspray, William. *John von Neumann and the Origins of Modern Computing*. Cambridge, MA: MIT Press, 1990.

Campbell-Kelly, Martin, William Aspray, Nathan Ensmenger, and Jeffery R. Yost. *Computer: A History of the Information Machine*. 3rd ed. Boulder, CO: Westview Press, 2014.

Carson, Rachel. *Silent Spring. Introduction by Al Gore*. Boston: Houghton Mifflin, 1994.

Clancey, William J. *Working on Mars: Voyages of Scientific Discovery with the Mars Exploration Rovers*. Cambridge, MA: MIT Press, 2012.

Coles, Peter. *Cosmology: The Origin and Evolution of Cosmic Structure*. Chichester, UK: John Wiley, 2002.

Hodges, Andrew. *Turing: A Natural Philosopher*. London: Phoenix, 1997.

McElheny, Victor K. *Drawing the Map of Life: Inside the Human Genome Project*. New York: Basic Books, 2010.

McLaren, Angus. *A History of Contraception: From Antiquity to the Present Day*. Oxford: Basil Blackwell, 1990.

Riordan, Michael. *The Hunting of the Quark: A True Story of Modern Physics*. New York: Simon & Schuster, 1987.

Rossiter, Margaret. *Women Scientists in America: Before Affirmative Action, 1940–1972*. Baltimore, MD: Johns Hopkins University Press, 1995.

Rossiter, Margaret. *Women Scientists in America: Struggles and Strategies to 1940*. Baltimore, MD: Johns Hopkins University Press, 1982.

Sideris, Lisa H. *Rachel Carson: Legacy and Challenge*. Albany, NY: State University of New York Press, 2008.

Smith, Robert W. *The Space Telescope: A Study of NASA, Science, Technology and Politics*. 2nd ed. Cambridge: Cambridge University Press, 1993.

Stein, Dorothy. *Ada, A Life and a Legacy*. Cambridge, MA: MIT Press, 1985.

Swade, Doron. *The Difference Engine: Charles Babbage and the Quest to Build the First Computer*. New York: Viking, 2001.

第十三章　科学与新的前沿——新千年的潜力和危险

Aldersey-Williams, Hugh. *The Most Beautiful Molecule: The Discovery of the Buckyball*. New York: Wiley, 1995.

Baldi, Pierre. *The Shattered Self: The End of Natural Evolution*. Cambridge, MA: MIT Press,

2001.

Clarke, Arthur Charles. *Ascent to Orbit: A Scientific Autobiography: The Technical Writings of Arthur C. Clarke*. New York: Wiley, 1984.

Cowan, Ruth Schwartz. *Heredity and Hope: The Case for Genetic Screening*. Cambridge, MA: Harvard University Press, 2008.

Drexler, K. Eric. *Engines of Creation: The Coming Era of Nanotechnology*. London: Fourth Estate, 1996.

Mulhall, Douglas. *Our Molecular Future: How Nanotechnology, Robotics, Genetics, and Artificial Intelligence Will Transform Our World*. Amherst, NY: Prometheus Books, 2002.

Oreskes, Naomi, and Eric M. Conway. *Merchants of Doubt: How a Handful of Scientists Obscured the Truth on Issues from Tobacco Smoke to Global Warming*. New York: Bloomsbury Press, 2010.

Rifkin, Jeremy. *The Biotech Century: Harnessing the Gene and Remaking the World*. New York: Jeremy P. Tarcher/Putnam, 1998.

Taubes, Gary. *Bad Science: The Short Life and Weird Times of Cold Fusion*. New York: Random House, 1993.

关于科学史的一般读物

Asimov, Isaac. *The History of Physics*. New York: Walker, 1984.

Bowler, Peter J., and Iwan Rhys Morus. *Making Modern Science: A Historical Survey*. Chicago: University of Chicago Press, 2005.

Brock, William H. *The Norton History of Chemistry*. New York: Norton, 1992.

Bronowski, Jacob. *The Ascent of Man*. Boston: Little, Brown, 1973.

Bryson, Bill. *A Short History of Nearly Everything*. Toronto: Anchor Canada, 2004.

Diamond, Jared. *Guns, Germs, and Steel: The Fates of Human Societies*. New York: W.W. Norton, 2005.

Golinski, Jan. *Making Natural Knowledge: Constructivism and the History of Science*. Cambridge: Cambridge University Press, 1998.

North, John David. *The Norton History of Astronomy and Cosmology*. New York: Norton, 1995.

Olby, Robert C. *Fontana History of Biology*. New York: Fontana, 2002.

译后记

现代科学日新月异，对社会的影响无孔不入，也极大促进了近几十年对科学的历史研究和哲学思考。作为大学层次的教材，《科学通史》旨在综合反映科学发展的进程，建构科学的内部与外部形象，其理念和叙事也应不断推陈出新，增加最新的进展，完善历史的叙述。当然，要把时间跨度如此之大、主线与副线错综复杂、观点与事实众说纷纭的科学史融汇于一本教材，尤其还要刻画当今科学的概貌，从历史走入现实，无疑具有极高的难度。

安德鲁·埃德和莱斯利·科马克合著的这部《科学通史》自2004年首版，文字简洁严谨，结构匀称合理，加以编辑设计精湛，被广泛用作世界史和科技史的本科生教材，至2022年已推出第四版，该版增补了包括安提凯希拉装置、新型冠状病毒感染（COVID-19）在内的最新内容。新版本由三联书店引进出版，并入选中国科学院大学研究生教学辅导书系列。与近年出版的科学史著作相比，除了作为教材应有的可读性、明确性和综合性之外，本书还有如下比较突出的特点。

首先，该书对20世纪以来的科学，特别是“二战”后至今的科学做了提纲挈领的梳理，篇幅超过全书三分之一。勾勒现代科学往往是科学通史的难点，过去许多著作或避而不谈，或过于发散。安德鲁·埃德长期研究20世纪科学与技术史，书中打破了过去按学科划分的惯例，抓住不同时代的特征，再介绍具体的科学成就，因此我们可以看到曼哈顿计划、国际地球物理年、国际科学理事会以及避孕药等内容。最后一章讨论21世纪的前沿科学，不仅提及材料革命和气候变化等进展，也对冷聚变、伪科学等问题予以反思。“二战”以来科学形象发生了急剧的变迁，必然需要新的科学史研究纲领，这对于理解包括中国在内的新兴国家发展科学的历程将具有重要意义。

其次，本书对这段历史予以应有的重视，叙事方式前后一贯，体现出另一个特点，即从社会地位的视角出发，审视科学历史上“哲学与功用”两个维度，主线清晰，结构巧妙。作者具有良好的科学哲学背景，较好地区分了科学与技术的界限（作者另有一部技术通史著作*Technology and Society：A World History*，科学通史中时常看到的中国古代部分以及工业革命，都被作者归入该书），从而可以更为明晰地论述科学起源和社会地位，也让前几章读起来格外简洁条理。同时关注这些人物的科学形象和社会地位，如从科学赞助引申出社会对科学的需求，构成自亚里士多德以来至今的一条主线。科学革命时期，本书强调了思想观念的变化，以及西方的探险与扩张。随着19世纪之后“科学与帝国”密切结合，20世纪科学国家化所呈现出来的种种“壮观景象”也就进入了本书视野。

再次，本书版式新颖活泼，插图简明扼要，“关联阅读”画龙点睛。读者也许第一时间注意到，该书的插图大多是双色示意图，这样就可以迅速地准确领会要点，行文更加简练。而每章开辟的“关联阅读”，往往是对主旨的提炼，如“文艺复兴时期的科学：宫廷哲学家”（第四章）、“科学与帝国”（第七章）等，采用不同的底色与字体，相当于为读者画出了重点。英文版面近正方形，较多留白，中文版也采用精装上市，以给读者较好的阅读体验。

最后，本书内容尽量摆脱西方中心论，试图从全球史的视角公允看待不同文明的贡献。这在英文第四版增加的“尾声：通向全球科学史之路”中可以明确看到作者的这一理念。作者综述古代全球范围的天学与数学，引用了中国的水运仪象台。指出了西方现代科学的知识来源，对女性、环境问题也有论及。书中还以日本科学为例，展现全球背景下的观念融合。新版不出所料地提到了中国的贺建奎，也许随着中国科学的腾飞，中国现代科学史研究的深入，世界科学通史中能够增加更多的中国经验。

中国科学院大学培养科学技术史专业研究生及开展科学通史教学历史悠久。译者近年主讲“科学技术通史”的专业课与公选课，科学技术史系主任王扬宗教授推荐了此书（2017年第三版）。拿到装帧精美，文字精练的原书，译者立刻爱不释手，自2018年来带领研究生作为原著精读。在徐国强先生协助下，三联书店引进该书，且获得最新版版权。中国科学院大学注重教材建设，经人文学院教材建设委员会推荐，将此书列为教辅。译者殚精竭虑，同时感谢参与本书精读和初译的同学：王洋、高珺、郭晓雯、曾雪琪、吴晓斌、陈明坦、康丽婷、孙小涪。黄荣光教授审定了有关日本的内容，多位专家提出过修改意见。出版阶段，三联书店的编辑付出了巨大的努力，为本书增色不少。

作为包罗万象的通史著作，原书中也存在不少瑕疵和拼写错误，译者尽量根据资料订正，这反过来也说明，科学通史写作的难度之大。该书原版另配套一本《阅读材料》(*A History of Science in Society：A Reader*，2007)，有兴趣的读者可以参考使用。当然，本书翻译中的错漏之处亦将不少，欢迎读者批评指正。

刘　晓

2023年2月6日